高等职业教育工程造价专业系列教材

建筑识图与构造

主　编　卞晓雯　任昭君
副主编　杨会芹　周　松　刁　璇　于　涛
参　编　刘　伟　张晓霖　栾成洁　韩　龙　刘建军
主　审　赵　霞

机械工业出版社

本书内容共分两篇。其中，第一篇为识读建筑施工图，包括了解制图的基本信息、理解图样的形成原理、判断形体的投影与空间形态、识读首页图、识读总平面图、识读建筑平面图、识读建筑立面图、识读建筑剖面图和识读建筑详图共9个项目。第一篇的主体内容是以职工宿舍楼和学生公寓楼两个真实的项目为基础，根据实际工作中识读图样的工作过程编写的，目的是实现"教、学、做"一体化。第二篇是建筑工程构造，包括民用建筑概述、基础与地下室、墙体、楼板层与地坪层、楼梯、屋顶和门与窗共7个项目。第二篇中涉及许多学生不易理解的内容，故配有大量的二维码内容来帮助学生更好地理解和掌握知识。

本书配有大量的数字资源，包括微课、动画、三维仿真图形等，并以二维码的形式穿插在书中，有利于教师的教学、资源的共享和学生的自学。

本书既可作为高等职业院校工程造价、建筑工程技术、建设工程管理、建设工程监理等专业的教学用书，也可供建筑工程技术人员学习、参考。

为方便教学，本书还配有电子课件，凡使用本书作为教材的教师可登录机工教育服务网 www.cmpedu.com 注册下载。咨询电话：010-88379375。

图书在版编目（CIP）数据

建筑识图与构造/卞晓雯，任昭君主编. —北京：机械工业出版社，2020.10（2025.2重印）

高等职业教育工程造价专业系列教材

ISBN 978-7-111-66728-5

Ⅰ.①建⋯ Ⅱ.①卞⋯ ②任⋯ Ⅲ.①建筑制图-识图-高等职业教育-教材②建筑构造-高等职业教育-教材 Ⅳ.①TU2

中国版本图书馆 CIP 数据核字（2020）第 190133 号

机械工业出版社（北京市百万庄大街 22 号　邮政编码 100037）
策划编辑：王靖辉　责任编辑：王靖辉　陈将浪
责任校对：樊钟英　封面设计：陈　沛
责任印制：单爱军
北京虎彩文化传播有限公司印刷
2025 年 2 月第 1 版第 5 次印刷
184mm×260mm·19 印张·468 千字
标准书号：ISBN 978-7-111-66728-5
定价：55.00 元

电话服务　　　　　　　　网络服务
客服电话：010-88361066　机 工 官 网：www.cmpbook.com
　　　　　010-88379833　机 工 官 博：weibo.com/cmp1952
　　　　　010-68326294　金 书 网：www.golden-book.com
封底无防伪标均为盗版　机工教育服务网：www.cmpedu.com

前　言

　　"建筑识图与构造"是一门实践性很强的专业基础课，同时也是土木建筑大类许多专业的基础课。在编写过程中，本书着眼于建筑行业对人才的需求以及职业院校学生的学习特点等，以真实的工程项目为基础，根据现行的标准、规范、图集，依照识图的工作流程，结合土木建筑大类专业人才的培养目标，力求实现"教、学、做"一体化。

　　本书包括识读建筑施工图和建筑工程构造两大部分。在具体内容的组织上，根据知识体系和实践技能的特点，依照真实的识图工作流程将第一篇建筑施工图识读分解为了解制图的基本信息、理解图样的形成原理、判断形体的投影与空间形态、识读首页图、识读总平面图、识读建筑平面图、识读建筑立面图、识读建筑剖面图和识读建筑详图共9个项目；第二篇建筑工程构造包括民用建筑概述、基础与地下室、墙体、楼板层与地坪层、楼梯、屋顶和门与窗，以工具书的形式提供给学生，对其中不容易理解的部分或比较专业的词汇配以二维码链接进行充分的解释。这样的编排有助于学生强化逻辑思维，便于学生掌握识图的能力，便于学生的自学。

　　本书在编写过程中，内容的选择以满足工作需求和应用为前提，充分考虑高职高专学生的学习特点，对传统的投影知识做了较大幅度的精简，强化了对施工图样的识读内容。本书的识图内容主要选取目前建筑工程中常见的框架结构作为介绍的重点。

　　本书由滨州职业学院卞晓雯、任昭君任主编；滨州职业学院杨会芹、周松，东南大学成贤学院刁璇，山东港通工程管理咨询有限公司于涛任副主编；参加编写的人员还有滨州职业学院刘伟、张晓霖、栾成洁、韩龙，东营职业学院刘建军。全书由滨州职业学院赵霞主审。在编写过程中本书得到了机械工业出版社的大力支持和帮助，谨此致谢。

　　由于编者水平和经验有限，书中难免有不妥之处，敬请广大读者和同行专家批评指正。

编　者

资源列表

	第一篇　识读建筑施工图
项目 1	丁字尺与三角板的使用方法
	丁字尺与三角板的使用方法——实际演示
	比例
	尺寸标注案例
项目 3	基本体（基本几何体）的类型及投影特点
	组合体的形体分析
	叠加体的三面投影图
	混合体的三面投影图
	切割体（截割体）的三面投影图
	组合体的补线
	组合体的补图
	轴测投影的形成、种类及特性
	正等轴测图的画法与应用
	斜等轴测图的画法与应用
	剖面图和断面图的不同
	剖面图的形成和种类
	断面图的形成和种类
	断面图的画法
	剖面图的画法
项目 4	学生公寓楼项目结构施工图
	鲁 L13J1 建筑工程做法
	学生公寓楼首页图的组成
	学生公寓楼首页图——建筑做法表
	学生公寓楼首页图——图纸目录
	学生公寓楼项目建筑施工图
项目 5	学生公寓楼总平面图 1
	学生公寓楼总平面图 2
	学生公寓楼总平面图相关名词
项目 6	学生公寓楼北立面照片
	学生公寓楼二层平面图
	学生公寓楼夹层平面图
	学生公寓楼六层平面图
	学生公寓楼南立面照片
	学生公寓楼三层平面图
	学生公寓楼四、五层平面图
	学生公寓楼屋顶平面图
	学生公寓楼一层平面图 1
	学生公寓楼一层平面图 2
	学生公寓楼一层平面图 3

（续）

项目 7	学生公寓楼北立面图
	学生公寓楼东立面图
	学生公寓楼南立面图
	学生公寓楼西立面图
项目 8	学生公寓楼 1—1 剖面图 1
	学生公寓楼 1—1 剖面图 2
	学生公寓楼 1—1 剖面图 3
	学生公寓楼 2—2 剖面图 1
	学生公寓楼 2—2 剖面图 2
项目 9	顶层楼梯平面图的形成
	二层楼梯平面图的形成
	楼梯剖面图的形成
	学生公寓楼楼梯详图——标准层楼梯平面图
	学生公寓楼楼梯详图——顶层楼梯平面图
	学生公寓楼楼梯详图——楼梯 A—A 剖面图
	学生公寓楼楼梯详图——一层楼梯平面图
	学生公寓楼门窗详图
	学生公寓楼墙身大样图
	学生公寓楼项目建筑施工图
	一层楼梯平面图的形成

第二篇　建筑工程构造

项目 10	薄壳结构
	大模板现浇结构
	滑模
	升板
	浮石
	加气混凝土
	膨胀珍珠岩
	陶粒
	蛭石
项目 11	天然地基
	人工地基
	夯打
	碾压
	振动
	条形基础
	独立基础
	井格基础
	筏形基础
	箱形基础
	桩基础
	钻孔灌注桩
	沉管灌注桩
	沉管灌注桩动画
	人工挖孔

（续）

项目11	爆扩灌注桩
	爆扩灌注桩动画
	大放脚
	采光井
项目12	多孔砖
	勒脚
	散水
	明沟
	踢脚板
	墙裙
	过梁
	圈梁
	构造柱
	变形缝
项目13	无梁楼板
	压型钢板组合楼板
	密肋填充块楼板
	预制薄板叠合楼板
	直接式顶棚
	悬吊式顶棚
	水磨石楼地面
	菱苦土楼地面
	挑阳台
	凹阳台
	生活阳台
	服务阳台
	外排水（水舌排水）
	内排水（排水管排水）
项目14	疏散楼梯
	消防楼梯
	板式楼梯
	梁板式楼梯
	梁承式楼梯
	墙承式楼梯
	悬挑式楼梯
项目15	无组织排水
	檐沟外排水
	女儿墙外排水
	隔汽层
	分格缝
	滴水

本书所用工程图纸目录

目　录

第一篇　识读建筑施工图

第二篇　建筑工程构造

第一篇 识读建筑施工图

项目1

了解制图的基本信息

学习目标

（1）了解制图工具。

（2）了解图纸幅面的要求。

（3）掌握图纸图线的要求。

（4）了解图纸字体的规定。

（5）掌握图纸比例的规定。

（6）掌握尺寸标注的要求。

（7）掌握建筑工程图样的编排顺序。

（8）掌握识读建筑工程图样的基础知识。

任务 1.1 制图工具

1.1.1 手工制图工具及用品

目前，在工程制图中一般采用计算机制图，但在实际操作中有时也要用到现场手工制图，故学生在学习时也需要学会手工制图。常用的手工制图工具及用品介绍如下（图1-1）。

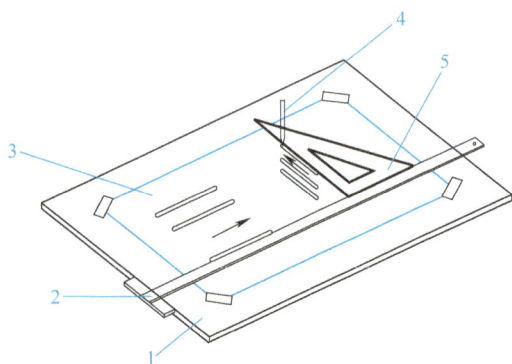

图 1-1 常用的手工制图工具
1—图板 2—丁字尺 3—图纸 4—铅笔 5—三角板

丁字尺与三角板
的使用方法

丁字尺与三角板的使用
方法——实际演示

一、图板

图板用于固定图纸，作为绘图的垫板，要求板面光滑平整，四边应平直、光滑。应防止因受潮、暴晒和重压等导致图板变形。

二、丁字尺

丁字尺由互相垂直的尺头、尺身构成，用于画水平线。使用时必须将尺头内侧紧靠在图板左侧的工作边上，然后上下推动，并将尺身上边缘对准画线位置，然后开始画线。

三、三角板

三角板是制图的主要工具之一，由一块45°角的直角等边三角板和一块30°角、60°角的直角三角板组成一副，可配合丁字尺画铅垂线，以及与水平线呈15°角、30°角、45°角、60°角、75°角的斜线及其平行线。

四、比例尺

比例尺是用来按一定比例量取长度的专用尺，可用来放大或缩小实际尺寸。

五、圆规和分规

1）圆规是画圆和圆弧的主要工具。

2）分规的形状与圆规相似，但两腿都装有钢针，既可用它量取线段长度，也可用它等分直线或圆弧。

六、曲线板、建筑模板

1）曲线板是用来画非圆曲线的工具。

2）建筑模板用来画各种建筑标准图例和常用符号，各专业有各自的模板。

七、绘图墨水笔

绘图墨水笔也称为自来水笔，是目前广泛使用的一种描图工具。它的笔头是一个针管，针管直径有粗细不同的规格，可画出不同线宽的墨线。

八、图纸

图纸有绘图纸和描图纸两种。绘图纸用来画铅笔图或墨线图，要求纸面洁白，质地坚硬，橡皮擦后不易起毛；描图纸（也称为硫酸纸）是专门用来绘制墨线图用的，要求纸张透明度好，表面平整挺括，描绘出的墨线图图样即为复制蓝图的底图。

九、铅笔

1）绘图铅笔按铅芯的硬度分为 B 型、H 型和 HB 型。"B" 表示软，"H" 表示硬，"HB" 的硬度介于两者之间。绘图时，可根据使用要求选用不同的铅笔型号，建议 B 型或 2B 型用于画粗线；H 型或 2H 型用于画细线或底稿线；HB 型用于画中线或书写字体。

2）铅芯磨削的长度及形状：写字或打底稿时用锥状铅芯，铅笔应削成长 25～30mm 的圆锥形，铅芯露出 6～8mm；加深图线时，铅笔宜削成楔状，铅芯宽 1～1.5mm、厚 0.6～0.8mm。

十、其他用品

绘图还需其他用品，如橡皮、刀片、胶带纸、擦图片等。

1.1.2　计算机制图

利用计算机及其图形设备帮助设计人员进行设计工作，称为计算机辅助设计，简称 CAD。在建筑工程设计中，计算机可以帮助设计人员担负计算、信息存储和制图等工作。在设计中，通常要用计算机对不同的设计方案进行大量的计算、分析和比较，以决定最优方案；各种设计信息，不论是数字的、文字的还是图形的，都能存放在计算机的内存或外存储器里，并能快速地检索；设计人员可以用草图进行初步设计，然后把将草图变为工作图的繁重工作交给计算机完成；利用计算机可以进行图形的编辑、放大、缩小、平移和旋转等图形数据加工工作。

建筑行业常用的计算机制图软件有 AutoCAD、天正建筑、中望 CAD、Revit 等。

一、AutoCAD

AutoCAD（Autodesk Computer Aided Design）是 Autodesk（欧特克）公司于 1982 年开发的一种计算机辅助设计软件，用于二维绘图、详细绘制、设计文档和基本三维设计，现已成为国际上广为流行的制图工具。如今，AutoCAD 系列已广泛应用于机械、建筑、土木、电子、化工等工程设计领域，极大地提高了设计人员的工作效率。

AutoCAD 2020 是 Autodesk 公司目前推出的最新版本，利用 AutoCAD 2020，用户可以轻松自如地绘制立体图并自动投影成视图，也正是这种设计理念，使广大工程设计人员的设计效率和创新思维能力均得到了有效提高。AutoCAD 具有良好的用户界面，通过交互菜单或命令行方式便可进行各种操作；它的多文档设计环境，让非计算机专业人员也能很快地学会使用。AutoCAD 具有广泛的适应性，它可以在各种操作系统支持的微型计算机和工作站上运行。

二、天正建筑

Autodesk 公司为满足建筑设计行业的需要，专门开发了基于 AutoCAD 平台的建筑设计软件 AutoCAD Architecture，但该软件主要迎合欧美建筑行业的需要，没有考虑到中国用户的需求。因此，国内涌现出了一大批基于 AutoCAD 二次开发的、适合国内建筑设计需求的软件，目前使用十分广泛的是天正建筑。

天正建筑目前的最新版本是 T 20 天正建筑软件 V 6.0，是天正公司针对国内的建筑设计需求而开发的全新产品。该软件将设计师在制图过程中常用的命令分类提取出来，同类功能以选项板的形式呈现在二维草图和注释模式下，用户可在选项板上直接单击按钮激活相关命令，无须反复选择多级菜单寻找命令，能让用户方便快捷地完成工程图样的绘制工作。

三、中望 CAD

中望 CAD 是中望软件公司自主研发的二维 CAD 平台软件，凭借着良好的运行速度和稳定性、可兼容主流 CAD 文件格式、界面友好易用、操作方便等优点，帮助用户高效顺畅地完成设计制图。

四、Revit

Revit 是 Autodesk 公司推出的一款 BIM 软件，目前最新版本是 Revit 2020。

Revit 系列软件是为建筑信息模型（BIM）构建的，可帮助建筑师设计、建造和维护质量更好、能效更高的建筑。利用其强大的工具，基于智能模型的流程，可支持建筑师在施工前更好地预测竣工后建筑的各种表现。Revit 支持多领域设计流程的协作式设计，能够帮助建筑师减少错误和浪费，以此提高效率和客户满意度，进而创建可持续性更高的精确设计；能够优化团队协作能力，可支持建筑师与工程师、承包商、建造人员、业主一起更加清晰、可靠地沟通设计意图。

任务 1.2　图 纸 幅 面

1.2.1　图纸幅面的基本规定

一、图纸幅面及图框尺寸

图纸幅面及图框尺寸见表 1-1。

表 1-1　图纸幅面及图框尺寸　（单位：mm）

尺寸代号　　　幅面代号	A0	A1	A2	A3	A4
$b \times l$	841×1189	594×841	420×594	297×420	210×297
c	10			5	
a	25				

注：表中 b 为幅面短边尺寸，l 为幅面长边尺寸，c 为图框线与幅面线之间的宽度，a 为图框线与装订边之间的宽度。

二、图幅之间的关系

图幅之间的关系如图 1-2 所示。

三、图纸加宽

图纸的短边尺寸不应加长，A0～A3 的幅面长边尺寸可加长，但应符合表 1-2 的规定。

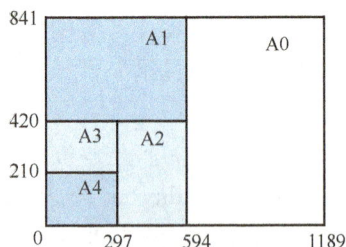

图 1-2　图幅之间的关系（单位：mm）

表1-2　图纸长边加长尺寸　　　　　　　　　　（单位：mm）

幅面代号	长边尺寸	长边加长后的尺寸				
A0	1189	1486 （A0 + 1/4l）	1783 （A0 + 1/2l）	2080 （A0 + 3/4l）	2378 （A0 + l）	
A1	841	1051 （A1 + 1/4l） 2102 （A1 + 3/2l）	1261 （A1 + 1/2l）	1471 （A1 + 3/4l）	1682 （A1 + l）	1892 （A1 + 5/4l）
A2	594	743 （A2 + 1/4l） 1486 （A2 + 3/2l）	891 （A2 + 1/2l） 1635 （A2 + 7/4l）	1041 （A2 + 3/4l） 1783 （A2 + 2l）	1189 （A2 + l） 1932 （A2 + 9/4l）	1338 （A2 + 5/4l） 2080 （A2 + 5/2l）
A3	420	630 （A3 + 1/2l） 1682 （A3 + 3l）	841 （A3 + l） 1892 （A3 + 7/2l）	1051 （A3 + 3/2l）	1261 （A3 + 2l）	1471 （A3 + 5/2l）

注：有特殊需要的图纸，可采用 $b×l$ 为841mm×891mm 与1189mm×1261mm 的幅面。

四、横式图幅与立式图幅

图纸以短边作为垂直边应为横式，以短边作为水平边应为立式。A0～A3 图纸宜横式使用；必要时，也可立式使用。一个工程设计中，每个专业所使用的图纸，不宜多于两种幅面。

横式使用的图纸，应按图1-3 所示的形式布置；立式使用的图纸，应按图1-4 所示的形式布置。

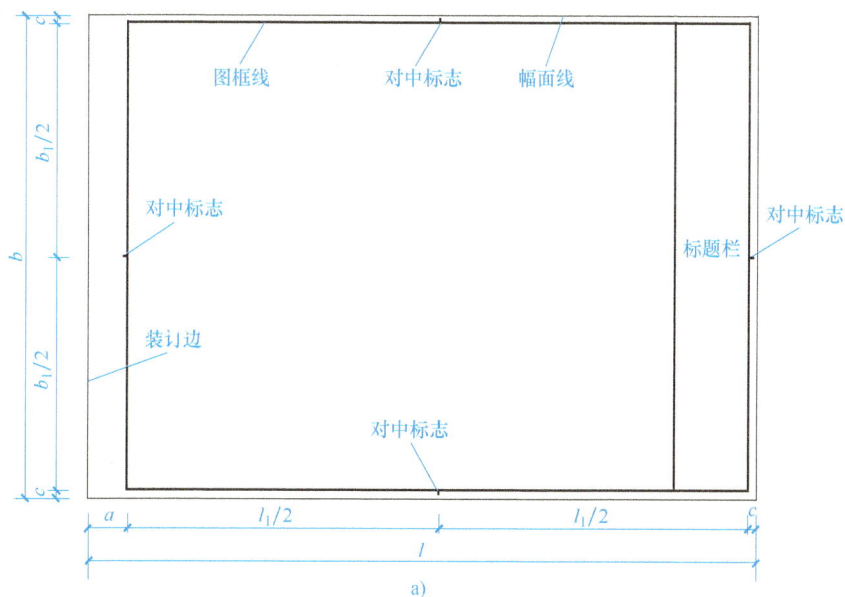

图1-3　横式幅面
a）A0～A3 横式幅面（一）

対中标志　图框线　幅面线

対中标志

対中标志

装订边

対中标志

标题栏

a | $l_1/2$ | $l_1/2$ | c

l

b)

图框线　対中标志　幅面线

会签栏

対中标志

対中标志

装订边

対中标志

标题栏

a | $l_1/2$ | $l_1/2$ | c

l

c)

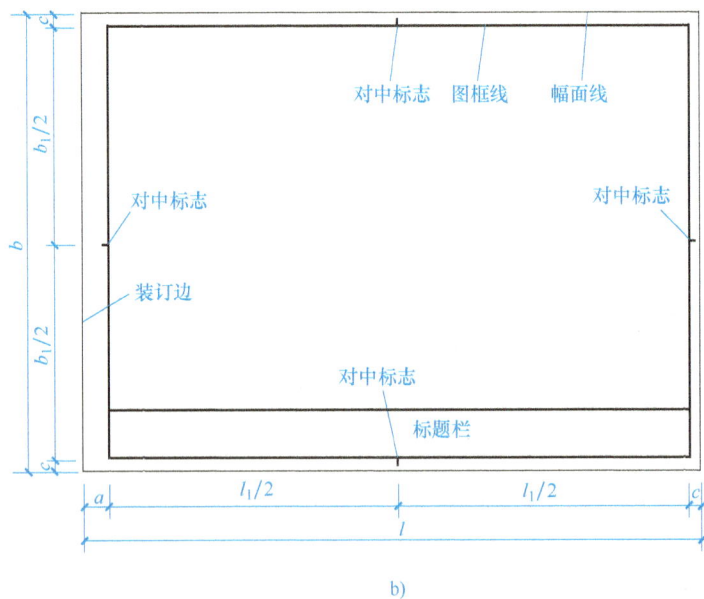

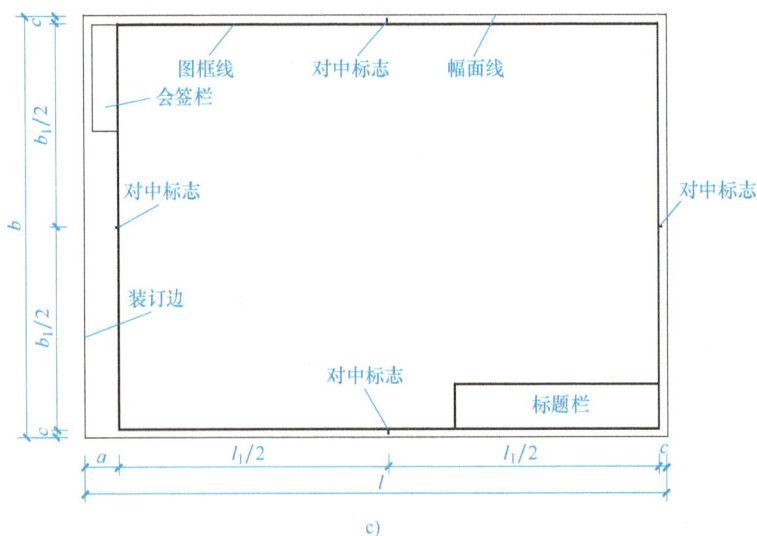

图 1-3　横式幅面（续）

b）A0 ~ A3 横式幅面（二）　c）A0 ~ A1 横式幅面

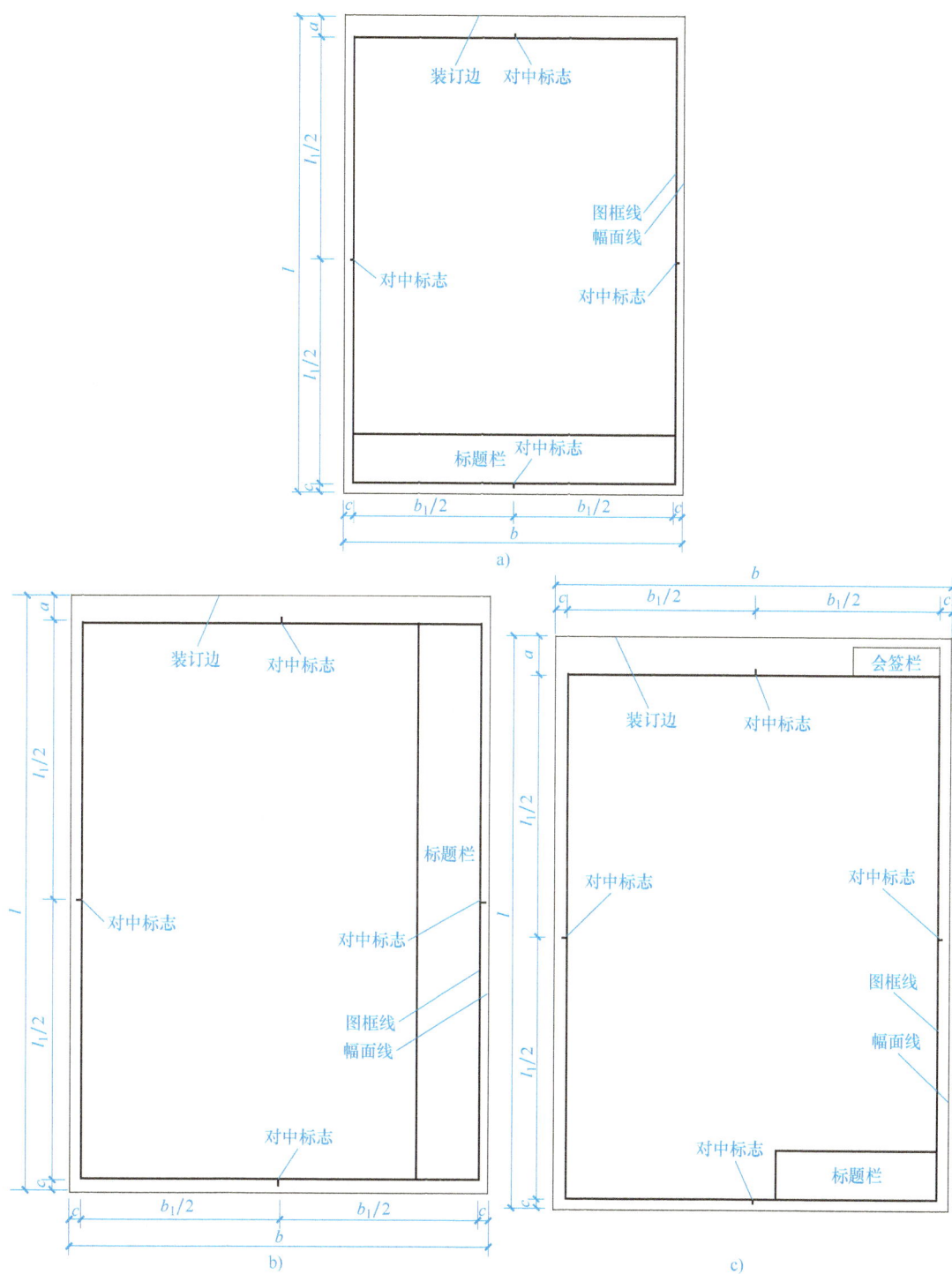

图 1-4　立式幅面

a) A0 ~ A4 立式幅面（一）　b) A0 ~ A4 立式幅面（二）　c) A0 ~ A2 立式幅面

1.2.2 标题栏与会签栏

应根据工程的需要选择并确定标题栏、会签栏的尺寸、格式及分区。当采用图1-3a、b和图1-4a、b所示的布置形式时，标题栏、会签栏按图1-5a、b所示布局；当采用图1-3c和图1-4c所示的布置形式时，标题栏、会签栏按图1-5c、d、e所示布局。

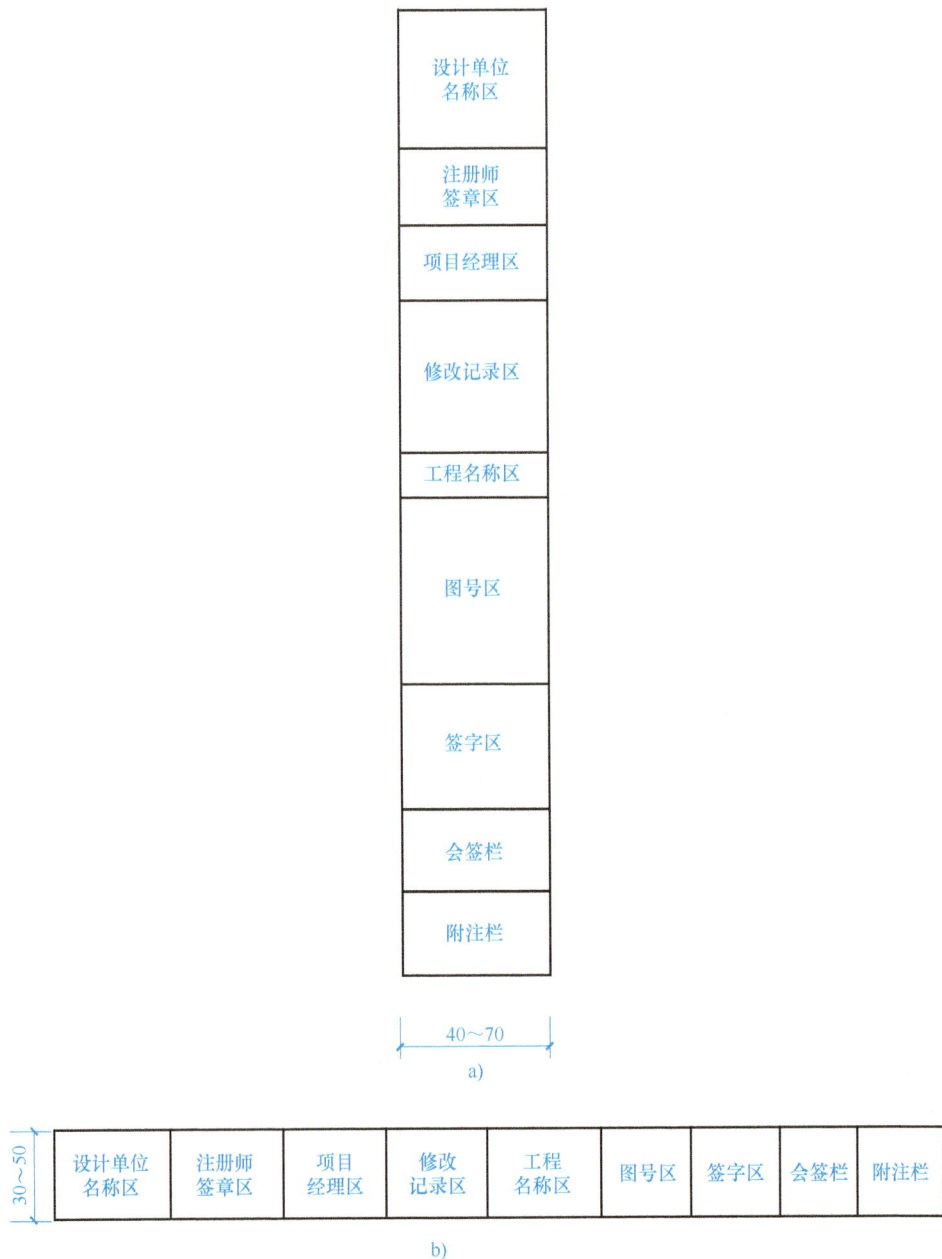

设计单位名称区
注册师签章区
项目经理区
修改记录区
工程名称区
图号区
签字区
会签栏
附注栏

40～70

a)

设计单位名称区	注册师签章区	项目经理区	修改记录区	工程名称区	图号区	签字区	会签栏	附注栏

30～50

b)

图1-5 标题栏与会签栏（单位：mm）

a）标题栏（一） b）标题栏（二）

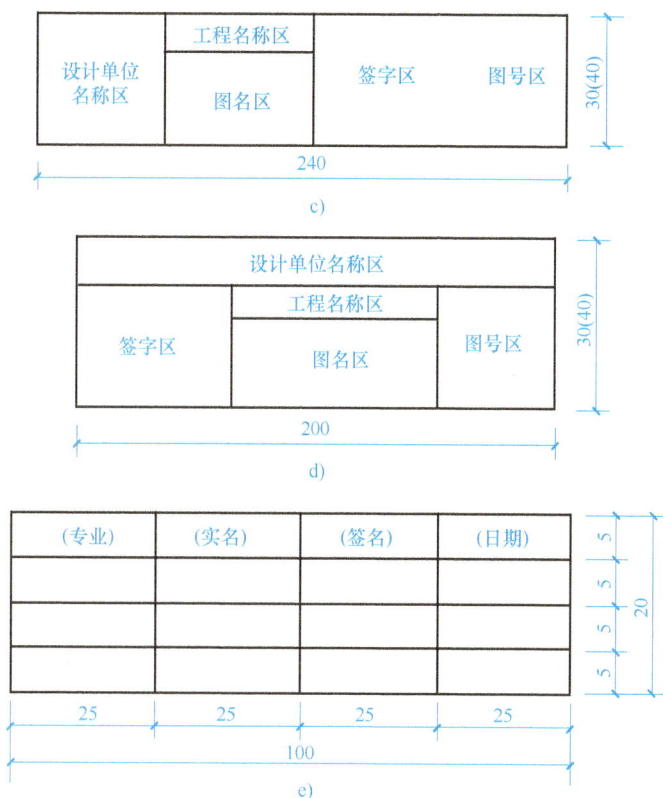

图 1-5 标题栏与会签栏（单位：mm）（续）
c）标题栏（三） d）标题栏（四） e）会签栏

任务 1.3 图纸图线的规定

1.3.1 线型种类的基本要求

图线的基本线宽 b，宜按照图纸比例及图纸性质从 1.4mm、1.0mm、0.7mm、0.5mm 线宽系列中选取。每个图样，应根据复杂程度与比例大小，先选定基本线宽 b，再选用表 1-3 中相应的线宽组。

表 1-3　线宽组　　　　　　　　　　　（单位：mm）

线宽比	线宽组			
b	1.4	1.0	0.7	0.5
$0.7b$	1.0	0.7	0.5	0.35
$0.5b$	0.7	0.5	0.35	0.25
$0.25b$	0.35	0.25	0.18	0.13

工程建设制图图线的种类见表1-4。

表1-4　工程建设制图图线的种类

名称		线　型	线宽	用　途
实线	粗		b	主要可见轮廓线
	中粗		$0.7b$	可见轮廓线、变更云线
	中		$0.5b$	可见轮廓线、尺寸线
	细		$0.25b$	图例填充线、家具线
虚线	粗		b	见各关专业制图标准
	中粗		$0.7b$	不可见轮廓线
	中		$0.5b$	不可见轮廓线、图例线
	细		$0.25b$	图例填充线、家具线
单点长画线	粗		b	见各有关专业制图标准
	中		$0.5b$	见各有关专业制图标准
	细		$0.25b$	中心线、对称线、轴线等
双点长画线	粗		b	见各有关专业制图标准
	中		$0.5b$	见各有关专业制图标准
	细		$0.25b$	假想轮廓线、成型前原始轮廓线
折断线	细		$0.25b$	断开界线
波浪线	细		$0.25b$	断开界线

1）注意，虚线表示的是实际存在的轮廓线，只是被其他物体挡住了而看不见。所以，在后面的作图中不能用虚线表示辅助线，而应该用细实线表示。

2）同一张图纸内，相同比例的各图样应选用相同的线宽组。

3）相互平行的图例线，其净间隙或线中间隙不宜小于0.2mm。

4）虚线、单点长画线或双点长画线的线段长度和间隙，宜各自相等。

5）单点长画线或双点长画线，当在较小图形中绘制有困难时，可用实线代替。

6）单点长画线或双点长画线的两端，不应采用点。点画线与点画线交接或点画线与其他图线交接时，应采用线段交接。

7）虚线与虚线交接或虚线与其他图线交接时，应采用线段交接。虚线为实线的延长线时，不得与实线相接。

8）图线不得与文字、数字或符号重叠、混淆，不可避免时，应首先保证文字的清晰。

图纸的图框和标题栏线可采用表1-5中所示的线宽。

表1-5　图框和标题栏线的宽度　　　　　　（单位：mm）

幅面代号	图框线	标题栏外框线对中标志	标题栏分格线幅面线
A0、A1	b	$0.5b$	$0.25b$
A2、A3、A4	b	$0.7b$	$0.35b$

9）波浪线和折断线的使用如图1-6所示。图1-6a为截取自建筑物的一部分，这部分的楼面分为三层：硬木地板、沥青和水泥砂浆找平层。当将这部分构造画在图纸上时，因为是被截取的一部分，因此在截取的位置需要画折断线，而分层的层与层之间需要画波浪线，如图1-6b所示。

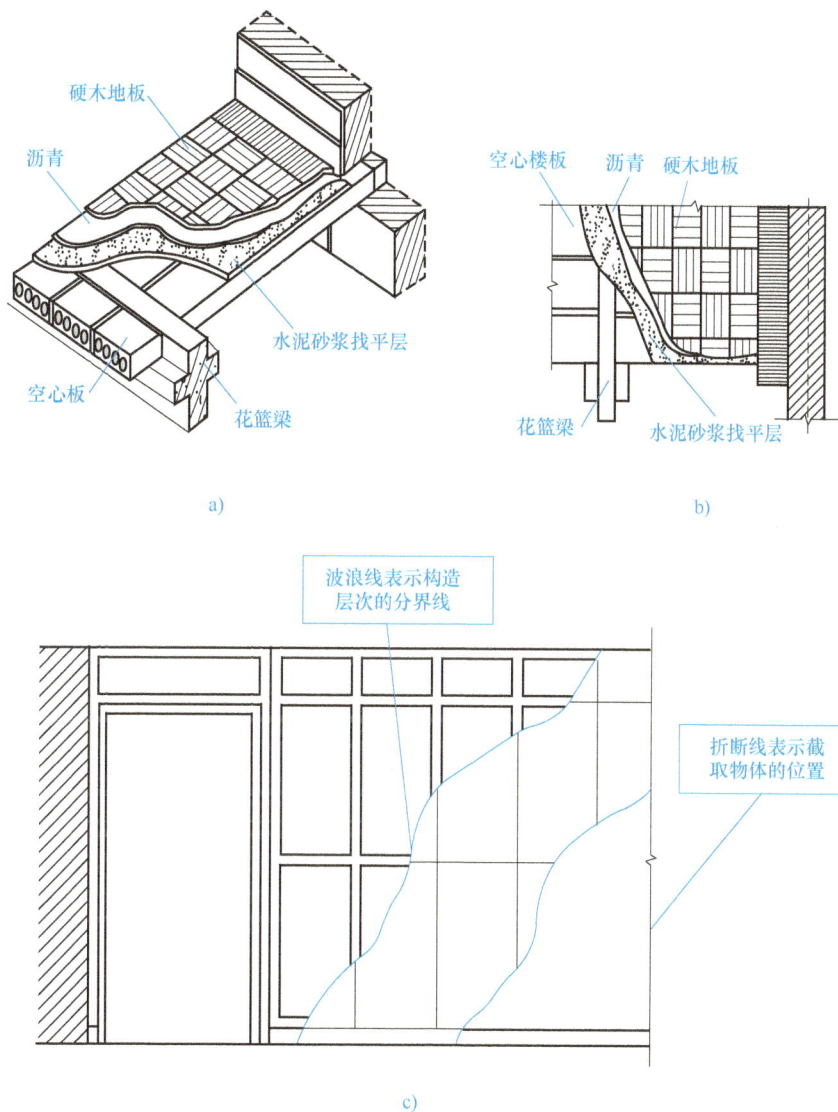

a)

b)

c)

图1-6　波浪线和折断线的使用

1.3.2　线型应用举例

各种图线应用示例如图1-7所示。

主要可见轮廓线(粗实线)

尺寸界限(细实线)

尺寸线(细实线)

折断线(细实线)

2300

不可见轮廓线(中粗虚线)

剖面线(细实线)

1—1

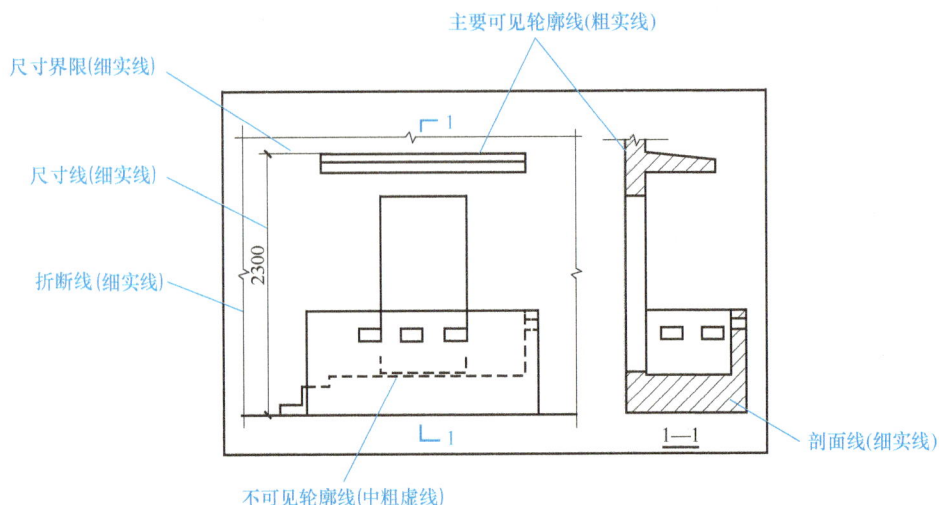

图1-7　各种图线应用示例

任务1.4　图纸字体的规定

图纸上所需书写的文字、数字或符号等，均应笔画清晰、字体端正、排列整齐；标点符号应清楚正确。

文字的字高，应从表1-6中选用。字高大于10mm的文字宜采用True type字体，如需书写更大的字，其高度应按$\sqrt{2}$的倍数递增。

表1-6　文字的字高　　　　　　　　　　　　　　　（单位：mm）

字 体 种 类	汉字矢量字体	True type 字体及非汉字矢量字体
字高	3.5、5、7、10、14、20	3、4、6、8、10、14、20

图样及说明中的汉字，宜优先采用True type字体中的宋体字型，采用矢量字体时应为长仿宋体字型。同一图纸中的字体种类不应超过两种。矢量字体的宽高比宜为0.7，且应符合表1-7的规定，打印线宽宜为0.25～0.35mm；True type字体的宽高比宜为1。大标题、图册封面、地形图等中的汉字，也可书写成其他字体，但应易于辨认，其宽高比宜为1。

表1-7　长仿宋体字型的高宽关系　　　　　　　　　（单位：mm）

字高	3.5	5	7	10	14	20
字宽	2.5	3.5	5	7	10	14

汉字的简化字书写应符合国家有关汉字简化方案的规定。图样及说明中的字母、数字，宜优先采用True type字体中的Roman字型。

字母及数字，当需写成斜体字时，其斜度应是从字的底线逆时针向上倾斜75°。斜体字的高度和宽度应与相应的直体字相等。

字母及数字的字高不应小于2.5mm。

数量的数值注写，应采用正体阿拉伯数字。各种计量单位凡前面有量值的，均应采用国家颁布的单位符号注写。单位符号应采用正体字母。

分数、百分数和比例数的注写，应采用阿拉伯数字和数字符号。

当注写的数字小于1时，应写出个位数的"0"，小数点应采用圆点，齐基准线书写。

长仿宋汉字、字母、数字应符合《技术制图 字体》（GB/T 14691—1993）的有关规定。

任务1.5 图纸比例的规定

图样的比例，应为图形与实物相对应的线性尺寸之比。图样比例分为原值比例、放大比例、缩小比例三种，表示方法如1:100。图1-8a为比例1:1的原值比例，图1-8b为比例1:2的缩小比例，图1-8c为比例2:1的放大比例。但是无论采用何种比例制图，尺寸数值均按原值注出，即在图1-8中，所有的图示里轮廓线的尺寸均为"1000"。

比例的符号应为"："，比例应以阿拉伯数字表示。比例宜注写在图名的右侧，字的基准线应取平；比例的字高宜比图名的字高小一号或二号，如图1-9所示。

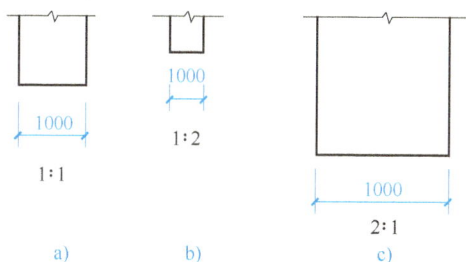

比例

图1-8 比例

图1-9 比例的注写方式

在建筑工程图样里面，常用的制图比例见表1-8。

表1-8 常用的制图比例

建筑物或构筑物的平面图、立面图、剖面图	1:50、1:100、1:150、1:200、1:300
建筑物或构筑物的局部放大图	1:10、1:20、1:25、1:30、1:50
配件及构造详图	1:1、1:2、1:5、1:10、1:15、1:20、1:25、1:30、1:50

任务1.6 尺寸标注

尺寸标注案例

1.6.1 基本规定

图样上的尺寸包括尺寸线、尺寸界线、尺寸起止符号和尺寸数字，如图1-10a所示。

1. 尺寸线

尺寸线应用细实线绘制，应与被注长度平行，两端宜以尺寸界线为边界，也可超出尺寸界线 2~3mm。图样本身的任何图线均不得用作尺寸线。

2. 尺寸界线

尺寸界线应用细实线绘制，一般应与被注长度垂直，其一端应离开图样轮廓线不小于 2mm，另一端宜超出尺寸线 2~3mm，如图 1-10b 所示。图样轮廓线可用作尺寸界线。

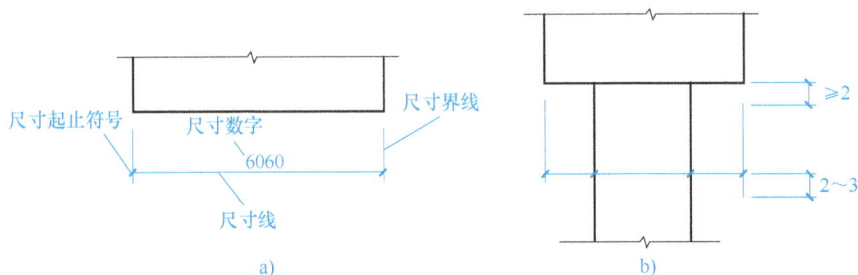

图 1-10 尺寸界线（单位：mm）

3. 尺寸起止符号

尺寸起止符号用中粗斜短线绘制，长度为 2~3mm，其倾斜方向应与尺寸界线呈顺时针 45°。标注半径、直径、角度与弧长的尺寸起止符号时宜用箭头；轴测图中用涂黑的小圆点表示尺寸起止符号，小圆点直径为 1mm。

4. 尺寸数字

图样上的尺寸，应以尺寸数字为准，不应从图上直接量取。

图样上的尺寸单位，除标高及总平面以米为单位外，其他必须以毫米为单位。

尺寸数字的方向，应按图 1-11a、b、c 所示的规定注写。若尺寸数字在 30° 斜线区内，也可按图 1-11d 所示的形式注写。

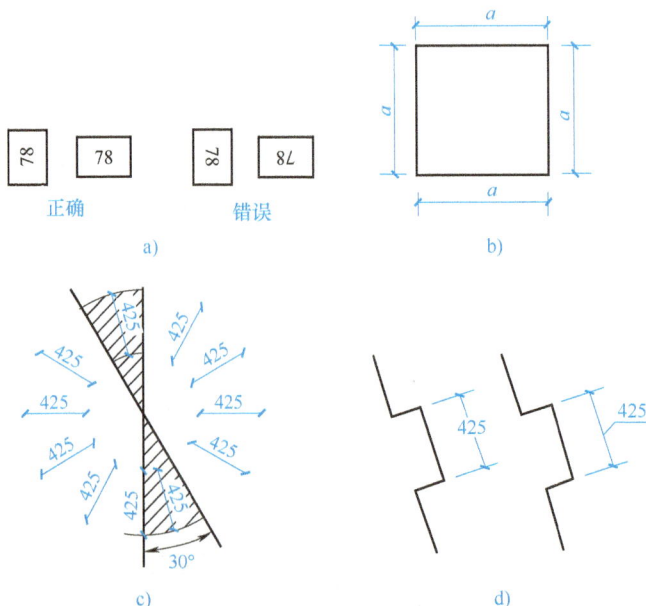

图 1-11 尺寸数字位置与方向

尺寸宜标注在图样轮廓以外，不宜与图线、文字及符号等相交，如图1-12所示。

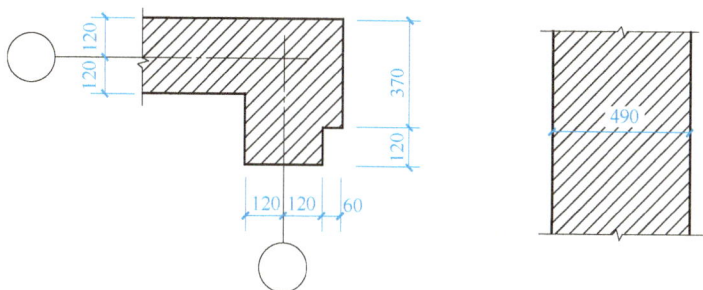

图1-12　尺寸数字的注写

互相平行的尺寸线，应从被注写的图样轮廓线由近向远整齐排列，较小尺寸应离轮廓线较近，较大尺寸应离轮廓线较远。图样轮廓线以外的尺寸界线，距图样最外侧轮廓之间的距离不宜小于10mm。平行排列的尺寸线的间距宜为7～10mm，并应保持一致。总尺寸的尺寸界线应靠近所指部位，中间的分尺寸的尺寸界线可稍短，但其长度应相等。尺寸的排列如图1-13所示。

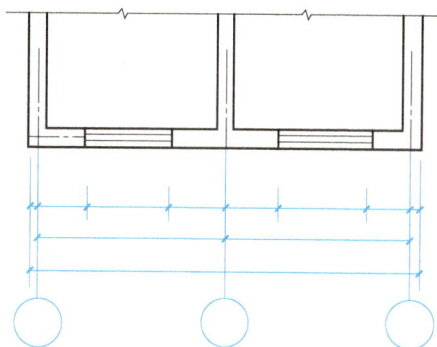

图1-13　尺寸的排列

1.6.2　特殊标注

一、角度标注

角度的尺寸线应以圆弧表示。该圆弧的圆心应是该角的顶点，角的两条边为尺寸界线。起止符号应以箭头表示，如没有足够位置画箭头，可用圆点代替，角度数字应沿尺寸线方向注写，如图1-14所示。

二、圆的直径

标注圆的直径尺寸时，直径数字前应加直径符号"ϕ"。在圆内标注的尺寸线应通过圆心，两端画箭头指至圆弧，如图1-15所示。

较小圆的直径尺寸，可标注在圆外，如图1-16所示。

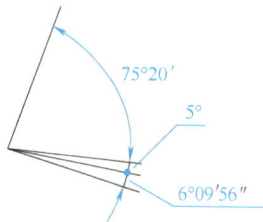

图1-14　角度的标注

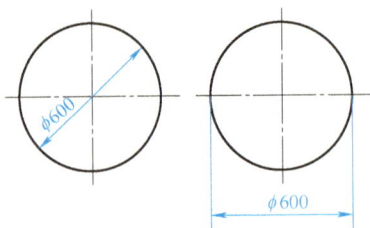

图 1-15　圆直径的标注方法

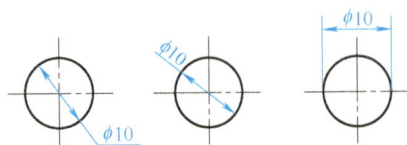

图 1-16　较小圆直径的标注方法

三、圆的半径

半径的尺寸线应一端从圆心开始，另一端画箭头指向圆弧。半径数字前应加注半径符号"R"，如图 1-17 所示。

较小圆弧的半径，可按图 1-18 所示的形式标注。

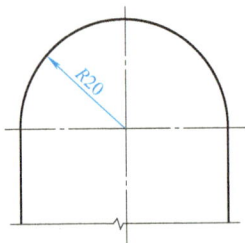

图 1-17　圆半径的标注

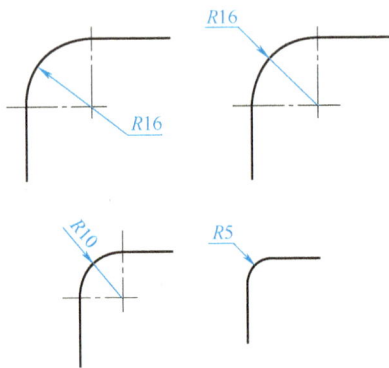

图 1-18　较小圆弧半径的标注方法

四、较大圆弧的半径

较大圆弧的半径，可按图 1-19 所示的形式标注。

五、狭小部位

尺寸数字应依据其方向注写在靠近尺寸线的上方中部。如没有足够的注写位置，最外边的尺寸数字可注写在尺寸界线的外侧，中间相邻的尺寸数字可上下错开注写，可用引出线表示标注尺寸的位置，如图 1-20 所示。

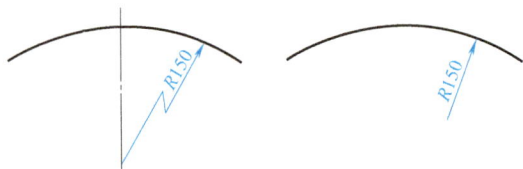

图 1-19　较大圆弧半径的标注方法

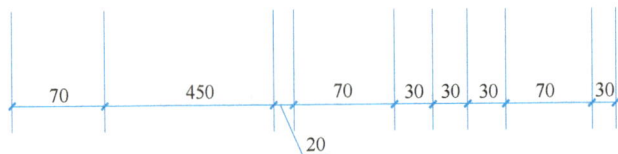

图 1-20　狭小部位的标注

六、弧长及弦长

1）标注圆弧的弧长时，尺寸线应以与该圆弧同心的圆弧线表示，尺寸界线应指向圆心，起止符号用箭头表示，弧长数字上方或前方应加注圆弧符号"⌒"，如图1-21所示。

2）标注圆弧的弦长时，尺寸线应以平行于该弦的直线表示，尺寸界线应垂直于该弦，起止符号用中粗斜短线表示，如图1-22所示。

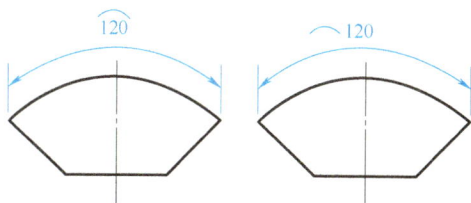

图1-21 弧长标注方法

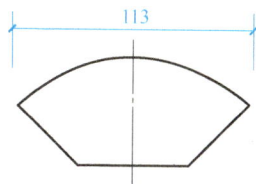

图1-22 弦长标注方法

七、球的半径与直径

标注球的半径尺寸时，应在尺寸前加注符号"SR"。标注球的直径尺寸时，应在尺寸数字前加注符号"Sφ"。注写方法与圆弧的半径和圆的直径的尺寸标注方法相同，如图1-23所示。

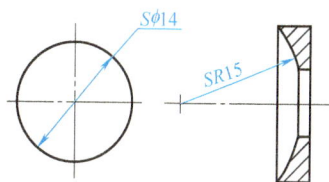

图1-23 球的半径与直径标注

八、坡度的标注

标注坡度时，应加注坡度符号，该符号为单面箭头。箭头应指向下坡方向，坡度也可用直角三角形的形式标注，如图1-24所示。

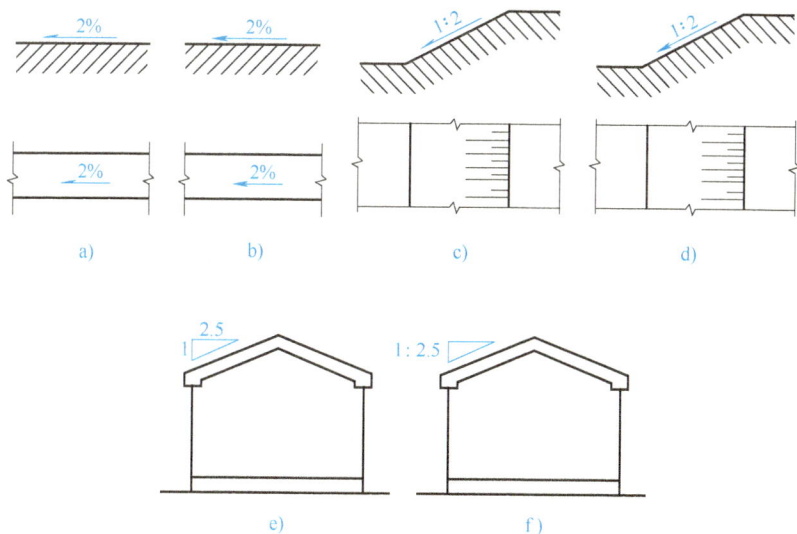

图1-24 坡度的标注

任务 1.7 建筑工程图样的编排顺序

1.7.1 房屋的组成

房屋的组成（图1-25）包括如下内容：

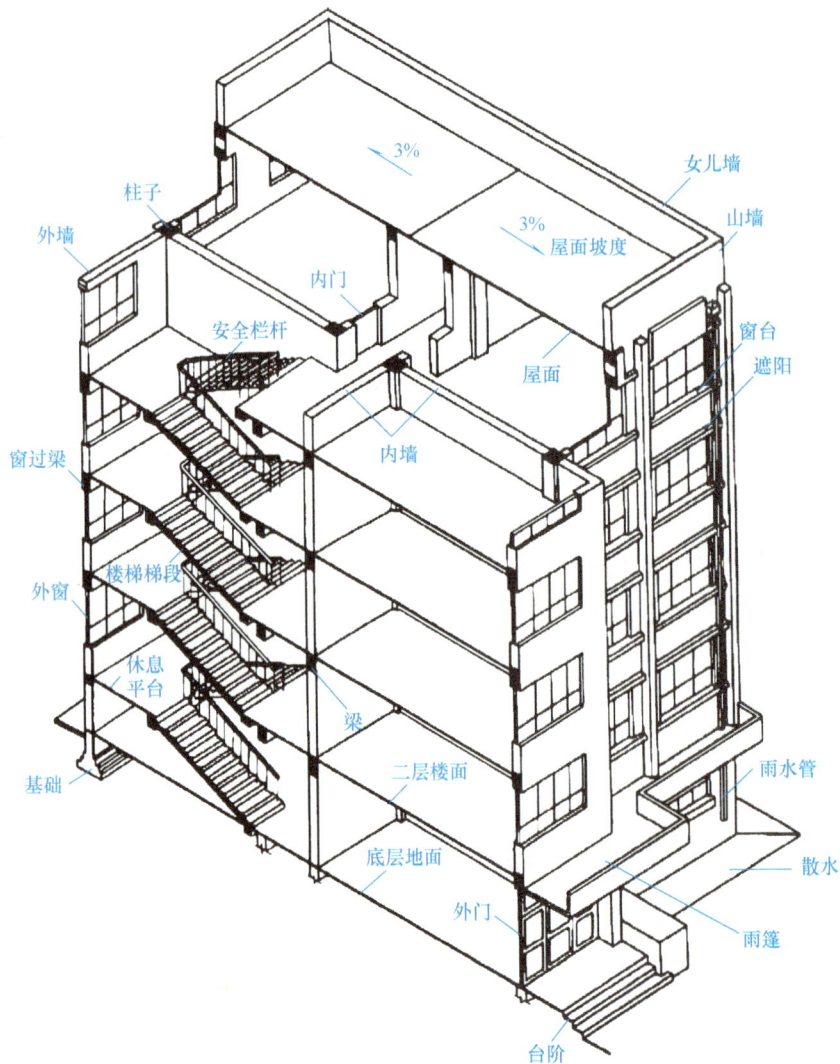

图 1-25 房屋的组成

1. 基础

基础是房屋最下面的结构部分，它的作用是承受房屋的全部荷载，并将这些荷载传给地基。

2. 墙和柱

墙和柱是建筑物的竖向承重构件，是建筑物的重要组成部分。

3. 楼面和地面

楼面和地面是楼房中水平方向的承重构件，除承受荷载外，楼面在垂直方向上将房屋空间分隔成若干层。

4. 屋面

屋面是房屋顶部围护和承重的构件。它和外墙组成了房屋的外壳，起围护作用，抵御自然界中风、雨、雪、太阳辐射等的侵蚀，同时又承受各种作用。根据屋面的坡度不同，有平屋面和坡屋面之分。

5. 楼梯

楼梯是房屋上下楼层之间的垂直交通工具，供人们上下楼层和紧急疏散用。

6. 门窗

门主要用于室内外交通和疏散，也有分隔房间、通风等作用。窗主要用于采光、通风。

1.7.2　建筑工程图样的组成及编排顺序

建筑工程图样是用于表示建筑物的内部布置情况与外部形状，以及装修、构造、施工要求等内容的有关图样。建筑工程图样有以下作用：它是审批建筑工程项目的依据；在生产施工中，它是备料和施工的依据；当工程竣工时，要按照建筑工程图样的设计要求进行质量检查和验收，并以此评价工程质量的优劣；它还是编制工程概算、预算和决算，以及审核工程造价的依据；它是具有法律效力的技术文件。

建筑工程图样应按专业顺序编排，即图纸目录、设计说明、总图、建筑施工图、结构施工图、给水排水图、暖通空调图、电气图等。

1.7.3　识读建筑工程图样的方法

一、识读建筑工程图样应注意的问题

1）建筑工程图样是根据正投影原理绘制的，用图样来表明房屋建筑的设计及构造作法。所以，要识读懂建筑工程图样，应掌握正投影原理并熟悉房屋建筑的基本构造。

2）建筑工程图样采用了一些图例符号以及必要的文字说明，共同把设计内容表现在图样中。因此，要识读懂建筑工程图样，还必须记住常用的图例符号。

3）识读建筑工程图样时要注意从粗到细，从大到小。先粗看一遍，了解工程的概貌，然后再仔细识读。仔细识读时应先看总说明和基本图样，然后再深入识读构件图和详图。

4）一套建筑工程图样是由各工种的许多图样组成的，各图样之间是互相配合紧密联系的。图样的绘制大体是按照施工过程中不同的工种、工序分成一定的层次和部位进行的，因此要有联系地、综合地识读。

5）要结合工程实际识读建筑工程图样。

二、识读建筑工程图样的顺序

1）识读图纸目录、设计说明。

2）识读总平面图。

3）识读建筑施工图。

4）识读结构施工图。

5）识读给水排水图、暖通空调图、电气图等。

任务1.8　识读建筑工程图样的基础知识

1.8.1　图线

在建筑工程图样中，为了表明不同的内容并使层次分明，需采用不同线型和线宽的图线来绘制。图线的线型、线宽及用途见表1-9。

表1-9　图线的线型、线宽及用途

名称		线型	线宽	用途
实线	粗		b	1. 平面图、剖面图中被剖切的主要建筑构造［包括构（配）件］的轮廓线 2. 建筑立面图或室内立面图的外轮廓线 3. 建筑构造详图中被剖切的主要部分的轮廓线 4. 建筑构（配）件详图中的外轮廓线 5. 平面图、立面图、剖面图的剖切符号
	中粗		$0.7b$	1. 平面图、剖面图中被剖切的次要建筑构造［包括构（配）件］的轮廓线 2. 建筑平面图、立面图、剖面图中建筑构（配）件的轮廓线 3. 建筑构造详图及建筑构（配）件详图中的一般轮廓线
	中		$0.5b$	小于$0.7b$的图形线，尺寸线，尺寸界线，索引符号，标高符号，详图材料做法引出线，粉刷线，保温层线，地面、墙面的高差分界线等
	细		$0.25b$	图例填充线、家具线、纹样线等
虚线	中粗		$0.7b$	1. 建筑构造详图及建筑构（配）件不可见的轮廓线 2. 平面图中的起重机（吊车）轮廓线 3. 拟建、扩建建筑物轮廓线
	中		$0.5b$	投射线、小于$0.5b$的不可见轮廓线
	细		$0.25b$	图例填充线、家具线等
单点长画线	粗		b	起重机（吊车）轨道线
	细		$0.25b$	中心线、对称线、定位轴线
折断线	细		$0.25b$	部分省略表示时的断开界线
波浪线	细		$0.25b$	部分省略表示时的断开界线，曲线形构件断开界线；构造层次的断开界线

1.8.2　定位轴线

定位轴线是用来确定建筑物主要结构及构件位置的尺寸基准线,如图 1-26 所示。

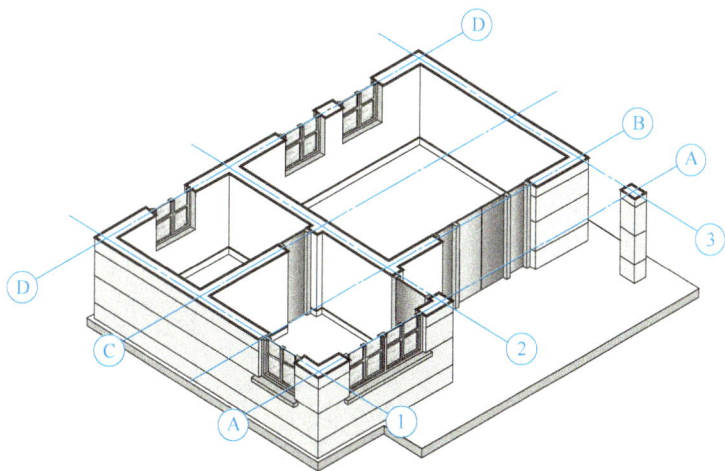

图 1-26　定位轴线标注空间示意图

建筑需要在水平和竖直两个方向进行定位,用于水平方向定位的定位轴线称为平面定位轴线,用于竖直方向定位的定位轴线称为竖向定位轴线。要注意,定位轴线在砖混结构中和其他结构中标定的方法不同。

一、定位轴线的画法及编号

根据《房屋建筑制图统一标准》(GB/T 50001—2017)的规定,定位轴线的平面表示如图 1-27 所示。

1)定位轴线应用 $0.25b$ 线宽的单点长画线绘制。

2)定位轴线应编号,编号应注写在轴线端部的圆内。圆应用 $0.25b$ 线宽的实线绘制,直径宜为 8 ~ 10mm。定位轴线圆的圆心应在定位轴线的延长线上或延长线的折线上。

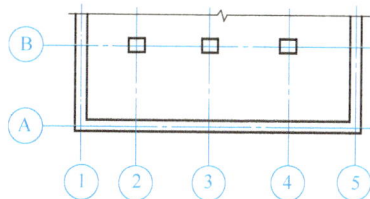

图 1-27　定位轴线的平面表示

3)除较复杂需采用分区编号或圆形、折线形外,平面图上的定位轴线的编号,宜标注在图样的下方及左侧,或在图样的四面标注。横向编号应用阿拉伯数字,从左至右顺序编号;竖向编号应用大写英文字母,从下至上顺序编写。

4)英文字母作为轴线号时,应全部采用大写字母,不应用同一个字母的大小写来区分轴线号。英文字母的 I、O、Z 不得用作轴线的编号。当字母数量不够使用时,可增加双字母或单字母加数字注脚。

5)组合较复杂的平面图中,定位轴线可采用分区编号(图 1-28),编号的注写形式应为"分区号—该分区定位轴线编号",分区号宜采用阿拉伯数字或大写英文字母表示;多子项的平面图中,定位轴线可采用子项编号,编号的注写形式为"子项号—该子项定位轴线编号",子项号采用阿拉伯数字或大写英文字母表示,如:"1-1""1-A"或"A-1""A-2"。当采用分区编号或子项编号,同一根轴线上有不止一个编号时,相应编号应同时注明。

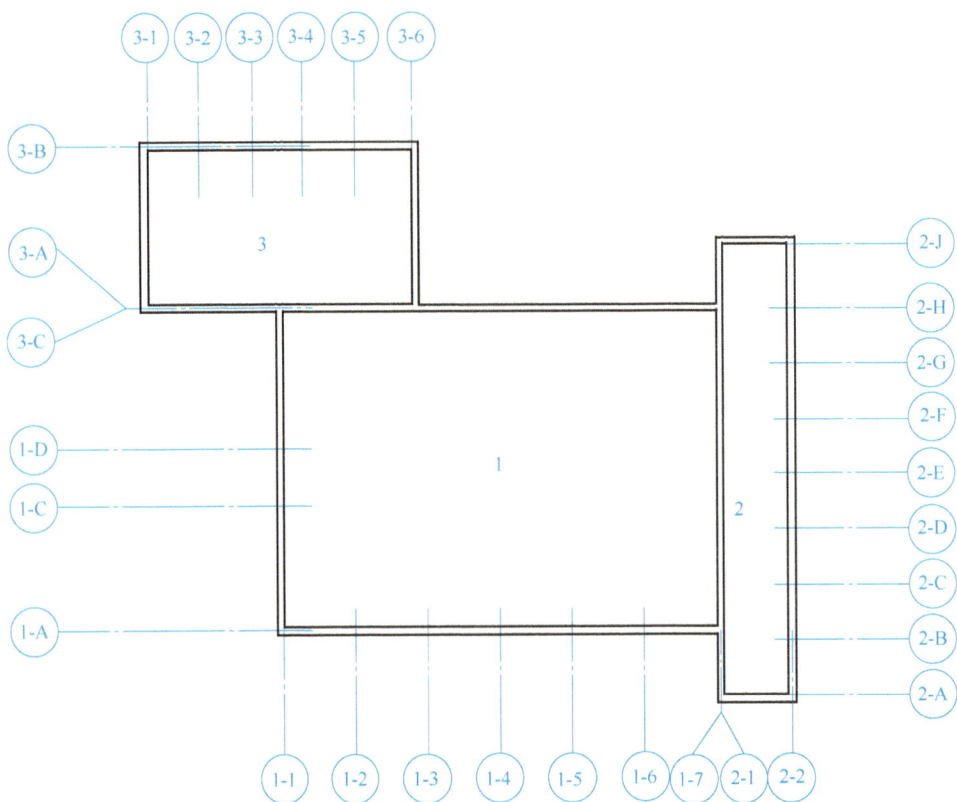

图 1-28　分区编号的定位轴线

　　圆形与弧形平面图中的定位轴线，其径向轴线宜采用阿拉伯数字表示，从左下角或 – 90°（若径向轴线很密，角度间隙很小）开始，按逆时针顺序编写；其环向轴线宜用大写英文字母表示，从外向内顺序编写（图 1-29、图 1-30）。圆形与弧形平面图的圆心宜选用大写英文字母编号（I、O、Z 除外），有不止一个圆心时，可在字母后加注阿拉伯数字进行区分，如 P1、P2、P3。折线形平面图中定位轴线的编号可按图 1-31 所示的形式编写。

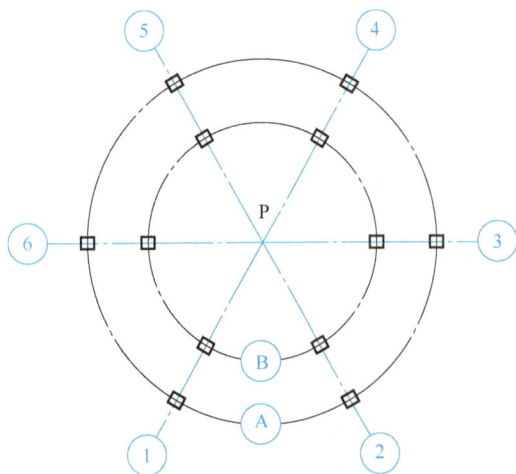

图 1-29　圆形平面图中定位轴线的编号

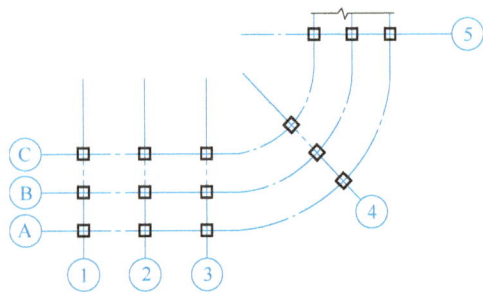

图 1-30　弧形平面图中定位轴线的编号

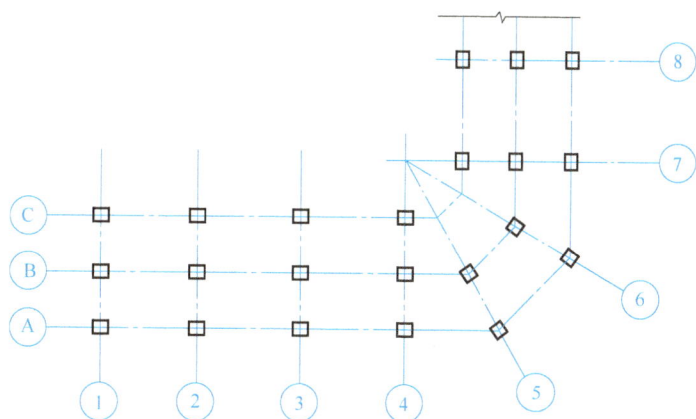

图 1-31 折线形平面图中定位轴线的编号

二、附加定位轴线

在施工图中，两道承重墙中如有隔墙，隔墙的定位轴线应为附加定位轴线，附加定位轴线的编号方法采用分数的形式，如图 1-32 所示，分母表示前一根定位轴线的编号，分子表示附加定位轴线的编号。如在①轴线或Ⓐ轴线前有附加轴线，则应在分母中的"1"或"A"前加注"0"，如图 1-33 所示。附加定位轴线的应用如图 1-34 所示。

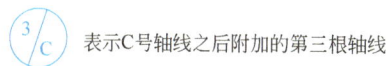

表示2号轴线之后附加的第一根轴线

表示C号轴线之后附加的第三根轴线

图 1-32 定位轴线的表示方法（一）

表示1号轴线之前附加的第一根轴线

表示A号轴线之前附加的第三根轴线

图 1-33 定位轴线的表示方法（二）

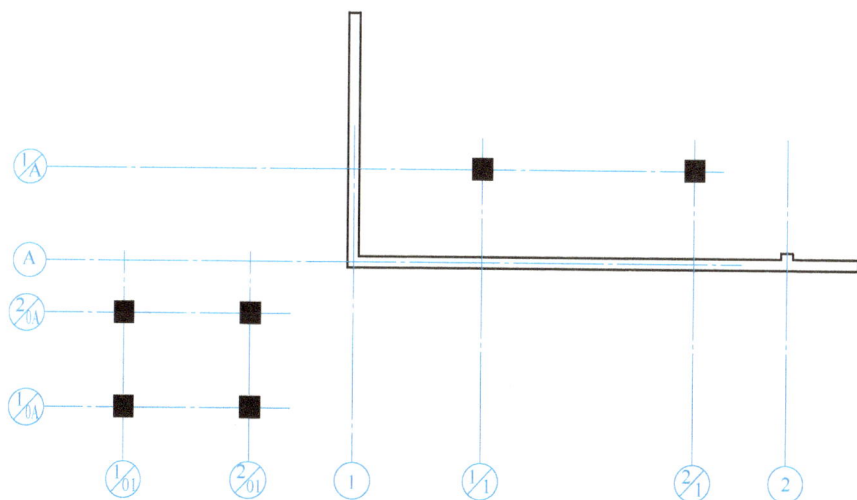

图 1-34 附加定位轴线的应用

如一个详图适用于几根轴线时，应同时注明各有关轴线的编号，如图 1-35 所示。通用详图中的定位轴线，应只画圆，不注写轴线编号，如图 1-36 所示。

用于2根轴线时　　　　用于3根或3根　　　用于3根以上连续
　　　　　　　　　　以上轴线时　　　　编号的轴线时

图 1-35　详图使用多根轴线的情况　　　　图 1-36　通用详图的定位轴线

1.8.3　索引符号与详图符号

一、索引符号

图样中的某一局部或构件，如需另见详图，应以索引符号索引，如图 1-37a 所示。索引符号应由直径为 8~10mm 的圆和水平直线组成，圆及水平直线的线宽宜为 $0.25b$。索引符号编写应符合下列规定：

1）当索引出的详图与被索引的详图同在一张图纸内，应在索引符号的上半圆中用阿拉伯数字注明该详图的编号，并在下半圆中间画一段水平细实线，如图 1-37b 所示，图中编号为 5 的详图在本页图纸上。

2）当索引出的详图与被索引的详图不在同一张图纸中，应在索引符号的上半圆中用阿拉伯数字注明该详图的编号，在索引符号的下半圆中用阿拉伯数字注明该详图所在图纸的编号，如图 1-37c 所示，图中圆圈内横线上面的数字 5 表示详图的编号，横线下方的数字 4 表示详图所在的图纸编号。数字较多时，可加文字标注。

3）当索引出的详图采用标准图时，应在索引符号水平直线的延长线上加注该标准图集的编号，如图 1-37d 所示，图中编号为 5 的详图在"J103"标准图集的第 4 页上。需要标注比例时，应标注在文字的索引符号右侧或延长线下方，与符号下对齐。

a)　　　b)　　　c)　　　d)

图 1-37　索引符号的表示方法

4）当索引符号用于索引剖视详图时，应在被剖切的部位绘制剖切位置线，并以引出线引出索引符号，引出线所在的一侧应为剖视方向，如图 1-38 所示。图 1-38a 表示将建筑物构件切开后向左看。图 1-38b 表示编号为 2 的详图在本页图纸上，且被剖切后向下看。图 1-38c 表示编号为 5 的详图在第 4 页图纸上，被剖切后向上看。图 1-38d 表示编号为 5 的详图在"J103"标准图集的第 4 页上，被剖切后向右看。

二、详图符号

详图的位置和编号应以详图符号表示。详图符号的圆直径应为 14mm，线宽为 b。详图编号应符合下列规定：

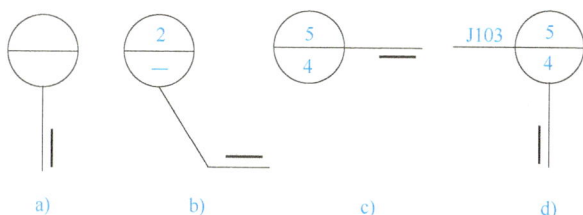

图1-38　索引剖视详图的表示方法

1）详图与被索引的图样同在一张图纸内的，应在详图符号内用阿拉伯数字注明详图的编号，如图1-39所示。

2）详图与被索引的图样不在同一张图纸内的，应用细实线在详图符号内画一水平直线，在上半圆中注明详图编号，在下半圆中注明被索引的图纸编号，如图1-40所示。

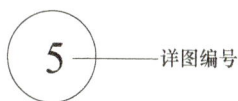

图1-39　与被索引图样同在
一张图纸内的详图索引

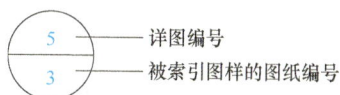

图1-40　与被索引图样不在同
一张图纸内的详图索引

1.8.4　标高

一、绝对标高和相对标高

绝对标高是以一个国家或地区统一规定的基准面作为零点的标高，我国规定以青岛附近的黄海平均海平面作为标高的零点，所计算的标高称为绝对标高。相对标高是以建筑物室内首层主要地面高度为零作为标高的起点，所计算的标高称为相对标高。建筑工程图中，一般只有总平面图中的室外地坪标高为绝对标高，标高的基准面（即零点标高±0.000）是根据工程需要而将各自选定的标高作为相对标高。通常把新建建筑物的底层室内地面作为相对标高的基准面（即零点标高±0.000）。

二、建筑标高与结构标高

在相对标高中，凡是包括装饰层厚度的标高，称为建筑标高，注写在构件的装饰层面上；凡是不包括装饰层厚度的标高，称为结构标高，注写在构件的底部，作为构件的安装高度或施工高度，如图1-41所示。

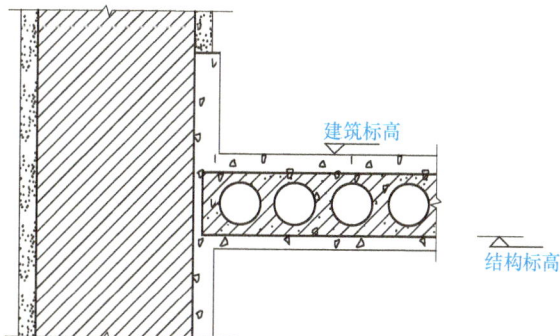

图1-41　建筑标高与结构标高

三、标高的表示方法

标高符号应以等腰直角三角形表示，并应按图 1-42a 所示形式用细实线绘制，如标注位置不够，也可按图 1-42b 所示形式绘制。标高符号的具体画法可按图 1-42c、d 所示。

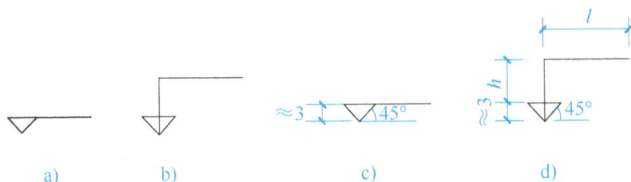

图 1-42　标高符号

l—取适当长度注写标高数字　h—根据需要取适当高度

总平面图室外地坪标高符号宜用涂黑的三角形表示，具体画法可按图 1-43 所示。

标高符号的尖端应指至被注高度的位置。尖端宜向下，也可向上。标高数字应注写在标高符号的上侧或下侧，如图 1-44 所示。

标高数字应以米为单位，注写到小数点后第三位。在总平面图中，可注写到小数点后第二位。零点标高应注写成 ±0.000，正数标高不注 "+"，负数标高应注 "-"，例如 3.000、-0.600。在图样的同一位置需表示几个不同标高时，标高数字可按图 1-45 所示的形式注写。

图 1-43　总平面图室外
地坪标高符号

图 1-44　标高的指向及
数字注写位置

图 1-45　同一位置注写
多个标高数字

1.8.5　剖切符号

剖切符号宜优先选择国际通用方法表示，如图 1-46 所示；也可采用常用方法表示，如图 1-47 所示，同一套图样应选用同一种表示方法。

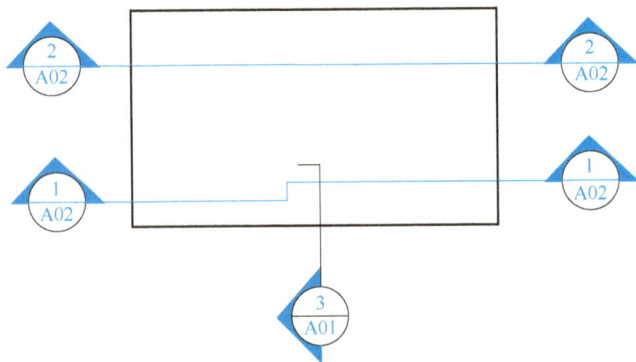

图 1-46　剖视的剖切符号（一）

剖切符号标注的位置应符合下列规定：

1）建（构）筑物剖面图的剖切符号应注在 ±0.000 标高的平面图或首层平面图上。

2）局部剖切图（不含首层）、断面图的剖切符号应注在包含剖切部位的最下面一层的平面图上。

1. 采用国际通用剖视表示方法

采用国际通用剖视表示方法时，剖面及断面的剖切符号应符合下列规定：

1）剖面的剖切索引符号应由直径为 8 ~ 10mm 的圆和水平直线，以及两条相互垂直且外切圆的线段组成，水平直线上方应为索引编号，下方应为图纸编号，其规定与索引符号的规定一致。线段与圆之间应填充黑色并形成箭头表示剖视方向，索引符号应位于剖切线两端；断面及剖视详图剖切符号的索引符号应位于平面图外侧一端，另一端为剖视方向线，长度宜为 7 ~ 9mm，宽度宜为 2mm。

2）剖切线与符号线的线宽应为 0.25b。

3）需要转折的剖切位置线应连续绘制。

4）剖切符号的编号宜由左至右、由下向上连续编排。

2. 采用常用方法表示

采用常用方法表示时，剖面的剖切符号应由剖切位置线及剖视方向线组成，均应以粗实线绘制，线宽宜为 b。剖面的剖切符号应符合下列规定：

1）剖切位置线的长度宜为 6 ~ 10mm；剖视方向线应垂直于剖切位置线，长度应短于剖切位置线，宜为 4 ~ 6mm。绘制时，剖视剖切符号不应与其他图线相接触。

2）剖视剖切符号的编号宜采用粗阿拉伯数字，按剖切顺序由左至右、由下向上连续编排，并应注写在剖视方向线的端部，如图 1-47 所示。

3）需要转折的剖切位置线，应在转角的外侧加注与该符号相同的编号，如图 1-47 所示。

4）断面的剖切符号应仅用剖切位置线表示，其编号应注写在剖切位置线的一侧；编号所在的一侧应为该断面的剖视方向，其余同剖面的剖切符号，如图 1-48 所示。

5）当与被剖切图样不在同一张图纸内时，应在剖切位置线的另一侧注明其所在图纸的编号，也可在图上集中说明，如图 1-48 所示。

6）索引剖视详图时，应在被剖切的部位绘制剖切位置线，并以引出线引出索引符号，引出线所在的一侧应为剖视方向，如图 1-49 所示。

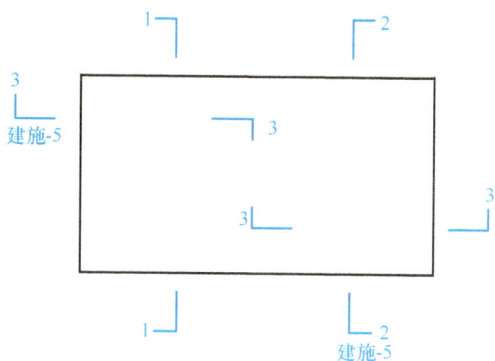

图 1-47　剖视的剖切符号（二）

图 1-48　断面的剖切符号

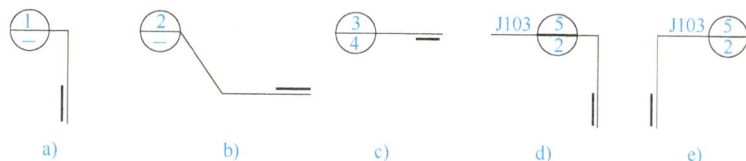

图 1-49　用于索引剖视详图的索引符号

1.8.6 引出线

引出线的线宽应为 $0.25b$，宜采用水平方向的直线，或与水平方向呈 30°角、45°角、60°角、90°角的直线，并经上述角度再折成水平线。文字说明宜注写在水平线的上方，也可注写在水平线的端部。索引详图的引出线，应与水平直径线相连接，如图 1-50 所示。

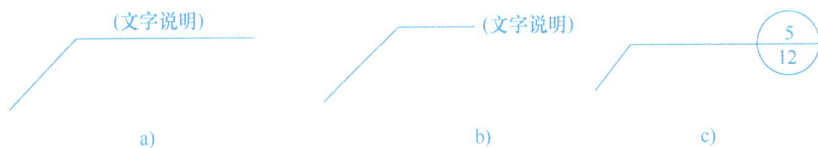

图 1-50　引出线

同时引出几个相同部分的引出线时，宜互相平行，也可画成集中于一点的放射线，如图 1-51 所示。

图 1-51　共用引出线

多层构造或多层管道共用引出线时，应通过被引出的各层，并用圆点示意对应各层次（图 1-52）。文字说明宜注写在水平线的上方，或注写在水平线的端部，说明的顺序应由上至下，并应与被说明的层次对应一致；如层次为横向排序，则由上至下的说明顺序应与由左至右的层次对应一致。

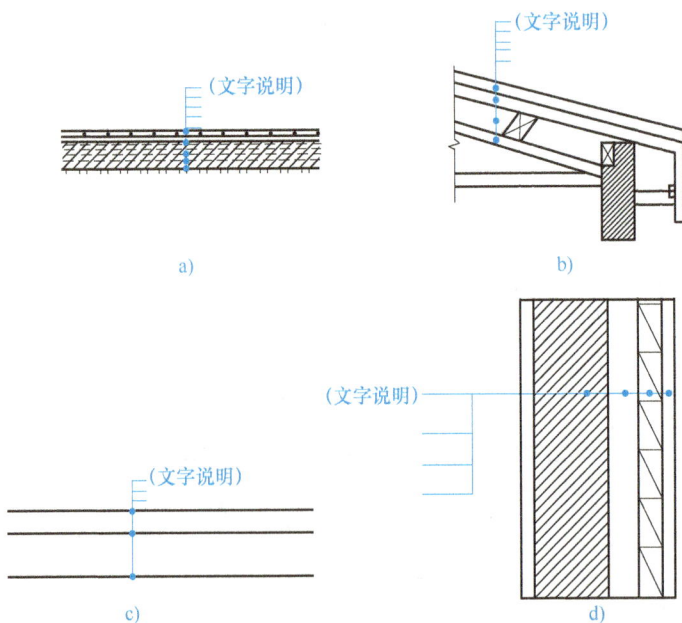

图 1-52　多层构造引出线

1.8.7　其他符号

一、指北针

表示指北针的圆的直径宜为 24mm，用细实线绘制；指北针尾部的宽度宜为 3mm，指北针头部应注"北"或"N"字。需用较大直径绘制指北针时，指北针尾部的宽度宜为直径的 1/8，如图 1-53 所示。

指北针应绘制在建筑物 ±0.000 标高的平面图上，并放在明显位置，所指的方向应与总图一致。

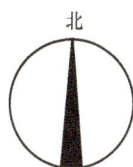

图 1-53　指北针

二、连接符号

连接符号应以折断线表示需连接的部分。两部位相距过远时，折断线两端靠图样一侧应标注大写英文字母表示连接编号。两个被连接的图样应用相同的字母编号，如图 1-54 所示。

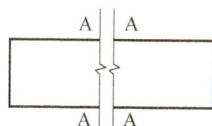

图 1-54　连接符号

三、对称符号

当施工图的图形完全对称时，可只画该图形的一半，并画出对称符号，以节省图纸篇幅。

对称符号应由对称线和两端的两对平行线组成。对称线应用单点长画线绘制，线宽宜为 $0.25b$；平行线应用实线绘制，其长度宜为 6~10mm，每对的间距宜为 2~3mm，线宽宜为 $0.5b$；对称线应垂直平分于两对平行线，两端超出平行线宜为 2~3mm，如图 1-55 所示。

四、风玫瑰图

风玫瑰图是用 8 个或 16 个罗盘方向来定位风向，其中风向是指从外面吹向地区中心的方向。图 1-56a 中，粗实线表示全年平均风向；虚线表示夏季平均风向；细实线表示冬季平均风向。指北针与风玫瑰图结合时宜采用互相垂直的线段，线段两端应超出风玫瑰图轮廓线 2~3mm，垂点宜为风玫瑰图的中心，北向应注"北"或"N"字，组成风玫瑰图的所有线宽均宜为 $0.5b$，如图 1-56b 所示。

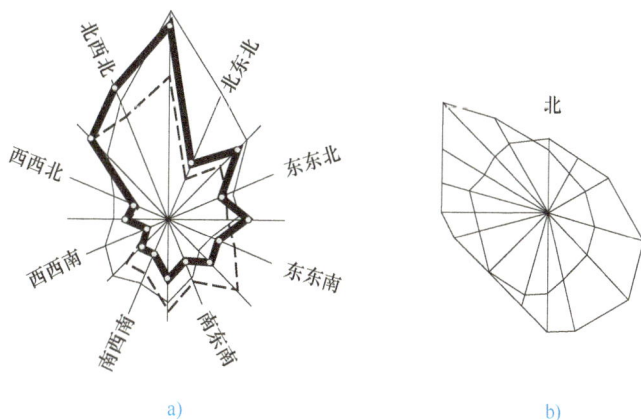

图 1-55　对称符号

a)

b)

图 1-56　风玫瑰图

项目小结

本项目依据《房屋建筑制图统一标准》（GB/T 50001—2017）介绍了制图工具、图纸幅面、图纸图线、图纸字体、图纸比例、尺寸标注等的要求与规定，建筑工程图样的编排顺序，识读建筑工程图样的基础知识（包括定位轴线、索引符号与详图符号、标高和引出线等）。

思 考 题

一、填空题

1. 定位轴线应编号，编号应注写在轴线端部的圆内。圆应用 $0.25b$ 线宽的实线绘制，直径宜为_____。

2. 图样中的某一局部或构件，如需另见详图，应以索引符号索引。索引符号应由直径为_____的圆和水平直线组成，圆及水平直线的线宽宜为 $0.25b$。

3. 详图的位置和编号应以详图符号表示。详图符号的圆直径应为_____，线宽为 b。

4. 指北针的圆的直径宜为_____，用细实线绘制；指北针尾部的宽度宜为 3mm，指北针头部应注"北"或"N"字。

5. 用 1:2 的比例在图纸上画一面积为 $16cm^2$ 的正方形，则该正方形的实际面积应为_____。

二、选择题

1. 在图纸幅面中，一张 A1 图纸可以裁成 A3 图纸的数量为（　　）。

A. 2 张　　　　　B. 4 张　　　　　C. 6 张　　　　　D. 8 张

2. 一物体的图上尺寸标注为 1800mm，绘图比例为 1:5，则实际长度为（　　）。

A. 1.8mm　　　　B. 360mm　　　　C. 1800mm　　　　D. 9000mm

3. 图纸上一物体的长度标注为 2000mm，绘图比例为 1:100，测得图上的实际尺寸为 19mm，则该物体的实际尺寸为（　　）。

A. 1900mm　　　　B. 2000mm　　　　C. 19mm　　　　D. 20mm

4. 图样轮廓线以外的尺寸线，距图样最外侧轮廓之间的距离不宜小于（　　）。

A. 12mm　　　　B. 7mm　　　　C. 5mm　　　　D. 粗实线宽度 b

三、简答题

1. 在实际工程中长度为 1000mm 的钢筋，当比例分别为 1:100、1:50、1:25 时，在图纸中应分别画多长？标注的尺寸各为多少？

2. 请指出图 1-57 中尺寸标注的错误。

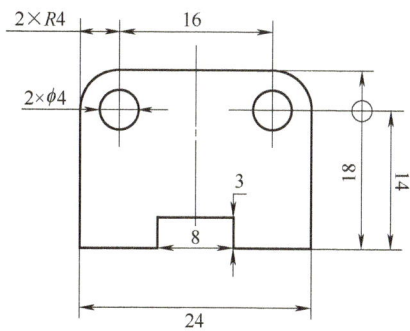

图 1-57　题 2 图

项目2

理解图样的形成原理

学习目标

（1）理解三面正投影图的形成、展开、投影规律，掌握三面投影图的作图方法。

（2）理解点的三面投影、投影规律、重影点；掌握点投影的作图方法。

（3）理解各种位置直线的投影特性；掌握直线投影的作图方法、直线上点的投影。

（4）理解各种位置平面的投影特性；掌握平面投影的作图方法、平面上直线和点的投影。

任务 2.1　投影的基本知识

2.1.1　投影的形成

假定光线可以穿透物体（物体的面是透明的，而物体的轮廓线是不透明的），并规定在影子当中，将光线直接照射到的轮廓线画成实线，将光线间接照射到的轮廓线画成虚线，则经过抽象后的"影子"称为投影。形成投影的三要素为：投射线、形体、投影面，如图 2-1 所示。

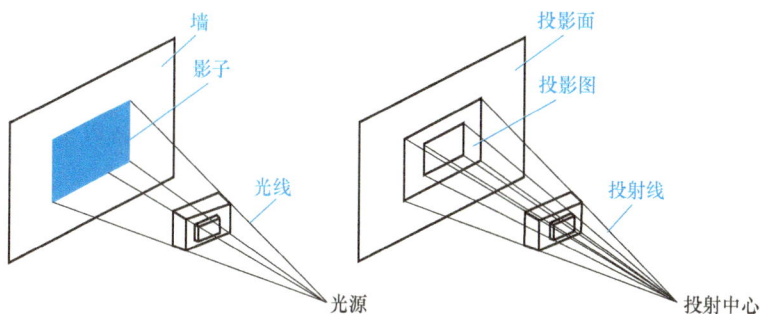

图 2-1　投影的形成

2.1.2　投影的分类

一、分类

投影的分类如图 2-2 所示。

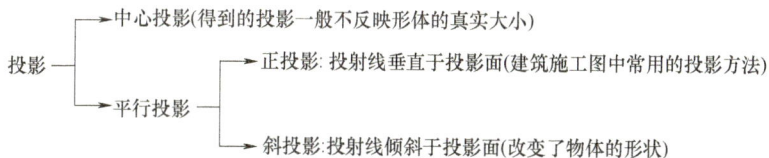

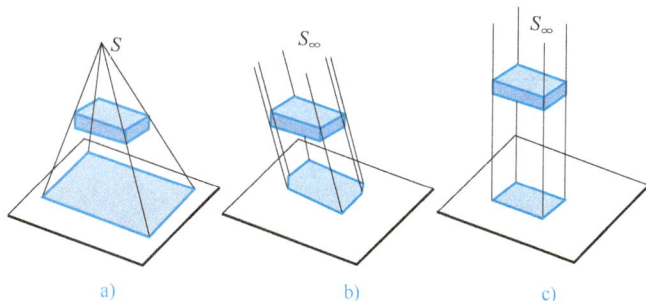

图 2-2　投影的分类

a）中心投影　b）斜投影　c）正投影

二、建筑工程中常用的几种投影图

建筑工程中常用的投影图是正投影图与轴测投影图，如图2-3所示。

正投影图能反映形体的真实形状和大小，度量性好，作图简便，是工程制图中经常采用的一种投影图。但是，正投影图不能反映空间形体。

轴测投影图具有一定的立体感和直观性，常作为建筑工程中的辅助性图。但是，轴测图不能直接反映形体的真实形状和大小。

三、正投影的基本特性

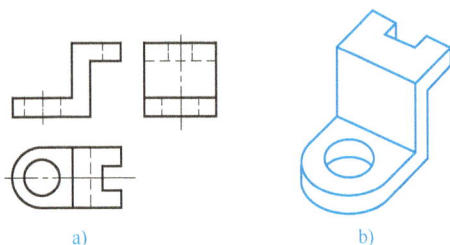

图2-3　建筑工程中常用的投影图
a）正投影图　b）轴测投影图

1. 真实性

平行于投影面的直线或平面图形，在该投影面上的投影反映线段的实长或平面图形的实形，这种投影特性称为真实性。

2. 积聚性

当直线或平面图形垂直于投影面时，它们在该投影面上的投影积聚成一点或一条直线，这种投影特性称为积聚性。

3. 类似性

当直线倾斜于投影面时，直线的投影仍为直线，但不反映实长；当平面图形倾斜于投影面时，在该投影面上的投影为原图形的类似形。注意：类似形并不是相似形，它和原图形只是边数相同、形状类似，如圆的投影为椭圆。这种投影特性称为类似性。

2.1.3　形体的三面正投影

一、三面投影体系

只用一个方向的投影来表达形体是不准确的，通常需要形体向几个方向投影，才能完整清晰地表达出形体的形状和结构，如图2-4所示，虽然投影面上的投影相同，但它们分属于不同的物体。所以，一个投影面能够准确地表现出形体的一个侧面的形状，但不能表现出形体的全部形状。

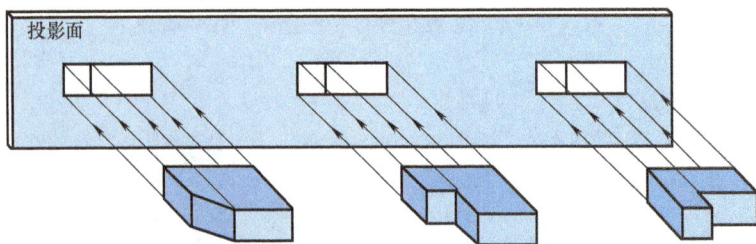

图2-4　相同投影的不同物体

一般来说，用三个相互垂直的平面做投影面，用形体在这三个投影面上的三个投影，才能充分地表示出这个形体的空间形状。三个相互垂直的投影面，称为三面投影体系；形体在这三面投影体系中的投影，称为三面正投影。如图2-5所示，图中，V面表示正投影面；H面表示水平投影面；W面表示侧投影面；X轴表示V面与H面的交线，代表长度方向；Y轴

表示 H 面与 W 面的交线,代表宽度方向;Z 轴表示 V 面与 W 面的交线,代表高度方向;三根投影轴互相垂直,其交点称为原点,用 O 表示。

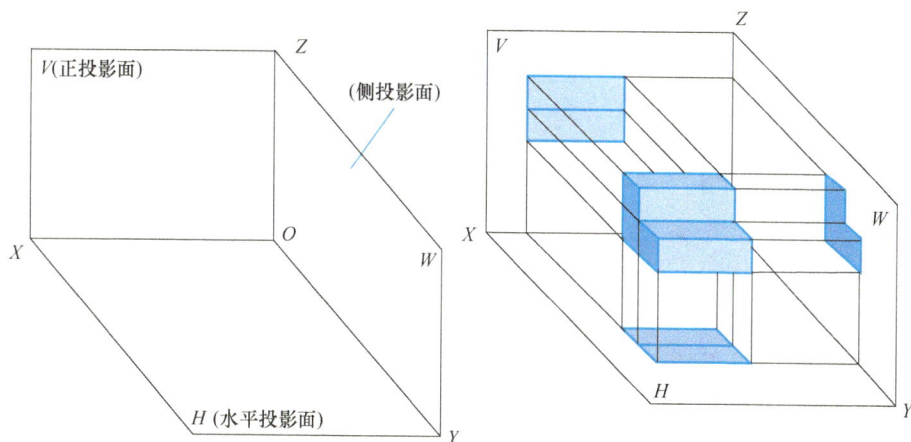

图 2-5　三面投影体系与三面正投影

二、三个投影面的展开

将物体放在三面投影体系内,分别向三个投影面投影,V 面保持不动,H 面向下绕 OX 轴旋转 $90°$,W 面向右绕 OZ 轴旋转 $90°$,得到物体的三视图:主视图(V 面上)、俯视图(H 面上)、左视图(W 面上),如图 2-6a 所示。三个投影面展开以后,三条投影轴成了两条相交的直线;原 X 轴、Z 轴位置不变,原 Y 轴则分成 Y_H、Y_W 两条轴线,如图 2-6b 所示。

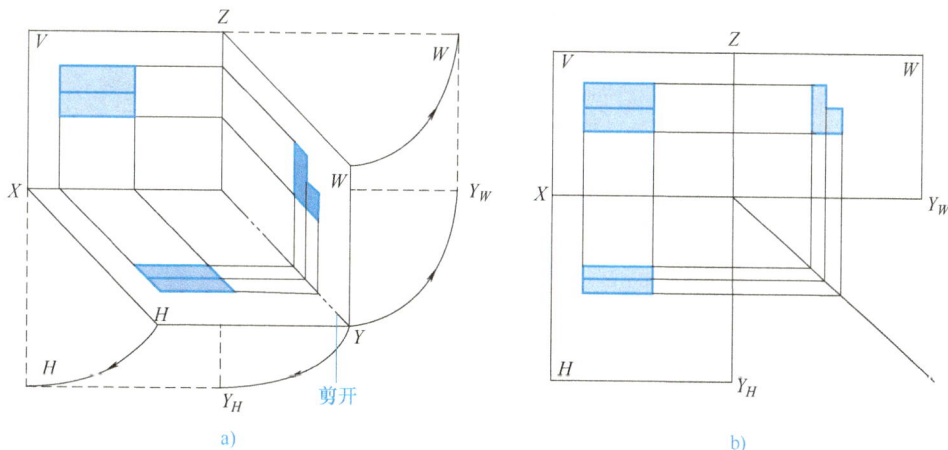

a)

b)

图 2-6　三个投影面的展开

三、三面正投影的分析

如果规定长方体"左右为长,前后为宽,上下为高",则三面正投影有以下分析(图 2-7、图 2-8):

1. 尺寸情况

1)V 面——反映了形体的高度尺寸和长度尺寸。

2）H面——反映了形体的长度尺寸和宽度尺寸。

3）W面——反映了形体的高度尺寸和宽度尺寸。

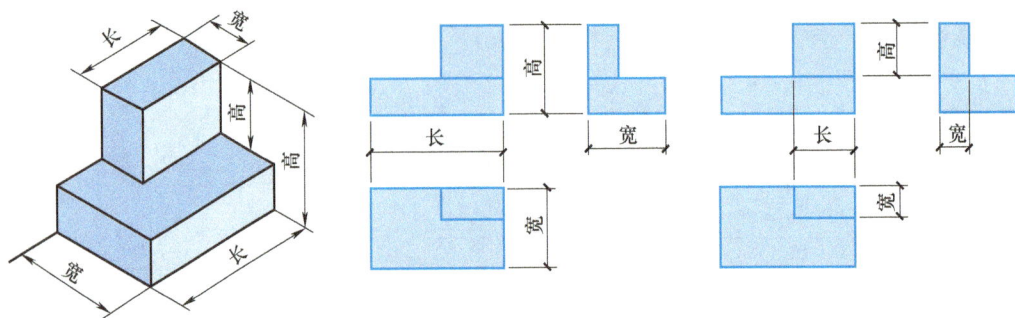

图 2-7　三面正投影显示物体的尺寸情况

2. 方位关系

1）V面——反映了形体的上、下和左、右方位关系。

2）H面——反映了形体的左、右和前、后方位关系。

3）W面——反映了形体的上、下和前、后位置关系。

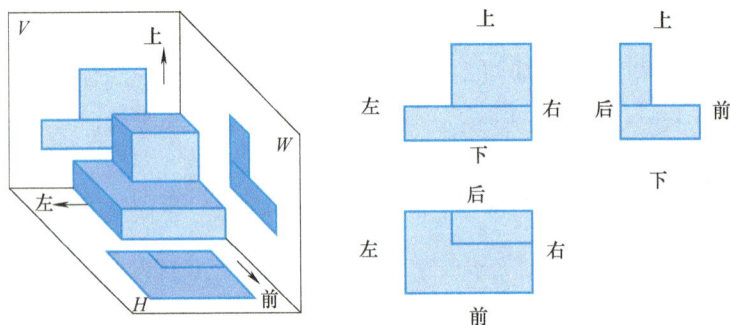

图 2-8　三面正投影显示物体的方位关系

3. 投影规律

三面正投影的投影规律为：V面、H面长对正，V面、W面高平齐，H面、W面宽相等，即"长对正，高平齐，宽相等"。画图、识读时都应严格遵循和应用这个投影规律。

任务 2.2　点　的　投　影

2.2.1　点的投影的形成

一、点的三面投影

点的投影仍然是点，如图 2-9a 所示。由空间点 A 分别引垂直于三个投影面 H、V、W 的投射线，与投影面相交，得到 A 点的三个投影 a、a'、a''。空间点的每一个坐标值，反映了该点到某投影面的距离。

规定：①空间点用大写字母 A、B、C⋯标记；②H 面上的投影用同名小写字母 a、b、c⋯标记；③V 面上的投影用同名小写字母加一撇 a'、b'、c'⋯标记；④W 面上的投影用同名小写字母加两撇 a''、b''、c''⋯标记；⑤在图中用细实线将点的两面投影连接起来，称为投影连线，如 aa'、$a'a''$。a 与 a'' 不能直接相连，需借助于 45°斜线来实现这个联系，如图 2-9b 所示。

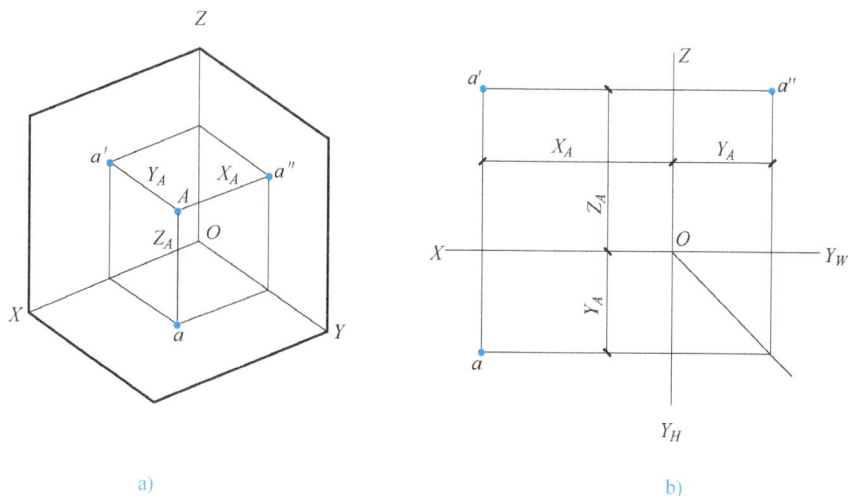

a)　　　　　　　　　　　　　b)

图 2-9　点的三面投影

二、点的三面投影与直角坐标的关系

如图 2-9b 所示，空间点 A 的任一投影，均反映了该点的某两个坐标值，即 $a(X_A, Y_A)$，$a'(X_A, Z_A)$，$a''(Y_A, Z_A)$；空间点 A 的直角坐标 X_A、Y_A、Z_A 与点的三面投影 a、a'、a'' 之间的关系如下（图 2-10a）：

1）$X_A = aa_y = a'a_z = a_xO = A$ 点到 W 面的距离。

2）$Y_A = aa_x = a''a_z = a_yO = A$ 点到 V 面的距离。

3）$Z_A = a'a_x = a''a_{y1} = a_zO = A$ 点到 H 面的距离。

4）结论：空间点的每一个坐标值，反映了该点到某投影面的距离；点的任意两个投影反映了点的三个坐标值；有了点的三个坐标值，就能唯一确定点的三面投影。

2.2.2　点的三面投影规律

点的三面投影规律如下：

1）点的正面投影与水平投影的连线垂直于 OX 轴，即 $a'a \perp OX$。

2）点的正面投影与侧面投影的连线垂直于 OZ 轴，即 $a'a'' \perp OZ$。

3）点的水平投影与侧面投影具有相同的 Y 坐标，如图 2-10b 所示。

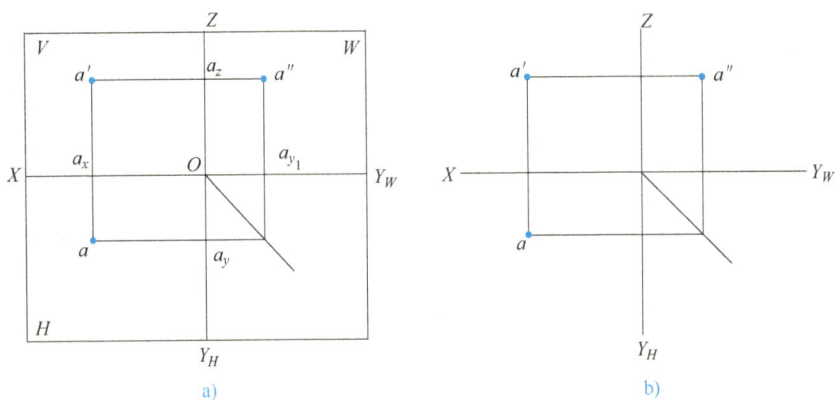

图 2-10　点的三面投影规律

2.2.3　两点间的相对位置

两点间的相对位置是指空间两点之间上下、左右、前后的位置关系，并且约定 X 轴方向称左右，Y 轴方向称前后，Z 轴方向称上下，如图 2-11a 所示，B 点在 A 点的左方、前方、下方。

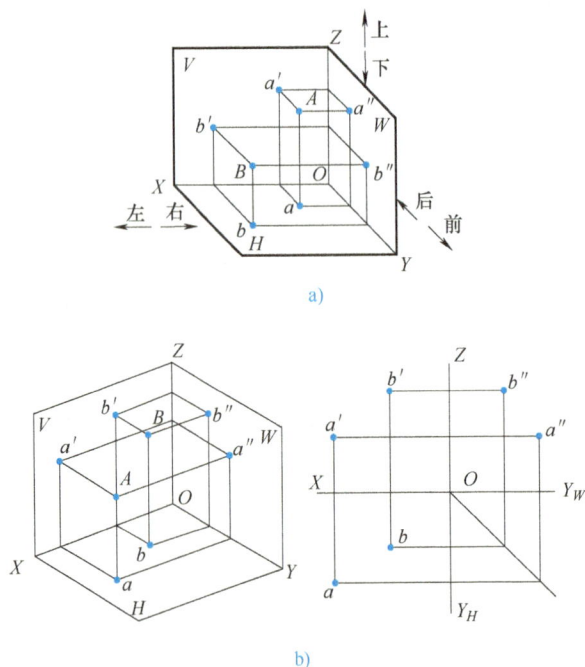

图 2-11　两点之间的相对位置

各投影面表示的位置关系为：H 面上为左右、前后；V 面上为左右、上下；W 面上为上下、前后。所以，根据两点的坐标，可判定空间两点间的相对位置。两点中，X 坐标值大的在左，Y 坐标值大的在前，Z 坐标值大的在上，如图 2-11b 所示，点 A 在点 B 的左方、前方、下方。

2.2.4　重影点及其可见性

1. 重影点

属于同一条投射线上的点，在该投射线所垂直的投影面上的投影重合为一点，空间的这些点，称为该投影面的重影点，且重影点有两对同名坐标值对应相等。如图 2-12 所示，A 点在 B 点的正上方，在 H 投影面上的投影重合，则称 A 点和 B 点为 H 投影面的重影点。而且，A 点和 B 点的 X 坐标与 Y 坐标都相等。可由正面（或侧面）投影判断上下：Z_A 值大在上，可见；Z_B 值小在下，不可见。

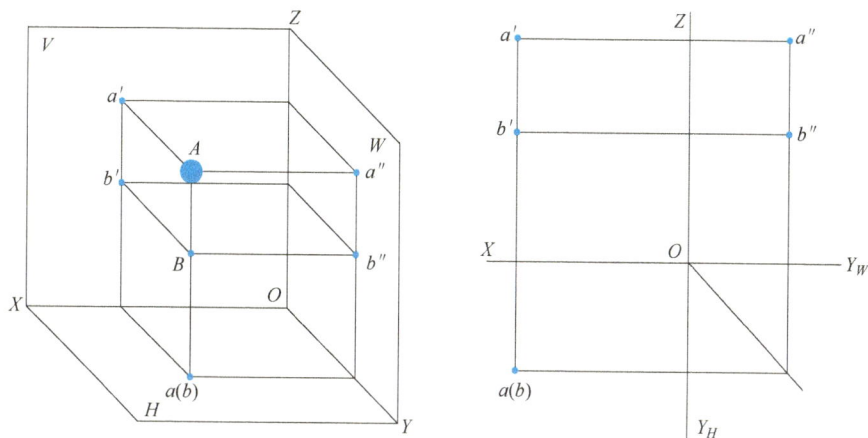

图 2-12　重影点

2. 可见性

如图 2-13 所示，a' 与 b' 在 V 面上重影且空间 A 点在前，B 点在后，则 a' 可见；c'' 与 a'' 在 W 面上重影且空间 C 点在左，A 点在右，则 c'' 可见。因此，判断重影点的可见性，是根据它们不等的那个坐标值来确定的，即坐标值大的可见，坐标值小的不可见，如 A 点和 B 点的可见性根据 Y 坐标的值来确定（其他两个坐标值相等），因为 Y_A 大于 Y_B，因此 A 点在 B 点

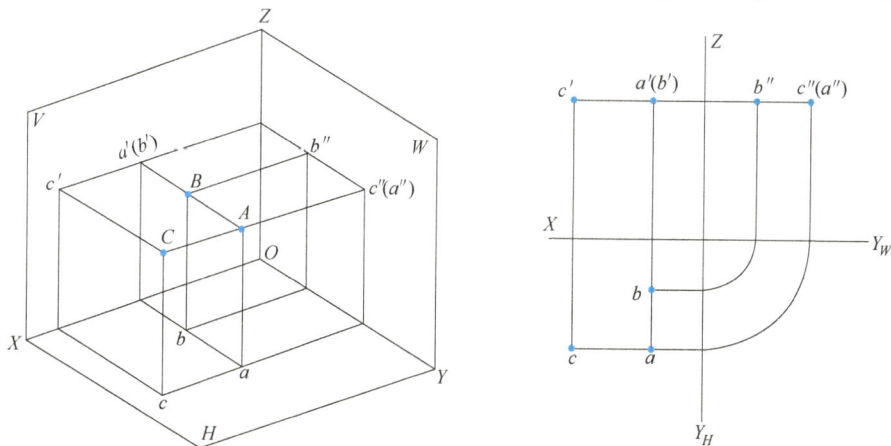

图 2-13　重影点的可见性

的前方；A 点和 C 点的可见性根据 X 坐标的值来确定（其他两个坐标值相等），因为 X_A 小于 X_C，因此 A 点在 C 点的右方。另外，点的不可见投影用加括号的形式表示，由于是从前往后看，B 点被 A 点挡住了，因此在 V 投影面上应将 a' 写在前面，b' 写在后面且要加括号。重影点的画法如图 2-14 所示。

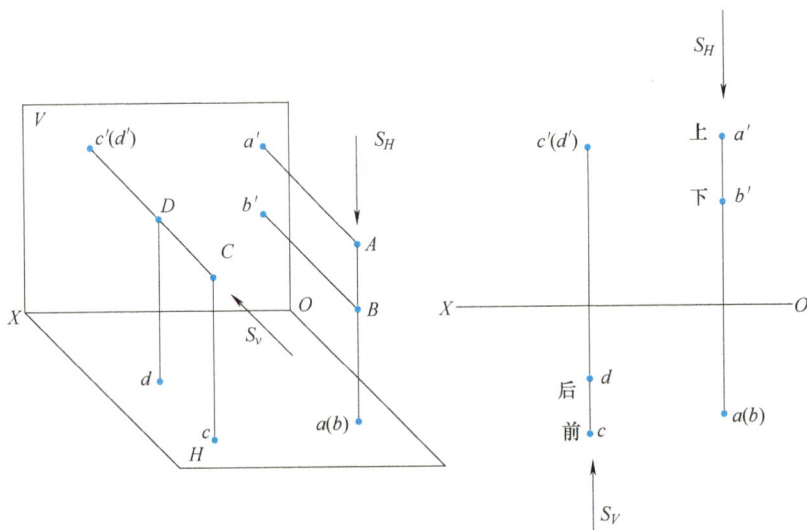

图 2-14　重影点的画法

任务 2.3　直线的投影

2.3.1　直线的正投影特性

两点成一条直线，因此要求直线的投影，实际上就可以转化为求直线上两点的投影。如图 2-15 所示，直线 AB 为空间中的一条直线，要求这条直线的三面投影，则可以先将 A 点和 B 点进行三面投影，然后将它们的同面投影相连，即得到直线 AB 的三面投影。

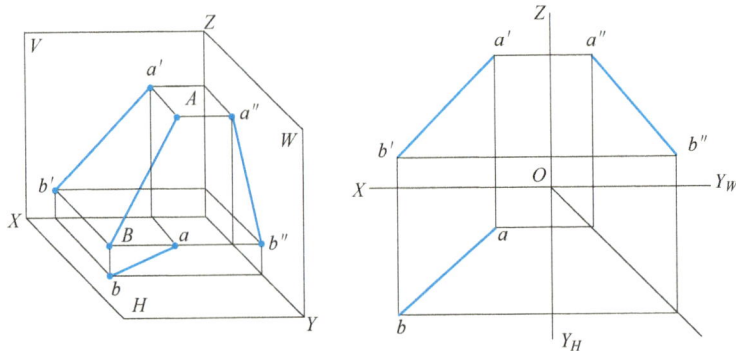

图 2-15　空间中的直线

　　直线与平面有三种位置关系，当直线倾斜于投影面时，其投影仍然是直线，但长度缩短；当直线平行于投影面时，其投影反映直线的实长；当直线垂直于投影面时，其投影积聚成一个点。

2.3.2　各种位置直线的投影

　　根据直线在投影面体系中对三个投影面所处的位置不同，可将直线分为一般位置直线、投影面平行线和投影面垂直线三类。其中，后两类统称为特殊位置直线，见表2-1。

表2-1　直线的分类

直　线　分　类		直线对投影面的相对位置	
特殊位置直线	投影面平行线	平行于一个投影面，与另外两个投影面倾斜	正平线（平行于 V 面）
			水平线（平行于 H 面）
			侧平线（平行于 W 面）
	投影面垂直线	垂直于一个投影面，与另外两个投影面平行	正垂线（垂直于 V 面）
			铅垂线（垂直于 H 面）
			侧垂线（垂直于 W 面）
一般位置直线		与三个投影面都倾斜	

一、一般位置直线

　　一般位置直线是指与三个投影面都呈倾斜状态的直线。该直线与其投影之间的夹角为直线对该投影面的倾角。直线对 H 面、V 面、W 面的倾角分别用 α、β、γ 表示，如图2-16a所示。

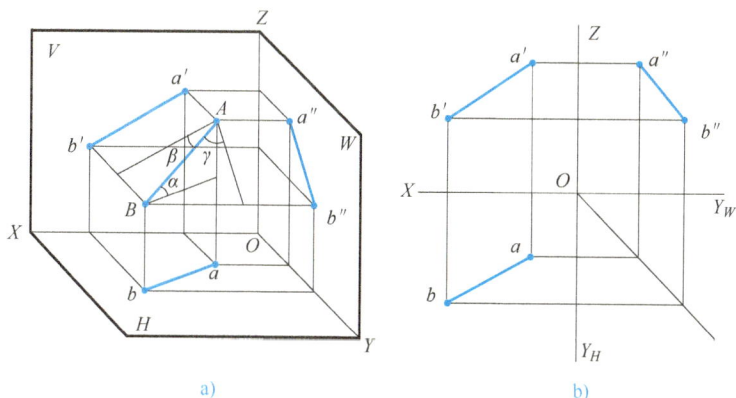

a)　　　　　　　　　　　　b)

图2-16　一般位置线的三面投影

　　一般位置直线的投影特性：直线的三面投影都是直线且倾斜于投影轴，与投影轴的夹角，均不反映直线对投影面的倾角；直线的三面投影的长度都短于实长，其投影长度计算式为 $ab = AB\cos\alpha$，$a'b' = AB\cos\beta$，$a''b'' = AB\cos\gamma$。

　　【判别方法】　在投影图上，如果直线的两个投影均与投影轴倾斜，则可判定该直线为一般位置直线。

二、投影面平行线

平行于某一投影面，倾斜于另外两个投影面的直线称为投影面平行线，因此有：①平行于 H 面而与 V 面、W 面倾斜的直线称为水平线；②平行于 V 面而与 H 面、W 面倾斜的直线称为正平线；③平行于 W 面而与 H 面、V 面倾斜的直线称为侧平线。

1. 水平线

水平线的投影特性：$ab = AB$；反映 β、γ 实角；$a'b' /\!/ OX$ 轴，$a''b'' /\!/ OY_W$ 轴，如图 2-17 所示。

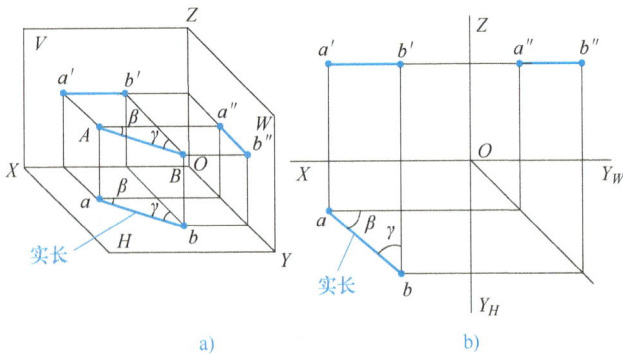

图 2-17　水平线

2. 正平线

正平线的投影特性：$a'b' = AB$；反映 α、γ 实角；$ab /\!/ OX$ 轴，$a''b'' /\!/ OZ$ 轴，如图 2-18 所示。

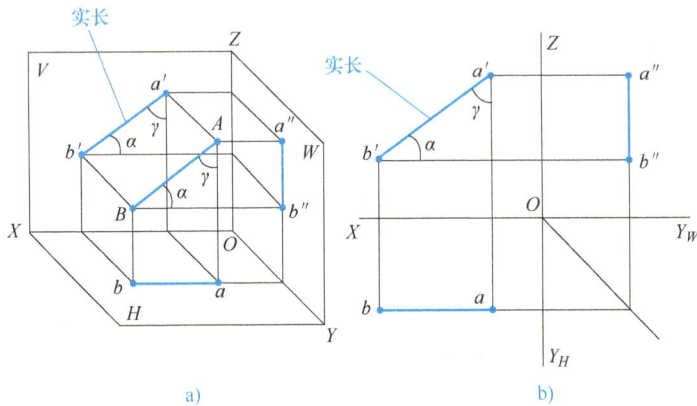

图 2-18　正平线

3. 侧平线

侧平线的投影特性：$a''b'' = AB$；反映 α、β 实角；$ab /\!/ OY$ 轴，$a'b' /\!/ OZ$ 轴，如图 2-19 所示。

【判别方法】　投影面平行线在所平行的投影面上的投影反映实长，投影与相应轴的夹角反映直线与另外两个投影面的夹角的实际大小；直线的另两个投影平行于不同的轴，且长度缩短，即"一斜两直线"。

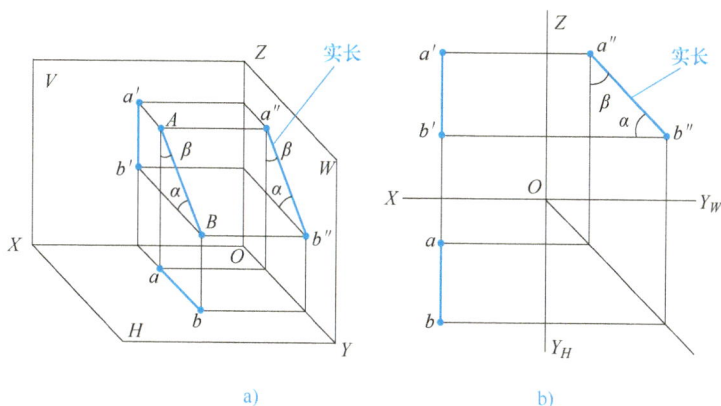

图 2-19 侧平线

三、投影面垂直线

垂直于一个投影面，平行于另外两个投影面的直线称为投影面垂直线，因此有：①铅垂线垂直于 H 面，平行于 V 面和 W 面；②正垂线垂直于 V 面，平行于 H 面和 W 面；③侧垂线垂直于 W 面，平行于 H 面和 V 面。

1. 铅垂线

铅垂线的投影特性：ab 积聚为一点；$a'b' = a''b'' = AB$；$a'b' \perp OX$ 轴，$a''b'' \perp OY_W$ 轴，如图 2-20 所示。

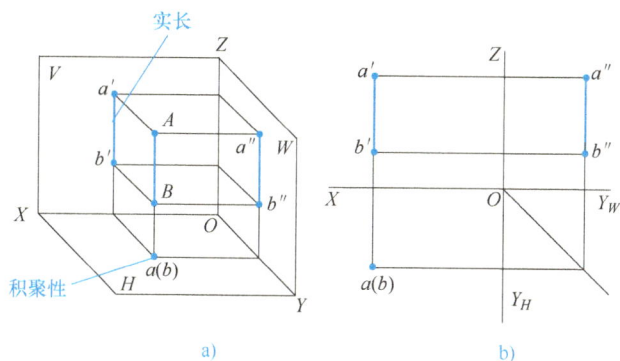

图 2-20 铅垂线

2. 正垂线

正垂线的投影特性：$a'b'$ 聚为一点；$ab = a''b'' = AB$；$ab \perp OX$ 轴，$a''b'' \perp OZ$ 轴，如图 2-21 所示。

3. 侧垂线

侧垂线的投影特性：$a''b''$ 积聚为一点；$ab = a'b' = AB$；$ab \perp OY_H$ 轴，$a'b' \perp OZ$ 轴，如图 2-22所示。

【判别方法】　投影面垂直线在所垂直的投影面上的投影积聚为一点；另外两个投影反映实长，且垂直于相应的轴，即"一点两直线"。

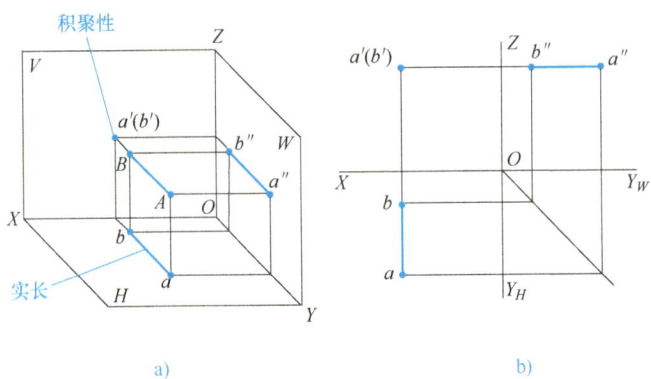

图 2-21　正垂线

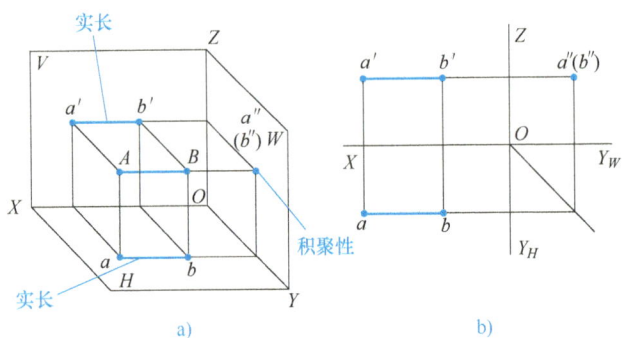

图 2-22　侧垂线

2.3.3　直线上的点

直线上的点有以下特性：

1. 从属性

点在直线上时，则点的投影在直线的同面投影上，且点的投影符合点的投影规律，这就是点的从属性。

2. 定比性

点分线段之比在投影后不变，这就是点的定比性。如图 2-23 所示，$AC/CB = ac/cb = a'c'/c'b' = a''c''/c''b''$。

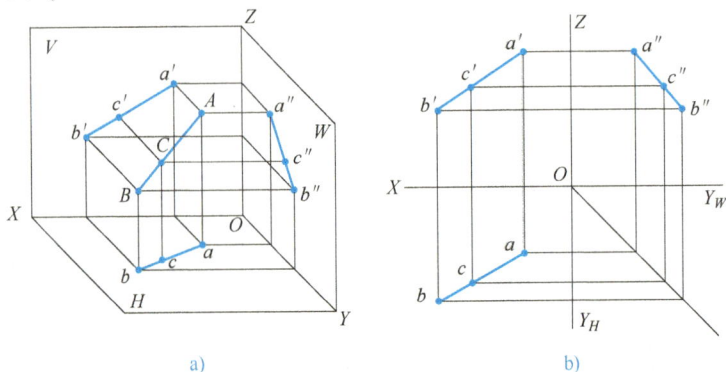

图 2-23　定比性

一般情况下，当直线为一般位置直线或投影面的垂直线时，要判别点是否在直线上，通过两面投影即可判别；当直线为投影面的平行线时，应根据投影情况通过两面或三面投影或定比性才能判别。

若点不在直线上，则点的投影至少有一个不在该直线的同面投影上。反之，在投影图中，若点的投影有一个不在直线的同名投影上，则该点必不在此直线上。如图 2-24 所示，根据 H 投影面上的投影，n 不在 ab 上，所以可以判断 N 点不在直线 AB 上。

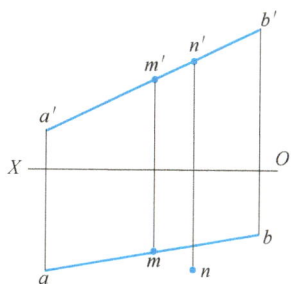

图 2-24　点不在直线上

任务 2.4　平面的投影

2.4.1　平面的几何元素表示法

平面的几何元素表示法是用平面上的点、直线或平面图形等几何元素的投影来表示平面的投影，包括不共线的三点、一条直线及线外一点、两相交直线、两平行直线、任意平面图形，如图 2-25 所示。平面的这五种形式都是从第一种演变而来，可以互相转换。

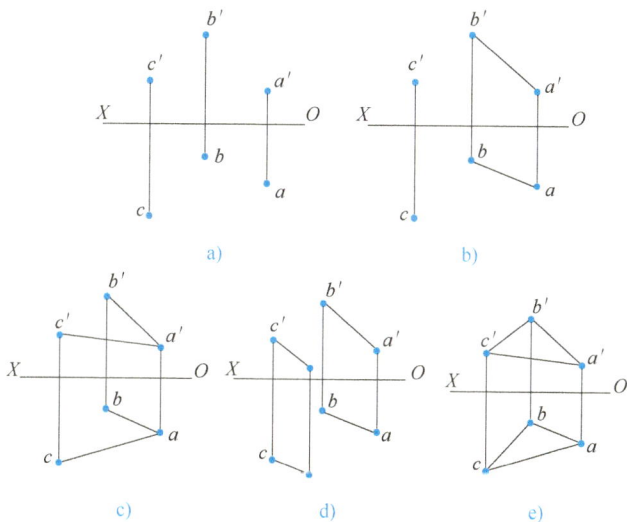

图 2-25　平面的几何元素表示法

a) 不共线的三点　b) 一条直线及线外一点　c) 两相交直线　d) 两平行直线　e) 任意平面图形

2.4.2　各种位置平面的投影

平面与投影面有三种位置关系，当平面平行于投影面时，其投影反映平面的实形；当平面垂直于投影面时，其投影积聚为一条直线；当平面倾斜于投影面时，其投影仍然为平面，但不反映实形，是缩小了的相似形。所以，平面分为一般位置平面、投影面平行面和投影面垂直面三类。其中，后两类统称为特殊位置平面。平面的分类见表 2-2。

表 2-2　平面的分类

平面分类		平面对投影面的相对位置	
特殊位置平面	投影面平行面	平行于一个投影面，与另外两个投影面垂直	正平面（平行于 V 面）
			水平面（平行于 H 面）
			侧平面（平行于 W 面）
	投影面垂直面	垂直于一个投影面，与另外两个投影面倾斜	正垂面（垂直于 V 面）
			铅垂面（垂直于 H 面）
			侧垂面（垂直于 W 面）
一般位置平面		与三个投影面都倾斜	

一、一般位置平面

一般位置平面是倾斜于三个投影面的平面，平面与投影面的夹角称为平面对投影面的倾角，平面对 H 面、V 面和 W 面的倾角分别用 α、β 和 γ 表示。如图 2-26 所示，$\triangle ABC$ 倾斜于 V 面、H 面、W 面，是一般位置平面，它的三个投影都是 $\triangle ABC$ 的类似形，且均不能直接反映该平面对投影面的真实倾角。一般位置平面的投影特性为三个投影都是小于实形的类似形，也不反映其倾角 α、β、γ。

【判别方法】　在投影图中，如果平面的三面投影都是封闭线框或三条迹线均与投影轴倾斜，则该平面是一般位置平面。

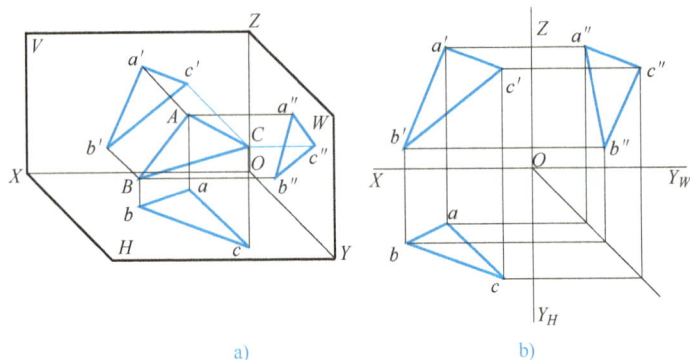

a)　　　　　　　　　　　　b)

图 2-26　一般位置平面的三面投影

二、投影面平行面

投影面平行面是平行于一个投影面，且垂直于另外两个投影面的平面，因此有：①水平面平行于 H 面，垂直于 V 面、W 面；②正平面平行于 V 面，垂直于 H 面、W 面；③侧平面平行于 W 面，垂直于 H 面、V 面。

1. 水平面

水平面的投影特性：H 面投影反映实形，V 面投影和 W 面投影积聚为直线，积聚投影都垂直于 OZ 轴，如图 2-27 所示。

2. 正平面

正平面的投影特性：V 面投影反映实形，H 面投影和 W 面投影积聚为直线，积聚投影都垂直于 OY 轴，如图 2-28 所示。

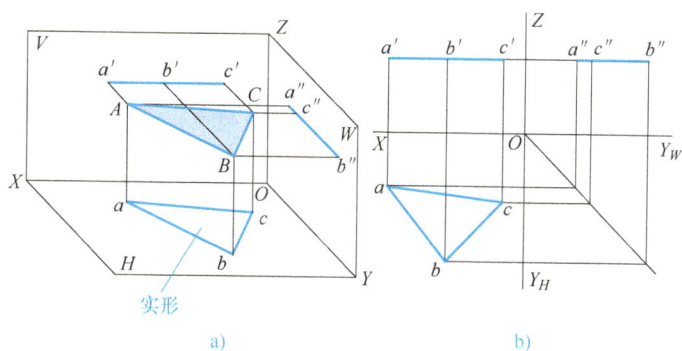

图 2-27　水平面

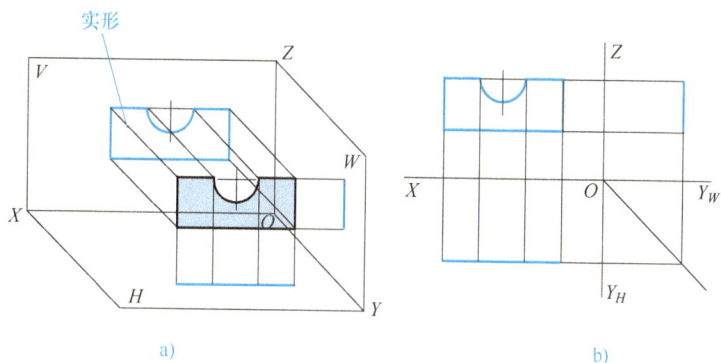

图 2-28　正平面

3. 侧平面

侧平面的投影特性：W 面投影反映实形，H 面投影和 V 面投影积聚为直线，积聚投影都垂直于 OX 轴，如图 2-29 所示。

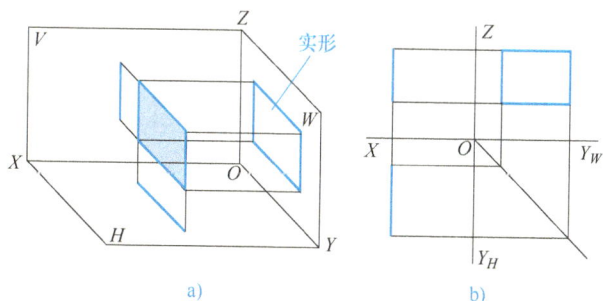

图 2-29　侧平面

4. 总结

投影面平行面的投影特征如下：

1）在它所平行的投影面上的投影反映实形。

2）另外两面投影积聚为与相应投影轴平行的直线。

【判别方法】 在投影图中，只要有一面投影积聚成一条平行于投影轴的直线，则此平面为投影面平行面，即"一框两直线"。

三、投影面垂直面

投影面垂直面是垂直于一个投影面，而与另外两个投影面倾斜的平面，因此有：①铅垂面垂直于 H 面，倾斜于 V 面和 W 面；②正垂面垂直于 V 面，倾斜于 H 面和 W 面；③侧垂面垂直于 W 面，倾斜于 H 面和 V 面。

1. 铅垂面

铅垂面的投影特性：H 面投影积聚为一条倾斜线；反映 β 和 γ 实用；V 面投影和 W 面投影为类似形，如图 2-30 所示。

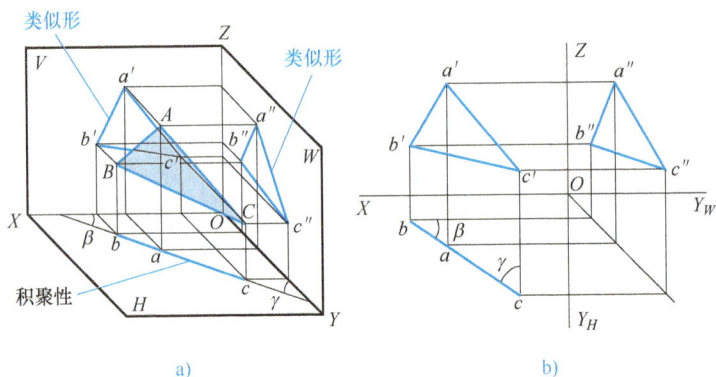

图 2-30　铅垂面

2. 正垂面

正垂面的投影特性：V 面投影积聚为一条倾斜线；反映 α 和 γ 实角；H 面投影和 W 面投影为类似形，如图 2-31 所示。

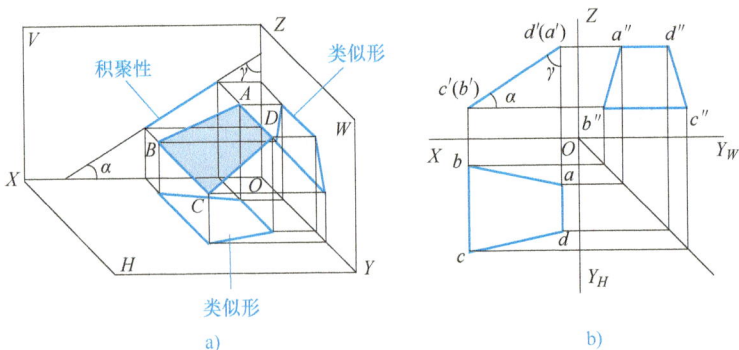

图 2-31　正垂面

3. 侧垂面

侧垂面的投影特性：W 面投影积聚为一条倾斜线；反映 α 和 β 实角；H 面投影和 V 面投影为类似形，如图 2-32 所示。

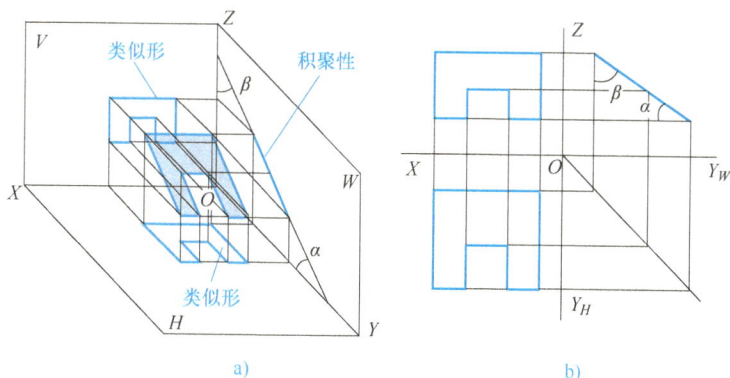

图 2-32　侧垂面

4. 总结

投影面垂直面的投影特征如下：

1）在它所垂直的投影面上的投影积聚成直线，它与投影轴的夹角分别反映该平面与另两个投影面的真实倾角。

2）另外两面投影为面积缩小的类似形。

【判别方法】　在投影图中，只要有一面投影积聚成一条与投影轴倾斜的直线，则该平面一定为该投影面垂直面，即"两框一斜线"。

2.4.3　平面内的点和直线

平面内的点和直线有以下特点：

1）点在平面内的几何条件：点从属于平面内的任一直线，则点从属于该平面。

2）直线在平面内的几何条件：若直线通过属于平面的两个点，或通过平面内的一个点，且平行于属于该平面的任一直线，则直线属于该平面。

3）在平面上取点，先要在平面上取线；而要在平面上取线，又离不开在平面上取点。

【例】　如图 2-33 所示，已知平面的两面投影，求作第三面投影。

【答案】　答案如图 2-34 所示。

【解析】　已知两面投影求第三面投影，也就是求点的三面投影。求出点的投影后，连接相关点，就求得了相应直线的三面投影，直线围成的就是所求的面的投影。作图步骤为：

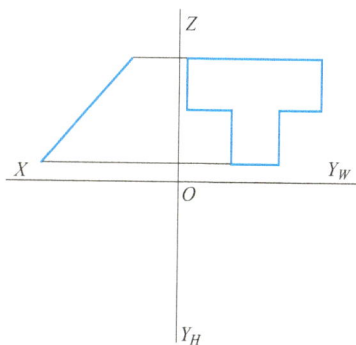

图 2-33　例题图

1）将已知的两面投影的所有的顶点进行编号，如 1、2…或 a、b…等。本题是找到 V 面和 W 面投影图上的所有顶点，并进行编号，如图 2-35 所示。

2）根据"长对正，宽相等，高平齐"的规律作第三面投影的辅助线，如图 2-36 所示。在这一步内，应将两面相对应的点分别找到第三面投影中该点的位置，如 $1'$ 点和 $1''$ 点辅助线的交叉处就是 1 点，2′点和 2″点辅助线的交叉处就是 2 点，如此类推。

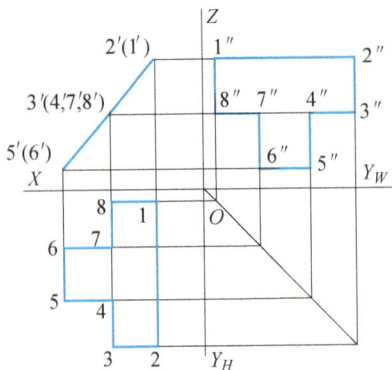

图 2-34　例题答案

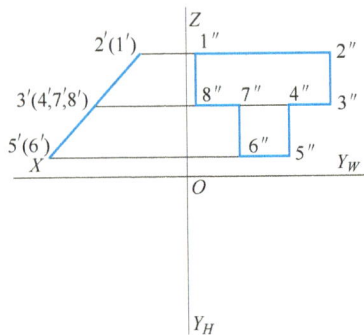

图 2-35　步骤一图

3）连接各点并加粗，如图 2-37 所示。

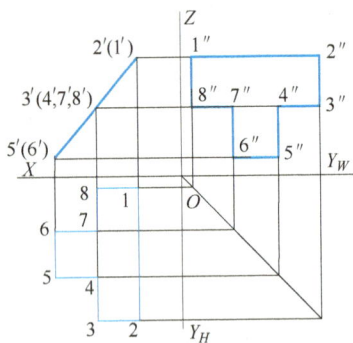

图 2-36　步骤二图

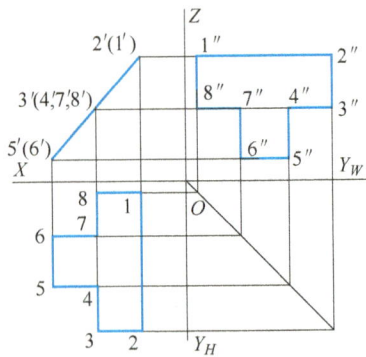

图 2-37　步骤三图

项 目 小 结

　　本项目介绍了投影的概念和投影的分类，正投影的几何特性及三面投影图的形成，点、线、面的投影等内容。这些知识是绘制图样的基础，只有理解了这些基础，才能判断基本几何体和组合体在空间中的投影特点，才能进一步判断建筑物的投影特点。

思 考 题

一、填空题

1.“长对正，高平齐，宽相等”指的是_____和_____长对正，_____和_____高平齐，_____和_____宽相等。

2. 平行于 W 面而与 H 面、V 面倾斜的直线称为_____。

3. 正垂线垂直于_____、平行于_____。

4. 正平面平行于_____、垂直于_____。

5. 正垂面垂直于_____、倾斜于_____。

二、选择题

1. 下列关于投影的叙述中，不正确的是（   ）。

A. 中心投影常用来绘制透视图、效果图

B. 斜投影常用来绘制轴测投影图

C. 正投影能反映形体的真实形状和大小，在工程中普遍应用

D. 斜投影可用来绘制断面图和剖面图

2. 关于三面正投影图的叙述中，正确的是（   ）。

A. 在三面正投影体系中 OX 轴可表示高度方向

B. 侧立面图不能反映形体的左右位置关系

C. 三面正投影图展开时，OY 轴分为两条，一条为 OY_H，一条为 OY_V

D. "长对正，高平齐，宽相等"是识读透视图的基础

3. 下列关于三视图的叙述中，不正确的是（   ）。

A. 俯视图与左视图都能反映物体的宽度

B. 俯视图能反映物体前、后位置关系

C. 重影点中，坐标值较大的点为可见点

D. 当点的坐标值有一个为零时，则空间点在投影轴上

4. 下列说法错误的是（   ）。

A. 正垂线与水平面平行   B. 正垂线与侧平面平行

C. 侧平线与正平面平行   D. 铅垂线与正平面平行

5. 下列各图中，属于侧垂面投影的是（   ）。

A.   B.   C.   D.

三、简答题

1. 如何判断点是否在直线上？

2. 如何判断点是否在面上？

3. 三面正投影图分别可以表示物体的什么方位关系？

项目3

判断形体的投影与空间形态

学习目标

（1）了解平面体的概念，掌握棱柱、棱锥、棱台等基本平面体投影图的画法。

（2）了解组合体的类型，掌握组合体投影图的识读与画法。

（3）了解轴测投影的形成、种类；理解轴测图的特性、轴向伸缩系数及轴间角的概念，掌握平面体的正等轴测图的画法。

（4）理解剖面图的形成和种类，掌握剖面图的画法；理解断面图的形成和种类，掌握断面图的画法。

任务 3.1　基本几何体的投影

基本体（基本几何体）的类型及投影特点

3.1.1　基本几何体的类型

一、平面体

表面仅由平面围成的基本几何体称为平面体。常见的平面体包括棱柱、棱锥、棱台等。作平面体的投影，就是作出组成平面体的各平面的投影。

1. 棱柱体的投影

当底面为三角形、四边形、五边形……时，所组成的棱柱分别为三棱柱、四棱柱、五棱柱……。棱柱的三个投影，其中一个投影为多边形，另两个投影分别为一个或若干个矩形，满足这样条件的投影图为棱柱体的投影，如图 3-1 和图 3-2 所示。

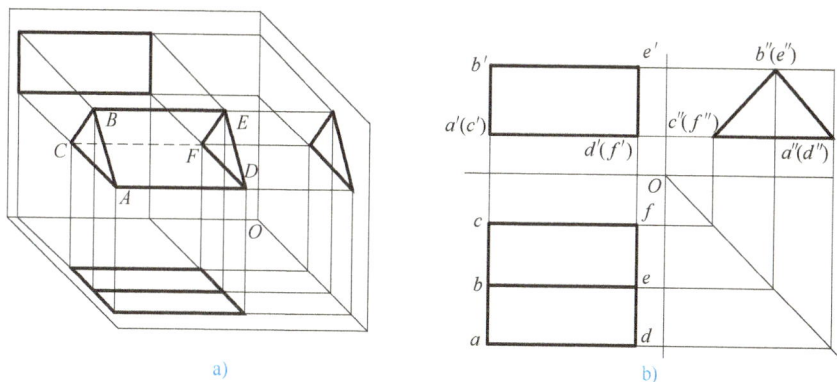

图 3-1　正三棱柱的投影
a）透视图　b）投影图

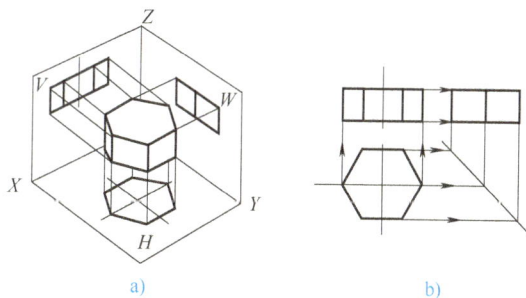

图 3-2　六棱柱的投影
a）透视图　b）投影图

2. 棱锥体的投影

由一个多边形平面与多个有公共顶点的三角形平面所围成的几何体称为棱锥。根据不同形状的底面，棱锥有三棱锥、四棱锥和五棱锥等。棱锥的三个投影，一个投影外轮廓线为多边形，另两个投影为一个或若干个有公共顶点的三角形，满足这样条件的投影就是棱锥体的投影。图 3-3 所示的就是三棱锥的投影。

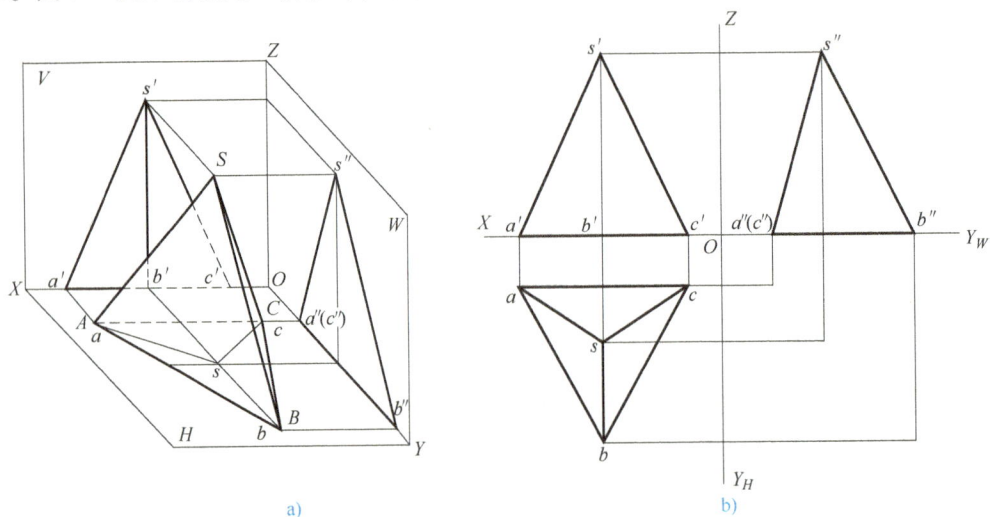

图 3-3 三棱锥的投影
a）透视图 b）投影图

3. 棱台的投影

用平行于棱锥底面的平面切割棱锥，底面和截面之间的部分称为棱台；由三棱锥、四棱锥、五棱锥……切得的棱台，分别称为三棱台、四棱台、五棱台……。棱台的三个投影，其中一个投影为两个相似的多边形，另两个投影为一个或若干个梯形，满足这样条件的投影就是棱台的投影。图 3-4 所示的就是棱台的投影。

二、曲面体

表面包含曲面的基本几何体称为曲面体。常见的曲面体包括圆柱、圆锥和球等。

1. 圆柱的投影

圆柱的三面投影中，一个投影面上为圆，另外两个投影面上都是一个矩形，而且这两个矩形完全相等。圆柱的三面投影如图 3-5 所示。

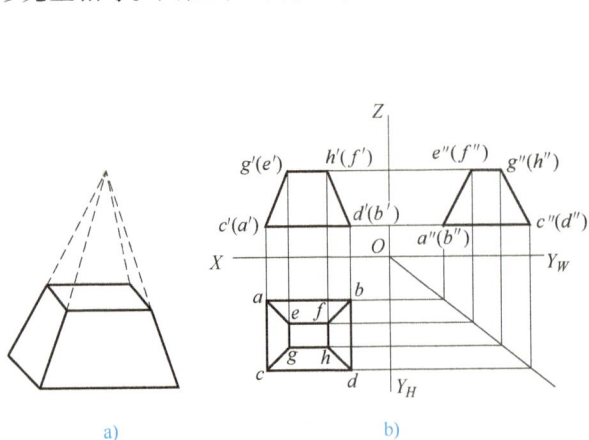

图 3-4 棱台的投影
a）棱台的形成 b）棱台的三面投影

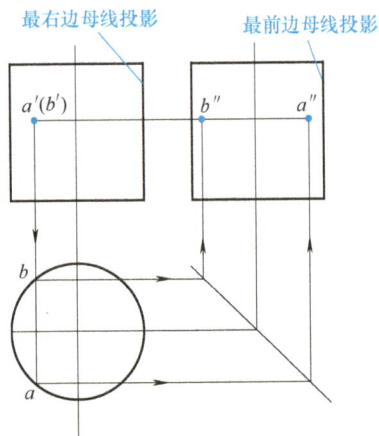

图 3-5 圆柱的三面投影

2. 圆锥的投影

圆锥的三面投影中，一个投影面上是圆，另外两个投影面上都是一个三角形，这两个三角形都是等腰三角形，且全等。圆锥的三面投影如图 3-6 所示。

3. 球的投影

球的三面投影都是圆，且三个圆全等，如图 3-7 所示。

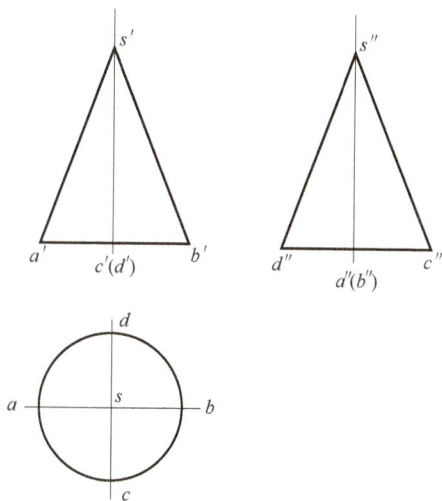

图 3-6　圆锥的三面投影

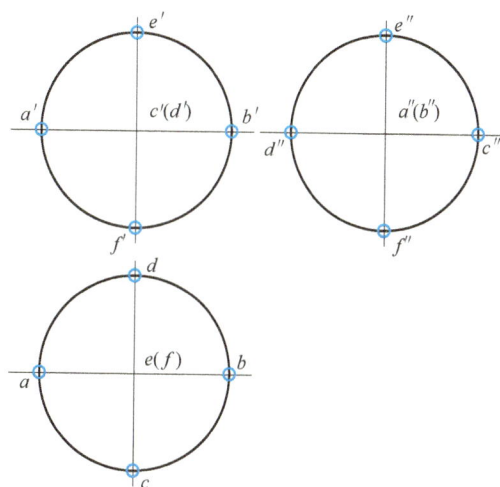

图 3-7　球的三面投影

3.1.2　平面体的投影

一、平面体的投影特点

平面体表面上点和直线的投影实质上就是平面上的点和直线的投影，不同之处是平面体表面上的点和直线的投影存在着可见性的判断问题，即：

1）平面体的投影，实质上就是点、直线和平面投影的集合。

2）投影图中的线条，既可能是直线的投影，也可能是平面的积聚投影。

3）投影图中线段的交点，既可能是点的投影，也可能是直线的积聚投影。

4）投影图中任何一封闭的线框都表示立体上某平面的投影。

5）当向某投影面作投影时，凡看得见的直线用实线表示，看不见的直线用虚线表示。

6）在一般情况下，当平面的所有边线都看得见时，该平面才看得见。

7）当有一个平面将某个点或某条直线遮挡住时，应在相应的投影图上将该点加括号表示，直线应画虚线。

二、平面体的投影画法

1）已知四棱柱的底面为等腰梯形，梯形两底边长为 a、b，高为 h，四棱柱高为 H，作此四棱柱投影图的方法如图 3-8 所示。

2）已知六棱锥的底边长为 L，高为 H，作此六棱锥投影图的方法如图 3-9 所示。

3）已知三棱台的底边为等边三角形，其中上底边长为 b，下底边长为 a，高为 H，作此三棱台的投影图的方法如图 3-10 所示。

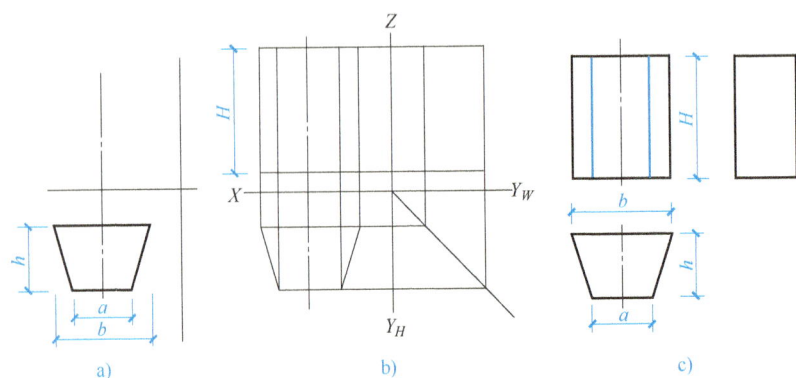

图 3-8　四棱柱的画法

a）画基准线及反映底面实形的水平投影　b）按投影关系，作出正面投影和侧面投影，
使高等于 H　c）检查整理底图，加深图线，并标注尺寸

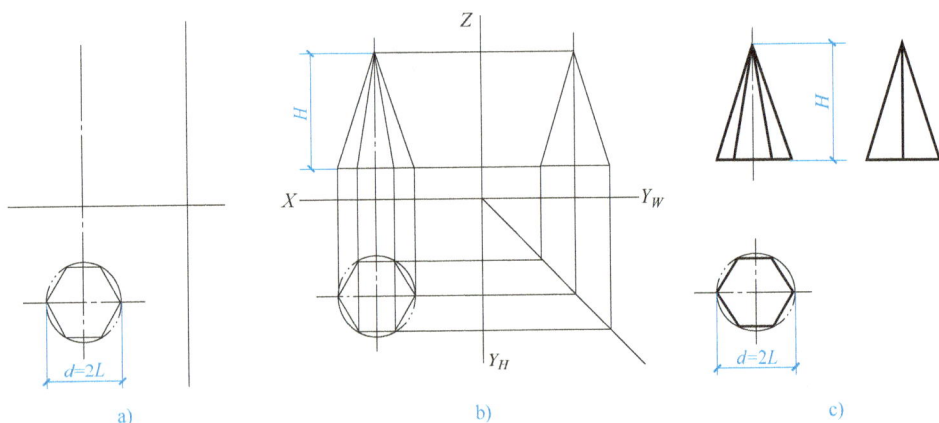

图 3-9　六棱锥的画法

a）画基准线及反映底面实形的水平投影　b）按投影关系，作出正面投影和侧面投影，
使高等于 H　c）检查整理底图，加深图线，并标注尺寸

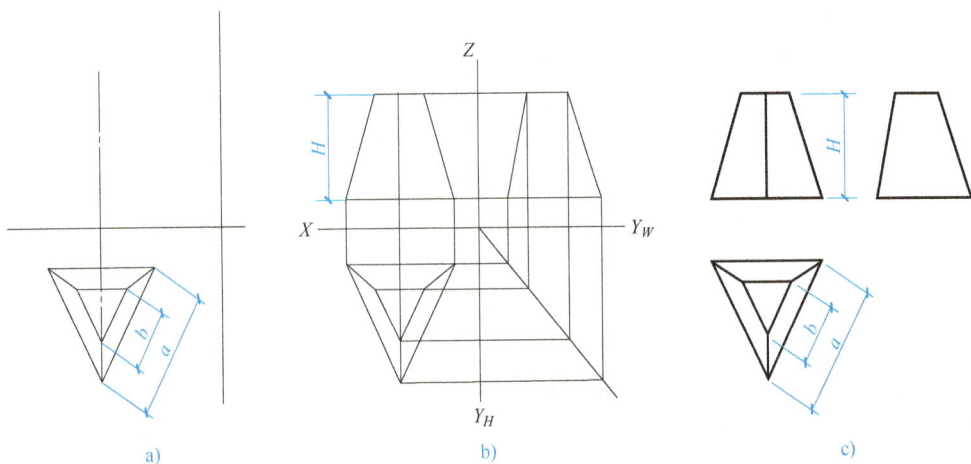

图 3-10　三棱台的画法

a）画基准线及反映上、下底面实形的水平投影　b）按投影关系及三棱台的
高作其他两个投影　c）检查底图，整理并描深图线，并标注尺寸

任务 3.2　组合体的投影

3.2.1　组合体的形体分析

将组合体分解为若干个基本几何体，然后分析它们的形状、相对位置及组合方式，称为组合体的形体分析。

一、组合体的组合形式

组合体按其组成形状不同可分为：

1. 叠加体

由两个或两个以上的基本几何体叠加而成的叠加式组合体，简称叠加体。

2. 截割体

由一个或多个截平面对简单基本几何体进行截割，使之变为较复杂的形体，称为截割式组合体，简称截割体，它是组合体的另一种组合形式。

3. 混合体

混合体是指既叠加又截割。叠加和截割是形成组合体的两种基本形式，在许多情况下，叠加体与截割体并无严格的界限，往往是同一物体既有叠加又有截割，即混合式组合体，简称混合体，如图 3-11 所示。

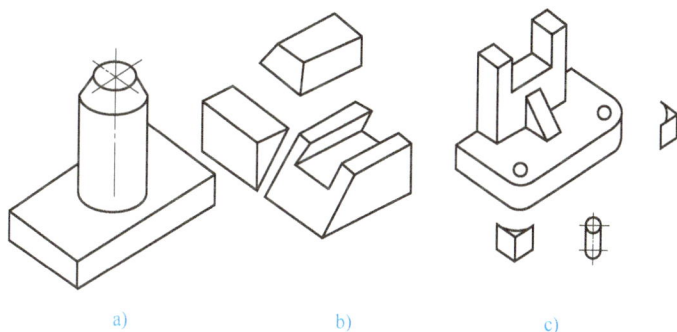

图 3-11　组合体的组合形式
a）叠加体　b）截割体　c）混合体

二、叠加体的不同连接方式

叠加体是由若干个基本几何体通过一个或几个面连接形成的，包括堆砌、相交（相贯）、相切等。

1. 堆砌

1）堆砌（共面、平齐），两个平面之间不画线，如图 3-12a 所示。

2）堆砌（不共面、不平齐，即两表面之间有距离），两个平面之间画线，如图 3-12b 所示。

两组合体叠加时的表面过渡关系如图 3-13 所示。

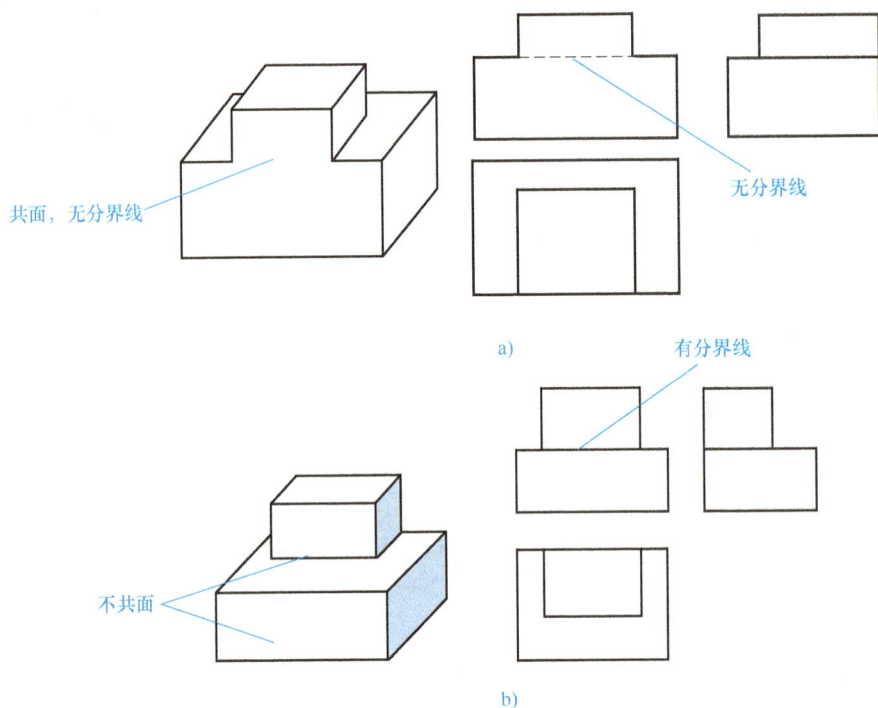

共面，无分界线

无分界线

a)

有分界线

不共面

b)

图 3-12　共面与不共面
a）共面　b）不共面

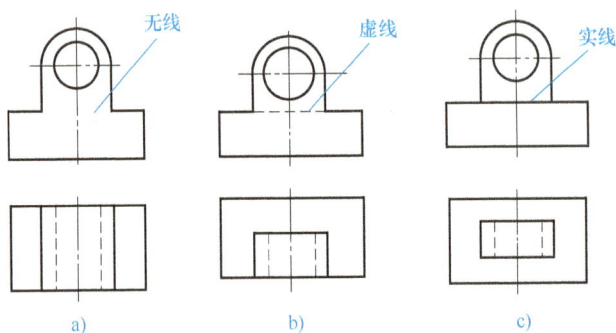

无线　虚线　实线

a)　　b)　　c)

图 3-13　两组合体叠加时的表面过渡关系
a）前后平齐　b）前面平齐，后面不平齐　c）前后不平齐

2. 相交

相邻的两个基本几何体的相交处产生交线（截交线、相贯线），在作图时必须正确画出交线的投影，如图 3-14 所示。

3. 相切

相切处光滑过渡，没有分界线，如图 3-15 所示。

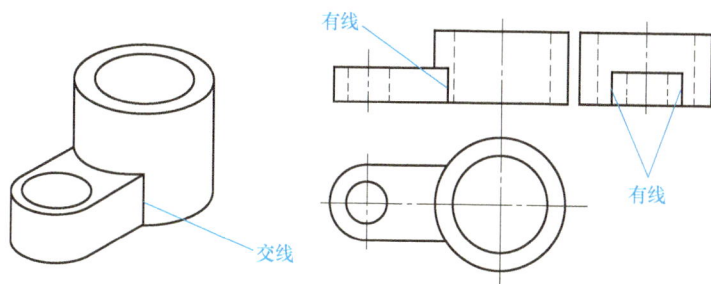

图 3-14　相交

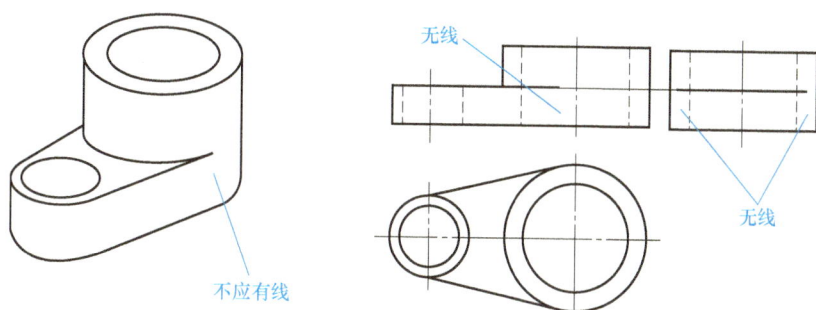

图 3-15　相切

3.2.2　组合体三面投影图的画法

作图时常把建筑物假想分解为若干个基本几何体，然后逐一弄清它们的形状、相对位置及连接方式，以便顺利地绘制和识读组合体的视图，这种思考和分析问题的方法称为形体分析法。

组合体的形状是多种多样的，但从形体的角度来分析，任何复杂的组合体都可以分解为若干个简单的基本几何体。因此，画图时必须首先把组合体分解成若干部分，即若干个基本几何体的视图，并根据它们的组合形式的不同画出它们之间连接处的交线投影，以完成整个组合体的视图。

一、进行形体分析

进行形体分析时应注意以下问题：

1）分析组合体是由哪些简单的基本几何体组成的。图 3-16 所示的组合体是在四棱柱上切掉了一个三棱柱。

2）分析各基本几何体之间是按什么形式组合的。图 3-16 所示的组合体是截割体。

3）分析组合体各自对投影的相对位置关系。图 3-16 所示的组合体，被切掉的三棱柱在四棱柱的左方、上方、前方。

进行形体分析，可进一步认识组合体的结构特点，为正确地画组合体视图做好准备。

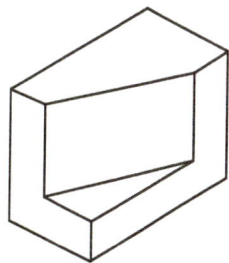

图 3-16　形体分析

二、选择主视图

主视图是三视图中最重要的视图，主视图选择恰当与否，直接影响组合体视图表达的清晰性（图3-17）。所谓选择主视图也就是怎样放置所表达的物体和用怎样的投射方向来作为主视图的投射方向的问题。

选择主视图的原则：

1）组合体应按自然位置放置，即保持组合体自然稳定的位置。

2）主视图应较多地反映出组合体的结构形状特征，即把反映组合体的各基本几何体和它们之间相对位置关系最多的方向作为主视图的投射方向。

3）在主视图中尽量少产生虚线，即在选择组合体的安放位置和投射方向时，要同时考虑各视图中不可见部分最少，以尽量减少各视图中的虚线。

图 3-17 选择主视图

三、遵守正确的画图方法和步骤

正确的画图方法和步骤是保证绘图质量和提高绘图效率的关键。画图时应注意：

1）在画组合体的三视图时，应分清组合体中结构体形状的主次，先画其主要部分，后画其次要部分。

2）在画每一部分时，要先画反映该部分形状特性的视图，后画其他视图。

3）要严格按照投影关系，三个视图配合起来逐一画出每一组成部分的投影，切忌画完一个视图，再画另一个视图。

当主视图确定了，其他视图也就随之确定了，具体作图步骤如下：

1. 选比例、定图幅

画图时，应按照要求的比例由物体的长、宽、高尺寸，计算三个视图所占的面积，并在视图之间留出标注尺寸的位置和适当的间距。根据估算的结果，选用恰当的标准图幅。

2. 布图（布置图面）

布图是指确定各视图在图纸上的位置。布图前，先把图纸的边框和标题的边框画出来。各视图的位置要匀称，并注意两视图之间要留出适当距离，用以标注尺寸。

大致确定各视图的位置后，画作图基准线。基准线一般为对称中心线、轴线，要确定好主要表面的基准线。基准线也是画图时测量尺寸的基准，每个视图应画出与相应坐标轴对应的两个方向的基准线。

3. 画底稿

根据以上形体分析的结果，逐步画出它们的三视图。画图时，要先用细实线轻而清晰地画出各视图的底稿。画底稿的顺序是：

1）先画主要形体，后画次要形体。

2）先画外形轮廓，后画内部细节。

3）先画可见部分，后画不可见部分。对称中心线和轴线可用点画线直接画出，不可见部分的虚线也可直接画出。

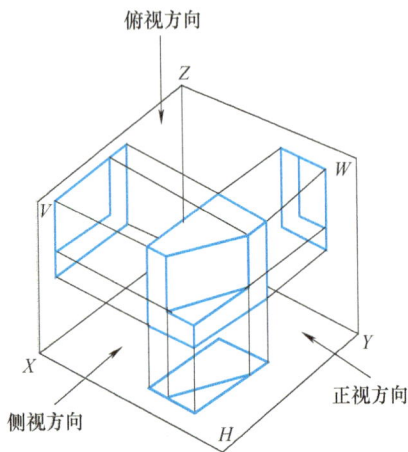

4. 标注尺寸

画完底稿后，可标注出组合体的定形尺寸和定位尺寸，后面详述其方法。

5. 检查、描深、完成全图

底稿画完后，按照形体、画图顺序和投影规律进行逐一检查，不仅组合体的整体要符合"三等"规律，组成组合体的各基本几何体也应符合"三等"规律，要纠正错误和补充遗漏（不能多线、漏线）。检查无误后，再用标准图线加深、描粗。最后填写标题栏，完成全图。

绘制三面投影图如图 3-18 所示。

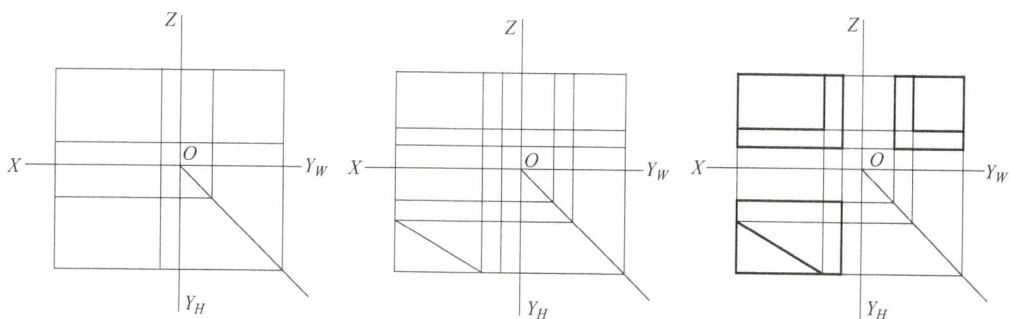

图 3-18　绘制三面投影图

叠加体的三面投影图　　混合体的三面投影图　　切割体（截割体）的三面投影图

3.2.3　组合体的识图方法

一、注意抓住形状特征视图

1）只有两个投影面的投影图是无法确定空间中基本几何体的形状的。如图 3-19 所示，图 3-19a 是空间中形体的 V 面和 H 面投影，根据不同的 W 面的投影（图 3-19b、c、d），可以确定不同的空间形体。

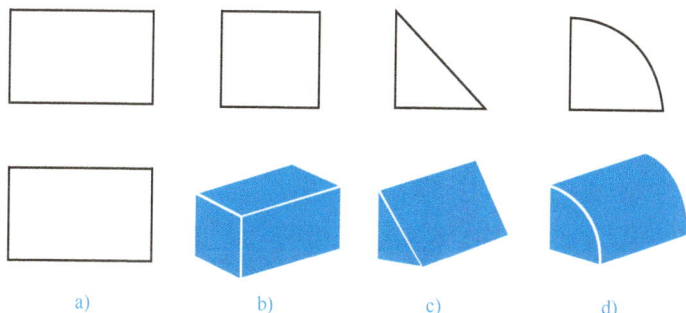

a)　　　　b)　　　　c)　　　　d)

图 3-19　形状特征视图（一）

2）只有两个投影面的投影图是无法确定空间中组合体的形状的。如图 3-20 所示，图 3-20a 是空间中形体的 V 面和 W 面投影，根据不同的 H 面的投影（图 3-20b、c），可以确定不同的空间形体。

所以，一个视图不能唯一确定物体的形状，往往需要两个或两个以上的视图才能唯一确定物体的形状。图 3-19 中的 W 面投影图和图 3-20 中的 H 面投影图是最能反映物体形状特征的那个视图，所以叫作形状特征视图。

二、注意抓住位置特征视图

除了形状特征视图，还有一种位置特征视图。如图 3-21 所示，如果 W 面投影图是图 3-21a 的时候，则此组合体是在下部的前面叠加了一个四棱柱，而上部被切割掉了一个圆柱体；如果 W 面投影图是图 3-21b 的时候，则此组合体是在上部的前面叠加了一个圆柱体，而下部被切割掉了一个四棱柱。所以，在这个组合体的三面投影中，W 面是位置特征视图。

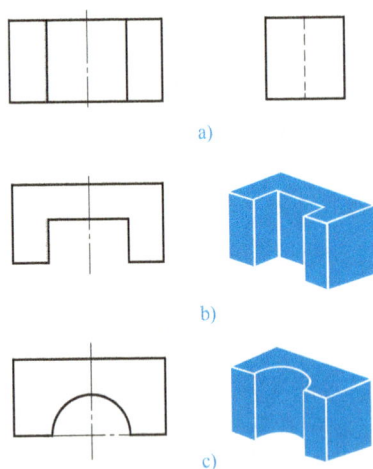

图 3-20　形状特征视图（二）

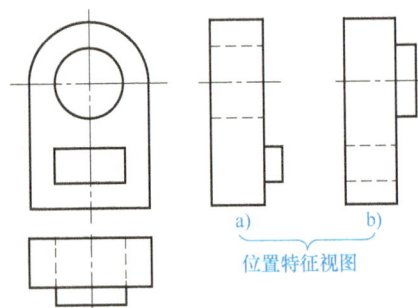

图 3-21　位置特征视图

三、注意视图中反映形体之间连接关系的图线

形体间连接关系发生变化时，在视图中的图线也会产生相应的变化。如图 3-22 所示，当三面投影图中 V 面的实线变成虚线时，相应的空间中的组合体的形式也发生了改变。

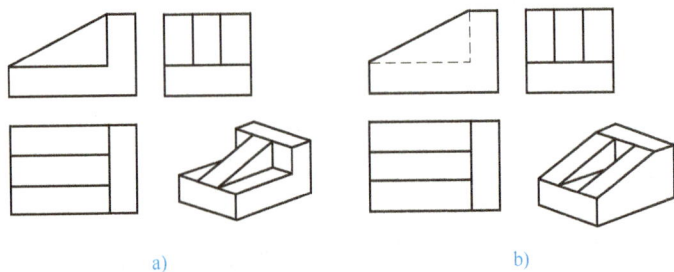

图 3-22　连接关系的变化

四、注意视图"图线"和"线框"的意义

运用线面的投影规律，分析视图中图线和线框所代表的意义与相互位置，从而识读视图

的方法，称为线面分析法，主要用来分析视图中的局部复杂图形。

1. 视图中"图线"的含义

视图中的图线，可能表示轮廓线的投影，可能表示两面交线的投影，也可能表示面的积聚投影，如图3-23所示。

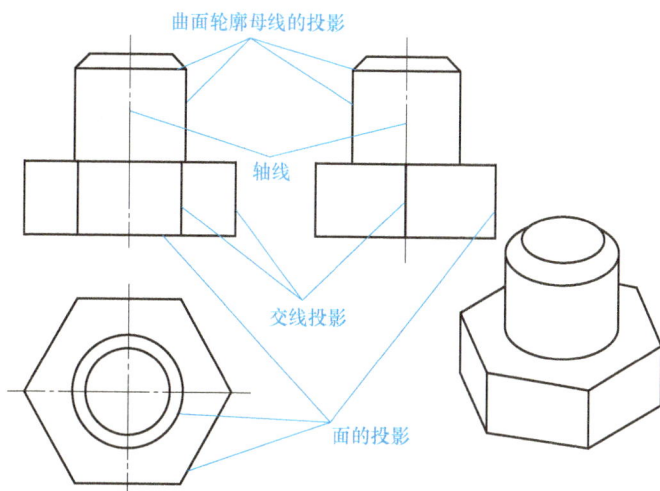

图3-23　视图中"图线"的含义

2. 视图中"线框"的含义

投影图中任何一封闭的线框都表示立体上某个面的投影，如图3-24所示。

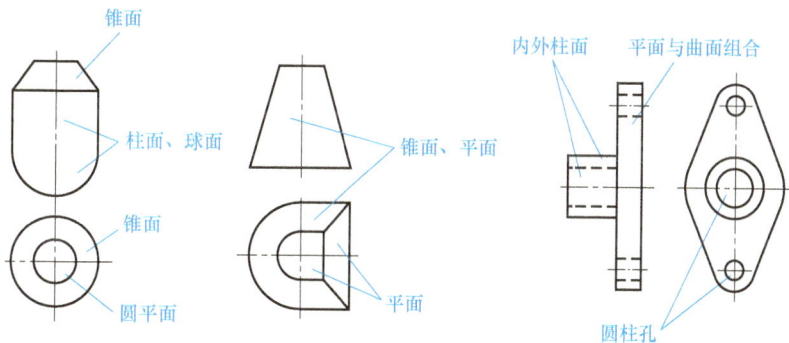

图3-24　视图中"线框"的含义

3. 相邻表面间的相对位置

要分清相邻表面间的相对位置，如图3-25所示。

五、识读组合体投影的步骤

1. 识读的方法

（1）形体分析法

采用形体分析法识图，主要用于识读叠加式组合体视图，即把物体假想地分解为若干个基本形状或组成部分，弄清它们的形状、相对位置及连接方式，先进行整体形状的分析。

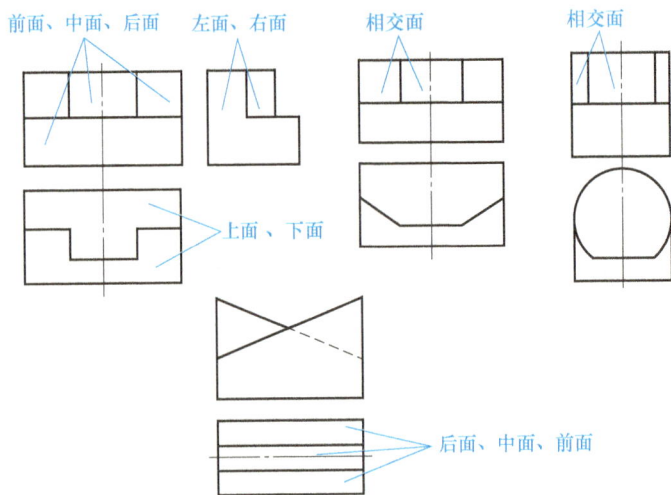

图 3-25　相邻表面间的相对位置

（2）线面分析法

采用线面分析法识图，主要用于识读截割式组合体的视图，即运用线面的投影规律，分析视图中图线和线框所代表的意义与相互位置，从而识读懂视图。

2. 识读的步骤

1）识读视图——以主视图为主，配合其他视图，进行初步的投影分析和空间分析。

2）抓特征——找出反映物体特征较多的视图，在较短的时间里对物体有一个大概的了解。

3）分解形体——参照特征视图，分解形体。

4）对照投影——利用"三等"关系，找出每一部分的三个投影，想象出它们的形状。

5）在识读懂每部分形体的基础上，进一步分析它们之间的组合方式和相对位置关系，从而想象出整体的形状。

组合体的补线

组合体的补图

任务 3.3　轴　测　图

轴测投影的形成、
种类及特性

3.3.1　轴测投影的形成、种类和特性

为了便于识图，在工程图中常用一种富有立体感的投影图来表示形体，作为辅助图样，这样的图称为轴测投影图，简称轴测图。在作形体投影图时，选取适当的投射方向，将物体连同用于确定物体长、宽、高三个尺度的直角坐标轴，用平行投影的方法一起投影到一个投影面（轴测投影面）上所得到的投影，称为轴测投影。应用轴测投影的方法绘制的投影图

叫作轴测图，如图 3-26 所示。

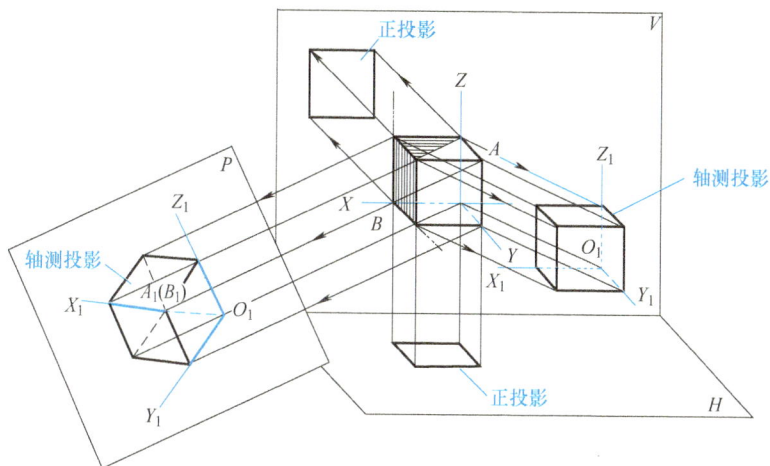

图 3-26　正方体的正投影和轴测投影

轴测图根据投射方向与轴测投影面的不同位置，可分为两大类：正轴测图和斜轴测图。将物体的三个直角坐标轴与轴测投影面倾斜，投射线垂直于投影面，所得的轴测投影图称为正轴测投影图，简称为正轴测图。正轴测图可分为正等轴测图、正二等轴测图、正三轴测图。当物体两个坐标轴与轴测投影面平行，投射线倾斜于投影面时，所得的轴测投影图称为斜轴测投影图，简称为斜轴测图。斜轴测图可分为斜等轴测图、斜二等轴测图、斜三轴测图。本书重点介绍正等轴测图和斜等轴测图。

由于轴测投影属于平行投影，因此其特点符合平行投影的特点：

1）空间平行直线的轴测投影仍然互相平行，所以与坐标轴平行的线段，其轴测投影也平行于相应的轴测轴。

2）空间两平行直线线段之比，等于相应的轴测投影线段之比。

3.3.2　轴测投影的相关概念

将物体长、宽、高三个尺度的直角坐标轴 OX、OY、OZ 在轴测投影面上的投影分别用 O_1X_1、O_1Y_1、O_1Z_1 来表示，称为轴测轴。轴测轴之间的夹角 $\angle X_1O_1Y_1$、$\angle Y_1O_1Z_1$、$\angle Z_1O_1X_1$ 称为轴间角。在轴测投影中，平行于空间坐标轴方向的线段，其投影长度与其空间长度之比，称为轴向伸缩系数，分别用 p、q、r 表示。而且 $p = O_1X_1/OX$、$q = O_1Y_1/OY$、$r = O_1Z_1/OZ$。其中，正等轴测图的轴向伸缩系数 $p = q = r = 0.82$，但一般取 $p = q = r = 1$；斜等轴测图的轴向伸缩系数 $p = q = r = 1$。

3.3.3　正等轴测图的画法

画基本几何体的轴测图一般采用坐标法。坐标法是根据物体表面上各点的坐标，画出各点的轴测图，然后依次连接各点，即得该物体的轴测图。

1）画正等轴测图时，应先用丁字尺配合三角板作出轴测轴，如图 3-27 所示。

2）用坐标法作长方体的正等轴测图，作图步骤如图 3-28 所示。

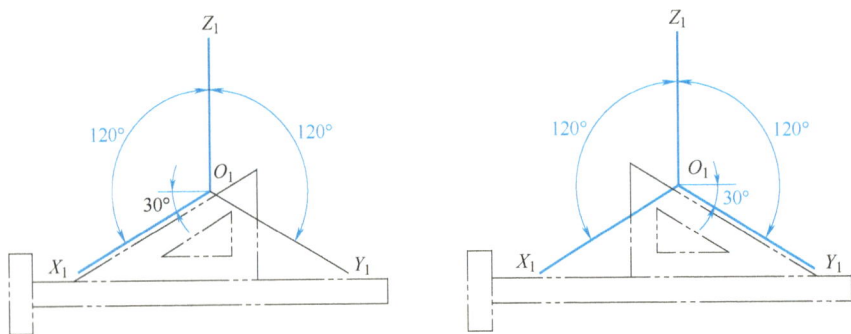

图 3-27　画出轴测轴

正等轴测图的
画法与应用

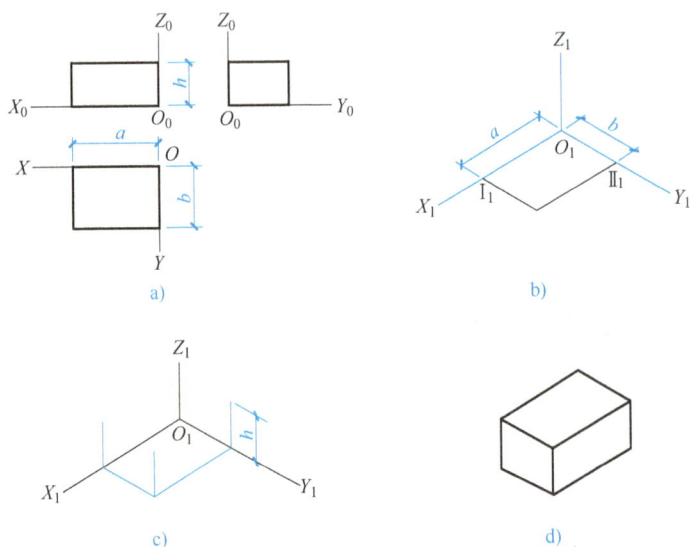

图 3-28　长方体的正等轴测图

a) 在正投影图上定出原点和坐标轴的位置　b) 画轴测轴，在 O_1X_1 和 O_1Y_1 上分别量取 a 和 b，
过 I_1、II_1 作 O_1Y_1 和 O_1X_1 的平行线，得长方体底面的轴测图　c) 过底面各角点作 O_1Z_1 轴的平行线，
量取高度 h，得长方体顶面各角点　d) 连接各角点，擦去多余的线，并描深，
即得长方体的正等轴测图，图中虚线可不必画出

3）作四棱台的正等轴测图，作图步骤如图 3-29 所示。

4）根据叠加体的三面投影画出组合体的正等轴测图，一般先画出一个主要的形体做基础，然后将其余的形体逐个叠加，如图 3-30a 所示。

5）根据截割体的三面投影画出组合体的正等轴测图，一般先画出基本形体的轴测图，然后将截割的部分画出，如图 3-30b 所示。

6）根据混合体的三面投影画出组合体的正等轴测图，应先叠加后再截割，如图 3-31 所示。

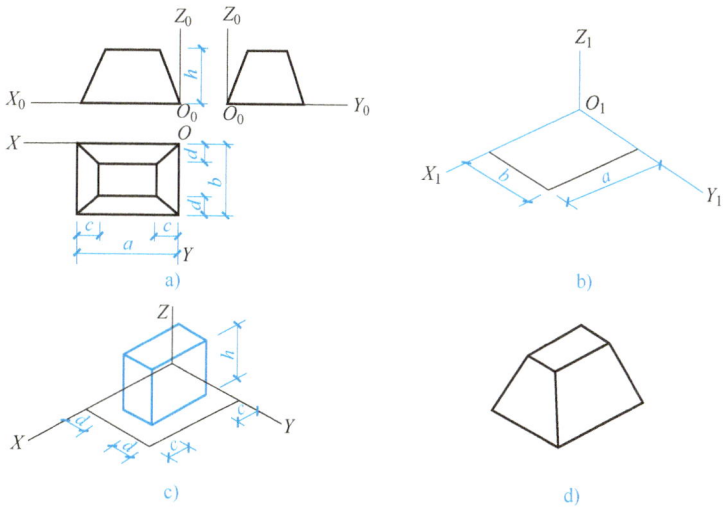

图 3-29 四棱台的正等轴测图

a）在正投影图上定出原点和坐标轴的位置 b）画轴测轴，在 O_1X_1 和 O_1Y_1 上分别量取 a 和 b，
画出四棱台底面的轴测图 c）在底面上用坐标法根据尺寸 c、d 和 h 作棱台各角点的轴测图
d）依次连接各点，擦去多余的线并描深，即得四棱台的正等轴测图

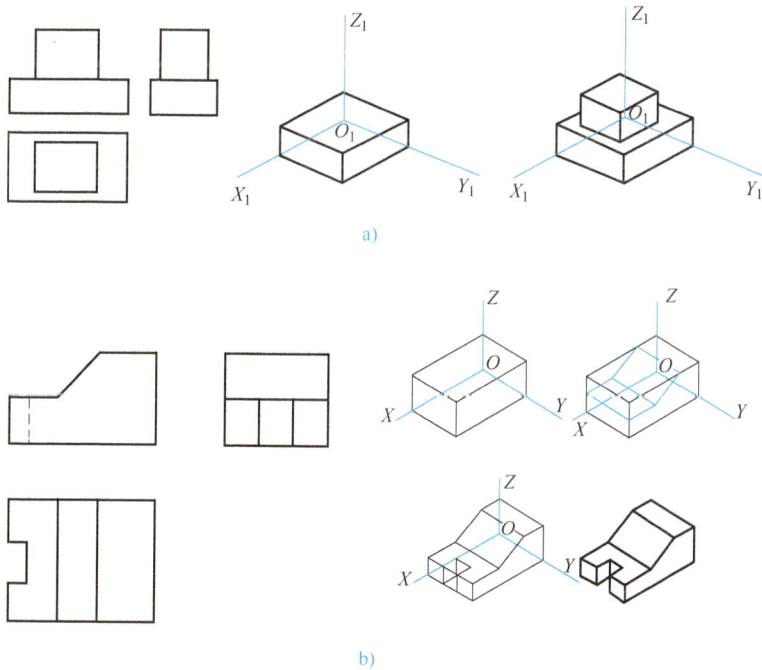

图 3-30 叠加体和截割体的正等轴测图

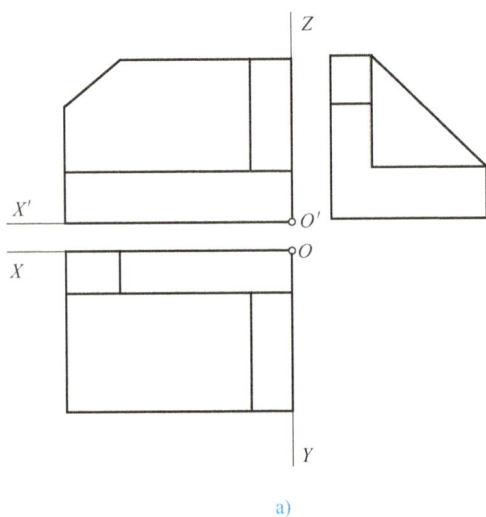

a)

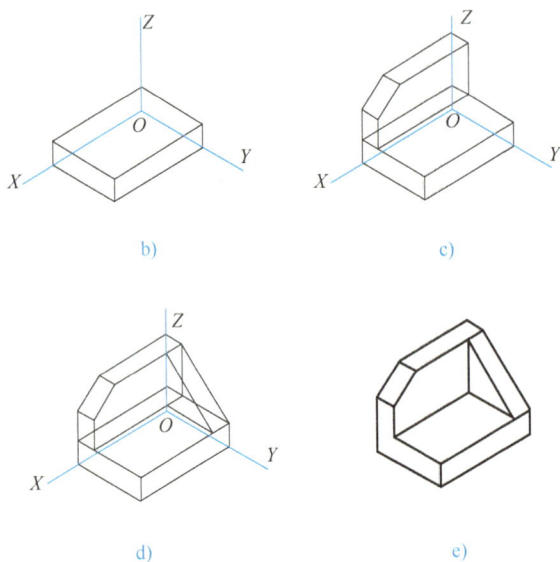

b)   c)

d)   e)

图 3-31　混合体的正等轴测图

a）三面投影图　b）画底板的轴测投影　c）画后面侧板的轴测投影
d）画右侧侧板的轴测投影　e）加深图线，擦掉辅助线

3.3.4　斜等轴测图的画法

图 3-32 为台阶的斜等轴测图的画法。

图 3-33 为平行于坐标平面的圆的斜等轴测图。一般选择圆平行于正面，平行于正面的圆的斜等轴测图，其投影仍是圆；平行于水平面或侧立面的圆的斜等轴测图，其投影为椭圆。

斜等轴测图的
画法与应用

a)

b)   c)

d)   e)

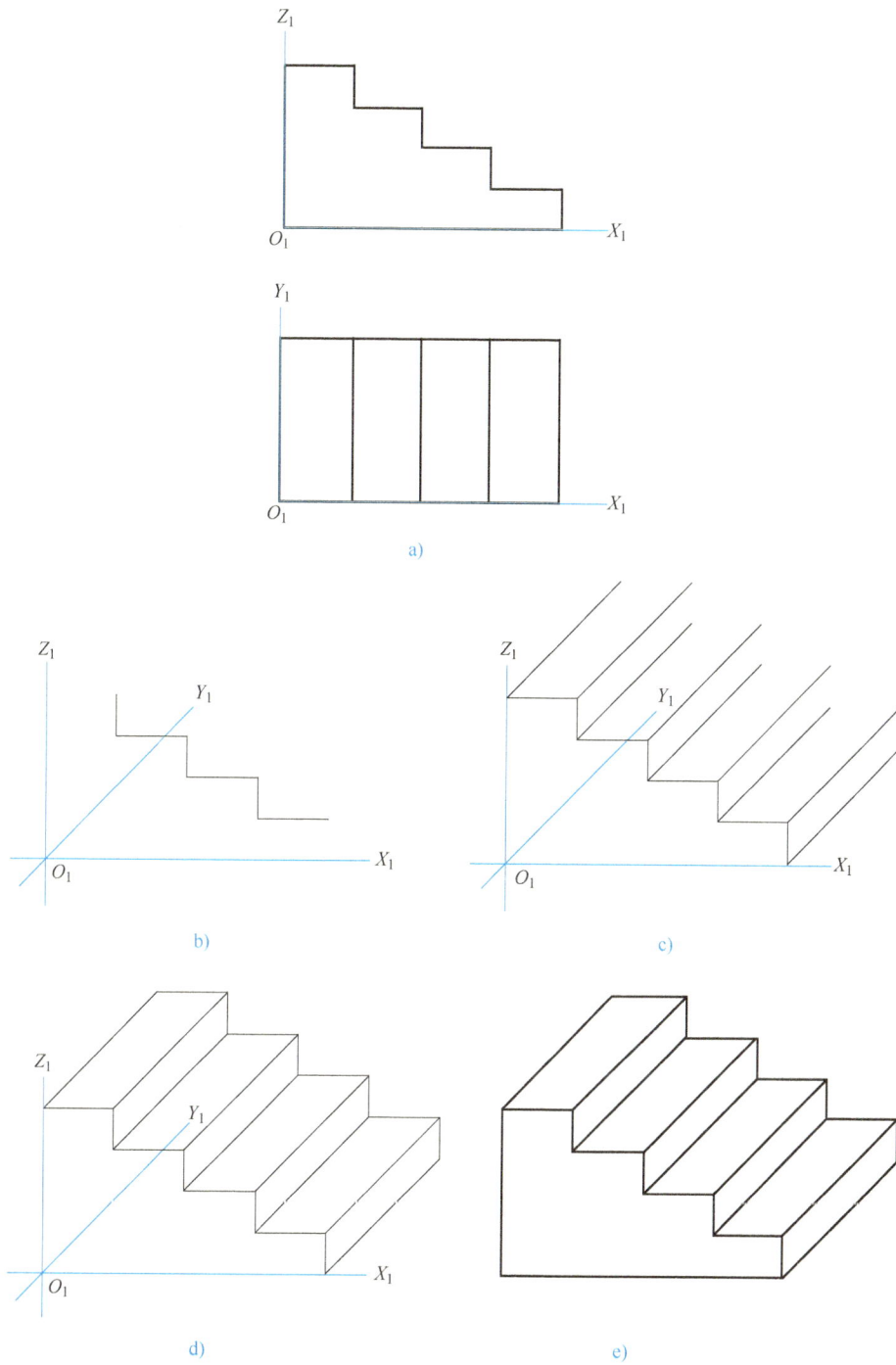

图 3-32   台阶的斜等轴测图的画法

a）正投影图   b）画 V 面的平行面（前面）   c）画 V 面的垂直面

d）画 V 面的平行面（后面）   e）完成全图

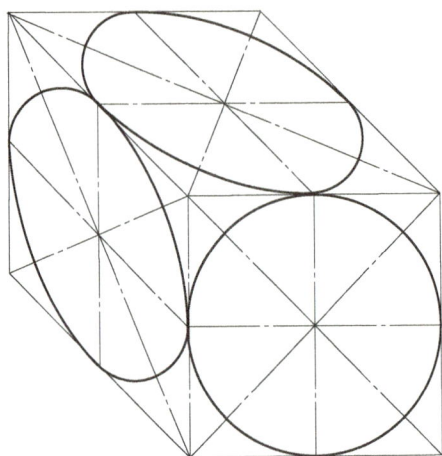

图 3-33 平行于坐标平面的圆的斜等轴测图

任务 3.4 剖面图与断面图

3.4.1 剖面图和断面图的形成

一、剖面图的形成

假想用剖切面在形体的适当部位将形体剖开，移去剖切面与观察者之间的部分，而将剩余的部分向投影面投影，使原来不可见的内部结构成为可见，这样得到的投影图称为剖面图，如图 3-34 所示。

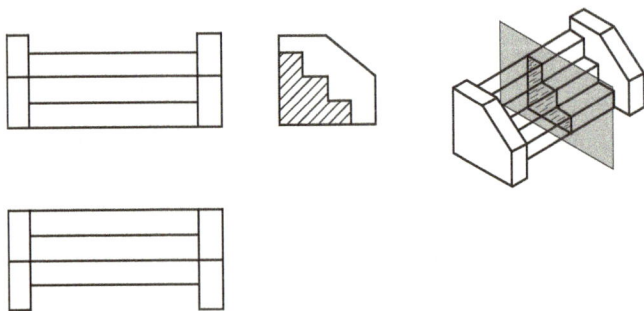

图 3-34 剖面图的形成

二、断面图的形成

假想用一个平面把物体切开，仅画出剖切平面与物体接触的部分（即切口实形），所得到的图形称为断面图，如图 3-35 所示。

三、剖面图与断面图的区别

1. 表达内容不同

1）剖面图——要画出剖切平面后沿投射方向能看到的所有部分的投

剖面图和断
面图的不同

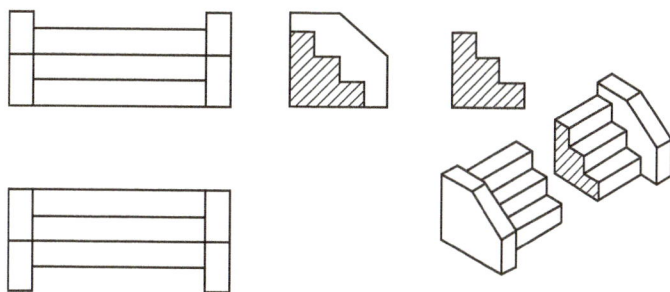

图 3-35 断面图的形成

影，即剖面图不仅画剖切平面与物体接触的部分，而且还要画出剖切平面后面没有被剖切平面切到的可见部分。剖面图包含断面图。剖面图主要用于表达空心物体的内腔情况。

2）断面图——仅画出剖切平面与物体接触部分的图形，即切口实形。断面图主要用于表达实心物体的截面形状。

剖面图与断面图的表达内容如图 3-36 所示。

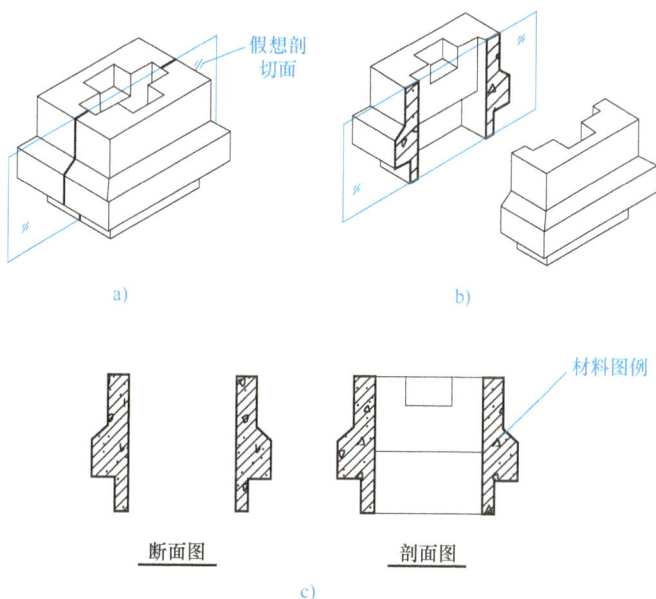

图 3-36 剖面图与断面图的表达内容
a）用假想剖切面进行剖切 b）移走剖切面与观察者之间的部分
c）投影得到断面图与剖面图

2. 剖切情况不同

剖面图可采用多个剖切平面，而断面图只能反映单一剖切平面的断面特征。

3. 剖面图和断面图的剖切符号不同

剖面图和断面图的剖切符号的规定见 1.8.5 节。剖面图的剖切符号，如图 3-37 所示，沿着剖切位置线连线的位置进行剖切，因投射方向线在剖切位置线的右方，所以剖切后从左向右进行投影，画出的剖面图为 A—A，即图名与编号相同。

断面图的剖切符号如图 3-38 所示，沿着剖切位置线连线的位置进行剖切，因编号"1"在剖切位置线的右方，所以剖切后从左向右进行投影，画出的断面图为 1—1。

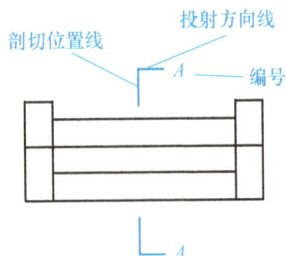

图 3-37　剖面图的剖切符号　　　　　图 3-38　断面图的剖切符号

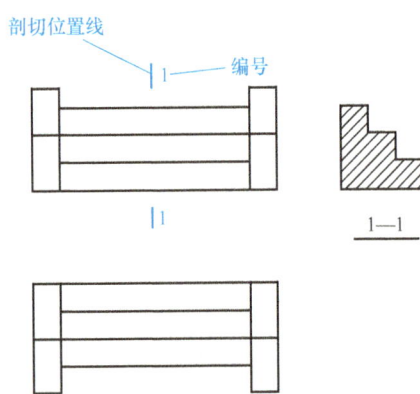

四、注意事项

1）剖面图、断面图中，物体被剖切均是假想的。剖切后的形状只反映在相应的剖面图或断面图上，并不影响其他视图的绘制。同一物体无论作多少次剖切，都应按完整物体考虑。

2）剖切平面一般为投影面平行面，并通过物体的主要轴线、对称线或孔、洞的中心线。

3）剖面图中通常不画虚线，但若省略虚线会影响物体的表达时则应画出。

4）剖面符号中的倾斜线均应为 45°细实线，且疏密适当、间隔均匀。

3.4.2　剖面图和断面图的种类

一、剖面图的种类

1. 全剖面图

用一个平行于基本投影面的剖切平面，将形体全部剖开后画出的图形称为全剖面图。显然，全剖面图适用于外形简单、内部结构复杂的形体，如图 3-39 所示。

剖面图的形成
和种类

2. 半剖面图

当形体具有对称平面时，在垂直于该对称平面的投影面上投影所得到的图形，以对称中心线为界，一半画成剖面图，另一半画成外形视图，这样组合而成的图形称为半剖面图。显然，半剖面图适用于内外结构都需要表达的对称形体，如图 3-40 所示。

3. 局部剖面图

将形体局部剖开后投影所得的图形称为局部剖面图。显然，局部剖面图适用于内外结构都需要表达，且又不具备对称条件或仅局部需要剖切的形体，如图 3-41 所示。

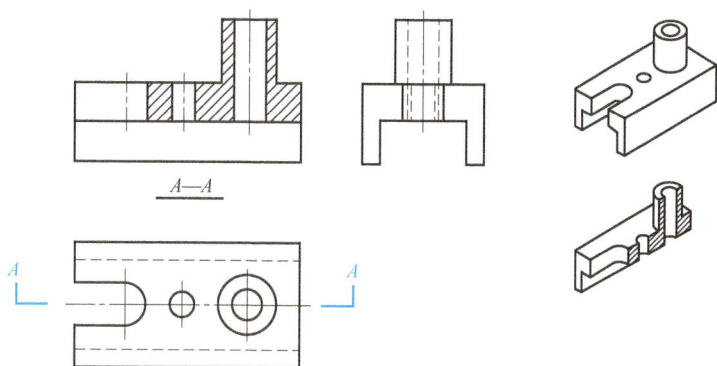

图 3-39 全剖面图

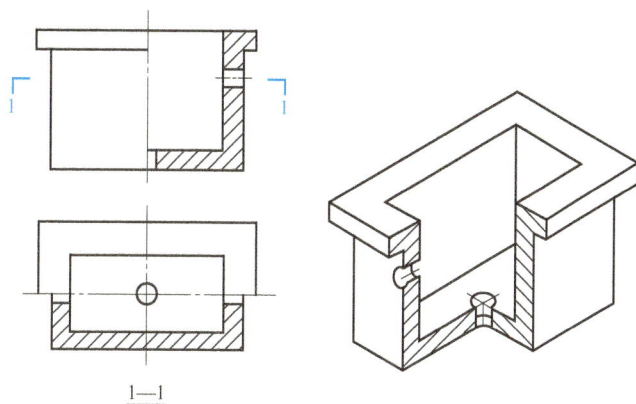

图 3-40 半剖面图

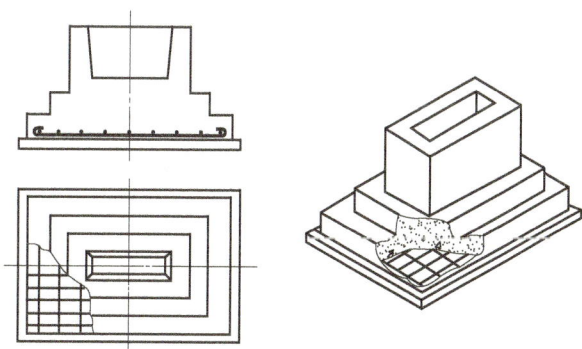

图 3-41 局部剖面图

4. 分层剖面图

对于建筑物结构层的多层构造，可用一组平行的剖切面按构造层次逐层局部剖开，构成分层剖面图，这种方法常用来表达房屋的地面、墙面、屋面等处的构造。分层剖面图应按层次以波浪线将各层隔开，波浪线不应与任何图线重合，如图 3-42 所示。

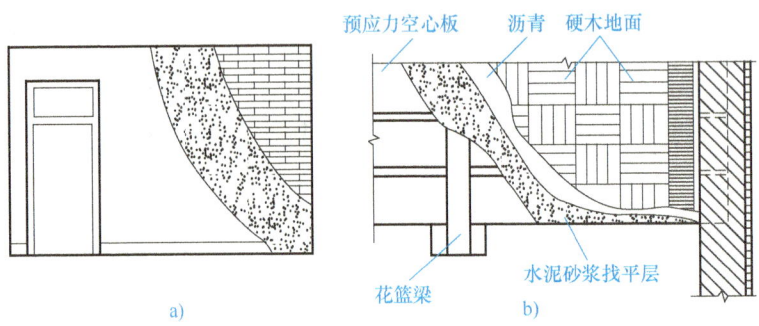

图 3-42　分层剖面图
a）墙面　b）楼面

5. 阶梯剖面图

用两个或两个以上平行的剖切面将形体剖切后投影得到的剖面图称为阶梯剖面图，如图 3-43 所示。

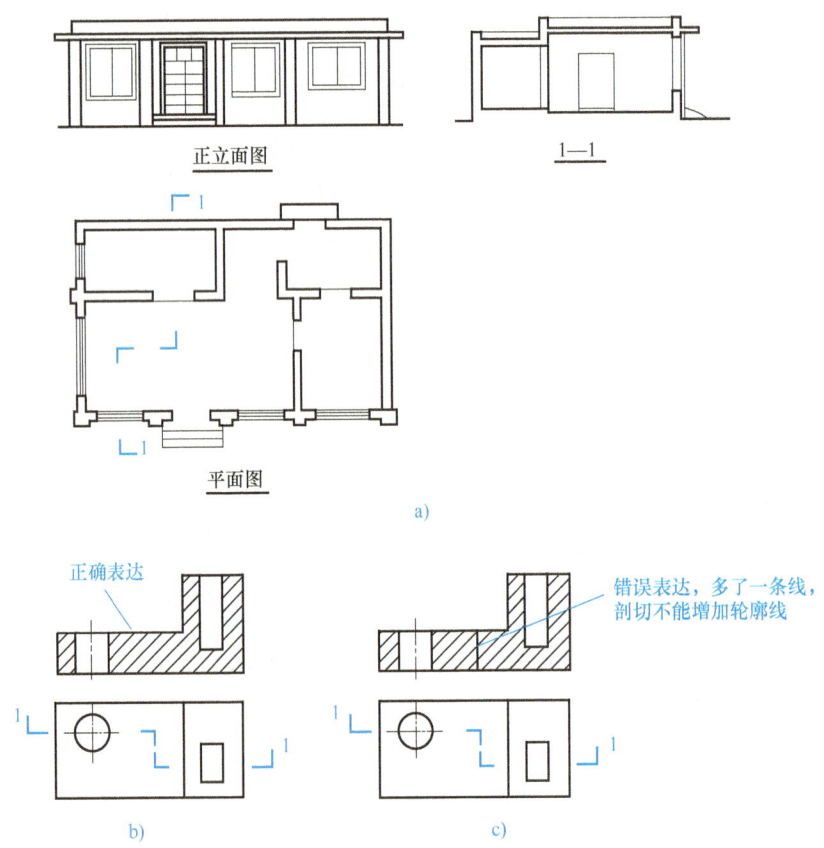

图 3-43　阶梯剖面图

6. 展开（旋转）剖面图

采用两个或两个以上相交的剖切面将形体剖开，并将倾斜于投影面的断面及其所关联部

分的形体绕剖切面的交线（投影面垂直线）旋转至与投影面平行后再进行投影，这样得到
的图就是展开（旋转）剖面图，如图 3-44 所示。

二、断面图的种类

1. 移出断面图

画在视图轮廓线以外的断面图称为移出断面图，移出断面的轮廓
线用粗实线绘制，配置在剖切平面的延长线上或其他适当的位置，如
图 3-45 所示。

断面图的形
成和种类

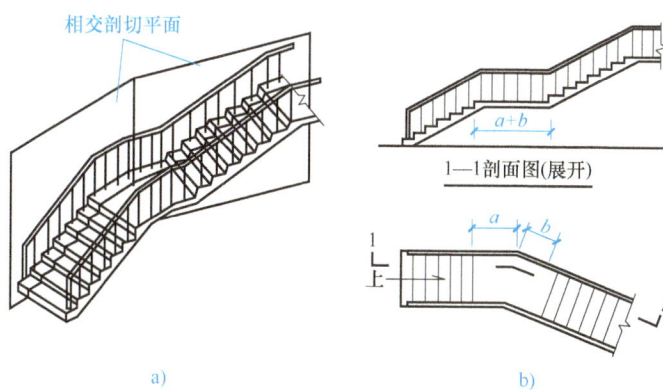

图 3-44　展开（旋转）剖面图

a）直观图　b）展开（旋转）剖面图

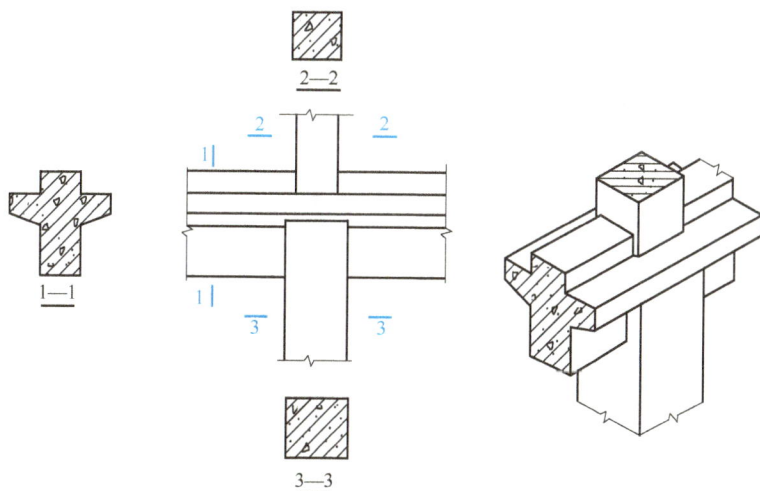

图 3-45　移出断面图

2. 中断断面图

断面图画在投影图的中断处，即为中断断面图，适用于具有单一断面的较长杆件及型
钢，如图 3-46 所示。

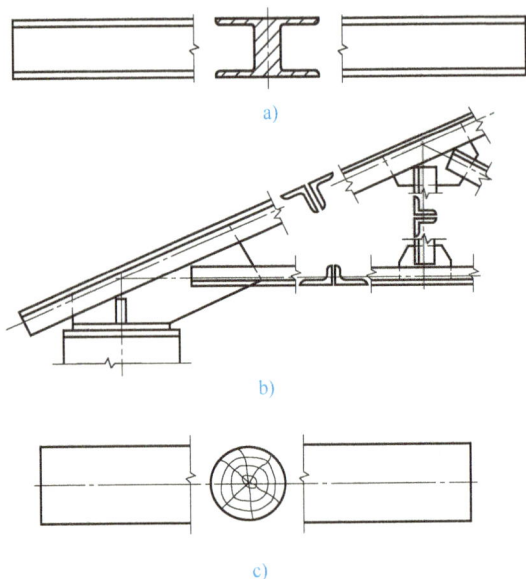

图 3-46　中断断面图
a）工字钢梁中断断面图　b）屋架杆件的中断断面图
c）圆形木头杆件的中断断面图

3. 重合断面图

画在视图轮廓线以内的断面图称为重合断面图。重合断面图的边界线用细实线表示。当视图中的轮廓线与重合断面的图形重叠时，视图中的轮廓线仍应连续画出，不可间断，如图 3-47、图 3-48 所示。

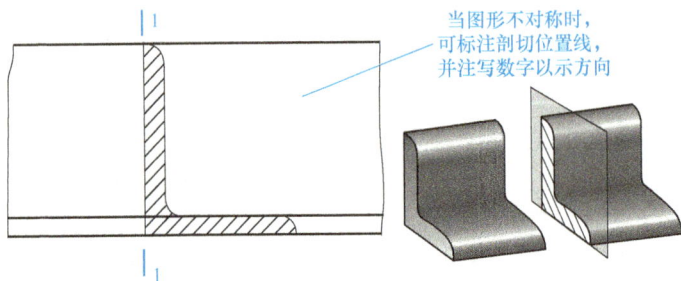

当图形不对称时，可标注剖切位置线，并注写数字以示方向

图 3-47　重合断面图

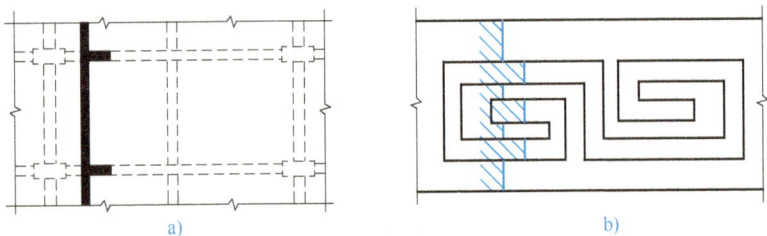

图 3-48　建筑工程中对重合断面图的利用
a）现浇钢筋混凝土楼面的重合断面图　b）墙面装饰的重合断面图

3.4.3 剖面图和断面图的画法

一、作图注意事项

1）形体的剖切平面位置应根据表达的需要来确定。为了完整清晰地表达内部形状，一般情况下剖切平面应通过孔、槽等不可见部分的中心线，且应平行于剖面图所在的投影面。如果形体具有对称平面，则剖切平面应通过形体的对称平面。所以，选择剖面位置的基本原则为：①平行于某一投影面；②过形体的对称面；③过孔洞的轴线；④剖切过程不能产生新线。如图3-49所示，选择的剖切位置通过 H 面投影的对称线，并平行于 V 面。

2）剖面的剖切符号与剖面图的名称。剖面图中的剖切符号由剖切位置线和投射方向线两部分组成。剖切位置线用6~10mm长的粗实线表示，投射方向线用4~6mm长的粗实线表示。剖面图剖切符号的编号宜采用阿拉伯数字，并水平地注写在投射方向线的端部。剖面图的名称应用相应的编号1—1、2—2…顺次水平注写在相应的剖面图的下方，并在图名下画一条粗实线，其长度以图名所占长度为准。如图3-49所示，图中的投射方向为从下向上，即组合体的 V 面投影是剖面图，图名为1—1剖面图。

3）材料图例。为了使剖面图层次分明，除剖面图中一般不再画出虚线外，被剖到的实体部分（即断面区域）应按照形体的材料类别画出相应的

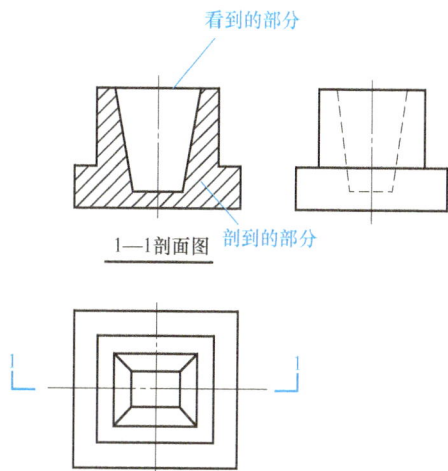

图 3-49　剖面图的画法

材料图例。在未指明材料类别时，剖面图中的材料图例一律画成方向一致、间隔均匀的45°细实线，即采用通用材料图例来表示，如图3-49所示。

4）画半剖面图时，剖面图与半外形图应以对称面或对称线为界，对称面或对称线画成细单点长画线。半剖面图一般应画在水平对称轴线的下侧或竖直对称轴线的右侧。半剖面图一般不画剖切符号和编号，图名沿用原投影图的图名。

5）断面图的绘制方式与剖面图类似，只是断面图只画出剖切面剖切到的部分的投影。断面图的剖切符号由剖切位置线和编号组成，其中剖切位置线表示剖切位置，用6~10mm长的粗实线绘制；编号用数字或字母；投射方向用编号的位置来表示，编号在剖切位置线的哪边就表示向哪边投影。

二、作图步骤

1）确定剖切平面的位置、数量和投射方向。作形体的剖面图或断面图时，首先应确定剖切平面的位置，剖切平面应选择适当的位置，使剖切后画出的图形能确切、全面地反映所要表达部分的真实形状。然后是确定剖切平面的数量，即要表达清楚一个形体，需要画多少个剖面图或断面图。最后是确定剖面图的投射方向或断面图的投射方向。

2）画出剖面的剖切符号或断面符号，并进行标注。剖切平面的位置确定之后，再确定投射方向，并在投影图上的相应位置画上剖切符号或断面符号，进行编号。

3）对已知条件进行分析，画出轴测图草图，然后画出需要画剖面图或断面图的投影面

的投影图。

4）对画出的正投影图进行修改，剖面图画出截面和剖开后剩余部分的轮廓线投影；断面图画出截面。剖面图用粗实线画出剖切面剖切到部分的投影，用中粗实线画出沿投射方向看到的部分的投影；断面图只用粗实线画出剖切面剖切到部分的投影。不可见线的虚线一般不画出。

要想完成这一步，必须在能够想象空间形体的基础上作图，也就是说要想画出剖面图或断面图，必须掌握组合体的画法。首先，根据给出的已知投影图画出空间中组合体的形式；其次，根据画出的组合体的立体图，画出需要画剖面图或断面图的那个投影面的投影；最后，画出剖面图或断面图。

5）填绘建筑材料图例。不知道是什么材料的图例时，可用平行等距的45°细实线绘制。

断面图的画法

剖面图的画法

项 目 小 结

本项目介绍了基本几何体、组合体的投影，轴测图的画法以及剖面图与断面图的相关知识。建筑物都是由基本几何体构成或者是由基本几何体组成的组合体，所以只有学好了基本几何体和组合体的投影特点，才能更好地判断建筑物的投影，并且剖面图和断面图是了解建筑物内部构造的有力手段。学好了本项目内容才能为接下来识读建筑工程图纸打下坚实的基础。

思 考 题

一、填空题

1. 组合体的组合类型有_____型、_____型、_____型三种。

2. 叠加式组合体的不同连接方式有_____、_____、_____三种。

3. 剖面图的种类包括全剖面图、_____、_____、_____和展开剖面图等。

4. 断面图的种类包括_____、_____、_____三种。

二、选择题

1. 下列关于轴测投影的叙述中，正确的是（　　　）。

A. 形体上相互平行的直线的轴测投影可能相互平行

B. 绘制正等轴测图时，其轴向伸缩系数应取 $p = q = r = 0.82$

C. 轴测轴长度与空间坐标轴长度的比值称为轴向伸缩系数

D. 轴测投影是用中心投影法绘制而成的

2. 关于剖面图，下列说法错误的是（　　　）。

A. 剖切平面通常为投影面平行面

B. 剖面图的剖切符号用粗实线绘制

C. 剖面图中没有剖切到，但沿投射方向可以看到的部分用细实线绘制

D. 被剖切到的轮廓线内，不知具体材料时，可用等间距的 45°倾斜细实线表示

3. 判断错误的 *W* 面投影图为（　　　　）。

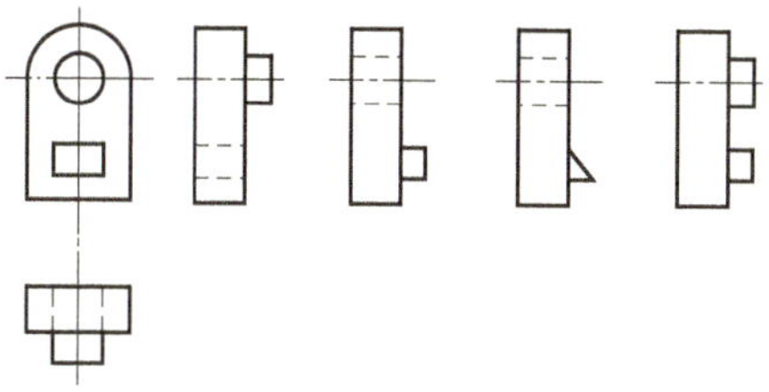

        A.　　　　B.　　　　C.　　　　D

4. 在建筑图中有剖切位置符号及编号 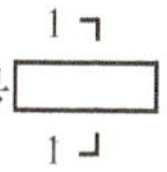 ，其对应图为（　　　　）。

A. 剖面图、向左投影　　　　　　　　B. 剖面图、向右投影

C. 断面图、向左投影　　　　　　　　D. 断面图、向右投影

5. 在建筑图中有剖切位置符号及编号 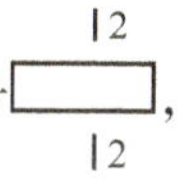 ，其对应图为（　　　　）。

A. 剖面图、向左投影　　　　　　　　B. 剖面图、向右投影

C. 断面图、向左投影　　　　　　　　D. 断面图、向右投影

三、作图题

1. 绘出图 3-50 所示组合体形体的三面投影（尺寸从图中量取）。

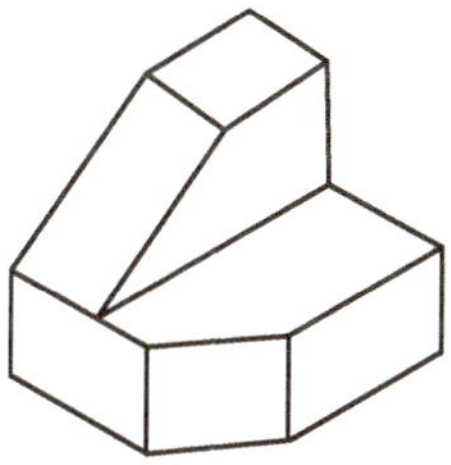

图 3-50　题 1 图

2. 请根据图 3-51 所示三面投影图画出立体图形。

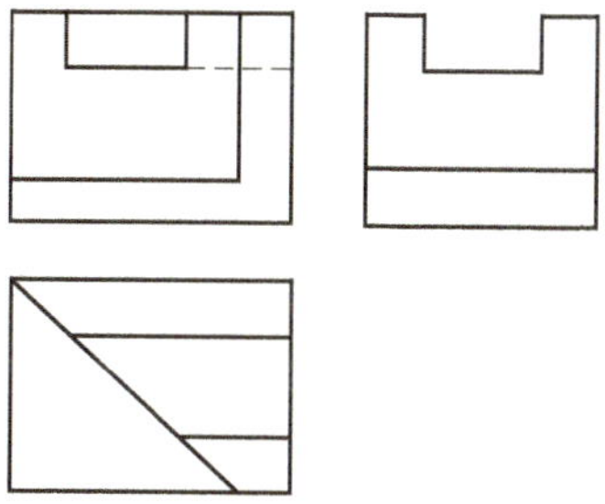

图 3-51　题 2 图

3. 请根据图 3-52 绘出形体的正等轴测图（尺寸从图中量取）。

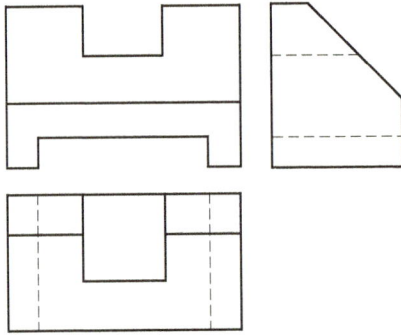

图 3-52　题 3 图

项目4

识读首页图

学习目标

（1）掌握首页图包括的内容和各部分的作用。

（2）掌握首页图的识读方法。

（3）能够识读首页图。

任务 4.1　首页图概述

首页图放在全套施工图的首页，一般包括图纸目录、设计说明、工程做法表、门窗表等。有时，还将建筑总平面图也放在首页图中。

1）图纸目录的作用是组织和编排图纸，以便识读人员根据编号和页码进行查阅。

2）设计说明是对施工图的必要补充，主要对施工图中未能表达清楚的内容作详细的说明，通常包括工程概况、设计依据、施工要求及注意事项等内容。

3）工程做法表是对建筑各部分的构造做法加以详细说明，可以采用表格的形式进行表述；若采用标准图集中的做法，应注明标准图集的代号、做法编号。

4）门窗表是对建筑所有不同类型的门窗统计后列成的表格，以备施工及预算的需要。门窗表中应反映门窗的编号、类型（名称）、尺寸、数量等。

4.1.1　图纸目录

图纸目录是用表格的形式列出图纸编（序）号、图别、图纸名称、图幅、数量、备注等项目，以便查找图纸及对整套图纸有一个全面的了解。在识读施工图时，应当首先看图纸目录，对照图纸目录和各个图纸，看是否缺少图纸。

4.1.2　设计说明

设计说明是施工图的必要补充，主要是对图样中未能表达清楚的内容加以详细说明，通常包括工程概况、设计依据、施工要求及注意事项等内容。其中，建筑设计的依据体现了业主和国家两大主体对建设项目的要求：业主的要求主要体现在合同等文件中，国家的要求主要体现在法律法规、标准规范等设计依据中。

4.1.3　工程做法表

工程做法表（建筑做法表、建筑工程做法表等）主要是对建筑各部位的构造做法用表格的形式加以详细说明。在表中，对各施工部位的名称、做法等要详细表达清楚；如采用标准图集中的做法，应注明所采用标准图集的代号、做法编号；如有改变，应在备注中说明。

4.1.4　门窗表

门窗表是对建筑物所有不同类型的门、窗统计后列成的表格，以备施工、预算需要。在门窗表中应反映门窗的类型、大小、所选用的标准图集及其类型编号，如有特殊要求，应在备注中加以说明。门窗表是门窗现场加工或采购订货、施工监理、工程预（决）算的重要依据。

任务 4.2　首页图的识读练习

4.2.1　识读职工宿舍楼项目首页图

下面对图 4-1～图 4-4 所示的职工宿舍楼项目首页图进行识读。

序号	说明书或图纸名称	图号	图纸规格	新旧分别	折合	附注
1	设计说明	建施说-1	A3			
2	营造做法　室名做法表	建施说-2	A3			
3	一层平面图	建施-1	A3			
4	二层平面图	建施-2	A3			
5	三层平面图	建施-3	A3			
6	四层平面图	建施-4	A3			
7	五层平面图	建施-5	A3			
8	屋顶平面图	建施-6	A3			
9	①~⑤立面方案图	建施-7	A3			
10	⑤~①立面方案图	建施-8	A3			
11	Ⓓ~Ⓐ立面方案图(Ⓐ~Ⓓ立面方案图)	建施-9	A3			
12	1—1剖面方案图	建施-10	A3			
13	一层楼梯间详图　二层楼梯间、淋浴间详图	建施-11	A3			
14	三~五层楼梯间、男(女)厕所、盥洗室详图	建施-12	A3			
15	1—1楼梯间剖面图、门窗详图	建施-13	A3			
16	墙身详图(一)	建施-14	A3			
17	墙身详图(二)	建施-15	A3			
18	门窗表　楼梯扶手详图　空调板详图	建施-16	A3			

项目负责人		工程号		专业	建筑
专业负责人		工程名称	职工宿舍楼	图号	
审定		图纸名称		阶段	施工图
审核				比例	
校对				日期	
设计					

a)

序号	说明书或图纸名称	图号	图纸规格	新旧分别	折合	附注
1	结构总说明	结构-1	A3			
2	基础梁平面布置及梁配筋平面图	结施-2	A3			
3	基础底板配筋图	结施-3	A3			
4	首层结构平面图	结施-4	A3			
5	二层结构平面图	结施-5	A3			
6	三层结构平面图	结施-6	A3			
7	四层结构平面图	结施-7	A3			
8	五层结构平面图	结施-8	A3			
9	首层梁配筋平面图	结施-9	A3			
10	二层梁配筋平面图	结施-10	A3			
11	三层梁配筋平面图	结施-11	A3			
12	四层梁配筋平面图	结施-12	A3			
13	五层梁配筋平面图	结施-13	A3			
14	一层板配筋图	结施-14	A3			
15	二层板配筋图	结施-15	A3			
16	三层板配筋图	结施-16	A3			
17	四层板配筋图	结施-17	A3			
18	五层板配筋图	结施-18	A3			
19	T1、T2结构平面图及剖面图	结施-19	A3			
20	T1、T2详图	结施-20	A3			

项目负责人		工程号		专业	建筑
专业负责人		工程名称	职工宿舍楼	图号	
审定		图纸名称		阶段	施工图
审核				比例	
校对				日期	
设计					

b)

图4-1　图纸目录
a) 建筑施工图目录　b) 结构施工图目录

设计说明

1 设计依据

1.1 本施工图编制依据为2011年12月15日经建设单位批准的建筑设计方案及有关文件。

1.2 《建筑设计防火规范》(GB 50016—2014)

1.3 《建筑内部装修设计防火规范》(GB 50222—2017)

1.4 《屋面工程技术规范》(GB 50345—2012)

1.5 《建筑制图标准》(GB/T 50104—2010)

1.6 《总图制图标准》(GB/T 50103—2010)

1.7 《房屋建筑制图统一标准》(GB/T 50001—2017)

1.8 《建筑玻璃应用技术规程》(JGJ 113—2015)

2 工程概况

2.1 建筑名称：职工宿舍楼。

2.2 建设地点：××市××县。

2.3 工程性质：宿舍。

2.4 建设单位：××有限公司。

2.5 建筑面积：2251.80m²。

2.6 建筑基底面积：435.00m²。

2.7 建筑设计使用年限为50年。

2.8 建筑层数和檐口高度：19.25m。

2.9 防火设计建筑分类和耐火等级为一级耐火。

2.10 人防工程抗力(防护)等级和耐火等级为无人防工程。

2.11 屋面防水等级为三级。

2.12 抗震设防烈度：7度(0.15g)。

2.13 结构类型：钢筋混凝土框架结构。

2.14 本工程相对标高±0.000相当于本建筑南侧现有市政道路中心点0.300m(或由甲业主根据现场实际确定)。

3 基本要求

3.1 本设计说明与施工图互为补充，施工中应互相对照。施工单位应在施工前熟悉图样，经我院有关专业技术交底后方能施工。如遇图样交待不清或发现做法不当时，请及时与设计人员联系解决，未经同意不得擅自变更设计。

3.2 本工程总平面图标高及尺寸以米(m)为单位，其他图样尺寸以毫米(mm)为单位。

3.3 各层标高为完成面结构面高。

3.4 各尺寸均以图面标注准确，不可直接从图样量取；所有尺寸以图样为依据。

3.5 有关施工质量、操作规程、验收规范等，均以国家和本市颁发的有关规范、规程、验收标准为依据。

4 楼地面工程

4.1 房心土、还槽土除注明者外均用原土或素土回填并分层夯实。对其中掺素的垃圾块、草根、杂物等应清除干净。

4.2 大面积水泥地面的做法宜分格分缝，每格不大于25m²，分格缝位置与垫层或地基分缝位置重合，间距为6~9m的地面，纵向缝采用平头缝或企口缝，间距为5~6m，缝宽为5~20mm。

4.3 所有室外台阶、坡道的室外台阶，坡道的地面高均低于室内地面15mm，以缓坡过渡。

4.4 卫生间地面最高处不高于相邻房间，走道地面的标高，按相关要求做地面蓄水试验，经检查24h无渗漏，无积水为合格。

5 墙砌体工程

5.1 外墙：墙体材料为240mm厚ⅢB粉煤灰空心(全现浇)混凝土砌块，型号BKa4020-T3。

5.2 内墙：墙体材料为200mm厚加气混凝土砌块，强度等级为MU7.5。

5.3 砌筑砂浆类别和强度等级为M7.5水泥砂浆。

5.4 墙留洞、预留洞见建筑和设备专业图样。

5.5 墙身防潮层一般厚度为20mm。当室内地面两侧的室内地面有高差时，应分别在两个地坪以下60mm处设置防潮层，在较低地坪一侧的墙身外表面应做垂直防潮层，25mm厚的垂直防潮层。

5.6 墙体上的预埋件及孔洞应在砌筑时预留，不准事后剔留，木门窗口的木砖每设置处，应距洞口上下各四皮砖，中距不大于70cm。塑钢门窗可用射钉枪固定预埋件，空心砌块及轻质隔墙板砂石等物厂家提供。

5.7 建筑变形缝不得有填充物。

5.8 淋浴室、盥洗室室内隔墙墙若先用加气混凝土墙带或石膏板等吸水性强的轻质墙体，卫生间轻质墙体，地面防水材料卷起先在地面做一层100~150mm高的C20混凝土带，体的下部做150mm高的C20混凝土带，150mm高度。

5.9 砌体墙的阳角处均做1:2.5水泥砂浆，20mm厚阳角处护角，做于窗口时抹过窗角，另一侧压入框灰口线内。其高度120mm。一侧抹120mm高度，在楼梯间阳洞口阴角处均为通角。在门窗洞口处以门窗同高。

5.10 内外窗台合，窗台高低，要做散水要做成内低到外高，散水要做成不到外，杜绝倒水现象。

5.11 窗套、窗台下，雨蓬、腰线或窗见突出端60mm以下的，板上面要表水出端见突出端水，正面做流水坡度，雨罩、挑檐、遮阳板、窗帽等见表水出端水。板上面按图控制参见其他图样尺寸以图签为准。

5.12 窗立口内立口的应为窗口各30mm，凡未注明的室内立口各30mm，正面高度30mm，两侧伸出窗台30mm，孔洞采用防水套管，正面按图控制参见要求表水出窗口合板用1:2.5水泥浆抹面，并压光做小圆角，且用C20细石混凝土浇密实，要24h无渗漏为合格。

5.13 预留孔洞规格尺寸按图样为准，两侧预留15mm空隙，严禁剔凿；严禁剔凿，断起；孔洞周围混凝土浇捣密实，并做闭水试验，要24h无渗漏为合格。

5.14 门窗槽口尺寸按图尺寸，门窗口是按一般工程20mm厚外粉刷所考虑的，凡20mm以上厚度的外饰面(如镶贴花岗石饰面)时，应相应调整门窗槽口尺寸是按一般工程门窗的外饰面和立框尺寸。有吊顶顶的门应符合吊顶顶标高及节点高度详图确定门窗口尺寸的高度和立框尺寸。

5.15 对于结构构件中如梁、板、挑檐的各种预埋件，由相关厂家提供给施工单位，所有预埋件要做防锈处理。

5.16 墙内应埋设拉结筋、构造柱、圈梁等均详见结构专业图样。

6 屋面工程

6.1 本工程屋面防水等级确定为二级。

6.2 凡采用焦渣找坡的，必须经过筛分，粒径经过筛分，其中不应含有有机物、石块、土块、矿渣块和未燃烧块。如局部采用块材找坡，均采用C20细石混凝土，并与水平面采用C20细石混凝土找平。

6.3 屋面突出部位反转角处的找平层抹成半圆弧形，半径控制在100～120mm，弧度要求一致。

6.4 卷材天沟内排水处，应在防水层下面铺卷材一层，雨水口周围直径500mm范围内两坡度≥5%。加铺卷材两层。雨水口周围直径500mm范围内金属管或算子，安装时注意与屋面交接两道，遮免渗漏现象。凡采用屋面外刷防锈漆的，雨水管外刷防锈漆两道，做到牢固、垂直，雨水管的扁铁卡必须用膨胀螺栓或预埋铁件固定，不得用木楔直接钉入砖缝。

6.5 雨水管收水处加镀锌网罩或算子，安装时注意与屋面交接处严密，遮免渗漏现象。

7 内外装饰工程

7.1 涂装工程的基层含水率，混凝土和抹灰层不得大于8%，冬期施工的室内涂装工程应在室内采暖条件下进行，室温要保持均衡，不得忽高忽低，不得有起皮、松散等现象，然后由我院会同建设单位提出基本色，再依据设计要求刷面漆一道。

7.2 混凝土表面和抹灰表面在涂装前应认真清净、干燥，待漆膜干燥后才可进行涂刷。凡采用涂料的颜色均由建设单位共同决定。

7.3 所有涂装处应磨光，镶缝和小孔洞应用腻子补平。施工单位共同决定。

7.4 金属材料必须除锈后再刷防锈漆，必须做防腐处理。

7.5 门窗洞口须镶花岗石板材时，所留门窗缝隙应结合外饰面施工，有吊顶的门应结合吊顶高度再确定门高度和门协调决定。

7.6 门窗上的五金件均应用优质产品，由建设单位与设计人员共同协商确定，所有防火门均必须与厂商确定，所有门窗五金件必须与墙体有牢固的连接，以确保安全。

7.7 门窗隔断除了《建筑隔墙》(JGJ 113—2015)的图示规定外，有设计有具体设计意图，我院应由施工单位共同确认后方可施工。

7.8 采用木线条的门窗、门套、预埋木砖的设计、安装施工应遵循国家现行规范及本工程设计，预埋件尺寸、位置、割角要整齐，不留钉明。

7.9 外墙石材幕墙的设计、构造详图、板材的质及安装定位、预埋件尺寸、位置及固定方法，应由施工单位按照设计要求和事先提供样板或样板板材，经与建设单位共同确认后方可订货施工。

7.10 外墙饰面、涂料、涂饰器、板材规格及颜色，经与建设单位共同确认后方可订货施工。

8 其他事项

8.1 本工程墙内、梁内留洞穿管时，施工时应注意各专业图样的协调，避免遗漏和留错。凡建筑图中未表示的孔洞，均详见有关专业图样。要做到准确无误。各专业应配合施工满足安装要求，要先安装后砌堵。

8.2 有无障碍设计的部分均详见有关专业图样。

8.3 如采用有经暗装的，应详见该专业详图做法均详见相关专业。

8.4 外门窗框与墙体之间的缝隙采用发泡聚氨酯材料填实，外两侧采用硅酮系列建筑密封胶密封。门窗上口应做成滴水线。

8.5 凸窗挑出构件及阳台构件等，采用抹30mm厚胶粉聚苯颗粒保温浆料隔断热桥保温措施。

8.6 伸出外墙的雨水管、支架和其他设施、预埋件，穿洞孔洞缝隙必须采用硅橡系列建筑密封胶密封，以防渗漏破坏防水层。

8.7 空调穿墙管洞，并预埋PVCφ80过墙管，管中位置由空调厂家配合主体位置进行相应设置，不得事后剔凿。空调套管进行安装，高差为20mm，未设置雨水立管处，沿墙角安装PVCφ50凝结水管。

8.8 外墙所有预留的排水口，换气孔洞均在室外一侧安装镶嵌式铝合金成品百叶，以达到装饰效果。

8.9 其他未尽事宜参照国家标准及《12系列建筑标准设计图集》的要求和做法执行。

局部做法表

序号	做法	备注
1.	室外台阶做法参见05J9-1 (2C)(1)(59)	(30mm厚机刺花岗石剁斧台阶面材)
2.	室外坡道做法参见05J9-1 (3)(57)	宽度为800mm (灰土垫层)
3.	散水做法参见05J1 (B)(63)(65)	φ100mm, UPVC
4.	雨水管安装做法参见05J5-1 (C)(63)(65)	露明雨水管均与墙相邻饰面相同的颜色
5.	楼梯栏杆扶手做法参见061102 (13B)	采用立杆间的净水间距≤110mm
6.	卫生间防水做法参见061102 (1)(10) 与05J5-2 (4)(28)	
7.	排雨通出屋面做法参见061102 (A)(10) 与05J5-2 (3)(29)	
8.	透气管出屋面做法参见05J5-1 (2)(30)	高度为1100mm
9.	上人孔做法参见05J5-1 (24)	高度超过500mm
10.	铁梯栏杆做法参见0518 (107)	
11.	窗台压顶做法顶高80mm，内配φ8，分布筋φ6@200	
12.	外门窗口保温做法参见津11SJ118 (13)(9) (4)(9)(6)	
13.	外墙、柱边外保温材料采用TC相变自调节保温材料，做法参见津11SJ118 (4)(5)(8)(8)	
14.	外挑梁、窗台板等凸出的热桥部位，均围抹30mm厚的胶粉聚苯颗粒保温砂浆	
15.	预留的空调做法	

[图样签栏 图签]

会签		注册师专用章
电气		
建筑		出图专用章
暖通		
结构		设计专用章
给排水		
附注		

主审人		专业负责人	
建筑		审核	
结构		校对	
给排水		设计	
		制图	

工程名称		专业	建筑
工程项目	职工培训楼	分区	
图名	设计说明	图号	建施说明-2
工号		阶段	
比例		日期	

[图4-2] 设计说明

营造做法

一、地面

地面1 地砖
8～10mm厚地砖铺实拍平，水泥浆擦缝
40mm厚1:4干硬性水泥砂浆
素水泥浆结合层一遍
80mm厚C15混凝土
150mm厚3:7灰土
素土夯实

地面2 花岗石地面
20mm厚花岗石板铺实拍平，水泥浆擦缝
30mm厚1:4干硬性水泥砂浆
素水泥浆结合层一遍
80mm厚C15混凝土
150mm厚3:7灰土
素土夯实

地面3 防滑地砖
8～10mm厚防滑地砖铺实拍平，水泥浆擦缝
20mm厚1:4干硬性水泥砂浆
1.5mm厚聚氨酯防水涂料，面上撒黄沙，四周沿墙上翻30mm
150mm高
刷基层处理剂一遍
60mm厚C20细石混凝土，向排水沟或地漏找坡不小于0.5%，最薄处不小于30mm
80mm厚C15混凝土
150mm厚3:7灰土
素土夯实

地面4 细石混凝土地面
50mm厚C20细石混凝土随打随抹
刷基层处理剂一遍
100mm厚C20混凝土垫层
300mm厚
素土夯实

二、楼面

楼面1 地砖
8～10mm厚地砖铺实拍平，水泥浆擦缝
30mm厚1:4干硬性水泥砂浆结合层
素水泥浆结合层一遍
钢筋混凝土楼板

楼面2 花岗石
20mm厚花岗石板铺实拍平，水泥浆擦缝
30mm厚1:4干硬性水泥砂浆
素水泥浆结合层一遍
钢筋混凝土楼板

楼面3 防滑地砖
8～10mm厚防滑地砖铺实拍平，水泥浆擦缝
20mm厚1:4干硬性水泥砂浆
1.5mm厚聚氨酯防水涂料，面上撒黄沙，四周
150mm高
刷基层处理剂一遍
60mm厚细石混凝土30mm
最薄处不小于0.5%，向地漏找坡不小于
钢筋混凝土楼板

楼面4 地砖地铺（阳台）
保护层：8～10mm厚地砖铺实拍平，水泥浆擦缝
结合层：20mm厚1:4干硬性水泥砂浆
隔离层：0.15mm厚聚乙烯薄膜一层
防水层：3mm厚高聚物改性沥青防水卷材
找平层：20mm厚1:3水泥砂浆中掺聚丙烯
结构层：钢筋混凝土楼层板

三、踢脚板

踢脚板1 地砖踢脚板（150mm高）
8～10mm厚地砖踢脚板，水泥砂浆擦缝
结合层：20mm厚1:4干硬性水泥砂浆结合层
5mm厚1：水泥细砂浆打底
12mm厚1:3水泥砂浆打底

踢脚板2 石材踢脚板（150mm高）
10mm厚石材踢脚板，水泥砂浆擦缝
5～6mm厚1:水泥砂浆加建筑胶镶贴
量的20%）镶贴
15mm厚1:3水泥砂浆

四、内墙

内墙1 涂料墙面
喷（刷）乳胶漆
刷建筑胶水泥浆一遍，配合比为1:4（建筑胶：水）
12～15mm厚1:3水泥砂浆
5～8mm厚1:2水泥砂浆，用木抹子赶平

内墙2 釉面砖墙面
15mm厚1:3水泥砂浆
刷素水泥浆一遍
3～4mm厚1:水泥砂浆加建筑胶镶贴
4～5mm厚釉面瓷砖，白水泥浆擦缝

五、顶棚

顶棚1 矿棉吸声板吊顶
38C型轻钢龙骨，间距小于1200mm；配套铝合金龙骨（龙骨由生产厂配套供应，安装按生产厂要求施工）
600mm×600mm矿棉吸声板

顶棚2 水泥砂浆刷乳胶漆顶棚
钢筋混凝土底板，要求清理干净
7mm厚1:3水泥砂浆
5mm厚1:2水泥砂浆
喷（刷）乳胶漆

顶棚3 PVC条板吊顶棚
钢筋混凝土底板，要求清理干净
配套铝合金龙骨（龙骨由生产厂配套供应，安装按生产厂要求施工）
PVC条板及扣条

顶棚4 超细无机纤维保温顶棚
钢筋混凝土底板，要求清理干净
70mm厚超细无机纤维喷涂
批腻子两遍
喷（刷）乳胶漆

六、外墙

外墙1 干挂花岗石
砌体或钢筋混凝土基层墙，柱基层
抹35mm厚FTC自调节变保温材料(用于钢筋混凝土梁、柱面)
15mm厚1:3水泥砂浆找平抗裂砂面
3～4mm厚聚合物柔性抗裂砂浆
干挂花岗石板材(品种、规格、颜色、安装详见厂家二次设计)

	会签	电气	暖通	给排水	附注
主持人	建筑	结构	给排水		

出图专用章　审定专用章　设计专用章

| 专业负责人 | | 审核 | | 校对 | | 设计 | | 制图 | |

工程名称	职工宿舍楼
图名	培训楼营造做法
专业	建筑
阶段	分段
比例	图号　楼施说-2
日期	工号

外墙2 涂料外墙（仿石涂料）：
JH粉煤灰保温填充砌块或钢筋混凝土梁、柱基层；
抹35mm厚FTC自调节相变保温材料(用于钢筋混凝土梁、柱面)
15mm厚1:3水泥砂浆找平分层抹面
3～4mm厚聚合物柔性抗裂砂浆
喷涂外檐涂料，颜色详见立面图

七、屋面
屋面1 保温平屋面（不上人）
防水层：3mm厚高聚物改性沥青防水卷材两道(涂保护涂料)
找平层：20mm厚1:3水泥砂浆
找坡层：1:8水泥焦渣找2%坡度，最薄处20mm
保温层：70mm厚挤塑聚苯板(用于阳台屋面时不含)
找平层：20mm厚1:3水泥砂浆
结构层钢筋混凝土屋面板

室名做法表

层数	房间名称	楼地面	内墙	踢脚板	顶棚	备注
一层	楼梯间	地面1	内墙1	踢脚板1	顶棚2	—
	楼梯梯段	地面2	—	踢脚板2	顶棚1	—
	热水锅炉间	地面3	内墙1	踢脚板2	顶棚2	—
	电瓶车充电场	地面4	内墙1	踢脚板4	顶棚4	—
二层	餐厅	楼面1	内墙1	踢脚板1	顶棚2	—
	更衣室	楼面1	内墙1	踢脚板1	顶棚2	—
	淋浴室	楼面3	内墙2	—	顶棚3	—
	厨房操作间	楼面3	内墙2	—	顶棚3	—
三层	走道	楼面1	内墙1	踢脚板1	顶棚2	—
	楼梯间	楼面2	内墙1	踢脚板2	顶棚2	—
	阳台	楼面4	—	踢脚板1	顶棚2	—
四层	寝室	楼面1	内墙1	踢脚板1	顶棚2	—
	盥洗室、厕所	楼面3	内墙2	—	顶棚3	—
	走道	楼面1	内墙1	踢脚板1	顶棚2	—
	楼梯间	楼面2	内墙1	踢脚板2	顶棚2	—
	阳台	楼面4	—	踢脚板1	顶棚2	—
五层	寝室	楼面1	内墙1	踢脚板1	顶棚3	—
	盥洗室、厕所	楼面3	内墙2	—	顶棚1	—
	走道	楼面1	内墙1	踢脚板1	顶棚2	—
	楼梯间	楼面2	内墙1	踢脚板2	顶棚2	—
	阳台	楼面4	—	踢脚板1	顶棚2	—

注：吊顶顶棚高结合设备安装高度

图4-3 营造做法 室名做法表

门窗表

门窗名称	洞口尺寸/mm 宽×高	门窗樘数						开启方式	材质	气密性等级
		一层	二层	三层	四层	五层	总数			
M1	1800×2200	2	—	—	—	—	2	平开门	断桥铝框/中空玻璃	6级
M2	1500×2200	—	3	3	3	3	12	平开门	木质门	—
M3	900×2200	—	8	4	4	4	20	平开门	木质门	—
M4	1000×2200	—	—	10	10	14	34	平开门	木质门	—
M5	800×2000	2	—	—	—	—	2	平开门	铝合金框/单层玻璃	—
MC1	1800×3000	—	5	7	7	7	26	平开门	断桥铝框/中空玻璃	6级
MC2	1500×2900	—	2	2	2	—	6	平开门	断桥铝框/中空玻璃	6级
FM1	900×2200	2	—	—	—	—	2	平开门	木质乙级防火门	6级
C1	1800×2100	5	—	—	—	—	5	平开窗	铝合金框/单层玻璃	—
C1'	1800×2100	2	—	—	—	—	2	平开窗	断桥铝框/中空玻璃	6级
C2	1800×2000	—	7	7	7	7	28	平开窗	断桥铝框/中空玻璃	6级
C3	3300×2250	—	—	1	1	1	4	固定窗	铝合金框/单层玻璃	—
C4	500×500	8	8	8	8	8	32	固定窗	断桥铝框/中空玻璃	6级
C4'	500×500	8	—	—	—	—	8	推拉窗	铝合金框/单层玻璃	—
C5	4000×1800	1	—	—	—	—	1	推拉窗	甲级防火窗	—
C6	3325×1800	1	—	—	—	—	1	平开窗	甲级防火窗	—
C7	1500×2000	—	4	—	—	—	4	平开窗	断桥铝框/中空玻璃	6级
C8	1200×2000	—	—	—	2	2	4	平开窗	断桥铝框/中空玻璃	6级
C9	1200×800	—	—	—	—	2	2	推拉窗	白色塑料窗	下口距楼面1800mm
C10	1800×2100	—	—	—	—	4	4	平开窗	断桥铝框/中空玻璃	6级

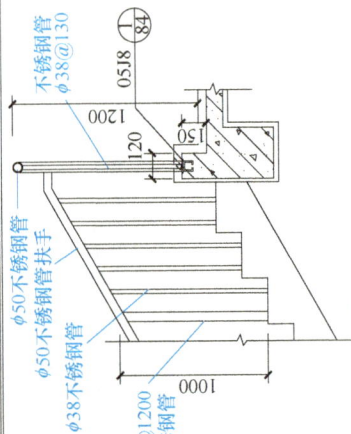

楼梯扶手详图 1:20

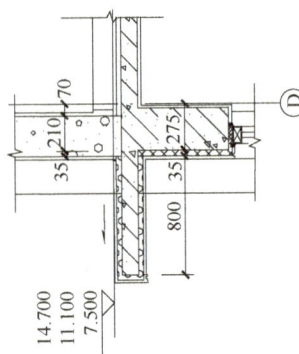

空调板详图 1:20

图4-4 门窗表 楼梯扶手详图 空调板详图

一、识读图纸目录

图 4-1 中的图纸目录分为建筑施工图目录和结构施工图目录，分别包括所有的建筑施工图和结构施工图的图纸名称、图号、图纸规格等内容。对比所有的图纸可以发现，图纸目录和各个图纸是对应的，本套图纸是完整的。另外，"①~⑤立面图"指的是南立面图；"⑤~①立面图"指的是北立面图；"Ⓓ~Ⓐ立面图"（"Ⓐ~Ⓓ立面图"）指的是西立面图（东立面图）。

二、识读设计说明

设计说明如图 4-2 所示，识读如下：

1. 设计依据

设计依据中的规范、标准分为两类：第一类是"GB"，表示强制性国家标准，是指由国家标准化主管机构批准发布，对全国经济、技术发展有重大意义，且在全国范围内统一的标准；第二类是"GB/T"，表示推荐性国家标准，任何单位都有权决定是否采用这类标准，违反这类标准的不承担经济或法律方面的责任。但是，推荐性国家标准一经接受并采用，或各方商定同意纳入经济合同中，就成为各方必须共同遵守的技术依据，具有法律上的约束力。

2. 工程概况

从工程概况中可以得知关于新建建筑物的基本信息，例如建筑名称、建设地点、工程性质、建筑面积等。本工程是钢筋混凝土框架结构，建筑高度为 19.25m，建筑面积为 2251.80m²。一般在工程概况中会有相对标高与绝对标高的关系，例如"本工程相对标高 ±0.000 相当于绝对标高 97.300"，但在本工程的工程概况中未有说明，所以需要同学们在总平面图等其他图样中查找。

3. 基本要求

设计说明中的基本要求实际上也是其他图样的基本要求，例如"3.2 本工程总平面图高程及尺寸以米（m）为单位，其他图样尺寸以毫米（mm）为单位"。要特别注意"3.3 各层标高为完成面标高，屋面标高为结构面标高"，意思是指除了屋面标高是结构标高外，其他在平面图、立面图、剖面图中的各层标高均为建筑标高。

4. 各分部分项工程的相关说明

设计说明中一般包括墙体、地面、楼面、屋面等分部分项工程的工程做法及材料说明，本设计说明中列明工程做法及材料说明的分部分项工程有楼地面工程、墙砌体工程、混凝土工程、屋面工程、内外装饰装修工程，这些分部分项工程的工程做法及材料说明是进行施工和工程造价的重要参考资料。例如，"5.2 内墙：墙体材料为 200mm 厚加气混凝土砌块，强度等级为 MU7.5"。根据这一说明，在进行工程造价时就可以明确内墙的定额编号及项目特征描述；在进行施工时可以明确墙体材料等。

三、识读局部做法表和室名做法表

图 4-2 中的局部做法表和图 4-3 中的室名做法表的整体内容就是本书前述的工程做法表的内容。

根据局部做法表可知，室外多步台阶的做法见标准图集 05J9-1 第 67 页中的 2E 做法，对应的详图编号为"2E"。由图 4-3 的营造做法可知，地面、楼面、踢脚板、内墙、顶棚、外墙、屋面的具体装饰装修做法。营造做法的识读是按照施工的顺序从下往上或从内向外进行的，例如"地面1　地砖"的识读为：最下面一层是素土夯实；第二层是150mm厚的3:7灰土，80mm厚的C15混凝土；第三层是素水泥砂浆结合层一遍；第四层是40mm厚的1:4干硬性水泥砂浆；最上面一层是8~10mm厚的地砖铺实拍平，用水泥砂浆擦缝。

　　室名做法表把各个房间采用的做法用表格的形式汇总在了一起，这样方便查询。室名做法表的识读要结合营造做法进行，例如对表中的一层楼梯间进行识读：楼地面采用地面1，内墙采用内墙1，踢脚板采用踢脚板1，顶棚采用顶棚2，其中地面1、内墙1、踢脚板1、顶棚2的具体做法都需要从营造做法中进行识读。

四、识读门窗表

　　门窗表主要反映工程门窗的材质、类型、尺寸及相关技术要求等。图4-4中的门窗表包括门窗名称、洞口尺寸（宽×高）、门窗樘数、开启方式、材质、气密性等级等参数。门窗表中，普通门用"M"表示，窗用"C"表示，用阿拉伯数字把不同的门窗进行区分。图4-4中出现了两个特殊的符号"FM"和"MC"，其中"FM"一般指的是防盗门或防火门，通常会在防火门后面注上防护等级，如FM-01（乙），没有特别说明的是防盗门的可能性较大。通过查询图9-6中的门窗详图，"MC"指的是门连窗；查找图6-4~图6-7的平面图发现，"MC"是阳台处的门和窗连在一体的构造形式。所以，在识读门窗表的时候，应当结合门窗详图、平面图等共同识读。

4.2.2　识读学生公寓楼项目首页图

　　学生公寓楼项目首页图的识读请扫描以下二维码进行学习。

学生公寓楼项目结构施工图

鲁L13J1 建筑工程做法

学生公寓楼首页图的组成

学生公寓楼首页图——建筑做法表

学生公寓楼首页图——图纸目录

学生公寓楼项目建筑施工图

项目小结

　　本项目介绍了首页图的内容及识读方法，首页图是建筑施工图的第一页，它的内容一般包括：图纸目录、设计说明、工程做法表、门窗表等。首页图所包含的内容一般是在后面的图纸里用图不好说明的信息。

思 考 题

一、填空题

1. 工程做法表（建筑做法表、建筑工程做法表等）主要是对＿＿＿＿＿＿＿＿＿＿＿用表格的形式加以详细说明。

2. ＿＿＿＿＿＿＿的作用是组织和编排图纸，以便识读人员根据编号和页码进行查阅。

3. ＿＿＿＿＿＿＿是对施工图的必要补充，主要对施工图中未能表达清楚的内容进行详细的说明，通常包括工程概况、设计依据、施工要求及注意事项等内容。

4. ＿＿＿＿＿＿＿是对建筑各部分的构造做法加以详细说明，可以采用表格的形式进行表述；若采用标准图集中的做法，应注明标准图集的代号、做法编号。

5. ＿＿＿＿＿＿＿是对建筑所有不同类型的门窗统计后列成的表格，以备施工及预算的需要。

二、选择题

1. 首页图放在全套施工图的首页，一般包括（　　　）。（多选题）

A. 图纸目录　　　　　B. 设计说明　　　C. 工程做法表　　　　D. 建筑总平面图

2. 工程做法表又可以称为（　　　）。（多选题）

A. 施工设计说明　　　B. 建筑做法表　　C. 建筑工程做法表　　D. 工程设计说明

3. 关于工程做法表说法正确的是（　　　）。（多选题）

A. 工程做法表主要是对建筑各部位的构造做法用表格的形式加以详细说明

B. 在表中对各施工部位的名称、做法等要详细表达清楚

C. 如采用标准图集中的做法，应注明所采用标准图集的代号、做法编号

D. 如有改变，应在备注中说明

4. 设计说明是对施工图的必要补充，其主要内容通常有（　　　）。（多选题）

A. 工程概况　　　　　B. 设计依据　　　C. 施工要求　　　　　D. 注意事项

三、简答题

1. 首页图中包括哪些内容？各自的作用是什么？

2. 请同学们对图 4-2 中的内容进行总结，确定各部分的主题。

3. 工程做法表的主要内容有哪些？

项目5

识读总平面图

学习目标

（1）熟悉总平面图的形成和作用。

（2）掌握总平面图的表示方法、图示内容和识读方法。

（3）能够识读总平面图。

任务 5.1　总平面图概述

职工宿舍楼项目总平面图如图 5-1 所示。

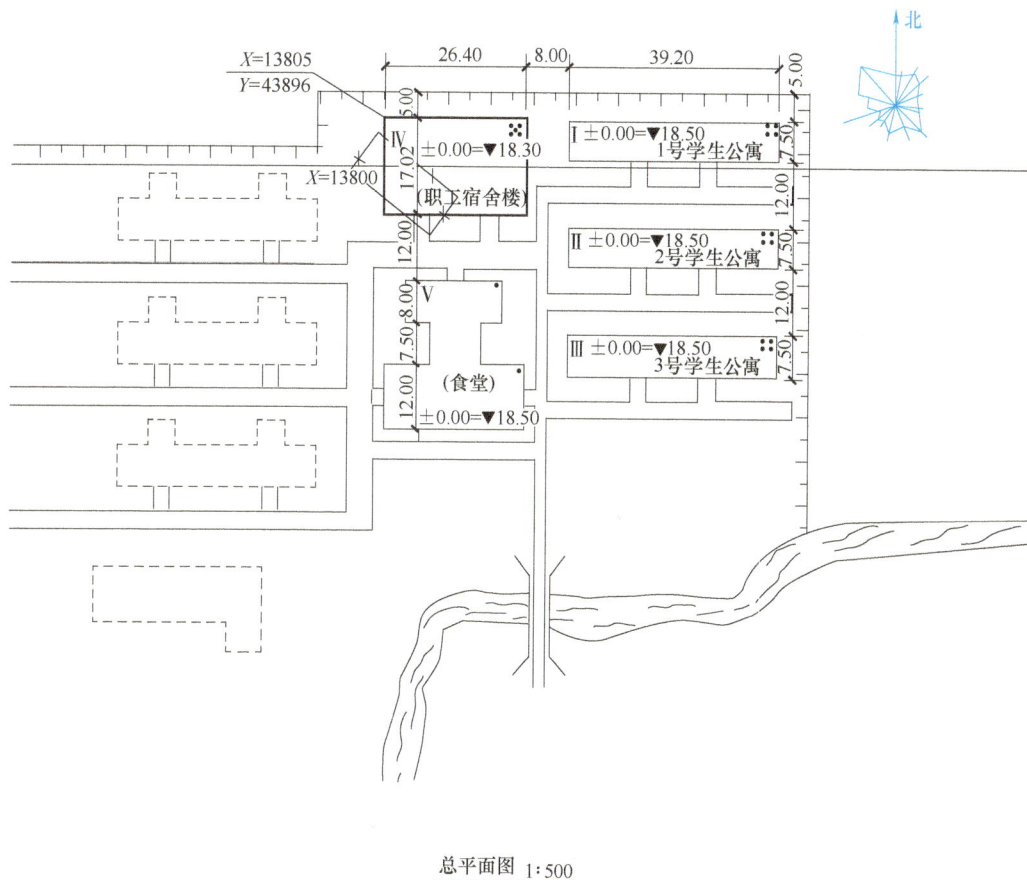

总平面图 1:500

图 5-1　职工宿舍楼项目总平面图

5.1.1　总平面图的形成

将新建工程四周一定范围内的新建、拟建、既有和需拆除的建（构）筑物及其周围的地形、地物，用正投影法和相应的图例画出的图样，即为建筑总平面布置图，简称总平面图。

5.1.2　总平面图的作用

总平面图表达建筑的总体布局及其与周围环境的关系，既是新建建筑物定位、施工放线及布置施工现场的依据，也是水、电、暖等其他专业总平面图设计和各种管线敷设的依据。

5.1.3　总平面图的表示方法

建筑总平面图是用正投影的方法，采用《总图制图标准》（GB/T 50103—2010）中的图线（表5-1）和图例（表5-2）绘制而成的。另外，总平面图绘制的范围较大，所以采用较小的比例，常用比例为1∶500、1∶1000、1∶2000。

表5-1　总平面图图线

名称		线型	线宽	用途
实线	粗		b	1. 新建建筑物±0.00高度可见轮廓线 2. 新建铁路、管线
	中		0.7b 0.5b	1. 新建构筑物、道路、桥涵、边坡、围墙、运输设施的可见轮廓线 2. 既有标准轨距铁路
	细		0.25b	1. 新建建筑物±0.00高度以上的可见建（构）筑物轮廓线 2. 既有建（构）筑物，既有窄轨、铁路、道路、桥涵、围墙的可见轮廓线 3. 新建人行道、排水沟、坐标线、尺寸线、等高线
虚线	粗		b	新建建（构）筑物地下轮廓线
	中		0.5b	计划预留扩建的建（构）筑物、铁路、道路、运输设施、管线、建筑红线及预留用地各线
	细		0.25b	既有建（构）筑物、管线的地下轮廓线
单点 长画线	粗		b	露天矿开采界限
	中		0.5b	土方填挖区的零点线
	细		0.25b	分水线、中心线、对称线、定位轴线
双点 长画线			b	用地红线
			0.7b	地下开采区塌落界限
			0.5b	建筑红线
折断线			0.5b	断线
不规则曲线			0.5b	新建人工水体轮廓线

注：根据各类图样所表示的不同重点确定使用不同粗细的线型。

表 5-2　总平面图图例

序号	名　称	图　例	备　注
1	新建建筑物	X= Y= ① 12F/2D H=59.00m	新建建筑物以粗实线表示与室外地坪相接处±0.00外墙定位轮廓线 建筑物一般以±0.00高度处的外墙定位轴线的交叉点坐标进行定位。轴线用细实线表示，并标明轴线号 根据不同设计阶段标注建筑编号、地上层数、地下层数、建筑高度、建筑出入口位置（两种表示方法均可，但同一图样采用一种表示方法） 地下建筑物以粗虚线表示其轮廓 建筑上部（±0.00以上）外挑建筑用细实线表示 建筑上部连廊用细虚线表示并标注位置
2	既有建筑物		用细实线表示
3	计划扩建的预留地或建筑物		用中粗虚线表示
4	拆除的建筑物		用细实线表示
5	建筑物下面的通道		—
6	散状材料露天堆场		需要时可注明材料名称
7	其他材料露天堆场或露天作业场		需要时可注明材料名称
8	铺砌场地		—
9	敞棚或敞廊		—

（续）

序号	名　称	图　例	备　注
10	挡土墙上设围墙		—
11	围墙及大门	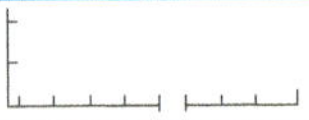	—
12	台阶及无障碍坡道	1.　2. 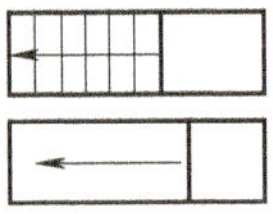	1. 表示台阶（级数仅为示意） 2. 表示无障碍坡道
13	坐标	1. $X=105.00$ $Y=425.00$ 2. $A=105.00$ $B=425.00$ 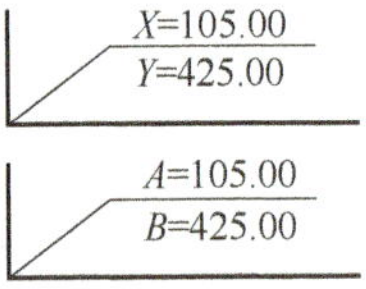	1. 表示地形测量坐标系 2. 表示自设坐标系 坐标数字平行于建筑标注
14	填挖边坡	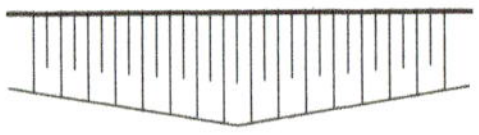	—

5.1.4　总平面图的图示内容

建筑总平面图主要表示新建建筑物的形状、位置、朝向、标高，以及周围的既有建筑物、地形、道路、绿化等内容。

1）新建建筑物。总平面图中的新建建筑物用粗实线框表示，并在线框内用数字表示建筑层数。

2）新建建筑物的定位。总平面图的主要任务是确定新建建筑物的位置，通常是利用既有建筑物、道路等来定位的。

3）新建建筑物的室内外标高。我国把青岛黄海海平面作为零点，依此测定的高度尺寸称为绝对标高。在总平面图中，用绝对标高表示高度数值，单位为"m"。

4）相邻有关建筑、拆除建筑物的位置或范围。既有建筑物用细实线框表示，并在线框内用数字表示建筑层数。拟建建筑物用虚线表示。拆除建筑物用细实线表示，并在细实线上画叉。

5）附近的地形地物，如等高线、道路、水沟、河流、池塘、土坡等。

6）指北针和风玫瑰图。

7）绿化规划、管道布置。

8）道路（或铁路）和明沟等的起点、变坡点、转折点、终点的标高与坡向箭头。

以上内容并不是在所有的总平面图上都必须绘制的，可根据具体情况加以选择。

任务 5.2　总平面图的识读方法

总平面图的识读一般按照以下顺序进行：

1）了解图名、比例和文字说明。识读总平面图时，若图中有附注图例，则按附注图例识读。此外，还应认真识读有关的文字说明，如工程规模、投资、主要技术经济指标等内容。

2）识读新建建筑物的具体位置、外围尺寸。新建建筑物的具体位置和外围尺寸可由平面尺寸或坐标确定。

3）确定相对标高与绝对标高之间的关系。新建建筑物的标高可从图中看出，由室内地面和室外地坪的设计标高可知室内外高差及 ±0.00 与绝对标高的关系。

4）识读建筑的朝向和层数。新建建筑物的朝向可由指北针或风玫瑰图来确定，新建建筑物的层数通常用圆点标注在建筑的右上角。

5）识读新建建筑物的准确位置。新建建筑物的准确位置可以根据测量坐标或建筑坐标来确定。

6）识读新建建筑物四周的道路、绿化等周围环境情况。这一步需识读与新建建筑物有关的事项，例如周围的道路、现有的市内水源干线、下水管道干线、可引入电源的电杆位置等。

7）从施工安排的角度出发，还应注意新建建筑物与既有建筑物相距是否太近、在施工时对周围居民的安全是否有保证、河流是否太近、土方坡是否牢固等。另外，施工技术人员应该根据总平面图构思出施工平面图的轮廓。

任务5.3　总平面图的识读练习

5.3.1　识读职工宿舍楼项目总平面图

下面对图 5-1 所示的职工宿舍楼项目总平面图进行识读。

1）了解图名、比例。本图图名为职工宿舍楼项目总平面图，比例为 1:500。

2）识读新建房屋的具体位置、外围尺寸。从图中可看到新建职工宿舍楼是用粗实线画的，表示它是新设计的建筑物。房屋长度为 26.40m，宽为 17.02m（国家标准规定总平面图上的尺寸单位为 "m"）。

3）识读这些房屋的首层室内地面 ±0.00 标高相当于多少绝对标高。从图上可看出北面高，南面低。职工宿舍楼的 ±0.00 = 18.30m，即新建建筑物的室内主要地坪标高相当于绝对标高 18.30m。

4）识读建筑的朝向和风向。从图上可以看出新建房屋均为坐北朝南的方位。由风玫瑰图可知该地区全年风量以西北风最多，这一因素在后面施工时应加以考虑。

5）识读新建建筑物的准确位置。从图上可以看出，规划上已根据坐标方格网，将职工宿舍楼的西北角纵、横轴线交点中心的位置用 $X = 13.80$，$Y = 43.90$ 定了下来，这样就为施工放线与定位做好了准备。

6）识读新建建筑物四周的道路、绿化等周围环境情况。本工程中的职工宿舍楼是在拆除既有建筑物之后进行建设的，职工宿舍楼的东侧为三幢学生公寓楼，为已建建筑物；职工宿舍楼的南侧是食堂，也是已建建筑物；职工宿舍楼的西侧为四幢计划扩建的建筑物。

5.3.2 识读学生公寓楼项目总平面图

学生公寓楼项目总平面图的识读请扫描以下二维码进行学习。

学生公寓楼总平面图1　　　　学生公寓楼总平面图2　　　　学生公寓楼总平面图相关名词

项目小结

本项目介绍了总平面图的图示内容及识读方法。总平面图表达建筑的总体布局及其与周围环境的关系，是新建建筑物定位、施工放线及布置施工现场的依据。

思考题

请练习识读图 5-2 所示的总平面图。

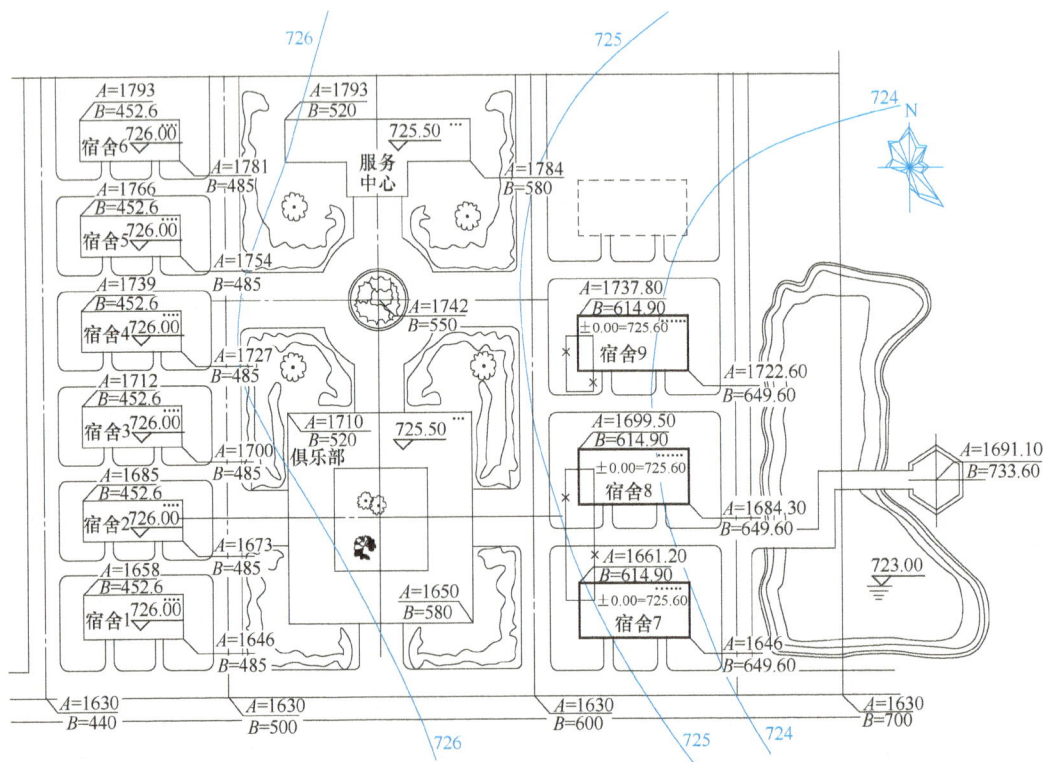

总平面图 1:500

图 5-2　总平面图

项目6

识读建筑平面图

⭐ 学习目标

（1）熟悉建筑平面图的形成和作用。

（2）掌握建筑平面图的表示方法、图示内容和识读方法。

（3）能够识读建筑平面图。

任务 6.1   建筑平面图概述

6.1.1   平面图的形成

一、一层平面图、标准层平面图、顶层平面图的形成

假想用一个水平的剖切平面沿房屋窗台以上的部位剖开，移去上部后向下投影所得的水平投影图，称为建筑平面图，如图 6-1 所示。建筑平面图实质上是房屋各层的水平剖面图。平面图虽然是房屋的水平剖面图，但按习惯不必标注其剖切位置，也不称为剖面图。但由于它是剖面图，所以也就具有剖面图的特点，如图 6-2 所示。平面图中不仅要画出被剖切到的截面（例如墙体的轮廓线），还要画出虽然没有被剖切到但是沿着投射线能够看到的轮廓线（例如台阶）。

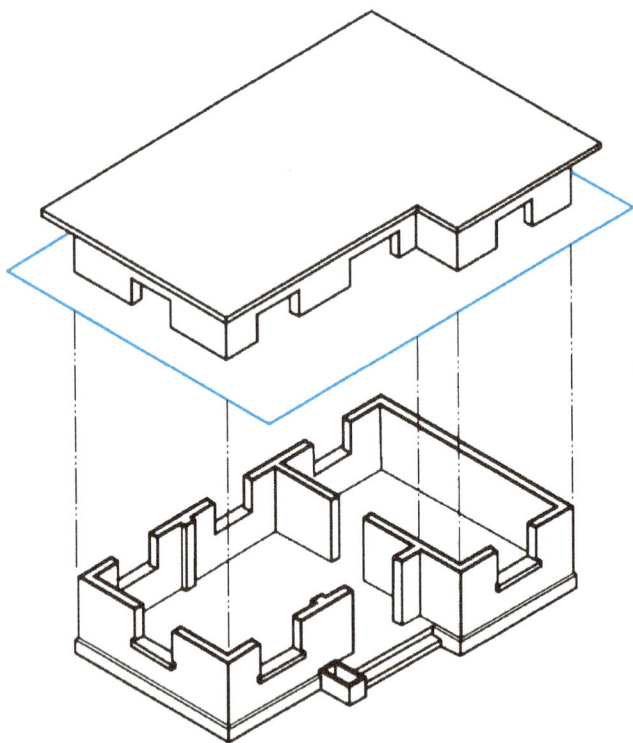

图 6-1   平面图的形成

二、屋顶平面图的形成

屋顶平面图是屋面的水平投影图，不管是平屋顶还是坡屋顶，都应表示出屋面排水情况和突出屋面的全部构造位置。

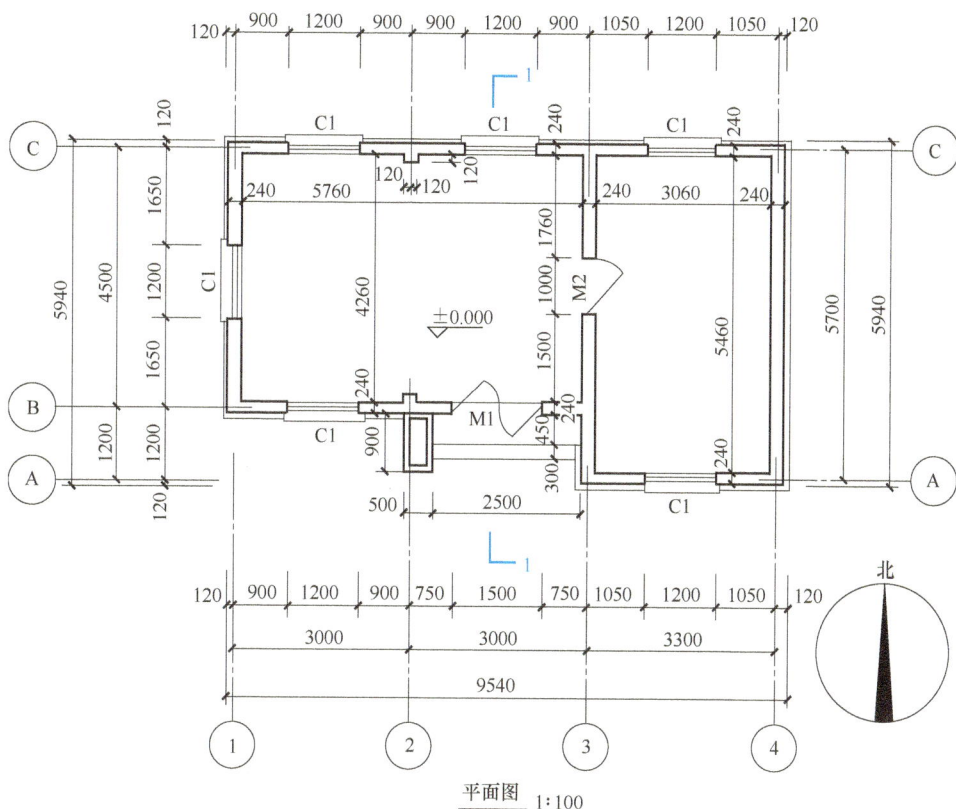

图 6-2 平面图

6.1.2 平面图的作用

平面图的作用是表示室内空间的平面形状和大小，各个房间在水平面的相对位置；表明室内设施、家具的配置和室内交通路线。平面图控制了纵、横两轴的尺寸数据，是视图和制图中的基础，是室内装饰组织施工及编制预算的重要依据。

屋顶平面图主要表明屋面排水情况和突出屋面构造的位置。屋顶平面图是屋顶施工、屋顶装饰装修和编制预算的重要依据。

6.1.3 平面图的表示方法

一般情况下，房屋有多少层，就应有多少张平面图，例如一层平面图（又叫首层平面图或底层平面图）、二层平面图、三层平面图、四层平面图等。但是，有些建筑物的一些楼层的平面布置和构造等是相同的，这些楼层可用一个平面图来表达，这就是标准层平面图。所以，一般多层房屋的图纸分为一层平面图、标准层平面图和顶层平面图。在平面图的下方应注明相应的图名及采用的比例，建筑平面图常用的比例是 1:50、1:100 或 1:200，其中 1:100 使用最多。建筑平面图采用表 6-1 中的图例进行绘制。

建筑平面图的方向宜与总平面图的方向一致，平面图的长边宜与横式幅面图纸的长边一致。

表 6-1　平面图常用图例

名　称	图　例	备　注
墙体	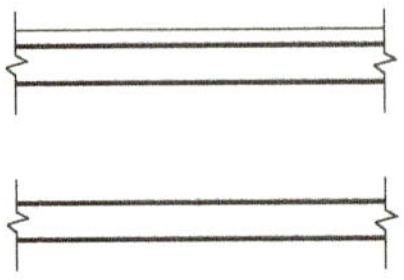	1. 上图为外墙，下图为内墙 2. 外墙细线表示有保温层或有幕墙 3. 应加注文字或涂色或图案填充表示各种材料的墙体 4. 在各层平面图中，防火墙宜着重以特殊图案填充表示
隔断		1. 加注文字或涂色或图案填充表示各种材料的轻质隔断 2. 适用于到顶与不到顶隔断
玻璃幕墙		幕墙龙骨是否表示由项目设计决定
栏杆		—
楼梯	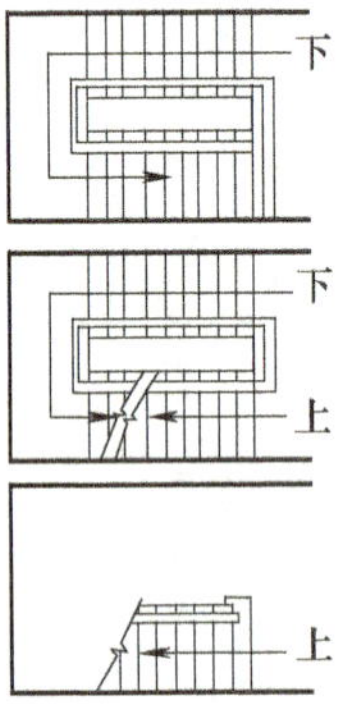	1. 上图为顶层楼梯平面，中图为中间层楼梯平面，下图为底层楼梯平面 2. 需设置靠墙扶手或中间扶手时，应在图中表示
坡道	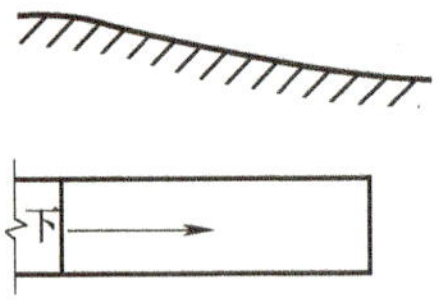	长坡道
	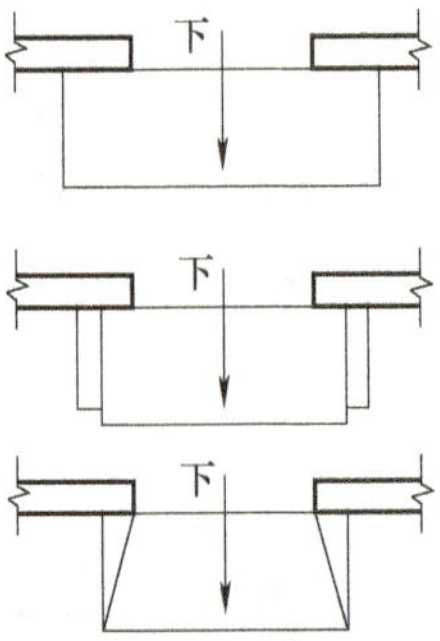	上图为两侧垂直的门口坡道，中图为有挡墙的门口坡道，下图为两侧找坡的门口坡道

（续）

名　　称	图　　例	备　　注
台阶	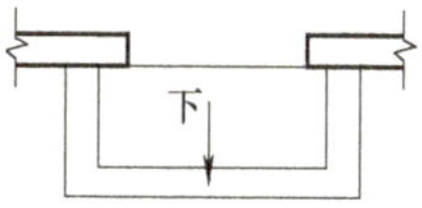	—
平面高差	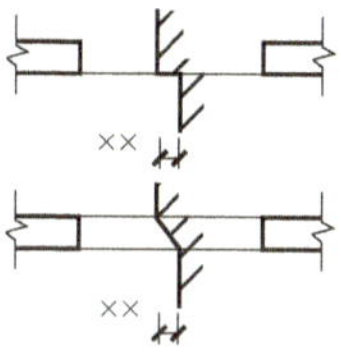	用于高差小的地面或楼面交接处，并应与门的开启方向相协调
检查口		左图为可见检查口，右图为不可见检查口
孔洞		阴影部分亦可填充灰度或涂色代替
坑槽		—
墙预留洞、槽	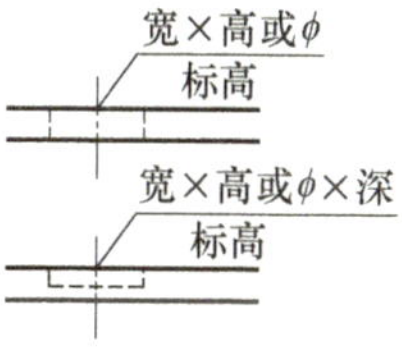 宽×高或φ / 标高 宽×高或φ×深 / 标高	1. 上图为顶留洞，下图为顶留槽 2. 平面以洞（槽）中心定位 3. 标高以洞（槽）底或中心定位 4. 宜以涂色区别墙体和预留洞（槽）
地沟	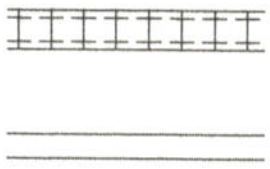	上图为有盖板地沟，下图为无盖板明沟
烟道	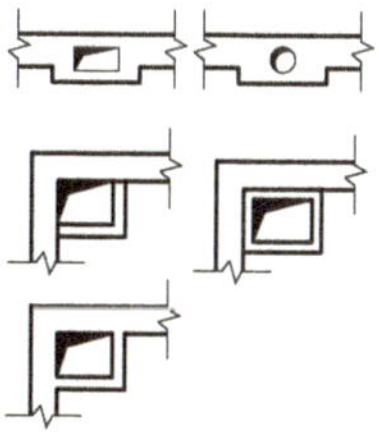	1. 阴影部分亦可填充灰度或涂色代替 2. 烟道、风道与墙体为相同材料，其相接处墙身线应连通 3. 烟道、风道根据需要增加不同材料的内衬
风道	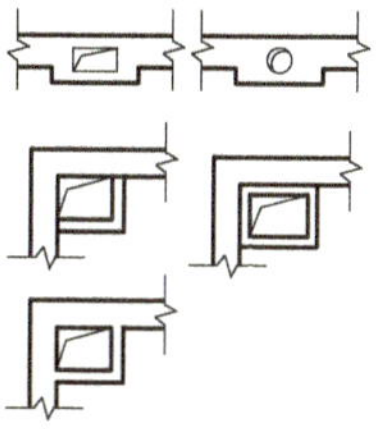	

（续）

名　称	图　例	备　注
新建的墙和窗	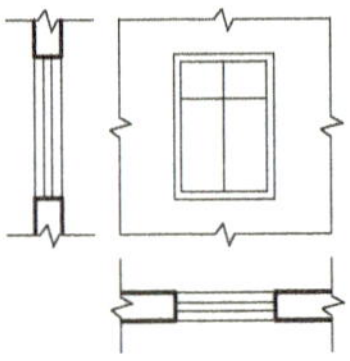	—
单面开启单扇门（包括平开或单面弹簧）	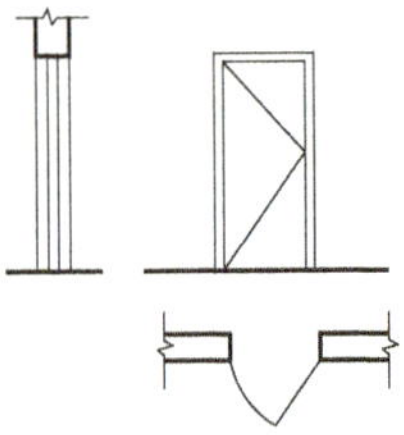	
双面开启单扇门（包括双面平开或双面弹簧）	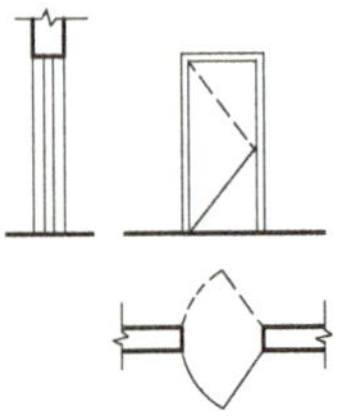	1. 门的名称代号用"M"表示 2. 平面图中，下为外、上为内。门开启线为90°、60°或45°，开启弧线宜绘出 3. 立面图中，开启线是实线的为外开，虚线为内开。开启线交角的一侧为安装合页一侧。开启线在建筑立面图中可不表示，在立面大样图中可根据需要绘出 4. 剖面图中，左为外、右为内 5. 附加纱窗应有文字说明，在平面图、立面图、剖面图中均不表示 6. 立面形式应按实际情况绘制
双层单扇平开门	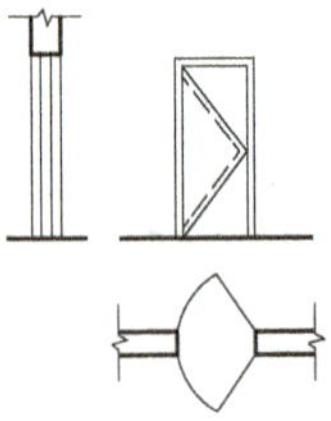	
单面开启双扇门（包括平开或单面弹簧）	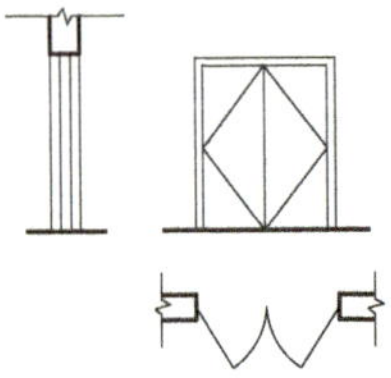	
双面开启双扇门（包括双面平开或双面弹簧）	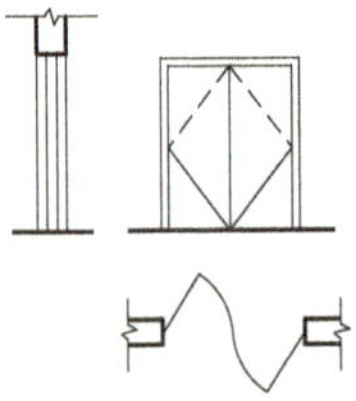	1. 门的名称代号用"M"表示 2. 平面图中，下为外、上为内。门开启线为90°、60°或45°，开启弧线宜绘出 3. 立面图中，开启线是实线的为外开，虚线为内开。开启线交角的一侧为安装合页一侧。开启线在建筑立面图中可不表示，在立面大样图中可根据需要绘出 4. 剖面图中，左为外、右为内 5. 附加纱扇应有文字说明，在平面图、立面图、剖面图中均不表示 6. 立面形式应按实际情况绘制
双层双扇平开门	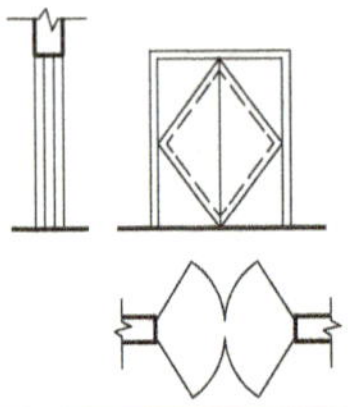	

（续）

名　称	图　例	备　注
折叠门	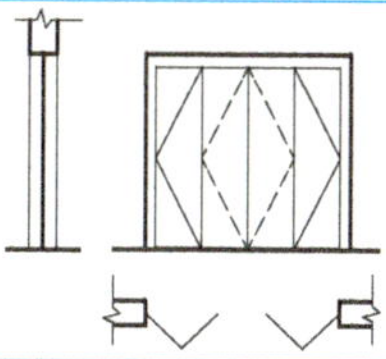	1. 门的名称代号用"M"表示 2. 平面图中，下为外、上为内 3. 立面图中，开启线是实线的为外开，虚线为内开。开启线交角的一侧为安装合页一侧 4. 剖面图中，左为外、右为内 5. 立面形式应按实际情况绘制
推拉折叠门	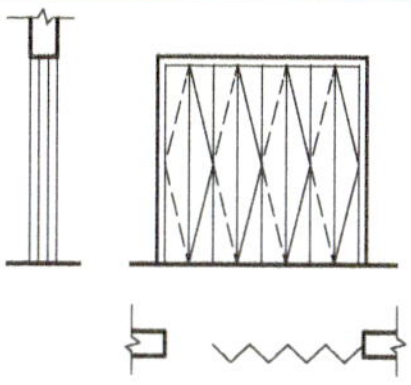	
墙洞外单扇推拉门	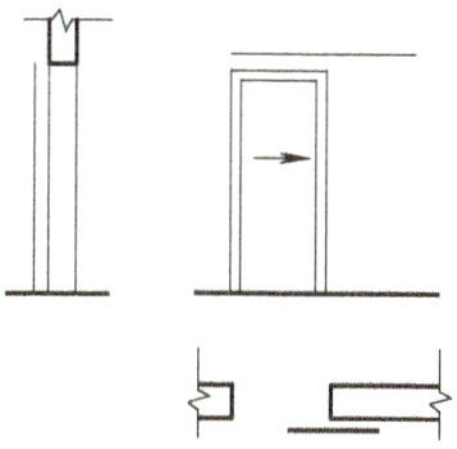	1. 门的名称代号用"M"表示 2. 平面图中，下为外、上为内 3. 剖面图中，左为外、右为内 4. 立面形式应按实际情况绘制
墙洞外双扇推拉门	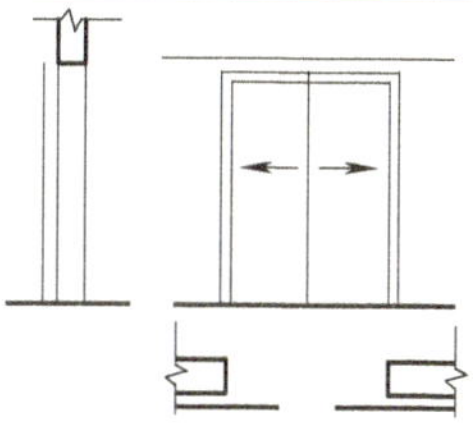	
旋转门	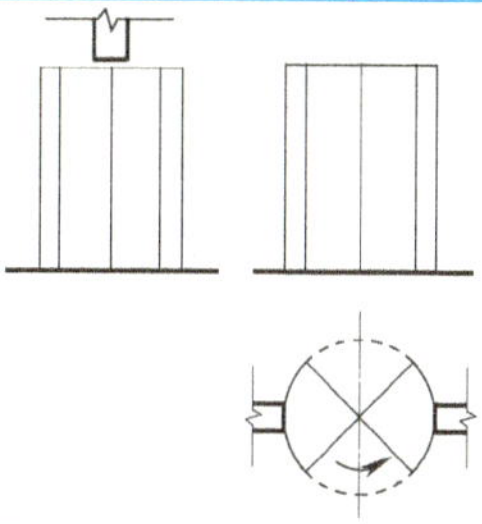	1. 门的名称代号用"M"表示 2. 立面形式应按实际情况绘制
自动门	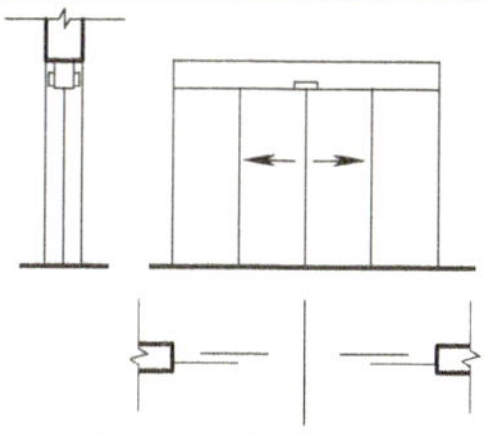	
折叠上翻门	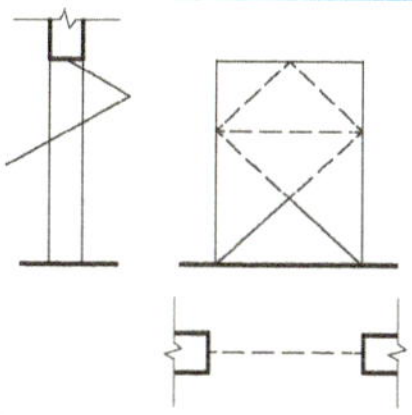	1. 门的名称代号用"M"表示 2. 平面图中，下为外、上为内 3. 剖面图中，左为外、右为内 4. 立面形式应按实际情况绘制

（续）

名　称	图　例	备　注
竖向卷帘门	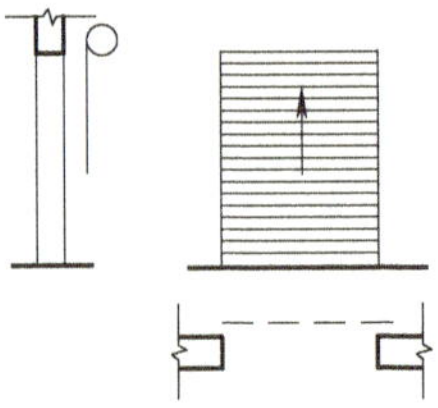	—
固定窗	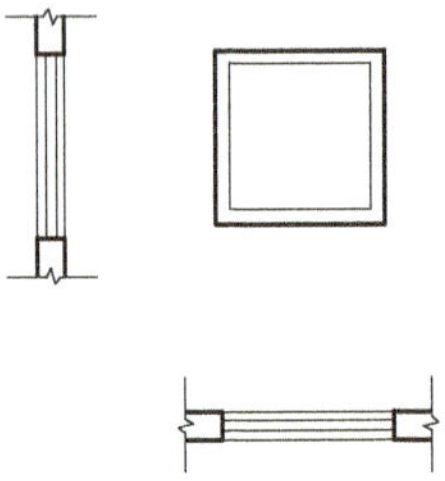	
上悬窗	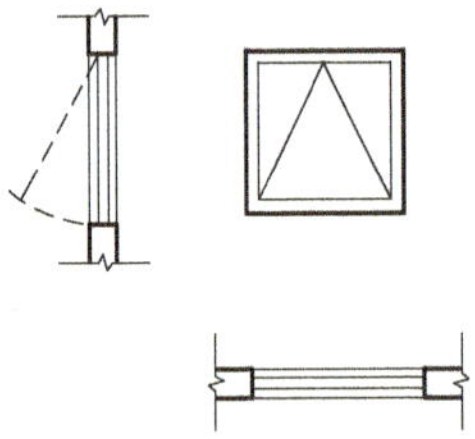	
中悬窗	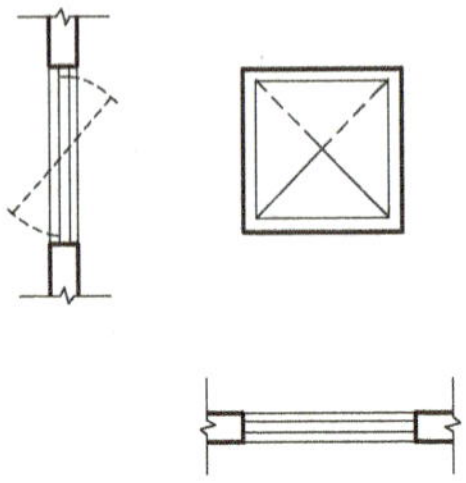	1. 窗的名称代号用"C"表示 2. 平面图中，下为外、上为内 3. 立面图中，开启线是实线的为外开，虚线为内开。开启线交角的一侧为安装合页一侧。开启线在建筑立面图中可不表示，在门窗立面大样图中需绘出 4. 剖面图中，左为外、右为内。虚线仅表示开启方向，项目设计不表示 5. 附加纱窗应有文字说明，在平面图、立面图、剖面图中均不表示 6. 立面形式应按实际情况绘制
下悬窗	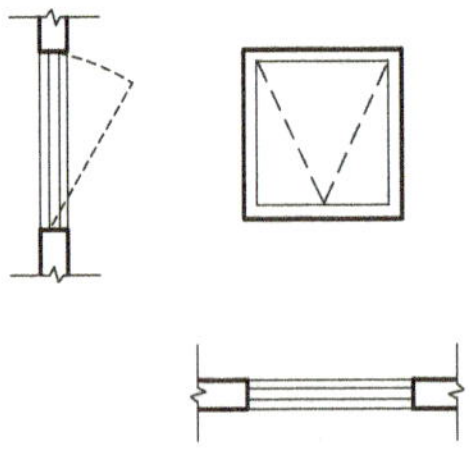	
立转窗	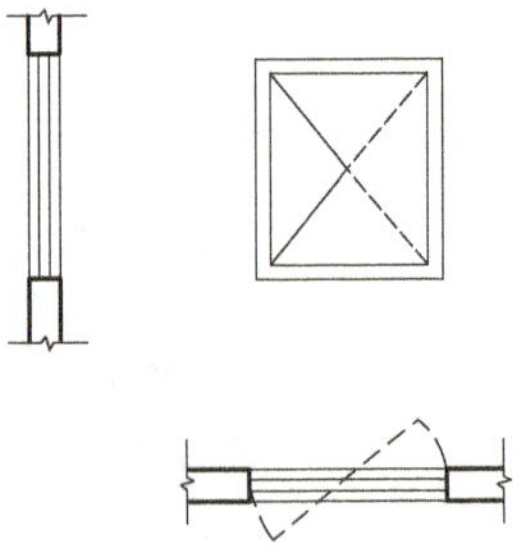	

（续）

名　称	图　例	备　注
内开平开内倾窗		
单层外开平开窗	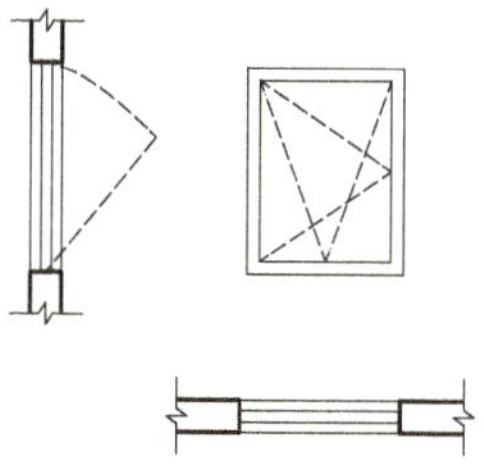	1. 窗的名称代号用"C"表示 2. 平面图中，下为外、上为内 3. 立面图中，开启线是实线的为外开，虚线为内开。开启线交角的一侧为安装合页一侧。开启线在建筑立面图中可不表示，在门窗立面大样图中需绘出 4. 剖面图中，左为外、右为内。虚线仅表示开启方向，项目设计不表示 5. 附加纱窗应有文字说明，在平面图、立面图、剖面图中均不表示 6. 立面形式应按实际情况绘制
单层内开平开窗		
双层内外开平开窗		
单层推拉窗		
百叶窗	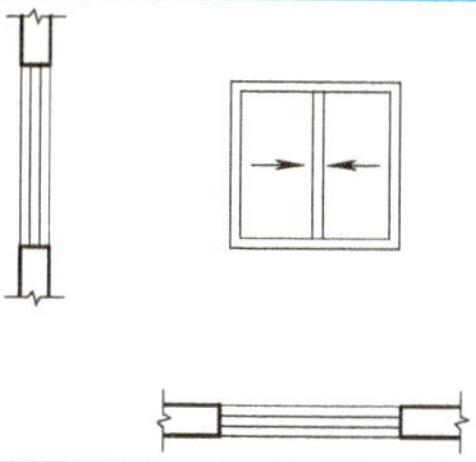	1. 窗的名称代号用"C"表示 2. 立面形式应按实际情况绘制

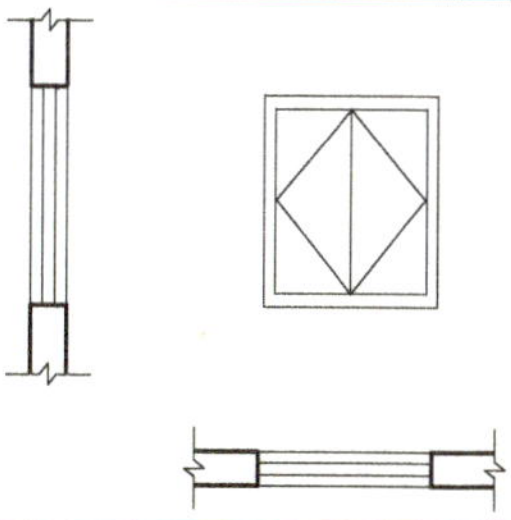

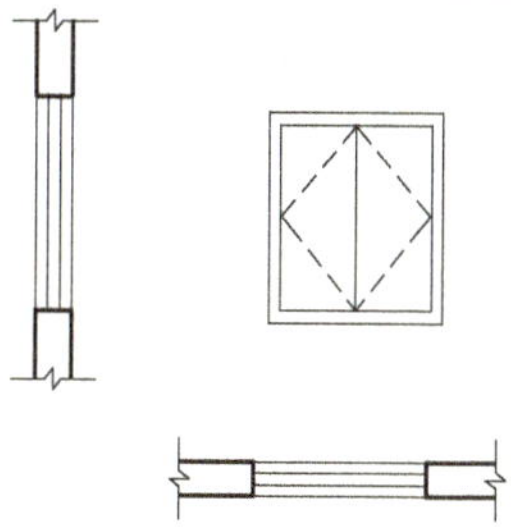

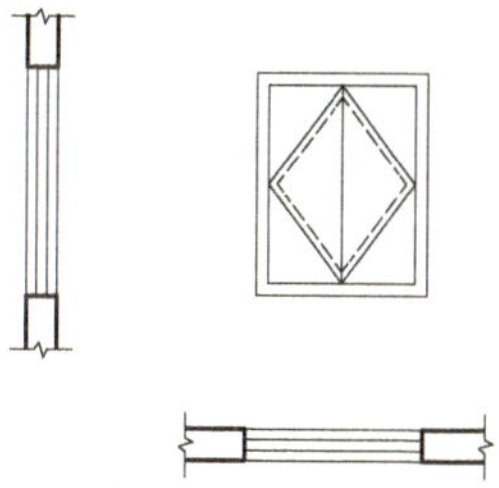

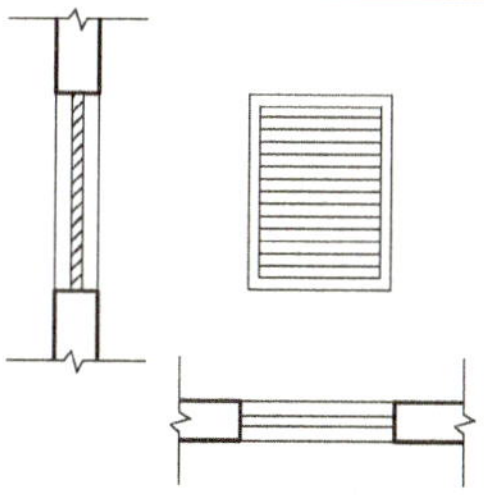

（续）

名　　称	图　　例	备　　注
高窗	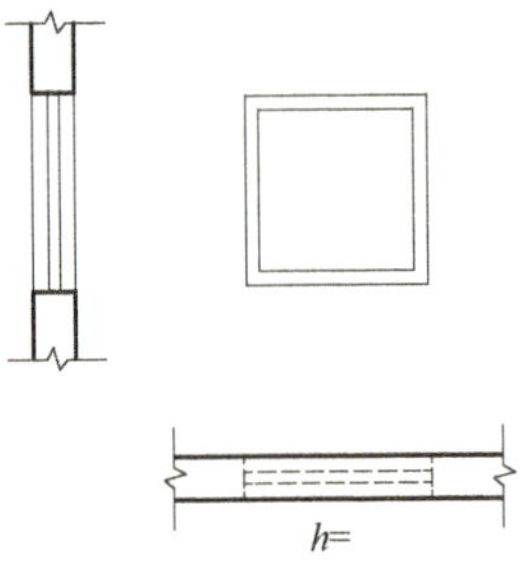	1. 窗的名称代号用"C"表示 2. 立面图中，开启线是实线的为外开，虚线为内开。开启线交角的一侧为安装合页一侧。开启线在建筑立面图中可不表示，在门窗立面大样图中需绘出 3. 剖面图中，左为外、右为内 4. 立面形式应按实际情况绘制 5. h 表示高窗底距本层地面的高度 6. 高窗开启方式参考其他窗型

除了屋顶平面图外，凡是被剖切到的墙体、柱用粗实线表示；钢筋混凝土的墙、柱断面可用涂黑来表示，其他材料图例一般不画；可见部分轮廓线、门扇、门的开启线、楼梯段、家电陈设、家具陈设、卫生设备、窗台的图例线用中粗实线表示；较小的构（配）件图例线、尺寸线、引出线等用细实线表示。凡在地面以下、剖切平面以上的，如底层地面以下的暖气沟，楼地面以下的电缆槽，顶棚以下的吊柜、搁板、爬人孔以及悬窗（高窗）等，用细虚线表示。

屋顶平面图与其他建筑平面图的区别在于屋顶平面图没有被剖切的部分，只是对屋顶向地面方向的正投影，所以一般用细实线表示各部分内容。

6.1.4　平面图的图示内容

一、平面图的尺寸标注
建筑平面图的尺寸标注分为外部尺寸和内部尺寸。

1. 外部尺寸

外部尺寸是指在外墙外侧标注的三道尺寸，分别为：

（1）第一道（最外一道）尺寸

第一道尺寸是指房屋外轮廓的总尺寸，即从一端的外墙边到另一端外墙边的总长和总宽，可用于计算建筑面积和占地面积。如图 6-3 所示，建筑物的总长是 8640mm，总宽是 6240mm。

（2）第二道（中间一道）尺寸

第二道尺寸是指房屋定位轴线间的尺寸，一般横向轴线间的尺寸为开间尺寸，纵向轴线间的尺寸为进深尺寸。如图 6-3 所示，接待室的开间为 5100mm，进深为 4500mm。

（3）第三道（最里一道）尺寸

第三道尺寸是指分段尺寸，表示门窗洞口的宽度和位置、墙垛分段及细部构造等。如图 6-3 所示，C1 的宽度为 2100mm，M1 的宽度为 2400mm。

2. 内部尺寸

内部尺寸是指外墙以内的全部尺寸，主要用于注明内墙门窗洞口的位置及其宽度，墙体厚度、卫生器具、灶台和洗涤盆等固定设备的位置及其大小。此外，还应标明楼面、地面的相对标高，以及房间的名称和门窗编号。如图 6-3 所示，墙厚为 120mm + 120mm = 240mm，M2 的宽度为 1000mm 等。

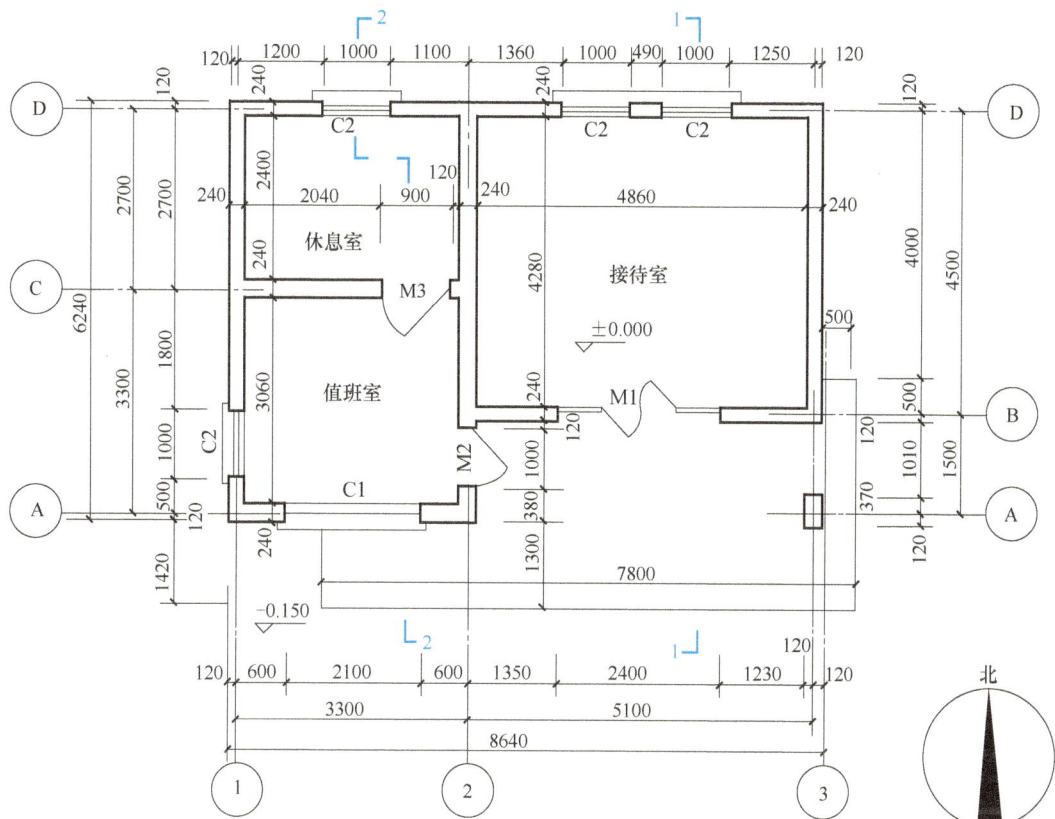

图 6-3 平面图尺寸标注实例

二、平面图的其他图示内容

1. 一层平面图、标准层平面图和顶层平面图

一层平面图、标准层平面图和顶层平面图主要反映房屋的平面形状、大小和房间布置，墙（或柱）的位置、厚度和材料，门窗的位置、开启方向等，一般标示以下内容：

1）表示所有轴线及其编号，以及墙、杜、墩的位置、尺寸。

2）表示所有房间的名称及其门窗的位置、编号与大小。

3）标注出室内外的有关尺寸及室内楼地面的标高。

4）表示电梯、楼梯的位置及楼梯上下行方向及主要尺寸。

5）表示阳台、雨篷、台阶、斜坡、烟道、通风道、管井、消防梯、雨水管、散水、排水沟、花池等的位置及尺寸。

6）画出室内设备，如卫生器具、水池、工作台、隔断及重要设备的位置、形状。

7）表示地下室、地坑、地沟、墙上预留洞、高窗等位置尺寸。

8）在一层平面图上还应画出剖面图的剖切符号及编号，在图的左下方或右下方画出指北针。

9）标注有关部位的详图索引符号。

10）综合反映其他工种如水、暖、电、煤气等对土建工程的要求。各工种要求的水池、地沟、配电箱、消防栓、预埋件，以及墙或楼板上的预留洞等，在平面图中需标明其位置和尺寸。

一层平面图的特有内容为：

1）一般只有一层平面图（即建筑物±0.000标高的平面图）上有指北针。

2）只有在一层平面图上，才有对剖面图的剖切位置的表示，即只有一层平面图才有剖切符号，其他各层平面图中没有。而且，一层平面图上有多少个剖切符号，就会有多少个剖面图。

3）只有在一层平面图上才有一层室外地面（如散水）的图示内容，在其他各层平面图的投影过程中，这些构造并不是看不见，而是因为在一层平面图上已表示过，所以不再画出。其他的构造也是这样表示的，即如果前一层平面图中已表示过了，则后一层平面图中就不再显示，例如雨篷、阳台、台阶等。

4）各层平面图上对楼梯平面图的绘制是不一样的，此内容会在建筑详图中学习。

2. 屋顶平面图

屋顶平面图上一般应表示女儿墙、檐沟、屋面坡度、分水线与雨水口、变形缝、楼梯间、水箱间、天窗、上人孔、消防梯及其他构筑物、索引符号等，例如：

1）表明屋顶的形状和尺寸，女儿墙的位置和墙厚，以及突出屋面的楼梯间、水箱、烟道、通风道、检查孔等的具体位置。

2）表示屋面排水分区情况，屋脊、天沟、屋面的坡度及排水方向，雨水口的位置等。

3）屋顶构造复杂的还要加注详图索引符号，并画出详图。

任务6.2　各层平面图的识读方法

建筑平面图是建筑工程图样中的基础图样：识读建筑立面图时，要根据建筑平面图判定外部门窗、雨篷等各部分构造的名称和宽度；识读建筑剖面图时，需要根据建筑平面图确定剖切位置、剖视方向及剖面图的名称，以及门窗等各部分构造的名称和宽度；识读索引自建筑平面图的建筑详图时，要根据建筑平面图来确定建筑详图所表示的构造的位置。

识读各层平面图时，应该按照图样的编排顺序从一层平面图开始识读，然后是标准层平面图和顶层平面图，最后识读屋顶平面图。

6.2.1　识读一层平面图

可以按照以下顺序识读一层平面图：

1）了解平面图的图名、比例和文字说明。

2）了解建筑的朝向。

3）了解建筑的平面布置。

4）了解门窗的布置、数量及型号。

5）了解建筑平面图上的尺寸。

6）了解房屋细部构造和设备等情况，如楼梯、台阶、坡道、散水、水沟、雨水管、卫生间设备等。

7）了解各部位的标高。

8）了解索引符号，知道平面图与详图的关系。

9）了解剖切符号，知道平面图与剖面图的关系。

6.2.2 识读标准层平面图和顶层平面图

识读标准层平面图时，重点是与一层平面图对照异同；识读顶层平面图时，重点是与标准层平面图对照异同。如果标准层平面图、顶层平面图与一层平面图不同之处较多，则按照以下顺序识读：

1）了解平面图的图名、比例和文字说明。

2）了解本层的平面布置。

3）了解门窗的布置、数量及型号。

4）了解建筑平面图上的尺寸。

5）了解房屋细部构造和设备的配备等情况，如楼梯、台阶、坡道、散水、水沟、雨水管等的构造，以及卫生间设备的布置等。

6）了解各部位的标高。

7）了解索引符号，知道平面图与详图的关系。

6.2.3 识读屋顶平面图

屋顶平面图虽然比较简单，但要与外墙详图和索引屋面细部构造详图进行对照才能识读懂，尤其是外楼梯、检查孔、檐口等部位的做法，以及屋面防水的做法等，可按照以下顺序识读：

1）了解图名、比例和文字说明。

2）了解屋顶的构造特点，包括屋顶的类型，是否有女儿墙、挑檐、天窗、烟囱等。

3）了解屋面排水的方式、排水坡度等。要在熟悉屋面构造知识的基础上才能够根据图样了解层面排水的方式。

4）了解屋顶标高。屋顶标高一般指的是屋面结构标高，如果有造型的话，还要了解造型的各部分标高。

5）了解屋顶平面图上的细部构造，例如老虎窗（在斜屋面上突出的窗）、烟囱等。

任务6.3 平面图的识读练习

6.3.1 识读职工宿舍楼项目各层平面图

下面对图6-4～图6-9所示的职工宿舍楼项目各层平面图进行识读。

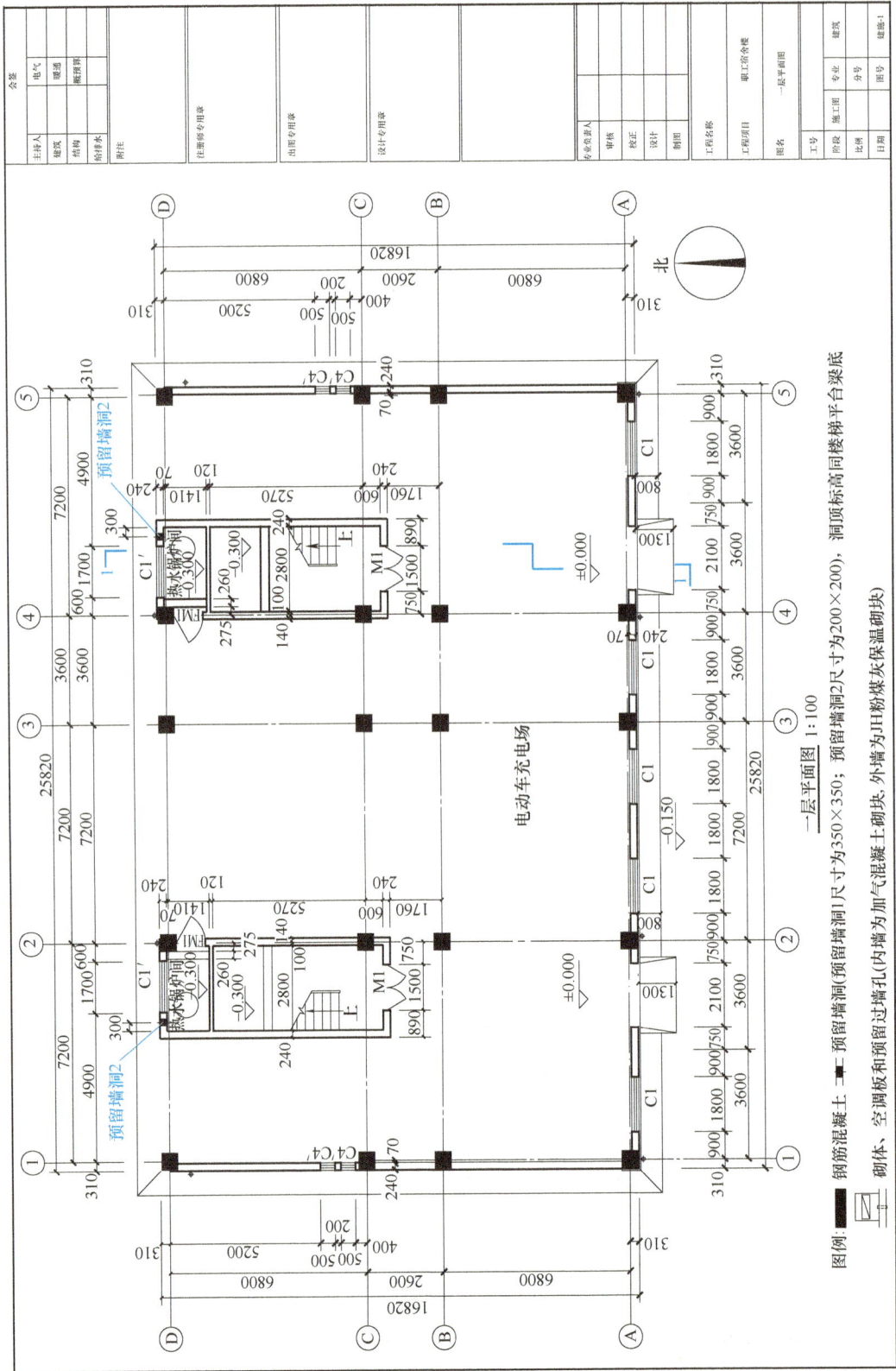

图 6-4 一层平面图

一层平面图 1:100

图例： ▮▮ 钢筋混凝土 ▭ 砌体、空调板和预留过墙孔(内墙为加气混凝土砌块,外墙为JH粉煤灰保温砌块)

— 预留墙洞(预留墙洞1尺寸为350×350；预留墙洞2尺寸为200×200),洞顶标高同楼梯平台梁底

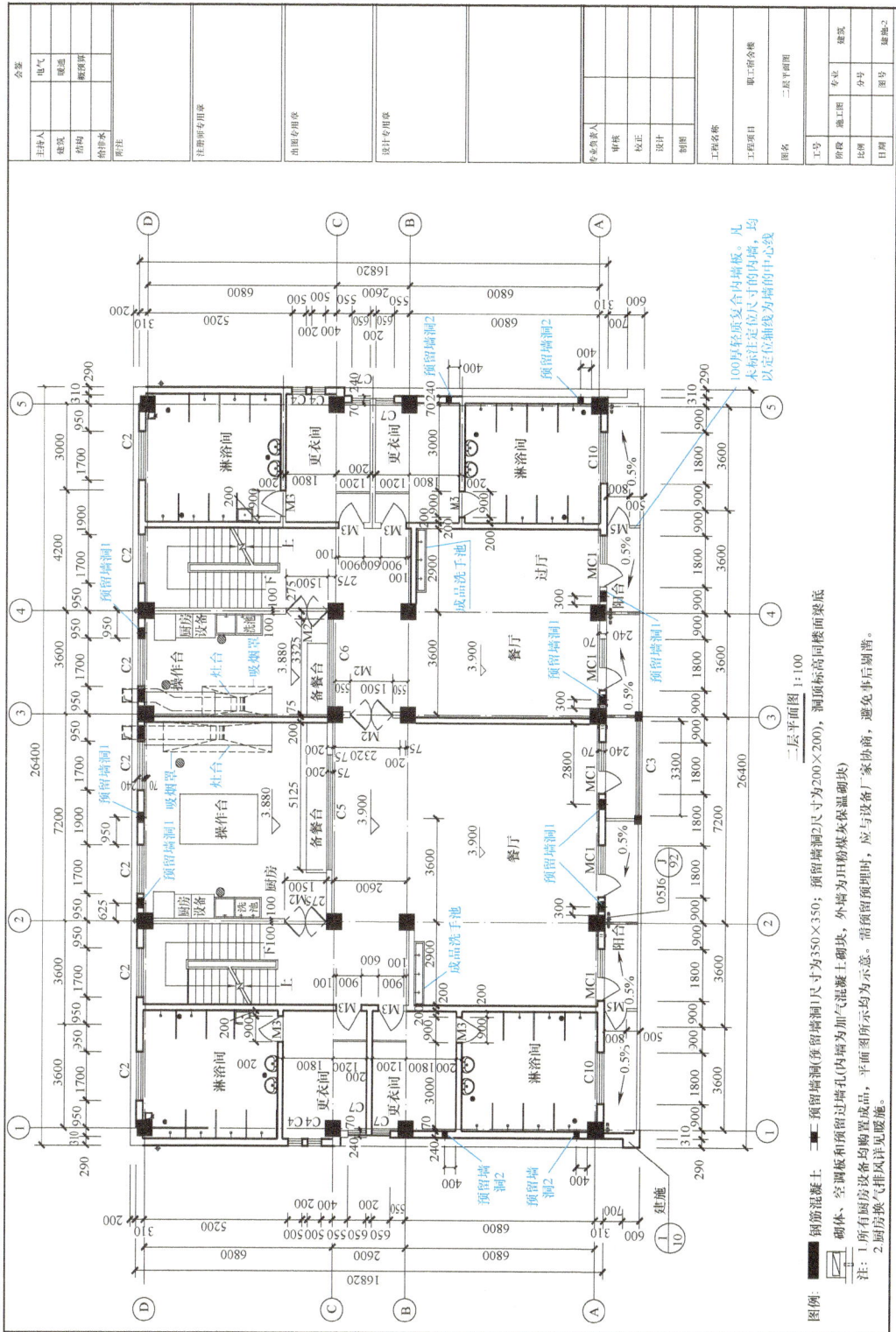

图6-5 二层平面图

二层平面图 1:100

图例：■ 钢筋混凝土　▨ 砌体混凝土　■ 预留墙洞和预留墙洞1只尺寸为350×350；预留墙洞2只尺寸为200×200，洞标高同楼面梁底

注：1.所有厨房设备均购置成品，平面图所示均为示意。需预留预埋时，应与设备厂家协商。
　　2.厨房换气排风详见暖施。

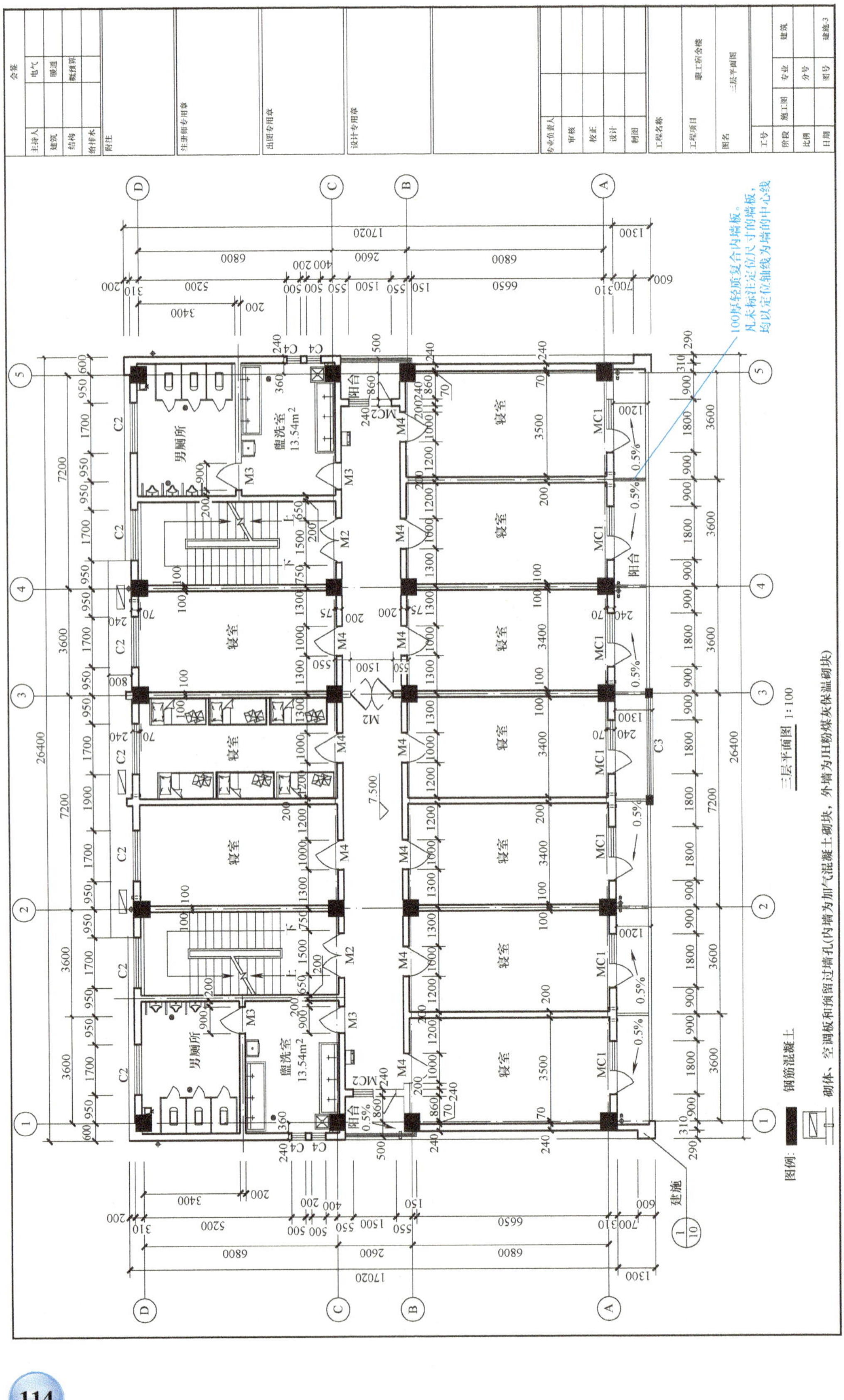

会签
主持人
建筑
结构
给排水
电气
暖通
概预算
附注
注册师专用章
出图专用章
设计专用章
专业负责人
审核
校正
设计
制图
工程名称
工程项目 职工宿舍楼
图名 三层平面图
工号
阶段 施工图
专业 建筑
比例
分号
日期
图号 建施3
寝室
男厕所
盥洗室 13.54m2
阳台
100厚轻质复合内墙板。
凡未标注定位尺寸的墙板，
均以定位轴线为墙的中心线
三层平面图 1:100
图例：
钢筋混凝土
砌体、空调板和预留过墙孔(内墙为加气混凝土砌块，外墙为JH粉煤灰保温砌块)

图 6-6 三层平面图

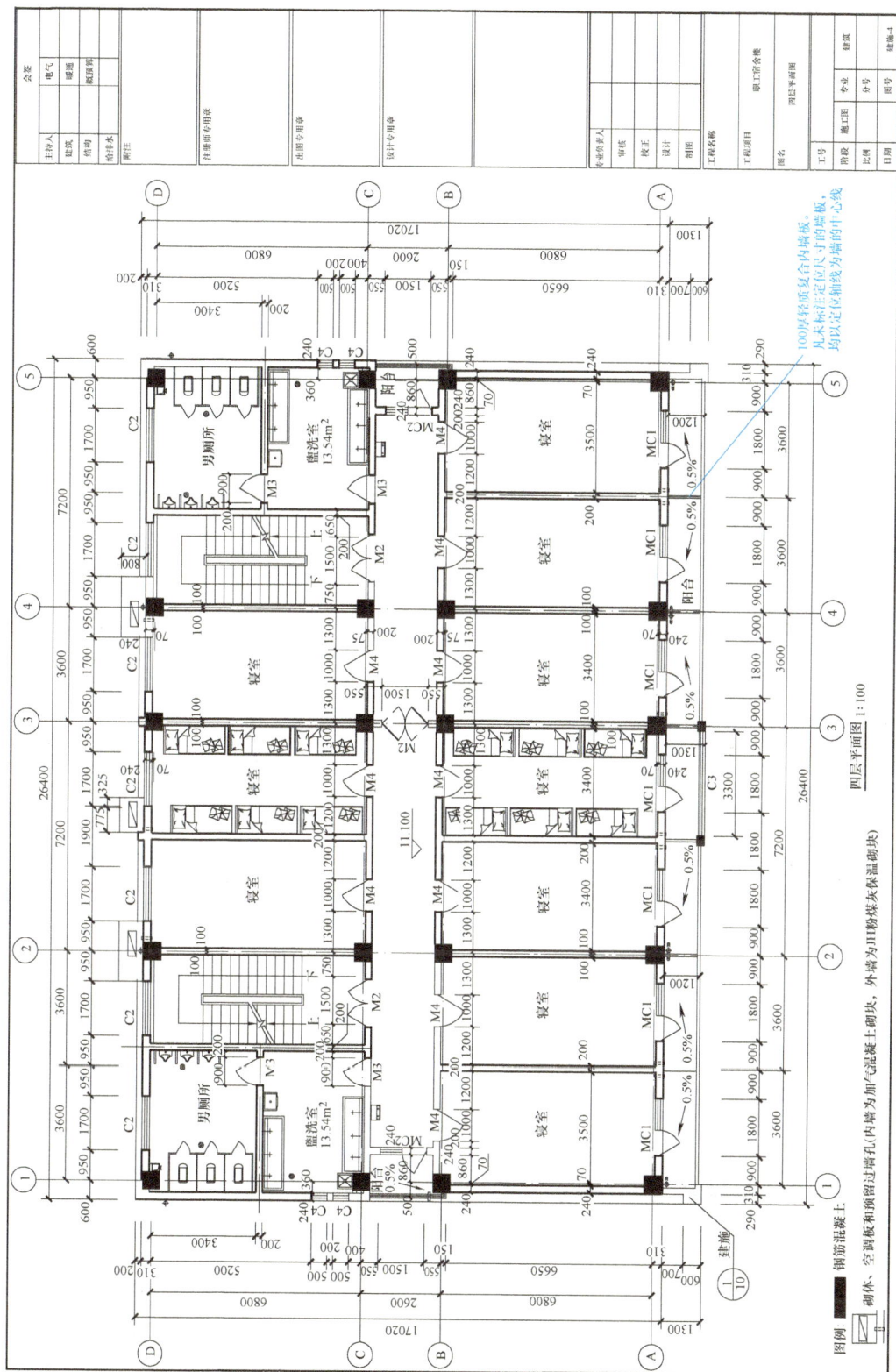

图 6-7　四层平面图

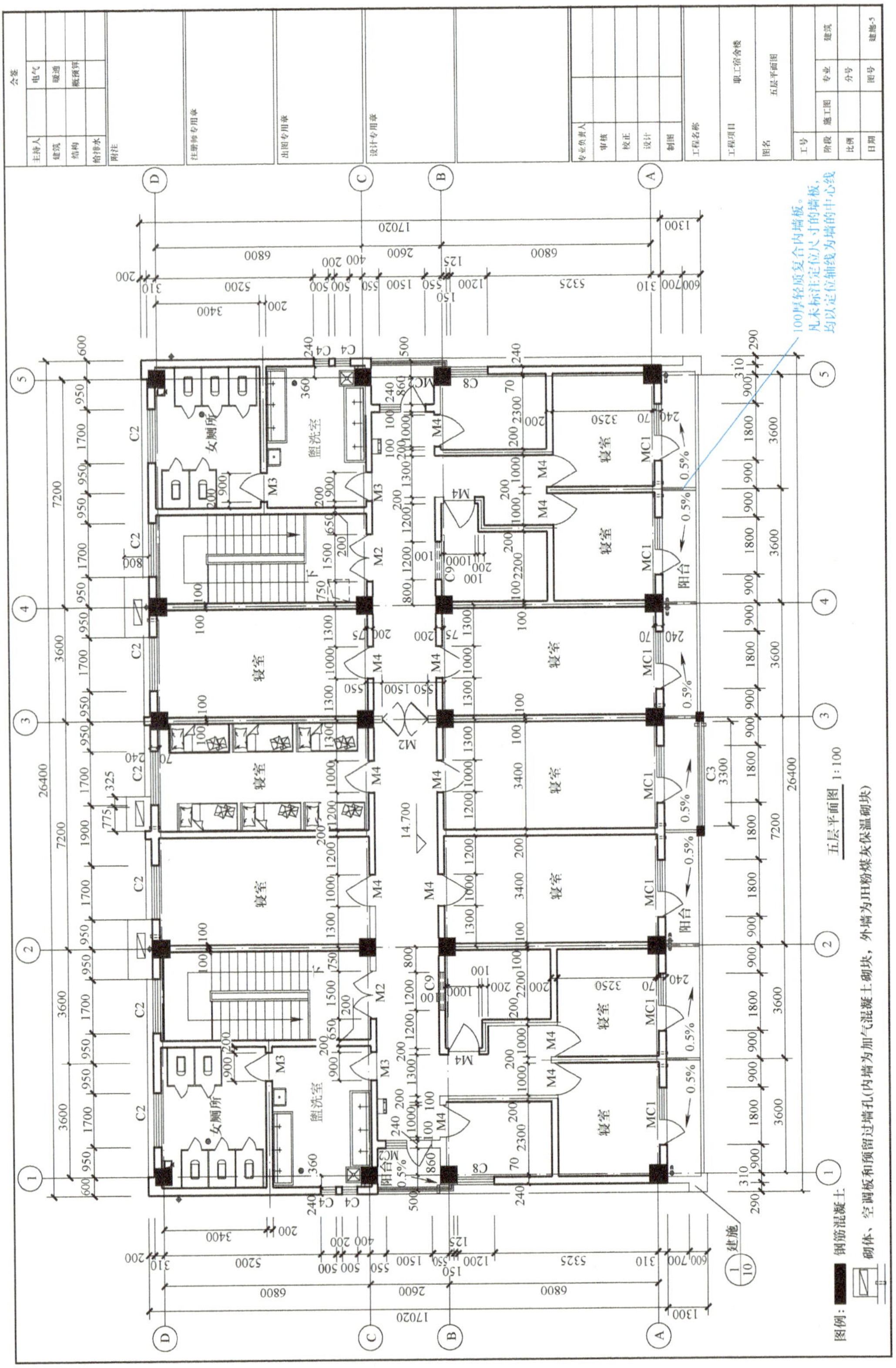
五层平面图 1:100
图例：
钢筋混凝土
砌体、空调板和预留过墙孔(内墙为加气混凝土砌块，外墙为JH粉煤灰保温砌块)
100厚轻质复合内墙板。
凡未标注定位尺寸的墙板，
均以定位轴线为墙的中心线
女厕所
盥洗室
寝室
阳台
14.700
26400
17020
职工宿舍楼
五层平面图
建施-5

图 6-8　五层平面图

屋顶平面图 1:100

18.300（结构面）

通风口 参照津06J102,位置与下层通风道对应

通风口 参照津06J102,位置与下层通风道对应

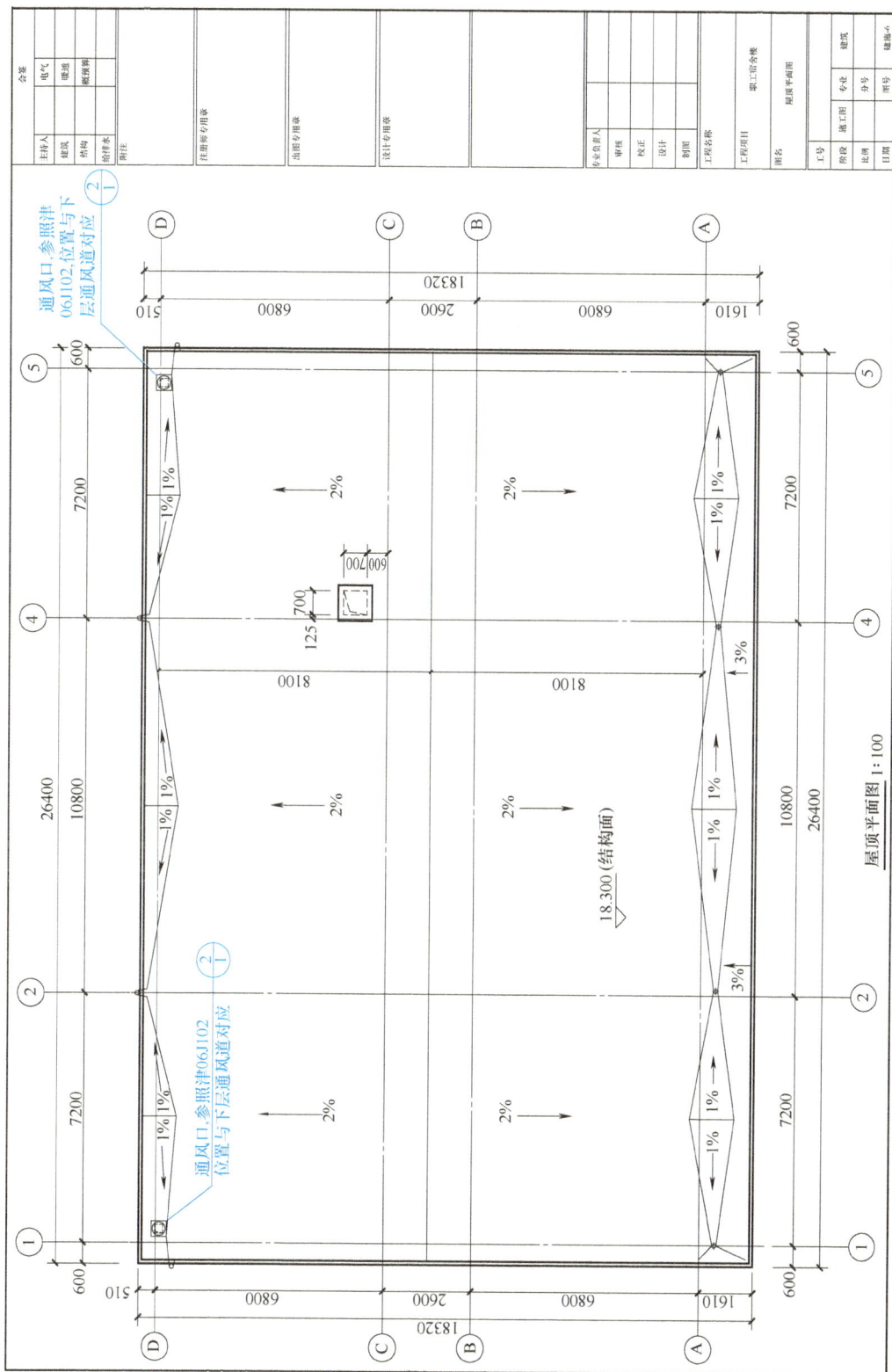

图6-9 屋顶平面图

117

一、一层平面图

1. 了解平面图的图名、比例和文字说明

图 6-4 的图名为"一层平面图"，比例为 1∶100。图中文字说明指出：涂黑的图例为钢筋混凝土；预留墙洞 1 的尺寸为 350mm×350mm，预留墙洞 2 的尺寸为 200mm×200mm，且洞顶标高与楼梯平台梁底相同；预留过墙孔中的内墙是加气混凝土砌块，外墙为 JH 粉煤灰保温砌块。

2. 了解建筑的朝向和出入口

根据指北针，此建筑为坐北朝南，图样为上北下南，左西右东。建筑的南北两面都有出入口（结合图 7-4 识读）。

3. 了解建筑的平面布置

该住宅楼平面形状为矩形，有两个楼梯，但没有电梯。南出入口正对的是楼梯间，楼梯间的北面是热水锅炉间。除了楼梯间和热水锅炉间，一层平面图中的大部分空间为电瓶车充电场。

4. 了解门窗的布置、数量及型号

本层平面图中 C1 有 5 个，在一层的南立面上，即Ⓐ定位轴线上；C1′有 2 个，是热水锅炉间的窗户；C4′有 4 个，是电动车充电场东西两侧墙上的窗户。M1 有 2 个，为楼梯间的门；FM1 有 2 个，是热水锅炉间的门。识读完图样上的门窗后，应对应门窗表进行检查（图 4-4），发现一层平面图图示内容与门窗表不一致。在一层平面图上没有 M5、C5、C6 和 C10，且 C4′在门窗表中的数量是 8 个。因此，需要对应立面图进行验证。根据立面图可以验证得知，C4′是 8 个，一层平面图中确实没有 M5、C5、C6 和 C10。

5. 了解一层平面图上的尺寸

该宿舍楼有 5 道纵轴，4 道横轴。建筑物的总长为 25.82m，总宽为 16.82m。其他细部尺寸如楼梯间的净宽为 2.80m，楼梯间的墙体厚度为 0.24m，楼梯间与热水锅炉间之间的墙厚为 0.12m，外墙厚度是 0.24m，C4′的宽度为 0.50m，两个 C4′之间的宽度为 0.20m，出入口的坡道向建筑物外伸出 1.30m，室外散水的宽度为 0.80m 等。

6. 了解房屋细部构造和设备配备等情况

本建筑楼梯为双跑楼梯，楼梯间有两个台阶，两个台阶的高度为 0.30m，每个高度为 0.15m。室外有散水，宽度为 0.80m。南出入口处有坡道。热水锅炉间门口有两个台阶，宽度为 0.26m 和 0.275m，长度都是 1.41m。热水锅炉间的北墙上还有预留墙洞。

7. 查阅各部位的标高

室外地坪标高为 -0.150m，电动车充电场和楼梯间的标高为 ±0.000，热水锅炉间的标高为 -0.300m。由此可以计算得知热水锅炉间门口的两个台阶的高度为 0.300/2 = 0.15m；室内外高差 0.15m。

8. 识读索引符号并了解平面图与详图的关系

一层平面图上没有索引符号。

9. 识读剖切符号并了解平面图与剖面图的关系

一层平面图上有一个剖切符号，即 1—1 阶梯剖面图。1—1 阶梯剖面图是在④、⑤两梯定位轴线之间剖开建筑物后从东向西看。

二、二层平面图

二层平面图识读内容如下：

1）图6-5的图名为"二层平面图"，比例为1:100。图中文字说明指出：除了一层平面图中的说明外，所有厨房设备均购置成品，平面图所示均为示意。需预留预埋时，应与设备厂家协商，避免事后剔凿。厨房换气排风详见"暖施"图样。

2）该层平面图的平面布置以③定位轴线为界分为东西两部分：西部分楼梯的西面是淋浴间，东面是厨房；淋浴间的南边是两个更衣间，更衣间的南面是淋浴间；厨房的南面是餐厅。东部与西部在房间布置上基本对称，东部面积较小，且在餐厅和淋浴间的中间有过厅。整个建筑物的南立面上有阳台。

3）本层平面图中MC1有5个，在二层的南立面上，即Ⓐ定位轴线上；C10有2个，是南面两个淋浴间的窗户；有一个C3，是③定位轴线西面、Ⓐ定位轴线南面的窗户；C4有4个，是较北位置更衣间的窗户；C7有4个，是南、北更衣间的窗户；C5和C6各有一个，是厨房备餐台南面的窗户；C2有7个，在北立面上；M2有3个，为楼梯间通往厨房的门和东西两部分交界处的门。识读完图样上的门窗后，应对应门窗表进行检查，发现二层平面图图示内容与门窗表不一致，根据立面图进行验证，C4为8个，门窗表正确；而平面图中有C5和C6，门窗表错误。

4）由二层平面图可知楼梯间的净长是 2900 − 100 = 2800mm，净宽是（310 − 240）+ 6800 + 100 = 6970mm；更衣间的净宽是 70 + 3000 + 900 + 200 = 4170mm，净长是 1800 + 1200 = 3000mm；M3的宽度为0.90m，M2宽度为1.50m；C3的宽度为3.30m；⑤定位轴线和Ⓐ定位轴线附近处的预留墙洞2的中心线到柱边缘的距离是0.40m。

5）淋浴间内配有洗手盆、拖布池（部分无）、数量不等的淋浴喷头，每个淋浴喷头之间由隔断隔开。为了提供隐蔽性，更衣间的门口处设有隔断，长度为1.20m。厨房内配备有操作台、洗池、灶台、吸烟罩（由于在平面图中是看不见吸烟罩的，所以画虚线）、备餐台和其他厨房设备。在餐厅的北面有成品洗手池。在厨房、更衣间和淋浴间等处有预留墙洞。阳台有0.5%的排水坡度，并坡向地漏。阳台地漏又与雨水管相连，因此阳台的水最终通过雨水管排向地面。

6）除了厨房的标高为3.880m以外，餐厅等的标高为3.900m。

7）二层平面图上有两个索引符号。其中①定位轴线和Ⓐ定位轴线交叉处的索引符号表示此处构造的详图在"建施-10"上，编号为1。找到"建施-10"（图8-2），找到编号为1的详图发现，此详图不仅表示①定位轴线处的构造做法，也表示⑤定位轴线处的构造做法；不仅表示二层平面图的此两处构造做法，也表示三层平面图、四层平面图和五层平面图此两处的构造做法。②定位轴线和Ⓐ定位轴线交叉处的索引符号表示此处构造的详图在标准图集05J6的第92页图纸上，编号为J。

三、三层平面图

三层平面图识读内容如下：

1）图6-6中，三层平面图的比例为1:100，文字说明主要是钢筋混凝土等的图例。

2）该层平面图的平面布置：Ⓑ定位轴线和Ⓒ定位轴线之间是走廊，走廊的南面是7个寝室，走廊的北面从西向东分别是男厕所和盥洗室、楼梯间、3个寝室、楼梯间、男厕所和盥洗室；走廊的东西两端各有一个阳台。

3）本层平面图的MC1有7个，在三层的南立面上，即Ⓐ定位轴线上；有2个MC2，在走廊与阳台之间；有7个C2，是男厕所、楼梯间和北寝室的窗户；有一个C3，是③定位轴线西面、Ⓐ定位轴线南面的窗户。根据一层平面图和二层平面图的识读经验，该层也有8个C4（结合图7-5识图），是盥洗室的窗户；有3个M2，为楼梯间的门和走廊中间的门；M3有4个，是盥洗室和男厕所的门；有10个M4，是寝室的门。识读完图样上的门窗后，应对应门窗表进行检查，发现三层平面图图示内容与门窗表一致。

4）由三层平面图可知，除了走廊南面东西两端的寝室的净长为3.57m以外，其余都是3.40m，净宽为6.80m＋0.075m＋0.07m＝6.945m；男厕所的净长为4.46m，净宽为3.40m＋0.07m＝3.47m；走廊的净宽为2.60m－（0.075＋0.20）×2m＝2.05m。

5）男厕所配备有大便器、小便池等；盥洗室有拖布池、洗手池等；寝室有床等；阳台有0.5%的排水坡度；建筑物的北立面上，从②定位轴线西侧到④定位轴线东侧之间有宽度为0.80m、长度为12.70m的构造，具体形态需查北立面图（图7-4）。

6）三层平面图的标高为7.500m，由此可知二层中厨房位置的层高为3.62m，餐厅位置的层高为3.60m。

四、四层平面图和五层平面图

对比三层平面图，查找四层平面图（图6-7）、五层平面图（图6-8）与三层平面图的不同。

1）四层平面图的标高为11.100m；五层平面图的标高为14.700m。

2）四层平面图和五层平面图中，建筑物的北立面构造变成了在②定位轴线处、②和③定位轴线之间，以及④定位轴线处的三处构造。这三处构造的长度分别为1.90m、1.10m和1.90m，宽度都是0.80m。

3）五层平面图中，原来在三层平面图、四层平面图中是男厕所的位置现在变成了女厕所；南侧寝室的东西两端各两个寝室隔出了两个房间，因此五层平面图比三层平面图、四层平面图多4个M4、两个C8和两个C9。另外就是楼梯的画法不同。

五、屋顶平面图

屋顶平面图识读内容如下：

1）图6-9的图名为屋顶平面图，比例为1∶100。

2）本图所示的屋顶为平屋顶，四周有女儿墙。

3）从图中得知屋顶排水方式为有组织外排水；它分为两个排水分区，排水坡度为2%；屋顶的南侧有4个雨水口，并根据①定位轴线判断有4根雨水管通过南立面上的阳台；屋顶的北侧有两个雨水口（②、④轴处），屋顶的东西两侧分别有一个雨水口（Ⓓ轴附近）。因此，本建筑物应该一共有6根雨水管，此处待查立面图。

4）屋顶的结构面标高为18.300m。

5）屋顶有两个通风口；一个上人孔，为0.70m×0.70m的洞。

6.3.2　识读学生公寓楼项目各层平面图

学生公寓楼项目各层平面图的识读请扫描以下二维码进行学习。

学生公寓楼
北立面照片

学生公寓楼
二层平面图

学生公寓楼
夹层平面图

学生公寓楼
六层平面图

学生公寓楼
南立面照片

学生公寓楼
三层平面图

学生公寓楼
四、五层平面图

学生公寓楼
屋顶平面图

学生公寓楼
一层平面图 1

学生公寓楼
一层平面图 2

学生公寓楼
一层平面图 3

项 目 小 结

　　本项目介绍了建筑平面图的图示内容及识读方法。建筑平面图是建筑施工图中基本的图样，在施工过程中，可作为放线、砌筑墙体、安装门窗、室内装修、施工备料及编制预算的依据。建筑平面图需与其他图样联系起来识读。

思 考 题

　　请练习识读图 6-10 所示的某建筑平面图。

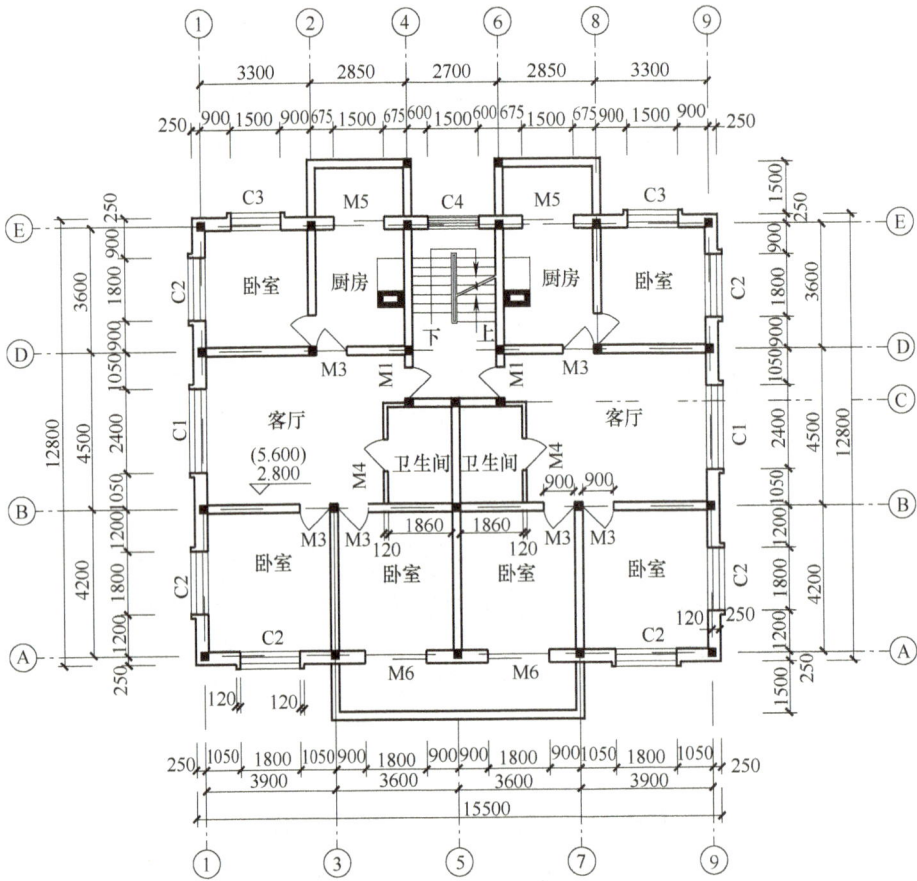

某建筑平面图 1:100

图 6-10　某建筑平面图

项目7

识读建筑立面图

学习目标

（1）熟悉建筑立面图的形成和作用。

（2）掌握建筑立面图的表示方法、图示内容和识读方法。

（3）能够识读建筑立面图。

任务 7.1 　建筑立面图概述

7.1.1 　立面图的形成

在与建筑立面平行的铅直投影面上所做的正投影图称为建筑立面图，简称为立面图，如图 7-1 所示。

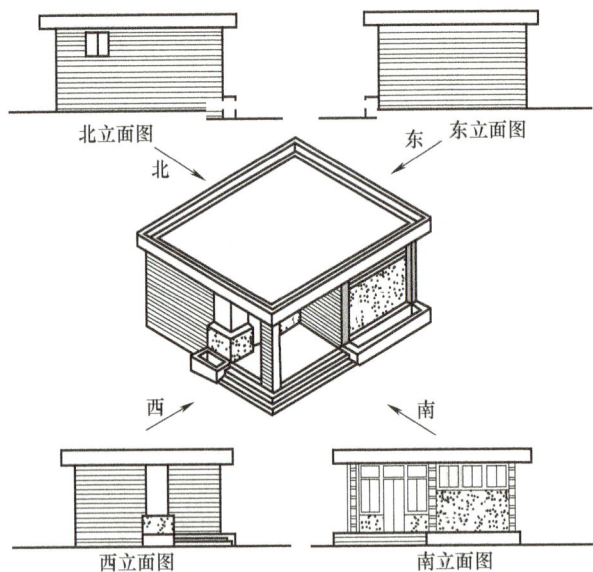

图 7-1 　立面图的形成

立面图的命名方式有三种，分别为：

1. 用朝向命名

采用此种命名方式时，建筑物的某个立面面向哪个方向，就称为哪个方向的立面图。

2. 按外貌特征命名

采用此种命名方式时，将建筑物反映主要出入口或显著地反映外貌特征的那一面称为正立面图，其余立面图依次为背立面图、左立面图和右立面图。

3. 用建筑平面图中的首尾轴线命名

采用此种命名方式时，按照观察者面向建筑物从左到右的轴线顺序命名。如图 7-2 所示，当建筑为坐北朝南时，"①~⑪立面图"表示南立面图，"⑪~①立面图"表示北立面图，"Ⓓ~Ⓐ立面图"表示西立面图，"Ⓐ~Ⓓ立面图"表示东立面图。

平面形状曲折的建筑物，可绘制展开立面图。圆形或多边形平面的建筑物，可分段展开绘制立面图，但均应在图名后加注"展开"二字。

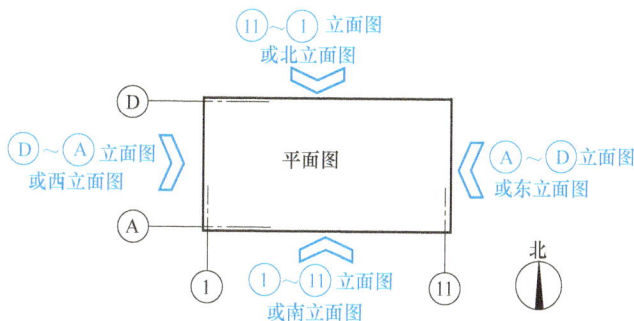

图 7-2 建筑立面图的投射方向和名称

7.1.2 立面图的作用

一幢建筑物是否美观，是否与周围环境相协调，在很大程度上取决于建筑物立面上的艺术处理，包括建筑造型与尺度、装饰材料的选用、色彩的选用等内容。建筑工程图样中立面图的作用是反映房屋各部位的高度、外貌和装饰要求，是建筑外装饰的主要依据。

7.1.3 立面图的表示方法

建筑立面图常用的比例为 1:100，也可采用 1:50、1:150、1:200、1:300。建筑立面图所用的比例应与建筑平面图一致。

建筑立面图宜标注室内外地坪、楼地面、地下层地面、阳台、平台、檐口、屋脊、女儿墙、雨篷、门、窗、台阶等处的标高及高度方向的尺寸。立面图上相同的门窗、阳台、外檐的装修与构造做法等可在局部重点表示，绘出其完整图形，其余部分只画轮廓线。外墙表面的分格线应表示清楚。应采用文字对各部位的面材及色彩加以说明。

相邻的立面图宜绘制在同一水平线上，图内相互有关的尺寸及标高宜标注在同一竖线上。立面图如果是较简单的对称式时，可只绘制一半，并在对称轴线处画对称符号。

为了使建筑立面图主次分明，有一定的立体感，通常将建筑物的外轮廓和较大转折处的轮廓的投影用粗实线表示；外墙上突出、凹进的部位，如壁柱、窗台、楣线、挑檐、门窗洞口等的投影，用中粗实线表示；门窗的细部分格以及外墙上的装饰线用细实线表示；室外地坪线用加粗实线（1.4b）表示。门窗的细部分格，在立面图上每层的不同类型只需画一个详细图样，其他均可简化画出，即只需画出它们的轮廓和主要分格。阳台栏杆和墙面的复杂装饰往往难以详细表示清楚，一般可只画一部分，剩余部分简化表示即可。

7.1.4 立面图的图示内容

建筑立面图主要反映投射方向可见的建筑外轮廓线和墙面线脚、构（配）件、墙面做法及必要的尺寸和标高等，具体包括：

1）表达房屋外墙面上可见的全部内容，如散水、台阶、雨水管、花池、勒脚、门头、门窗、雨罩、阳台、檐口等，以及屋顶的构造形式。

2）表明建筑物的尺寸。立面图中建筑物的尺寸一般包括竖直方向尺寸和水平方向尺寸，即：

① 竖直方向尺寸。在立面图上，竖直方向尺寸主要用标高表示，应标注建筑物的室内外地坪、一层楼地面、窗洞口的上下口、台阶顶面、女儿墙压顶面、进口平台面、屋面及雨篷底面等的标高。同时，应在竖直方向上标注三道尺寸，即高度方向总尺寸、定位尺寸（两层之间楼地面的垂直距离，即层高）、细部尺寸（楼地面、阳台、檐口、女儿墙、台阶、平台等部位）。

② 水平方向尺寸。立面图中在水平方向一般不标注尺寸，但需标出立面图最外两端墙的轴线及编号。

通过建筑物的竖直方向尺寸可以计算出建筑高度，建筑高度的计算应符合下列规定：

平屋顶的建筑高度应按建筑物主入口场地室外设计地面至建筑女儿墙顶点的高度计算，无女儿墙的建筑物应计算至其屋面檐口。坡屋顶的建筑高度应按建筑物室外地面至屋檐和屋脊的平均高度计算。当同一座建筑物有多种屋面形式时，建筑高度应按上述方法分别计算后取其中最大值。下列突出物不计入建筑高度内：

① 局部突出屋面的楼梯间、电梯机房、水箱间等辅助用房占屋顶平面面积不超过1/4的。

② 突出屋面的通风道、烟囱、装饰构件、花架、通信设施等。

③ 空调冷却塔等设备。

建筑层数应按建筑的自然层数计算，下列空间可不计入建筑层数：

① 室内顶板面高出室外设计地面的高度，以及不大于 1.5m 的地下或半地下室。

② 设置在建筑底部且室内高度不大于 2.2m 的自行车库、储藏室、敞开空间。

③ 建筑屋顶上突出的局部设备用房、出屋面的楼梯间等。

3）表明各部位的标高。

4）表明外墙各部位的建筑装饰材料做法。

5）表明局部或外墙索引。

6）表明门窗的样式及开启方式。在立面图上，门窗应按标准规定的图例画出。

7）标注两端外墙的定位轴线。一般只标出建筑两端的轴线及编号，其编号应与平面图一致。

8）标注详图索引符号和必要的文字说明。

9）表明外墙面上各种构（配）件、装饰物的形状、用料和具体做法。外墙面根据设计要求可选用不同的材料及做法，在图面上多选用带有指引线的文字说明。

任务7.2　立面图的识读方法

图样之间是相互联系的，在识读建筑立面图的时候应结合其他图样一同识读。例如，如果在建筑立面图中没有标注门窗的高度时，可以查首页图门窗表中的数据。可根据已知的窗台或窗顶标高推导出窗顶或窗台的标高。还可以根据工程做法表和立面图的信息综合确定建筑物外立面的装饰装修做法。

建筑立面图中不标注门的型号和宽度，但是可以通过一层平面图、标准层平面图和顶层平面图分别确定立面图中每层的外门窗的型号；也可以根据各层平面图分别确定立面图上的构造，例如阳台、雨篷、空调搁板、造型等。

当屋顶平面图的坡度表示不清，不能马上确定屋顶的类型时，可以通过识读立面图来判断是坡屋顶还是平屋顶。通过立面图上的雨水管和女儿墙，结合屋顶平面图，可以准确地确定排水方式。另外，可以通过立面图上雨水管的位置和数量来验证屋顶平面图的正确性。

建筑立面图与建筑剖面图都表示建筑物高度方向的尺寸和标高，例如室外地坪、室内地面、楼层、外门窗、檐口等的标高。

建筑立面图与详图的联系主要是通过索引符号和详图符号来确定的。

可以按照以下顺序识读建筑立面图：

1）了解图名、比例和文字说明。

2）了解建筑物的立面形状。

3）结合一层平面图、标准层平面图和顶层平面图，了解建筑物立面的门窗信息。

4）结合平面图，了解建筑物的各部分构造，例如屋顶、坡道、雨篷、阳台等；了解建筑物的尺寸和标高。

5）结合首页图，了解建筑物外立面的装饰装修做法。

6）结合详图，了解索引符号。

任务 7.3 立面图的识读练习

7.3.1 识读职工宿舍楼项目立面图

下面对图 7-3 ~ 图 7-5 所示的职工宿舍楼项目立面图进行识读。

一、南立面图

1）图 7-3 的图名为 ① ~ ⑤ 立面方案图，即南立面图，比例为 1 : 100。这张立面图只画出了端部的①定位轴线和⑤定位轴线。

2）建筑物的立面为矩形。

3）根据一层平面图，南立面图的一层从左到右分别为 C1、门洞、3 个 C1、门洞、C1；根据二 ~ 五层平面图，南立面图的二 ~ 五层中间突出的是 C3。

4）屋顶为平屋顶，屋顶四周有女儿墙。建筑物一层的门洞口处有坡道，二层及以上的 MC1 外是阳台。之前通过屋顶平面图判断南立面应该有 4 根雨水管，并且它们通过阳台延伸至室外地面，但是从南立面图中未找到雨水管，因此需要进一步通过剖面图或详图进行查证。

5）南立面图显示的外立面的装饰装修做法为：C3 周围的墙体用白色外墙涂料；MC1 处的墙为亮芥子色外墙涂料，中间有灰色外墙涂料的线条；一层外立面为深灰色挂贴石材。

6）立面图从下到上的标高分别为：室外地坪标高为 −0.150m，室内地坪标高为 ±0.000，二楼楼面标高为 3.900m，三 ~ 五楼的楼面标高分别为 7.500m、11.100m、14.700m，屋顶的结构标高为 18.300m，女儿墙顶标高为 19.100m。

7）根据立面图的尺寸标注，一层长度较小的部分的高度为 3.35m + 0.15m = 3.50m；二层阳台的高度为 0.55m + 0.90m = 1.45m，二层以上的阳台高度为 0.45m + 0.90m = 1.35m；MC1 的高度为 2.0m。

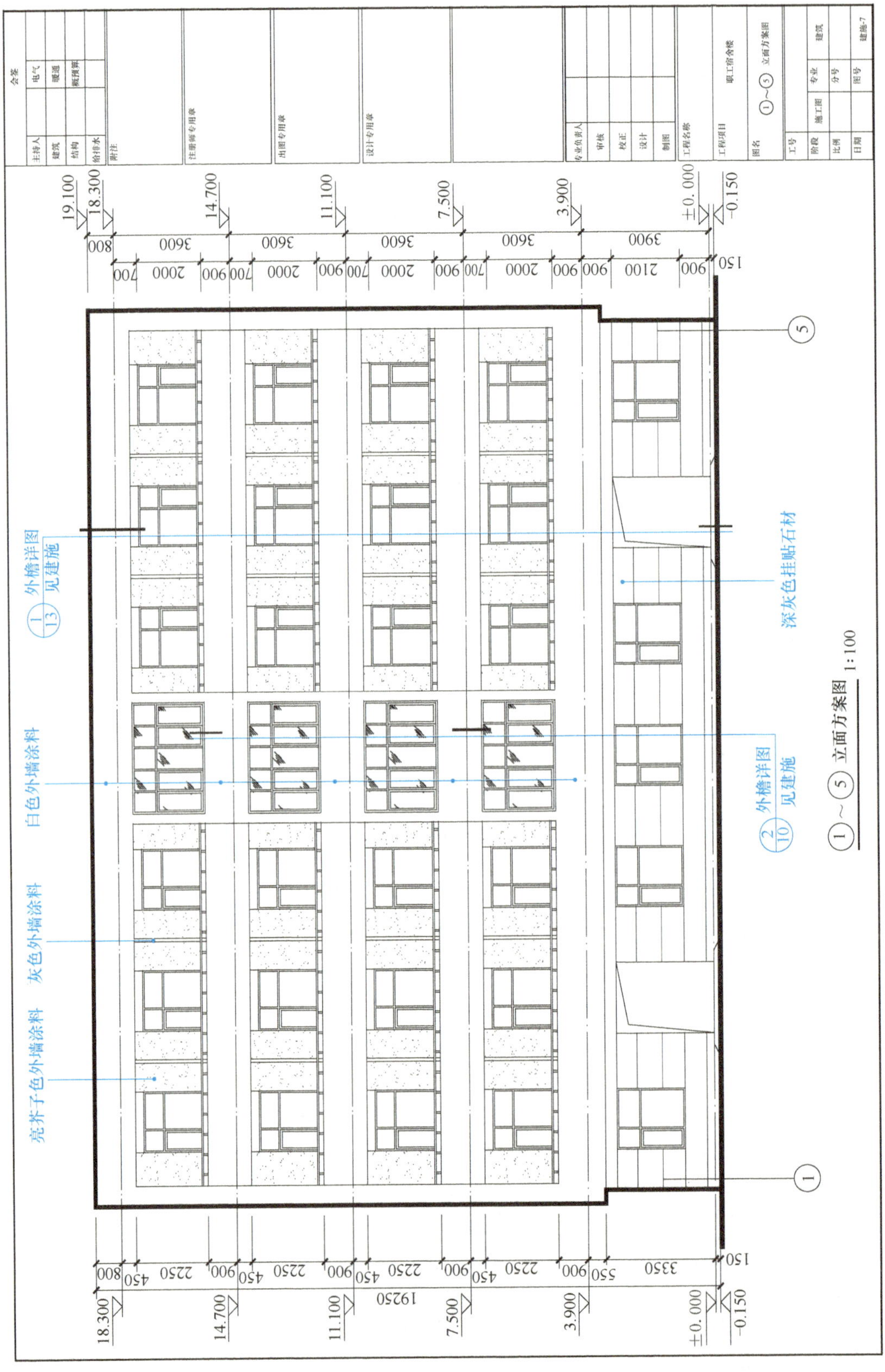

图7-3 ①～⑤立面方案图（南立面图）

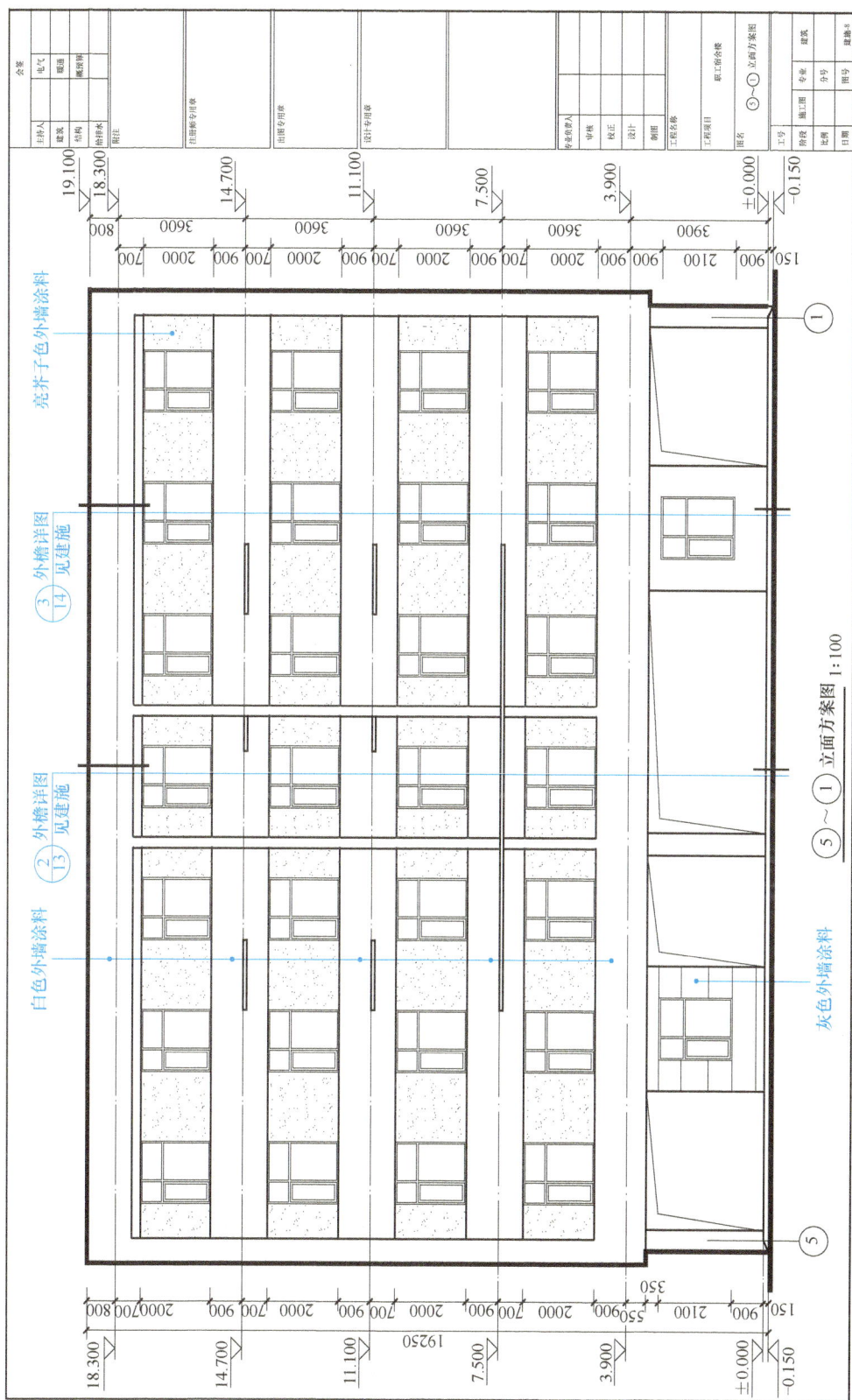

图7-4 ⑤~①立面方案图（北立面图）

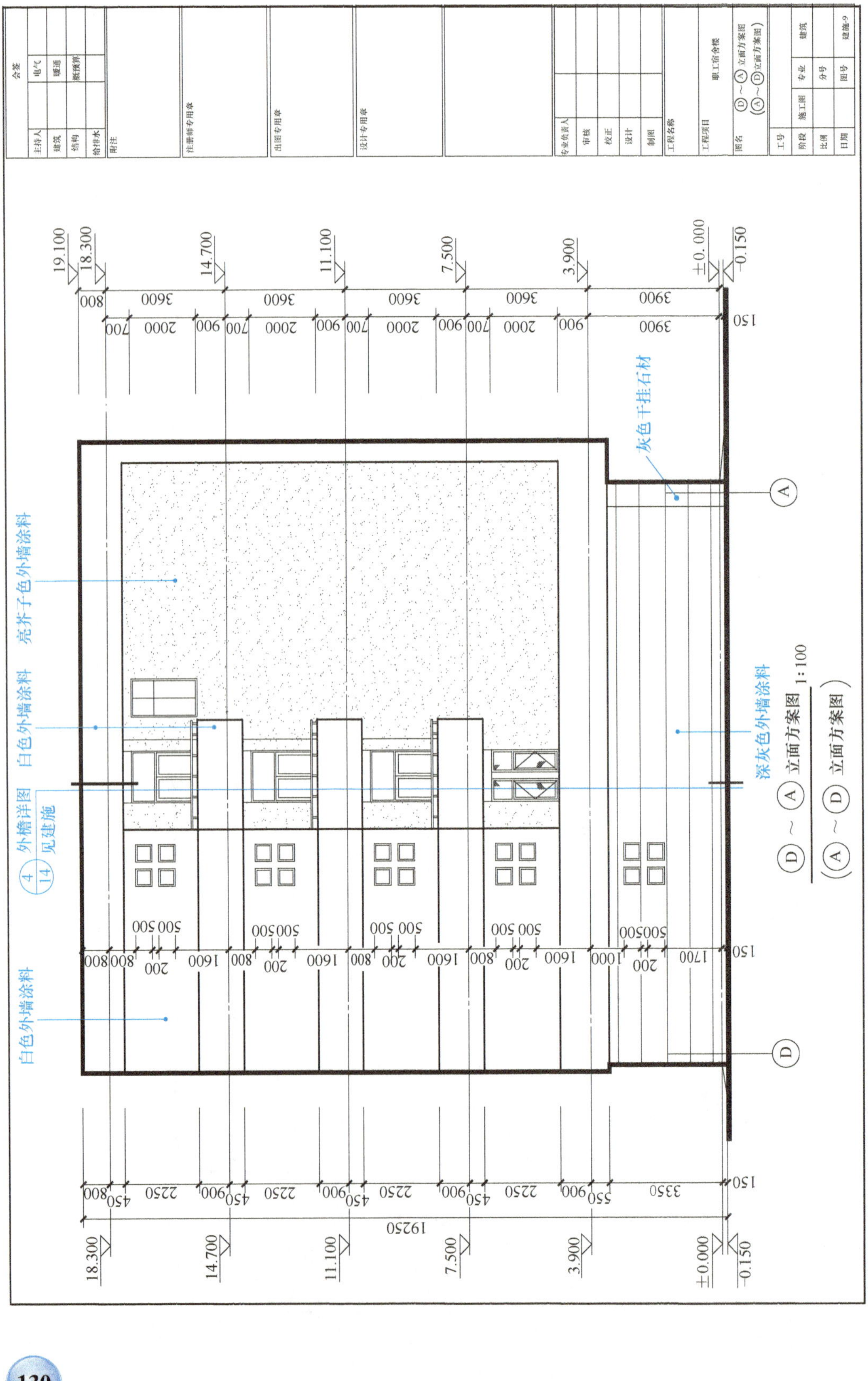

图7-5　⑪~Ⓐ立面方案图（Ⓐ~⑪立面方案图）［东（西）立面图］

8）南立面图中有两个索引符号，其中 C3 处的外檐详见"建施-10"（图 8-2），详图编号为 2，而且这个详图是剖开后从右向左进行投影得到的。⊙(1/13 外檐详图 见建施) 表示外檐详图在"建施-13"（图 9-6）上，编号为 1，而且这个详图是剖开后从右向左进行投影得到的。但经查证，此处索引符号错误，应在"建施-14"（图 9-7），索引符号应改为 ⊙(1/14 外檐详图 见建施)。

而且，"建施-14"上的详图编号也有误，$\frac{1}{6}$ 应改为 $\frac{1}{7}$，因为这个详图被索引自"建施-7"，而不是"建施-6"。

二、北立面图

1）图 7-4 的图名为⑤～①立面方案图，即北立面图，比例为 1∶100。

2）建筑物的立面为矩形。

3）根据一层平面图，北立面图的一层窗户为 C1′；根据二～五层平面图，北立面图二层及以上的窗户都是 C2。

4）北立面图的标高与竖向尺寸标注和南立面图基本相同。只是 C1′ 的窗台高度为 0.900m，窗顶高度为 3.000m，窗高为 2.10m；C2 的窗高为 2.0m。

5）北立面图中有两个索引符号，其中 ⊙(2/13 外檐详图 见建施) 表示外檐详见"建施-13"（图 9-6），详图编号为 2，而且这个详图是剖开后从右向左进行投影得到的。但经查证，"建施-13"没有相关详图，而是在"建施-14"（图 9-7）上，索引符号应该改为 ⊙(2/14 外檐详图 见建施)。而且，"建施-14"上的详图符号 $\frac{2}{7}$ 应该改为 $\frac{2}{8}$，因为这个详图被索引自"建施-8"，而不是"建施-7"。⊙(3/14 外檐详图 见建施) 表示外檐详图在"建施-14"（图 9-7）上，编号为 3，而且这个详图是剖开后从右向左进行投影得到的。但经查证，此处索引符号错误，应为"建施-15"（图 9-8），索引符号改为 ⊙(3/15 外檐详图 见建施)。而且，"建施-15"上的详图编号也对应错误，$\frac{3}{7}$ 应改为 $\frac{3}{8}$，因为这个详图被索引自"建施-8"，而不是"建施-7"。

6）北立面图显示的外立面的装饰装修做法为：窗间墙为亮芥子色外墙涂料；一层外立面为灰色外墙涂料；其余为白色外墙涂料。

7）北立面图显示三～五层突出北立面的构造应为安置空调室外机的搁板。

三、东（西）立面图

1）图7-5的图名为Ⓓ～Ⓐ立面方案图（Ⓐ～Ⓓ立面方案图），也就是东（西）立面图，比例为1:100。图7-5表示的是西立面图（东立面图），说明东、西方向的立面相同，可用同一张图样表示，下面称西立面图。

2）建筑物的立面为矩形。

3）根据一层平面图，西立面图的一层窗为C4′；根据二层平面图，二层从左到右为4个C4′和两个C7；根据三～四层平面图，三层和四层的东、西立面上从左到右分别是4个C4′和一个MC2；根据五层平面图，五层立面上从左到右分别是4个C4′、一个MC2和一个C8。

4）西立面图的标高与南立面图的标高相同。西立面图的竖向尺寸标注表示室内外高差为0.15m；一层的C4′距离室内地面的高度为1.70m，每个C4′的高度为0.50m，高度方向上两个C4′之间的距离为0.20m；二层及以上，每层靠上的C4的窗顶距离楼面0.80m。

5）西立面图中有一个索引符号，$\frac{4}{14}$ 外檐详图 见建施 表示外檐详图在"建施-14"（图9-7）

上，编号为4，而且这个详图是剖开后从右向左进行投影得到的。但经查证，此处索引符号错误，应为"建施-15"（图9-8），索引符号改为 $\frac{4}{15}$ 外檐详图 见建施 。而且，"建施-15"上的详图

编号也对应错误，$\frac{4}{8}$ 应改为 $\frac{4}{9}$ ，因为这个详图被索引自"建施-9"，而不是"建施-8"。

6）西立面图显示的外立面装饰装修做法为：二层及以上楼层以C4和MC2之间分界，靠近南立面的是亮芥子色外墙涂料，靠近北立面的是白色外墙涂料；一层外立面为深灰色外墙涂料和灰色干挂石材（Ⓐ定位轴线附近）。

7.3.2 识读学生公寓楼项目立面图

学生公寓楼项目立面图的识读请扫描以下二维码进行学习。

学生公寓楼
北立面图

学生公寓楼
东立面图

学生公寓楼
南立面图

学生公寓楼
西立面图

项 目 小 结

本项目介绍了建筑立面图的图示内容及识读方法。建筑立面图在施工图中主要反映房屋各部位的高度、外貌和装饰要求，是建筑外装饰的主要依据。建筑立面图需与其他图样联系起来识读。

思 考 题

请练习识读图7-6所示的某建筑立面图。

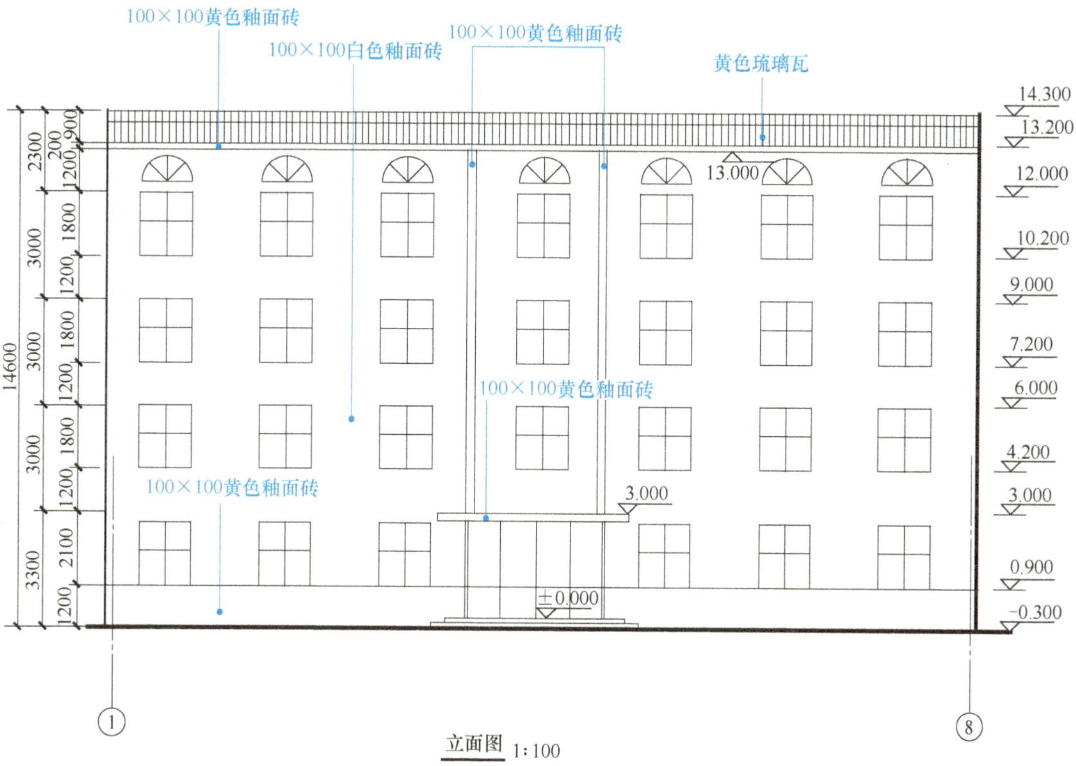

图 7-6 某建筑立面图

项目8

识读建筑剖面图

学习目标

（1）熟悉建筑剖面图的形成和作用。

（2）掌握建筑剖面图的表示方法、图示内容和识读方法。

（3）能够识读建筑剖面图。

任务 8.1　建筑剖面图概述

8.1.1　剖面图的形成

假想用一个或一个以上垂直于外墙轴线的铅垂剖切平面剖切建筑，得到的图形称为建筑剖面图，简称为剖面图，如图 8-1 所示。

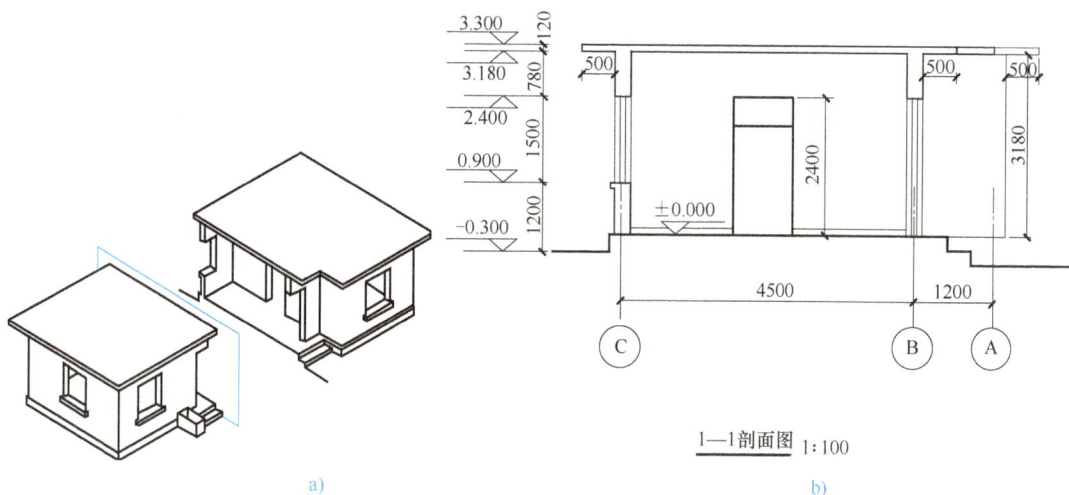

图 8-1　剖面图的形成

建筑剖面图用以表示建筑内部的结构构造，垂直方向的分层情况，各层楼地面、屋顶的构造，以及相关尺寸、标高等。

剖面图的剖切位置应根据图样的用途或设计深度，在剖面图上选择能反映全貌、构造特征以及有代表性的部位剖切，如楼梯间等，并应尽量使剖切平面通过门窗洞口。

剖面图的图名应与一层平面图的剖切符号一致。

8.1.2　剖面图的作用

建筑剖面图用来表达建筑物内部垂直方向的结构形式、分层情况、内部构造及各部位的高度等，它与建筑平面图、建筑立面图相配合，是建筑施工图中不可缺少的重要图样之一。建筑剖面图地面以下部分，从基础墙处断开，另由结构施工图表示。

8.1.3　剖面图的表示方法

建筑剖面图常用的比例为 1∶100，也可采用 1∶50、1∶150、1∶200、1∶300。剖面图的比例应与平面图、立面图的比例一致。

1）比例大于 1∶50 的剖面图，应画出抹灰层、保温隔热层等与楼地面、屋面的面层线，并宜画出材料图例。

2）比例等于1∶50的剖面图，宜画出楼地面、屋面的面层线，宜绘出保温隔热层，抹灰层的面层线应根据需要确定。

3）比例小于1∶50的剖面图，可不画出抹灰层，但宜画出楼地面、屋面的面层线。

4）比例为1∶100～1∶200的剖面图，可画简化的材料图例，但宜画出楼地面、屋面的面层线。

5）比例大于1∶200的剖面图，可不画材料图例，楼地面、屋面的面层线也可不画出。

在剖面图中，被剖切到的墙、梁、楼地层、屋面、楼梯、散水、基础等主要构造的轮廓线用粗实线表示，被剖切到的楼地面、屋面的面层线及没有被剖切到但可见的部分如楼梯、室外台阶、女儿墙、门窗洞口等的轮廓线用中粗实线绘制，踢脚板、材料图例、尺寸线、折断线、引出线和标高等用细实线绘制，室内外地坪线用加粗实线表示。

建筑剖面图宜标注室内外地坪、楼地面、地下层地面、阳台、平台、檐口、屋脊、女儿墙、雨篷、门、窗、台阶等处的标高。平屋面等不易标明建筑标高的部位可标注结构标高，并予以说明。结构找坡的平屋面，屋面标高可标注在结构板面的最低点，并注明找坡坡度。有屋架的屋面，应标注屋架下弦搁置点或柱顶标高。有起重机的厂房，剖面图应标注轨道顶标高、屋架下弦杆件下边缘标高或屋面梁底标高、板底标高，其中梁式悬挂起重机宜标出轨距尺寸（以"m"为单位）。

8.1.4 剖面图的图示内容

剖面图主要包括以下内容：

1）表示房屋内部的分层、分隔情况。

2）反映屋顶及屋面的保温隔热情况。

3）表示屋顶坡度：

① 平屋顶：屋面坡度在10%以内的屋顶，常用2%～3%的坡度。

② 坡屋顶：屋面坡度大于10%的屋顶。

4）表示房屋高度方向的尺寸及标高。

尺寸分为三道尺寸：

① 最外一道是总高尺寸，它表示室外地坪到楼顶女儿墙的压顶抹灰完成后的顶面总高度。

② 中间一道是层高尺寸，主要表示各层的高度。建筑层高应结合建筑使用功能、工艺要求和技术经济条件等综合确定，并符合相关建筑设计标准的规定。

室内净高应按楼地面完成面至吊顶、楼板或梁底面之间的垂直距离计算；当楼盖、屋盖的下悬构件或管道底面影响有效使用空间时，应按楼地面完成面至下悬构件下缘或管道底面之间的垂直距离计算。建筑用房的室内净高应符合相关建筑设计标准的规定，地下室、局部夹层、走道等有人员正常活动的最低处净高不应小于2.0m。

③ 最里一道是门窗洞、窗间墙及勒脚等的高度尺寸。

标高，应标注被剖切到的外墙门窗洞口的标高，室外地面的标高，檐口、女儿墙顶的标高，以及各层楼地面的标高。

5）其他，如台阶、排水沟、散水等。凡是被剖切到的或用直接正投影法能看到的都应表示清楚。

任务 8.2　剖面图的识读方法

　　图样之间存在着密切的相关性，因此在识读建筑剖面图时要结合其他图样一同识读。例如，首页图中有很多在剖面图中无法说明的内容，可以根据门窗表确定剖面图中的门窗高度是否正确；可以结合设计说明和工程做法表确定剖面图上地面、楼面、墙面、顶棚的装饰做法。

　　结合平面图，可以确定剖面图中门、窗的名称等相关信息；可以确定剖面图上的线条所代表的含义。

　　立面图和剖面图的标高与竖向尺寸为互补关系，剖面图可以表示建筑内部的竖向高度，立面图只表示建筑外部的竖向高度。

　　剖面图与详图的联系主要通过索引符号和详图符号确定。

　　可以按照以下顺序识读建筑剖面图：

　　1）了解图名、比例和文字说明。

　　2）结合平面图，了解定位轴线及其尺寸。

　　3）结合平面图和首页图等，了解剖切到的屋面（包括隔热层及吊顶）、楼面、室内外地面（包括台阶、明沟及散水等），内外墙及其门、窗（包括过梁、圈梁、防潮层、女儿墙及压顶），各种承重梁和联系梁、楼梯段及楼梯平台、雨篷及雨篷梁、阳台、走廊等。

　　4）结合平面图，了解未剖切到的可见部分，如可见的楼梯段、栏杆、扶手、走廊端头的窗、梁、柱、水斗和雨水管、踢脚板和室内的各种装饰等。

　　5）结合立面图等，了解垂直方向的尺寸及标高。

　　6）结合详图，了解详图索引符号。

任务 8.3　剖面图的识读练习

8.3.1　识读职工宿舍楼项目剖面图

下面对图 8-2 所示的职工宿舍楼项目剖面图进行识读。

1）结合一层平面图识读，在一层平面图中找到剖面图的剖切位置。根据一层平面图可知，1—1 剖面图是阶梯剖面图，剖切位置在④、⑤定位轴线之间，剖视方向为由东向西。

2）了解图名和比例。图 8-2 的图名为 1—1 剖面图，比例为 1∶100。

3）了解剖面图与平面图的对应关系。由于 1—1 剖面图的剖切位置在④、⑤定位轴线之间，剖视方向为由东向西，因此 1—1 剖面图从左向右的定位轴线应该是南立面的Ⓐ定位轴线到北立面的Ⓓ定位轴线。1—1 剖面图从左到右分别为：

　　① 一层：被剖到的入口处的坡道和入口门洞；没有被剖到但是能看到的Ⓐ、④定位轴线交界处的柱的轮廓线；没有被剖到但是能看到的Ⓑ、④定位轴线交界处的柱的轮廓线；被剖切到的 M1；没有被剖到但是能看到的Ⓒ、④定位轴线交界处的柱的轮廓线；被剖切到的

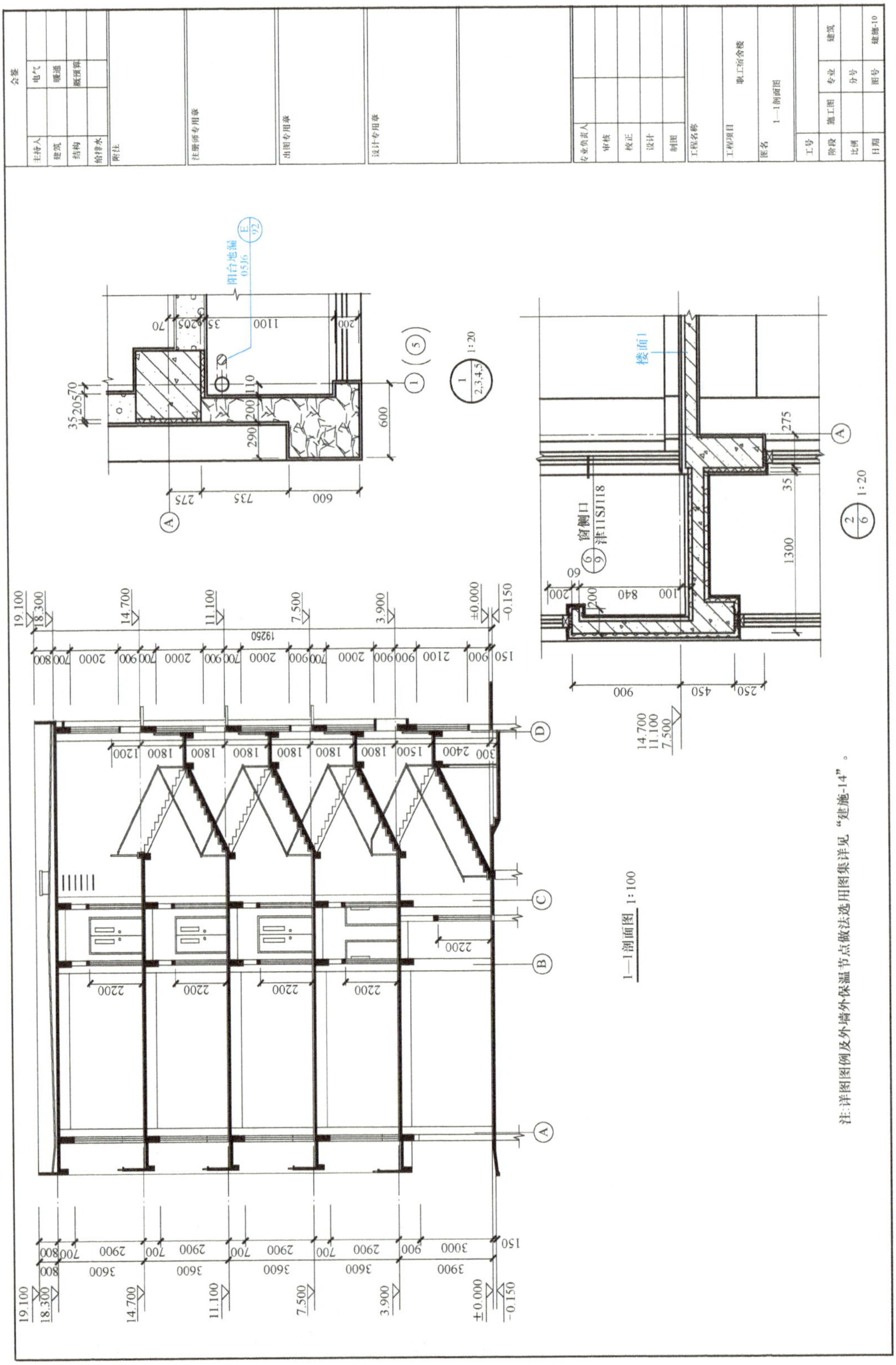

图8-2 1—1剖面图

楼梯；被剖切到的台阶；被剖切到的楼梯间与热水锅炉间之间的墙；没有被剖到但是能看到的 FM1 和其前方的台阶；没有被剖到但是能看到的⑩、④定位轴线交界处的柱的轮廓线；被剖切到的 C1′。但是，1—1 剖面图的一层部分有错误：⑩定位轴线左侧应该有 FM1 和其前方的台阶。

② 二层：被剖到的南阳台和 MC1；没有被剖到但是能看到的④、④定位轴线交界处的柱的轮廓线；被剖到的⑧定位轴线的墙；没有被剖到但是能看到的⑧、④定位轴线交界处的柱的轮廓线；没有被剖到但是能看到的 M2；没有被剖到但是能看到的⑥、④定位轴线交界处的柱的轮廓线；没有被剖到但是能看到的厨房的 M2；被剖切到的楼梯和 C2。但是，1—1 剖面图的二层部分有错误：⑧定位轴线左侧的柱轮廓线应该在⑧定位轴线的右侧；⑧定位轴线显示的是门的剖面图例，但是这里应该是过厅和走廊之间的墙的剖面图例；⑧、⑥定位轴线之间应该是 M2，画法应该与三层、四层及五层一样；⑥定位轴线右侧应该有一个 M2，而这里没有画。

③ 三层和四层：被剖到的南阳台和 MC1；没有被剖到但是能看到的④、④定位轴线交界处的柱的轮廓线；没有被剖到但是能看到的⑧、④定位轴线交界处的柱的轮廓线；被剖到的 M4；没有被剖到但是能看到的 M2；被剖到的 M2；被剖切到的楼梯和 C2；没有被剖到但是能看到的室外空调机搁板。

④ 五层：被剖到的南阳台和 MC1；没有被剖到但是能看到的④、④定位轴线交界处的柱的轮廓线；被剖到的墙；没有被剖到但是能看到的⑧、④定位轴线交界处的柱的轮廓线；被剖到的 C9；没有被剖到但是能看到的 M2；被剖到的 M2；被剖切到的楼梯和 C2；没有被剖到但是能看到的室外空调机搁板。但是，1—1 剖面图的五层部分有错误：④、⑧定位轴线之间应该还有一道墙的剖面图例；⑧定位轴线处不应是门的剖面图例，应该是 C9 的剖面图例。

⑤ 屋顶：女儿墙的轮廓线及上人孔的轮廓线，上人孔下是爬梯。

4）了解主要标高和尺寸。1—1 剖面图的标高与立面图应一致。

① 外部竖向尺寸包括：左侧显示室内外高差为 0.15m，入口处门洞高度为 3.0m，MC1 的高度为 2.90m，女儿墙高度为 0.80m 等；右侧显示 C1′的窗台离室内地面 0.90m 且高度为 2.10m，C2 的窗台距离楼面 0.90m 且高度为 2.0m 等。

② 内部竖向尺寸包括：走廊的 M2 的高度为 2.20m，一层楼梯间台阶的总高度为 0.30m；楼梯第一个梯段的高度为 2.40m，第二个梯段的高度为 1.50m，其他楼层的楼梯段高度都是 1.80m，五层部分的楼梯扶手高度为 1.20m 等。

5）结合设计说明和工程做法表查阅地面、楼面、墙面、顶棚的装饰做法。

8.3.2 识读学生公寓楼项目剖面图

学生公寓楼项目剖面图的识读请扫描以下二维码进行学习。

学生公寓楼 1—1 剖面图 1　学生公寓楼 1—1 剖面图 2　学生公寓楼 1—1 剖面图 3　学生公寓楼 2—2 剖面图 1　学生公寓楼 2—2 剖面图 2

项 目 小 结

本项目介绍了建筑剖面图的图示内容及识读方法。建筑剖面图用以表示建筑内部的结构构造，垂直方向的分层情况，各层楼地面、屋顶的构造，以及相关尺寸、标高等，是与平面图、立面图相互配合的不可缺少的重要图样之一。建筑剖面图需与其他图样联系起来识读。

思 考 题

请练习识读图 8-3 所示的某建筑剖面图。

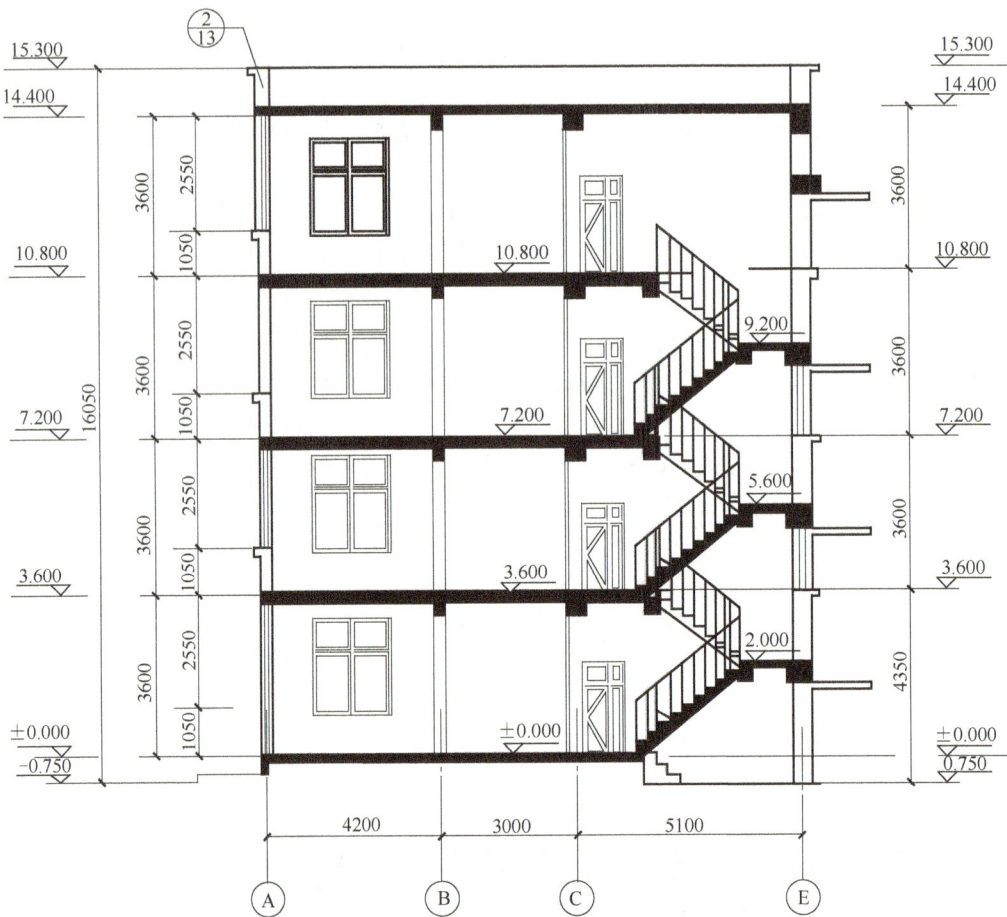

1—1剖面图 1:100

图 8-3　某建筑剖面图

项目9

识读建筑详图

⭐ 学习目标

（1）熟悉楼梯详图和墙身详图的形成与作用。

（2）掌握楼梯详图和墙身详图的表示方法、图示内容与识读方法。

（3）能够识读楼梯详图和墙身详图。

任务 9.1　建筑详图概述

9.1.1　详图的形成

建筑平面图、立面图、剖面图可表达建筑的平面布置、外部形状和主要尺寸，但因反映的内容范围大、比例小，所以对建筑的细部构造难以表达清楚，为了满足施工要求，对建筑的细部构造用较大的比例详细地表达出来，这样的图称为建筑详图，简称为详图，有时也叫作大样图。详图有时是对某细部构造外观的详细表达，例如门窗详图；有时是对某细部构造进行剖切后对其内部构造的详细表达，例如墙身详图。

建筑详图主要包括局部构造详图，如楼梯详图、墙身详图等；构件详图，如门窗详图、阳台详图等；装饰构造详图，如墙裙构造详图、门窗套装饰构造详图等。本章主要介绍楼梯详图和墙身详图。

一、楼梯详图

楼梯详图一般分为建筑详图与结构详图，应分别绘制并编入建筑施工图和结构施工图中。对于一些构造和装修较简单的现浇钢筋混凝土楼梯，其建筑详图与结构详图可合并绘制，编入建筑施工图或结构施工图。

楼梯的建筑详图一般有楼梯平面图、楼梯剖面图及楼梯节点详图。

（一）楼梯平面图

楼梯平面图是用假想的水平面将楼梯间水平剖切得到的投影图，实际上是在建筑平面图中楼梯间部分的局部放大图。

楼梯平面图通常要分别画出一层楼梯平面图、顶层楼梯平面图及中间各层的楼梯平面图。其中，如果中间各层楼梯的位置、数量、踏步数、梯段长度都完全相同时，可以只画一个中间层楼梯平面图，这种相同的中间层楼梯平面图称为标准层楼梯平面图。通常，一层楼梯平面图、顶层楼梯平面图与标准层楼梯平面图是画在同一张图纸内的，并互相对齐，这样既便于识读，又可省略标注一些重复的尺寸。

楼梯平面图的剖切位置，是在该层上行的第一个梯段（休息平台以下）的楼梯间任一位置处。各层被剖切到的梯段，均在平面图中用45°折断线表示。在每一个梯段处画有长箭头，并注写"上"或"下"字。也可在"上"或"下"字之后注明踏步级数，表明从该层楼（地）面上行或下行多少步级可到达上（或下）一层的楼（地）面。各层平面图中应标出该楼梯间的轴线。在底层平面图应标注楼梯剖面图的剖切符号，以表示剖切位置和剖视方向。

1. 一层楼梯平面图

当水平剖切平面沿底层上行第一个梯段及单元入口门洞的某一位置切开时，便可以得到一层楼梯平面图。在一层楼梯平面图中，还应注出楼梯剖面图的剖切符号，如图9-1a所示。

2. 标准层楼梯平面图

当水平剖切平面沿二层及以上上行第一个梯段及梯间窗洞口的某一位置切开时，便可得到标准层楼梯平面图，如图 9-1b 所示。从图 9-1b 中可以看出，标准层楼梯平面图中的 45°折断线应画在梯段的中段。

3. 顶层楼梯平面图

当水平剖切平面沿顶层门窗洞口的某一位置切开时，便可得到顶层楼梯平面图，如图 9-1c 所示。由于此时的剖切平面位于楼梯栏杆（栏板）以上，楼梯未被切断，故在顶层楼梯平面图上不画 45°折断线。

（二）楼梯剖面图

楼梯剖面图是用假想的铅垂剖切平面通过各层的一个梯段和门窗洞口将楼梯垂直剖切，向另一未剖到的梯段方向投影所作的剖面图。一层楼梯平面图中有多少数量的剖切符号，就有多少数量的楼梯剖面图，且楼梯剖面图的名称和剖切位置与一层楼梯平面图中的剖切符号一一对应。

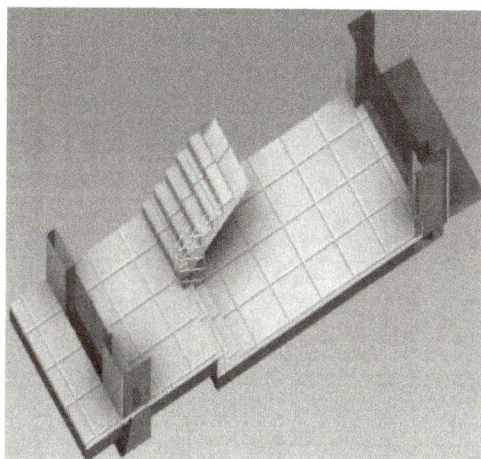

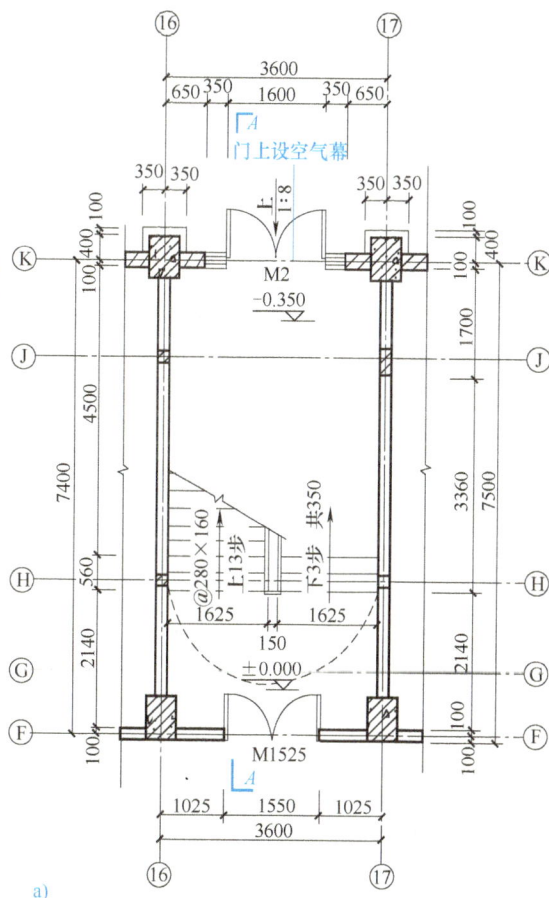

a)

图 9-1　楼梯平面图的形成

a）一层楼梯平面图的形成

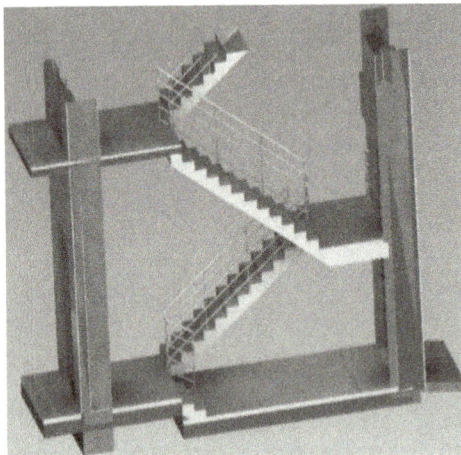

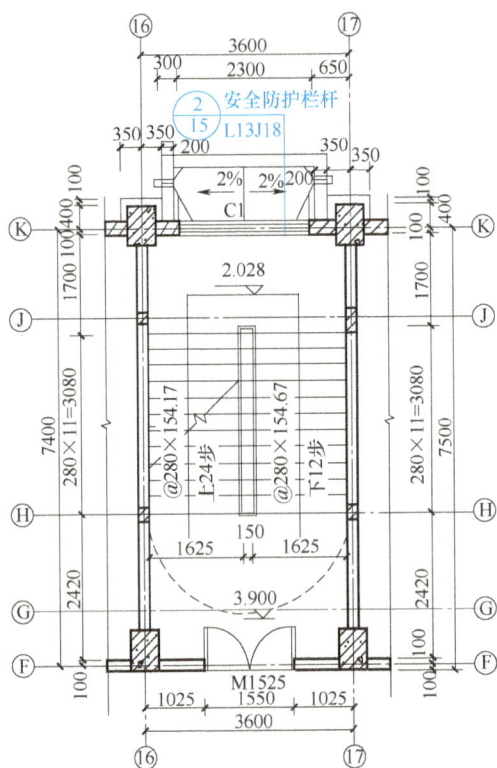

b)

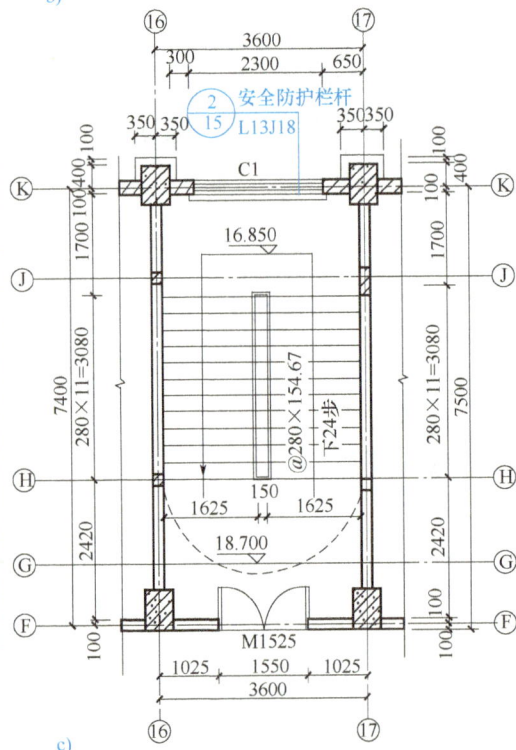

c)

图9-1 楼梯平面图的形成（续）

b）标准层楼梯平面图的形成 c）顶层楼梯平面图的形成

（三）楼梯节点详图

踏步和栏杆等楼梯节点详图一般是在踏步或栏杆等细部构造处进行局部放大，或者剖切后局部放大得到的投影图，如图 9-2 所示。

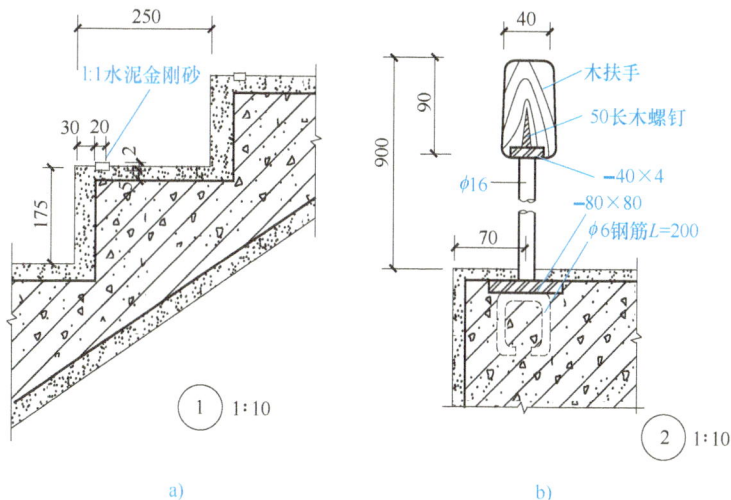

图 9-2　某建筑楼梯节点详图
a）楼梯踏步详图　b）楼梯栏杆、扶手详图

二、墙身详图

墙身详图实际上是墙身的局部放大图，用于表明墙身从防潮层到屋顶的各主要节点的构造和做法。墙身详图一般需要剖切后进行放大，以表示墙体材料。墙身详图一般是用假想的铅垂剖切平面沿索引符号引出线的位置对墙体进行垂直剖切，引出线所在的一侧应为剖视方向。

9.1.2　详图的作用

建筑详图是对建筑平面图、立面图、剖面图的深化和补充，是建筑构（配）件制作和编制施工预算的依据。

一、楼梯详图

楼梯是由楼梯段、休息平台、栏杆或栏板组成的，楼梯详图主要表示楼梯的类型、结构形式、各部位的尺寸及装饰做法等，是楼梯施工的主要依据。

二、墙身详图

墙身详图主要表达墙身与地面、楼面、屋面的构造连接情况，以及檐口、门窗顶、窗台、勒脚、防潮层、散水、明沟的尺寸、材料、做法等构造情况，是砌墙、室内外装修、门窗安装、编制施工预算及材料估算等的重要依据。有时，在外墙详图上引出分层构造，注明楼地面、屋顶等的构造情况，在建筑剖面图中就可省略不标。

9.1.3　详图的表示方法

详图的特点是比例大，常用的比例有 1:50、1:20、1:10、1:5、1:2、1:1 等。详图的具体比例应根据细部构造的复杂程度来选择。

一份施工图样所涉及的详图，大部分需要参考标准图集，此时只需要在细部构造的位置绘制索引符号，注明所用图集的名称、代号或者页码即可。如果有些构造做法特殊，只在本工程中使用，则可在图样中绘制详图予以表达。

详图中采用的建筑材料图例一般参照《房屋建筑制图统一标准》（GB/T 50001—2017），见表9-1。

表9-1　部分常用建筑材料图例

名称	图例	备注	名称	图例	备注
自然土壤		包括各种自然土壤	混凝土		1. 包括各种强度等级、集料、添加剂的混凝土 2. 在剖面图上绘制表达钢筋时，不需绘制图例线 3. 断面图形较小，不易绘制表达图例线时，可填黑或填深灰（灰度宜为70%）
夯实土壤		—			
砂、灰土		—	钢筋混凝土	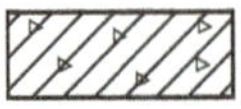	
砂砾石、碎砖三合土		—			
石材		—	多孔材料		包括水泥珍珠岩、沥青珍珠岩、泡沫混凝土、软木、蛭石制品等
毛石		—			
实心砖、多孔砖		包括普通砖、多孔砖、混凝土砖等砌体	纤维材料		包括矿棉、岩棉、玻璃棉、麻丝、木丝板、纤维板等
耐火砖		包括耐酸砖等砌体			
空心砖、空心砌块		包括空心砖、普通或轻集料混凝土小型空心砌块等砌体	泡沫塑料材料	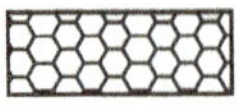	包括聚苯乙烯、聚乙烯、聚氨酯等多聚物类材料
加气混凝土		包括加气混凝土砌块砌体、加气混凝土墙板及加气混凝土材料制品等	木材		1. 上图为横断面，左上图为垫木、木砖或木龙骨 2. 下图为纵断面
			胶合板		应注明为×层胶合板
饰面砖		包括铺地砖、玻璃马赛克、陶瓷锦砖、人造大理石等	石膏板	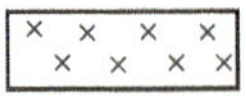	包括圆孔或方孔石膏板、防水石膏板、硅钙板、防火石膏板等
焦渣、矿渣		包括与水泥、石灰等混合而成的材料	金属		1. 包括各种金属 2. 图形较小时，可填黑或填深灰（灰度宜为70%）

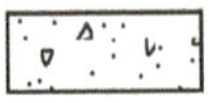

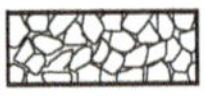

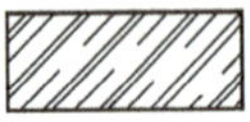

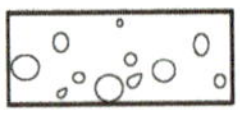

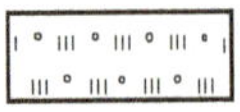

（续）

名称	图　例	备　注	名称	图　例	备　注
网状材料		1. 包括金属、塑料网状材料 2. 应注明具体的材料名称	橡胶		—
液体		应注明具体的液体名称	塑料		包括各种软、硬塑料及有机玻璃等
玻璃		包括平板玻璃、磨砂玻璃、夹丝玻璃、钢化玻璃、中空玻璃、夹层玻璃、镀膜玻璃等	防水材料		构造层次多或绘制比例大时，采用上面的图例
			粉刷		本图例采用较稀的点

9.1.4　详图的图示内容

一、楼梯详图

常见的楼梯平面形式有：单跑楼梯（上下两层之间只有一个梯段）、双跑楼梯（上下两层之间有两个梯段、一个中间平台）、三跑楼梯（上下两层之间有三个梯段、两个中间平台）等，如图9-3所示。

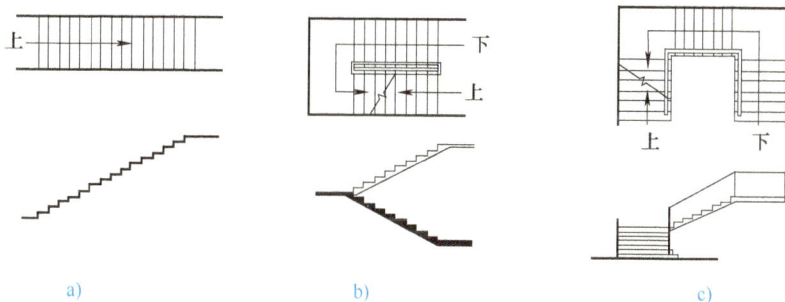

a)　　　　　　　　b)　　　　　　　　c)

图9-3　常见的楼梯平面形式

a）单跑楼梯　b）双跑楼梯　c）三跑楼梯

（一）楼梯平面图

楼梯平面图主要表明梯段的长度和宽度、上行或下行的方向、踏步数和踏步宽度、楼梯休息平台的宽度、栏杆及扶手的位置，以及其他一些平面形状。楼梯平面图一般包括以下内容：

1）楼梯的定位轴线、进深和开间尺寸。

2）楼梯段、楼梯井和休息平台的平面形式、位置，踏步的宽度和数量。

3）楼梯间处墙、柱、门窗的平面位置等。

4）楼梯踏步、梯段、楼梯井、楼梯平台等的尺寸。

5）楼梯的走向，各层平台的标高。

6）楼梯剖面图的剖切位置。

7）楼梯细部构造的索引符号。

一层楼梯平面图、标准层楼梯平面图和顶层楼梯平面图的图示内容存在以下区别：

1）梯段的画法不同。一层楼梯平面图的梯段不完整，而且有被剖切的折断线；标准层楼梯平面图的梯段是完整的，但在被剖切的那个梯段的剖切位置处有折断线；顶层楼梯平面图的梯段也是完整的，且没有折断线。

2）"上""下"标注不同。一层楼梯平面图一般只有"上"没有"下"，标准层楼梯平面图中既有"上"也有"下"，顶层楼梯平面图中一般只有"下"。

3）有没有剖切符号的区别。一层楼梯平面图上有剖切符号，其他层楼梯平面图中没有剖切符号。

在楼梯平面图中，除注明楼梯间的开间和进深尺寸、楼地面和平台面的尺寸及标高外，还需注出各细部的详细尺寸，通常用踏步数与踏步宽度的乘积来表示梯段的长度；在标准层楼梯平面图中，楼层地面和休息平台上应标注出各层楼面及平台面相应的标高，其顺序应由下而上逐一注写。

（二）楼梯剖面图

楼梯剖面图应注明各楼楼层面、平台面、楼梯间窗洞的标高，踢面的高度，踏步的数量及栏杆的高度。水平方向尺寸的标注包括：轴线的标注、平台宽度、梯段长度及其他细部的尺寸等；垂直方向尺寸的标注包括：墙段的高度、门窗洞口的高度、梯段的高度、层高的尺寸等。楼梯剖面图主要包括以下内容：

1）楼梯的轴线编号、进深尺寸。

2）楼梯的结构类型和形式。

3）楼梯踏步、梯段、平台、栏杆、扶手、门窗等构造的尺寸及标高等信息。

4）楼梯细部构造的索引符号。

（三）楼梯节点详图

楼梯节点详图主要表达楼梯栏杆、踏步、扶手的做法，如采用标准图集，则直接引注标准图集代号；如采用的形式特殊，需要在图样中详细表示其形状、大小、所采用的材料及具体做法。

二、墙身详图

墙身详图往往在窗洞口断开，因此在门窗洞口处会出现双折断线（该部位图形高度变小，但标注的窗洞竖向尺寸不变），成为几个节点详图的组合。在多层房屋中，若各层的构造情况一样时，可只画墙脚、檐口和标准层（含门窗洞口）三个节点，按上下位置整体排列。有时墙身详图不以整体形式布置，而把各个节点详图分别单独绘制，也称为墙身节点详图。墙身详图主要包括以下内容：

1）墙身的定位轴线及编号，墙体的厚度、材料及其与轴线的关系。

2）勒脚、散水节点构造。主要反映墙身防潮做法、一层地面构造、室内外高差、散水做法、一层窗台标高等。

3）标准层楼层节点构造。主要反映标准层梁、板等构件的位置及其与墙体的联系，构件表面的抹灰、装饰等内容。

4）檐口部位节点构造。主要反映檐口部位的封檐构造（如女儿墙或挑檐），圈梁、过梁、屋顶泛水构造，屋面保温、防水做法，以及屋面板等结构构件的构造。

5）图中的详图索引符号等。

任务9.2　详图的识读方法

9.2.1　识读楼梯详图

一、楼梯平面图

楼梯平面图的识读顺序应当结合楼梯剖面图从一层楼梯平面图开始，按照图样的顺序一直到顶层楼梯平面图。每层楼梯平面图的具体识读方法如下：

1）了解图名和比例。

2）结合建筑平面图，了解楼梯或楼梯间在房屋中的平面位置。楼梯的平面位置主要用定位轴线来确定。

3）了解楼梯段、楼梯井和休息平台的平面形式、位置，踏步的宽度和数量。这里要注意的是，楼梯平面图中显示的对踏步的标注若是"$n \times$踏步宽 = 梯段水平投影长度"的形式，则踏步数应该为"$n+1$"，因为标注里的"n"不包括本梯段最后一个踏步。如"$11 \times 260 = 2860$"，表示该梯段有踏步数为 12 个，每一踏面的宽度为 260mm，梯段的长度为 2860mm，即最后一个踏步的宽度合并到楼梯平台的宽度中。

4）了解楼梯间处墙、柱、门窗的平面位置、标高等。楼梯平面图中，需注出楼梯间的开间和进深尺寸、楼梯休息平台的宽度、楼地面和平台面的标高，以及各细部的详细尺寸。

5）了解楼梯的走向及楼梯段起步的位置。在每一个梯段处画有一个长箭头，并注写"上"或"下"字和层间踏步级数，表明从该层楼（地）面往上或往下走多少步级可到达上（或下）一层的楼（地）面。梯段的"上"或"下"是以各层楼（地）面为基准标注的，向上的称为上行，向下的称为下行。例如"上23"，表示从一层地面往上走 23 级可到达第二层楼面。

6）了解各层平台的标高。

7）在楼梯平面图中了解楼梯剖面图的剖切位置。

8）了解索引符号。

二、楼梯剖面图

楼梯剖面图的识读类似于建筑剖面图的识读方法：

1）了解图名与比例。楼梯剖面图的图名与楼梯平面图中（一层平面图）的剖切编号相同。

2）了解楼梯的构造形式。例如，钢筋混凝土楼梯有现浇和预制两种形式，楼梯根据楼梯段的受力形式可分为板式和梁板式。

3）结合楼梯平面图，了解楼梯在竖向和进深方向的有关尺寸。在楼梯剖面图中，应标注楼梯间的轴线编号及进深尺寸，其要求同楼梯平面图。楼梯剖面图中的竖向尺寸需要标注以下内容：各梯段和栏杆（栏板）的高度尺寸、楼梯间外墙上门窗洞口的高度尺寸等。每个梯段的竖向尺寸为：踏步数 × 踏步高度 = 梯段高度。

4）了解楼梯段、平台、栏杆、扶手等的构造和用料说明。

5）了解其他细部构造和做法。例如，建筑物的层数，楼梯段及每段楼梯的踏步数量与踢面高度；室内地面、各层楼面、休息平台面的位置；楼梯间门窗、窗下墙、过梁、圈梁等的位置；楼梯段、休息平台及平台梁之间的相互关系等。

6）了解索引符号。

三、楼梯节点详图

楼梯节点详图的识读需要通过索引符号和详图符号，结合楼梯平面图和楼梯剖面图进行。楼梯节点详图主要识读楼梯踏步、栏杆、扶手等节点的尺寸和材料图例。

9.2.2　识读墙身详图

墙身详图一般索引自建筑平面图、建筑立面图或建筑剖面图，所以需要结合这些图样去了解墙身详图。

墙身详图的识读方法如下：

1）了解图名、比例。

2）结合建筑平面图和建筑立面图了解定位轴线，通过图名和定位轴线了解墙身详图索引自哪一道墙体。

3）了解各部分尺寸和标高，包括基础墙、外墙、外墙窗台、踢脚板、窗台等的尺寸；室外地坪标高、室内地坪标高、窗台标高等。

4）了解各部分的建筑做法。

5）了解材料图例。除了已注释的建筑做法，还可以通过材料图例了解一些没有注释的构造材料。

任务9.3　详图的识读练习

9.3.1　识读职工宿舍楼项目详图

下面对图9-4~图9-8所示的建筑详图进行识读。

一、楼梯详图

（一）楼梯间平面图

楼梯间平面图包括：一层④（②）楼梯间详图（图9-4），二层④~⑤（②~①）楼梯间、淋浴间详图（图9-4），三~四层④~⑤（②~①）楼梯间、男厕所、盥洗室详图（图9-5），五层④~⑤（②~①）楼梯间、女厕所、盥洗室详图。（图9-5）。比例都是1:50。

1）由一层④（②）楼梯间详图可知，楼梯第一个梯段的踏步数为16个，每个踏步的宽度为0.29m，楼梯间还有两个台阶，台阶的宽度为0.29m；楼梯间的净宽为3140m-100m-240m=2800mm；楼梯间的墙厚为240mm，楼梯间与热水锅炉间之间的墙厚为120mm；FM1的宽度为1.0m；热水锅炉间的净宽为1.41m+0.07m=1.48m等。

2）由二层④~⑤（②~①）楼梯间、沐浴间详图可知，楼梯的入户平台宽度为2.18m，标高为3.900m，长度为2.80m；中间平台宽度为1.60m，标高为2.400m，长度为2.80m；楼梯踏步长度为1.30m，一层第二个梯段有10个踏步，二层梯段有12个踏步，楼梯井宽度为0.20m；楼梯间墙体厚度为0.20m；淋浴间净长为4.46m，淋浴间楼面有0.5%的

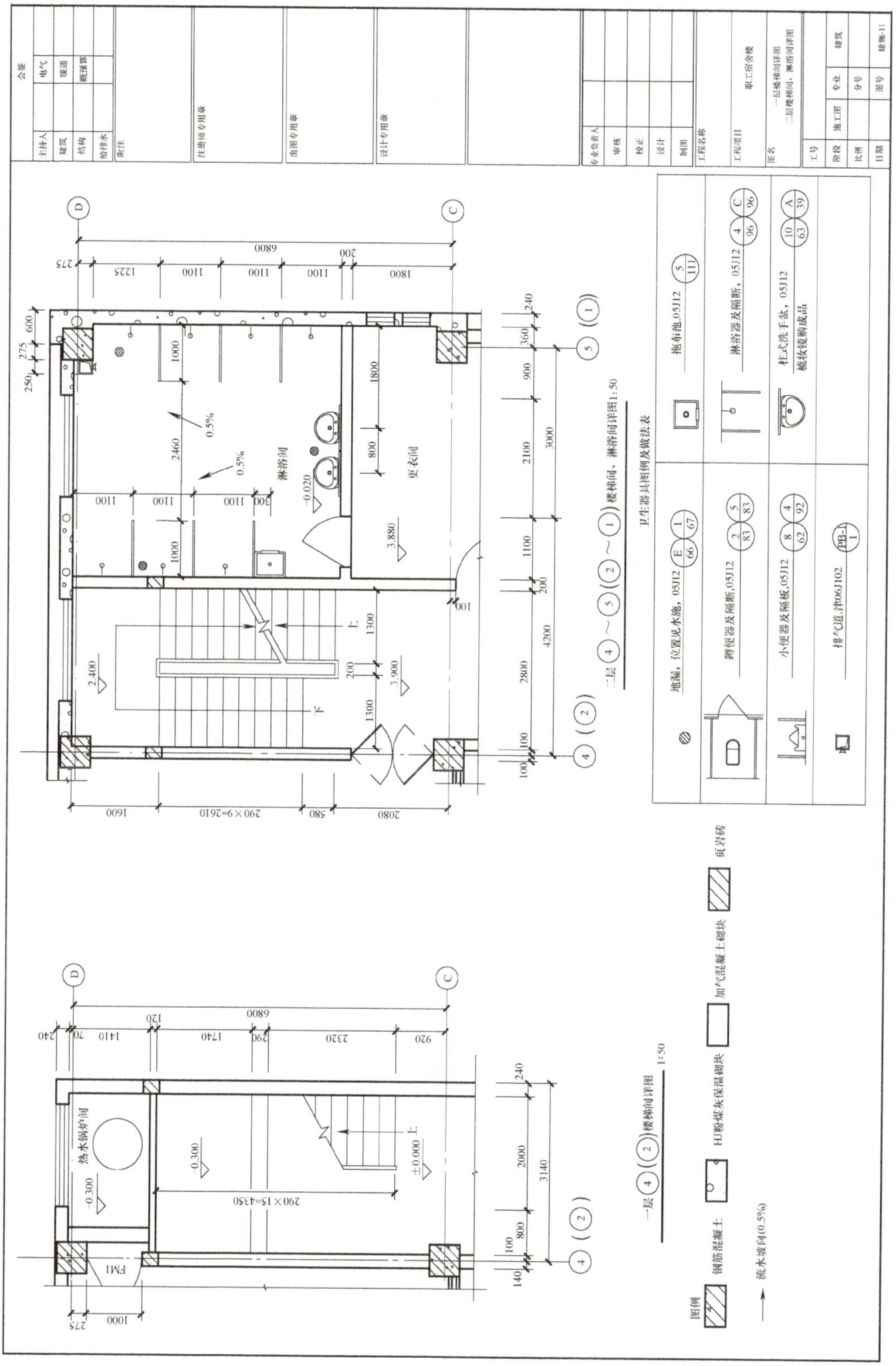

图9-4 一层楼梯间详图 二层楼梯间、淋浴间详图

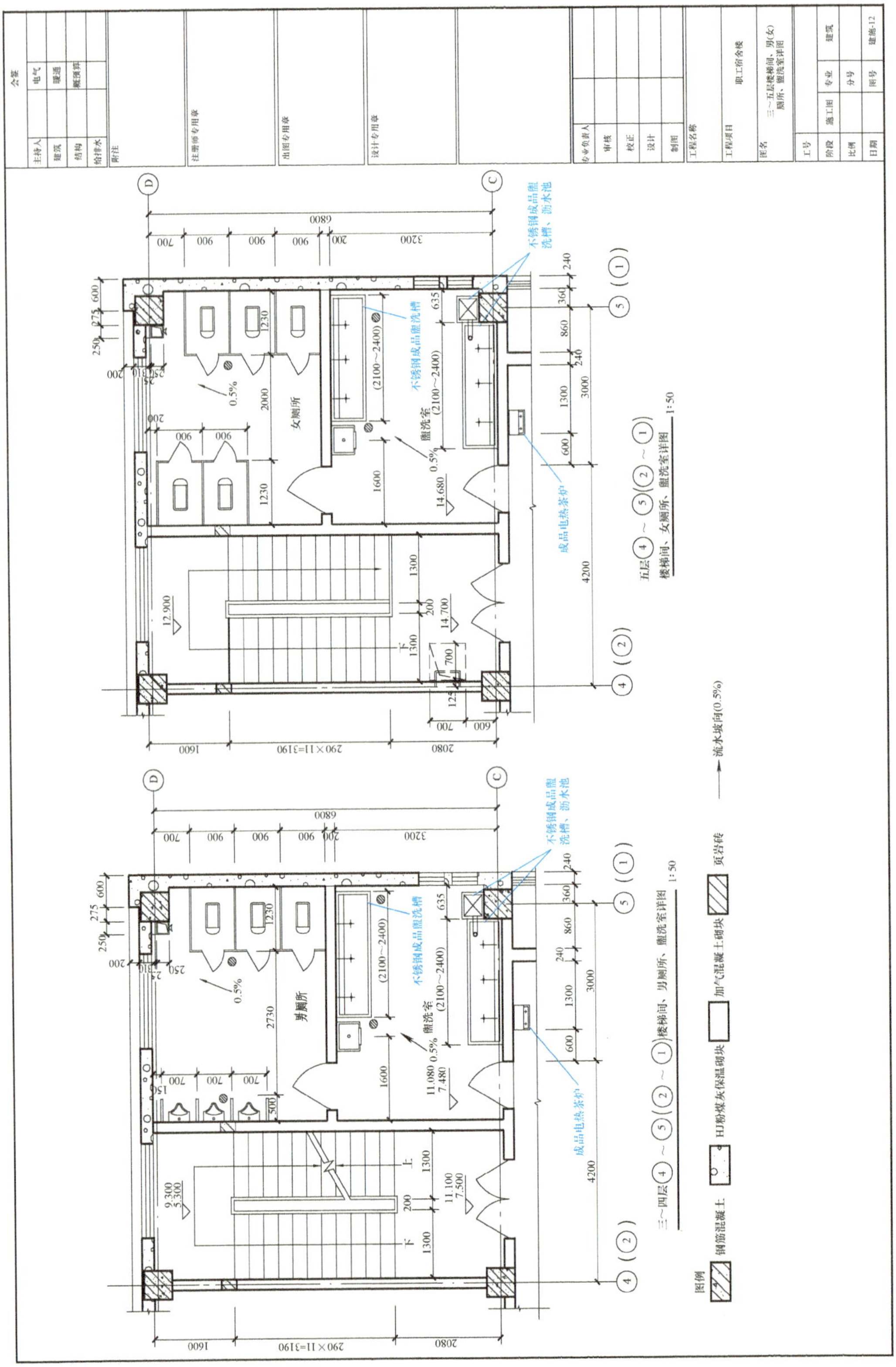

图9-5 三～五层楼梯间、男（女）厕所、盥洗室详图

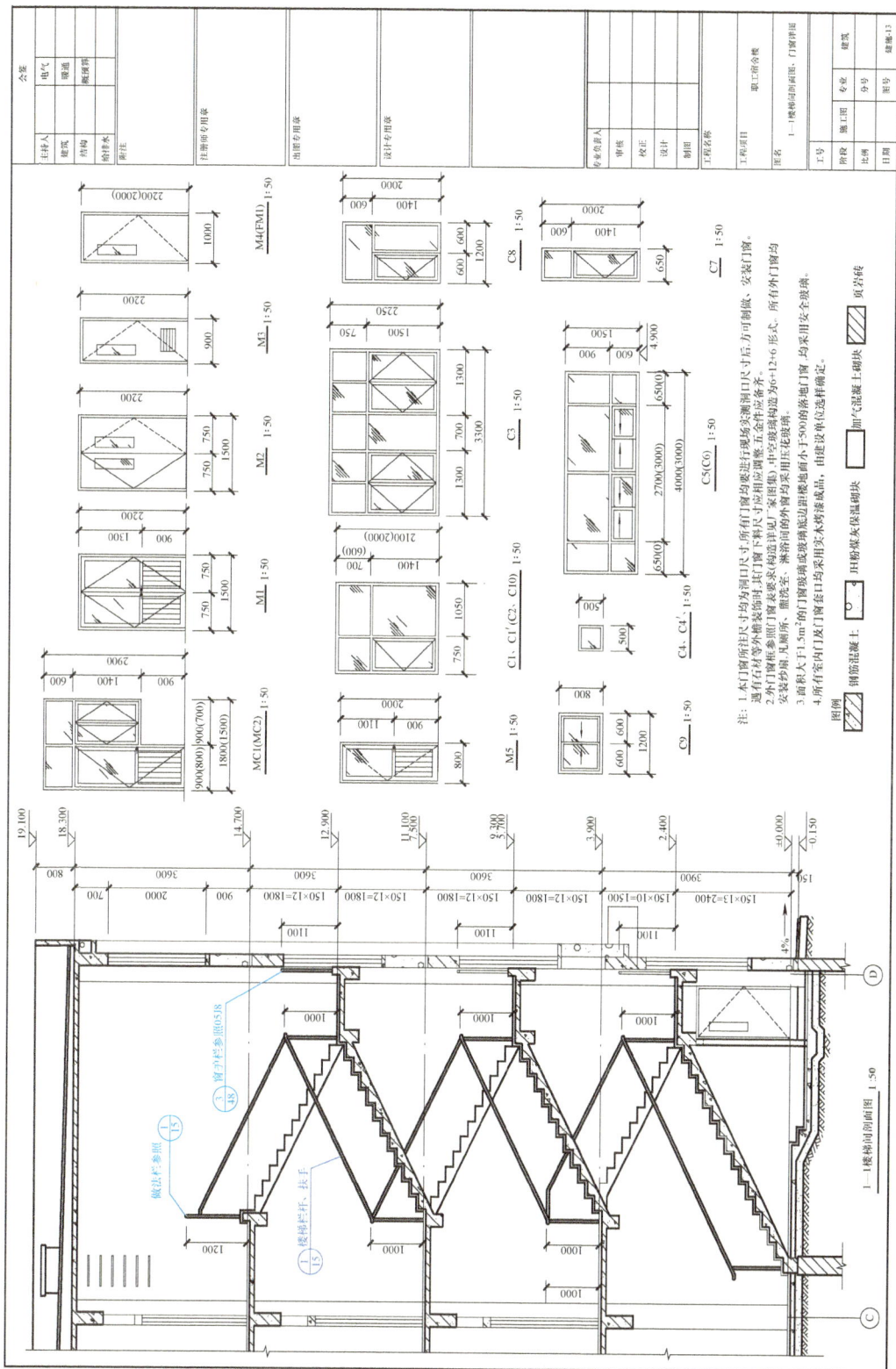

图9-6 1—1楼梯间剖面图、门窗详图

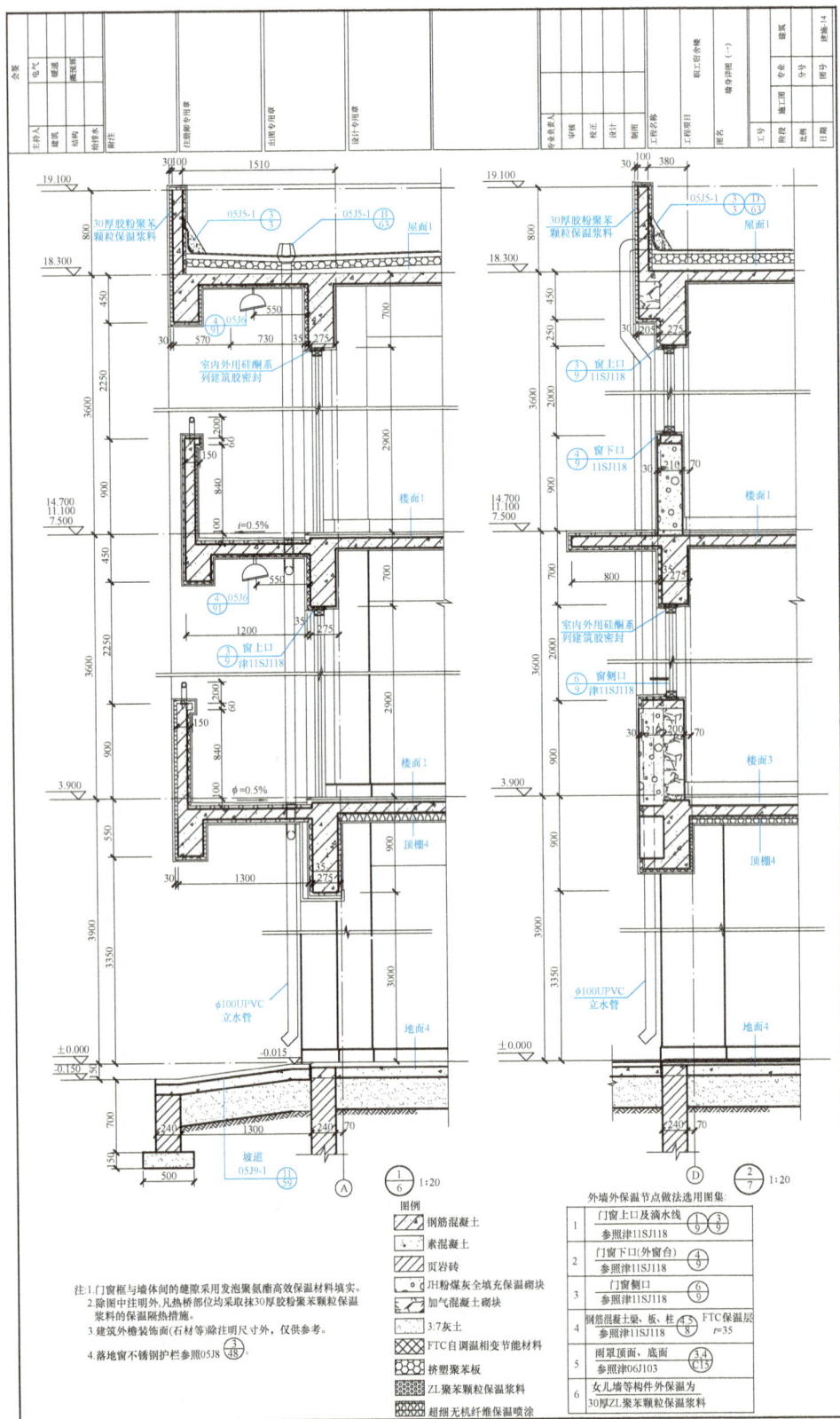

图 9-7 墙身详图（一）

注:1.门窗框与墙体间的缝隙采用发泡聚氨酯高效保温材料填实。
2.除图中注明外,凡热桥部位均采取抹30厚胶粉聚苯颗粒保温浆料的保温隔热措施。
3.建筑外檐装饰面(石材等)除注明尺寸外,仅供参考。
4.落地窗不锈钢护栏参照05J8⟨18/48⟩。

图例

	钢筋混凝土
	素混凝土
	页岩砖
	JH粉煤灰全填充保温砌块
	加气混凝土砌块
	3:7灰土
	FTC自调温相变节能材料
	挤塑聚苯板
	ZL聚苯颗粒保温浆料
	超细无机纤维保温喷涂

外墙外保温节点做法选用图集:

1	门窗上口及滴水线 参照津11SJ118	⟨1/6⟩⟨2/7⟩
2	门窗下口(外窗台) 参照津11SJ118	⟨4/9⟩
3	门窗侧口 参照津11SJ118	⟨6/9⟩
4	钢筋混凝土梁、板、柱 参照津11SJ118	FTC保温层 t=35 ⟨5/8⟩
5	雨罩顶面、底面 参照津06J103	3,4 C15
6	女儿墙等构件外保温为 30厚ZL聚苯颗粒保温浆料	

154

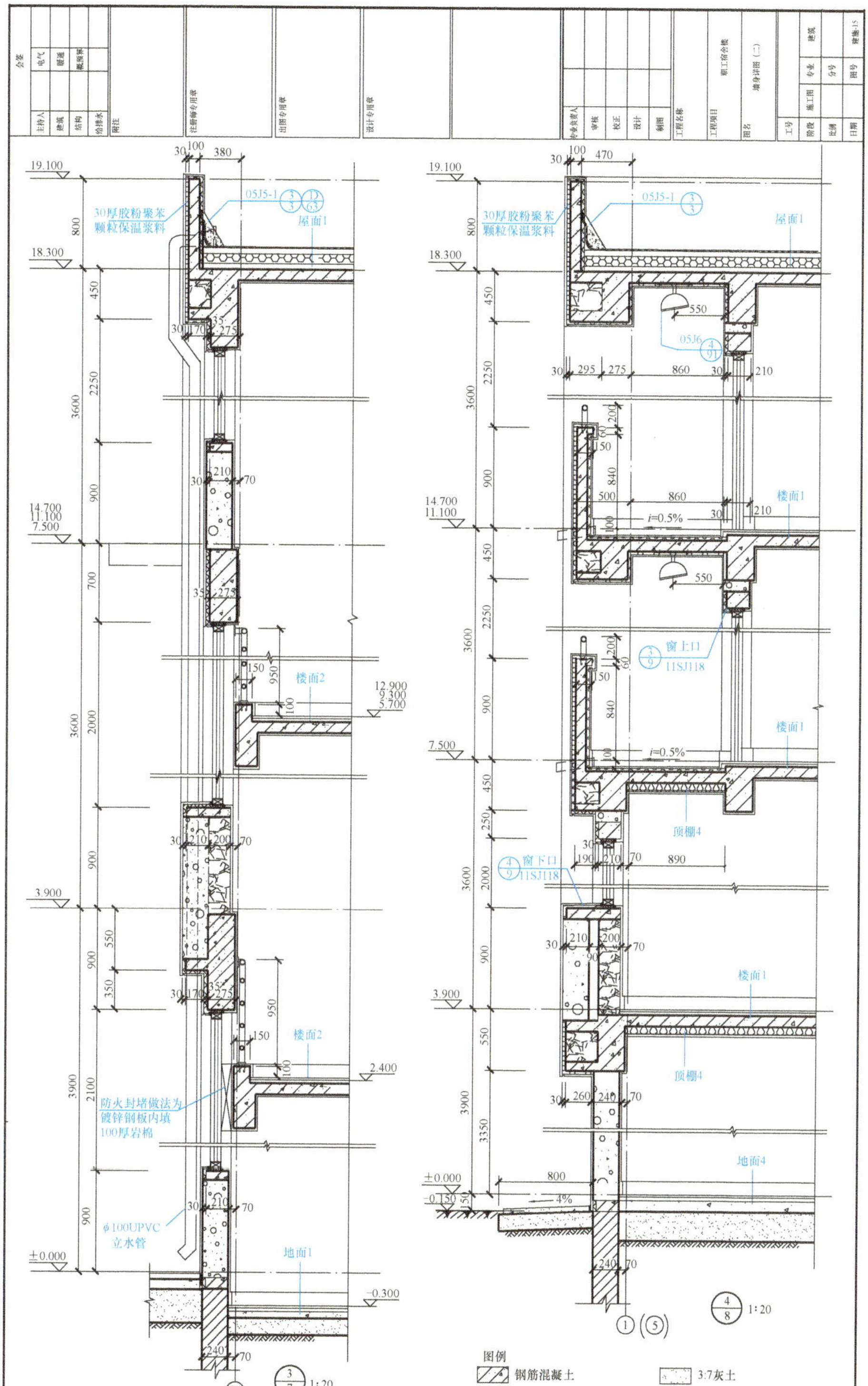

30厚胶粉聚苯颗粒保温浆料

05J5-1

屋面1

30厚胶粉聚苯颗粒保温浆料

05J5-1

屋面1

05J6

楼面1

楼面1

窗上口 11SJ118

楼面1

顶棚4

窗下口 11SJ118

楼面1

顶棚4

地面4

楼面2

楼面2

防火封堵做法为镀锌钢板内填100厚岩棉

φ100UPVC立水管

地面1

注:1.门窗框与墙体间的缝隙采用发泡聚氨酯高效保温材料填实。
2.除图中注明外,凡热桥部位均采取抹30厚胶粉聚苯颗粒保温浆料的保温隔热措施。
3.建筑外檐装饰面(石材等)除注明尺寸外,仅供参考。
4.落地窗不锈钢护栏参照05J8 48/3。

图例

钢筋混凝土　　　　3:7灰土
素混凝土　　　　　FTC自调温相变节能材料
页岩砖　　　　　　挤塑聚苯板
JH粉煤灰充填保温砌块　ZL聚苯颗粒保温浆料
加气混凝土砌块　　超细无机纤维保温喷涂

注:外墙外保温节点做法选用图集详见"建施-14"。

3/7　1:20

4/8　1:20

图9-8　墙身详图(二)

排水坡度；每个淋浴喷头之间有隔断，每两个隔断之间的距离为 1.10m；两个洗手池中心距离为 0.80m。根据图例，楼梯间、淋浴间和更衣间的外墙为 HJ 粉煤灰保温砌块，内墙为加气混凝土砌块。

3）由三～四层④～⑤（②～①）楼梯间、男厕所、盥洗室详图可知，楼梯段踏步数是 12 个；入户平台的标高为三楼 7.500m、四楼 11.100m；楼梯中间平台标高为三楼 5.300m、四楼 9.300m。男厕所的净长为 4.46m；小便器隔间的宽度为 0.70m；大便器隔间的宽度为 0.90m；男厕所楼面有 0.5% 的排水坡度。盥洗室标高为三层 7.480m，四层 11.080m；不锈钢成品盥洗槽的长度为 2.10～2.40m；盥洗室楼面也有 0.5% 的排水坡度。

4）由五层④～⑤（②～①）楼梯间、女厕所、盥洗室详图可知，楼梯间④定位轴线处有上人爬梯，上人孔的宽度为 0.70m，因为在平面图中看不见，所以画虚线。

（二）1—1 楼梯间剖面图

1—1 楼梯间剖面图如图 9-6 所示，识读如下：

1）楼梯为钢筋混凝土板式楼梯，并且有平台梁。

2）此楼梯最右侧的标注是标高：室外地坪标高为 −0.150m；室内地面标高为 ±0.000m；一层中间平台标高为 2.400m，入户平台标高为 3.900m；二层中间平台标高为 5.700m，入户平台标高为 7.500m；三层中间平台标高为 9.300m，入户平台标高为 11.100m；五层中间平台标高为 12.900m，入户平台标高为 14.700m；屋顶结构标高为 18.300m，女儿墙顶标高为 19.100m。

3）竖向尺寸包括内外两部分：

① 外部竖向尺寸：一层第一个梯段踏步数为 13 个，但是通过查证此处应该为 16 个；第二个梯段的踏步数为 10 个；二层及以上每个梯段的踏步数为 12。踏步的高度都是 0.15m。

② 内部竖向尺寸：楼梯中间平台处的护栏高度为 1.10m；楼梯扶手高度为 1.0m；五层楼梯扶手的高度为 1.20m。

4）了解楼梯段、平台、栏杆、扶手等的构造和用料说明。楼梯段的材料图例表明它是钢筋混凝土楼梯；平台为钢筋混凝土材料图例，平台下有平台梁。楼梯栏杆、扶手，五层入户平台处栏杆和每层中间平台栏杆另画详图。

5）了解图中的索引符号。图中的索引符号有三个，$\dfrac{1}{15}$ 楼梯栏杆、扶手 和 做法栏参照 $\dfrac{1}{15}$ 表示楼梯栏杆、扶手和五层入户平台处栏杆的详图编号为 1，在"建施-15"（图 9-8）上。找到"建施-15"发现没有，而是在"建施-16"（图 4-4）上，所以此处索引符号中的"15"应改为"16"。$\dfrac{3}{48}$ 窗护栏参照05J8 表示窗护栏的详图在标准图集 05J8 的第 48 页，编号为 3。

（三）楼梯栏杆、扶手详图

楼梯栏杆、扶手详图如图 4-4 所示，识读如下：

楼梯栏杆、扶手的详图编号为 1，在"建施-16"上，图名为楼梯扶手详图，比例为 1:20。从该图可知：楼梯栏杆的材质为直径 38mm 的不锈钢管，高度为 1.0m；扶手的材质为直径 50mm 的不锈钢管；五层栏杆的材质为直径 38mm 间距 130mm 的不锈钢管（双杆），高度为 1.20m，它们与底部钢筋混凝土的连接方式详见图集 05J8 的第 84 页编号为 1 的详图。顶部的材质为直径50mm的不锈钢管。

二、外墙墙身详图

(一) $\frac{1}{6}$（应为 $\frac{1}{7}$）

1）在图9-7中，$\frac{1}{6}$ 应改为 $\frac{1}{7}$，表示编号为1的详图是从"建施-7"（图7-3）即南立面图索引过来的，比例为1:20。通过被索引的图样可知，这个详图是南外墙的详图；而且，根据详图的定位轴线是Ⓐ，也可以判断这是南立面。

2）标高表示的内容包括：室外地坪标高为 -0.150m，地面坡道顶标高为 -0.015m，室内地面标高为 ±0.000，二楼楼面标高为 3.900m，三~五楼楼面标高分别为 7.500m、11.100m、14.700m，屋顶结构标高为 18.300m，女儿墙顶标高为 19.100m（结构层）。

3）尺寸包括内外两部分：

① 外部尺寸（结构层）：室内地面到二层阳台底部的高差为 3.35m；二层阳台外侧板的高度为 1.45m，三~五层阳台外侧板的高度为 1.35m；阳台外侧板的上表面到上一层阳台的下底面之间的距离为 2.25m；女儿墙高度为 0.80m 等。

② 内部尺寸（结构层）：基础墙厚度为 0.24m；有坡道的南立面的门洞高度为 3.0m；梁的截面形状为矩形，梁底结构标高到楼面标高之间的距离一层为 0.90m，二层及以上为 0.70m；阳台板结构标高到楼面标高的高差为 0.10m；阳台外侧板的钢筋混凝土压顶的宽度为 0.15m，厚度为 0.06m；阳台外侧板顶部护栏的高度为 0.20m；二楼及以上 MC1 的高度为 2.90m；阳台顶灯支杆到 MC1 上部梁外侧的距离为 0.55m；女儿墙厚度为 0.10m，女儿墙外侧的胶粉聚苯颗粒保温浆料的厚度为 0.03m；阳台有 0.5% 的排水坡度。

4）坡道的做法详见图集05J9-1的第59页，详图编号为11；地面的做法为"地面4"，楼面的做法都是"楼面1"，屋面的做法为"屋面1"，一层顶棚的做法为"顶棚4"，这些做法都在首页图的营造做法（图4-3）中；立水管为直径100mm的UPVC管；MC1的窗上口按照"津11SJ118"图集的第9页、编号为3的详图做法，且此处室内外用硅酮系列建筑胶密封；屋顶雨水口详见图集05J5-1的第63页，详图编号为B；女儿墙与屋顶相交处的构造做法详见图集05J5-1的第3页，详图编号为3。

5）通过材料图例可知：地面及坡道夯实土壤上面是3:7灰土和素混凝土；基础墙为页岩砖；梁、板等都是钢筋混凝土；阳台外侧和女儿墙外侧都有30mm厚的胶粉聚苯颗粒保温浆料；一层顶棚为超细无机纤维保温喷涂，屋面有挤塑聚苯板等。

6）通过这个详图可以判断屋顶平面图显示有雨水管是正确的，所以①~⑤立面图（图7-3）显示没有雨水管是错误的。

(二) $\frac{2}{7}$（应为 $\frac{2}{8}$）

1）在图9-7中，$\frac{2}{7}$ 应改为 $\frac{2}{8}$，表示编号为2的详图是从"建施-8"（图7-4）即北立面图索引过来的，比例为1:20。通过被索引的图样可知，这个详图是北外墙的详图；而且，根据详图的定位轴线是Ⓓ，也可以判断这是北立面。

2）标高表示的内容包括：室内地面标高为 ±0.000，二楼楼面标高为 3.900m，三~五楼楼面标高分别为 7.500m、11.100m、14.700m，屋顶结构标高为 18.300m，女儿墙顶标高为 19.100m（结构层）。

3）尺寸包括内外两部分：

① 外部尺寸（结构层）：二层及以上的 C2 窗台距离本层楼面 0.90m，窗顶距离上一层楼面 0.70m，窗高为 2.0m 等。

② 内部尺寸（结构层）：基础墙厚度为 0.24m；二层窗下墙里层为 0.20m 的加气混凝土砌块，外层是 0.21m 的 JH 粉煤灰全填充保温砌块；三～五层室外空调机搁板的宽度为 0.80m；女儿墙厚度为 0.10m，女儿墙外侧的胶粉聚苯颗粒保温浆料的厚度为 0.03m，女儿墙内侧到①定位轴线的距离为 0.38m。

4）地面的做法为"地面4"；楼面的做法，二层是"楼面3"，三层及以上为"楼面1"；屋面的做法为"屋面1"；一层顶棚的做法为"顶棚4"，这些做法都在首页图的营造做法（图4-3）中；立水管为直径 100mm 的 UPVC 管；C2 的窗下口按照"津 11SJ118"图集的第 9 页、编号为 4 的详图做法，C2 的窗上口按照"津 11SJ118"图集的第 9 页、编号为 3 的详图做法，C2 的窗侧口按照"津 11SJ118"图集的第 9 页、编号为 6 的详图做法，且此处室内外用硅酮系列建筑胶密封；女儿墙与屋顶相交处的构造做法详见图集 05J5-1 的第 3 页和第 63 页，详图编号分别为 3 和 D。

5）通过材料图例可知：地面夯实土壤上面是 3:7 灰土和素混凝土；基础墙为页岩砖；一层梁的断面为"L"形，二层及以上为矩形，且梁、板等都是钢筋混凝土；三层及以上 C2 下的墙为 JH 粉煤灰全填充保温砌块；女儿墙外侧都有 30mm 厚的胶粉聚苯颗粒保温浆料；一层顶棚为超细无机纤维保温喷涂，屋面有挤塑聚苯板等。

6）通过这个详图可以判断屋顶平面图显示有雨水管是正确的，所以⑤～①立面图（图7-4）显示没有雨水管是错误的。

（三）$\frac{3}{7}$（应为 $\frac{3}{8}$）（略）

（四）$\frac{4}{8}$（应为 $\frac{4}{9}$）（略）

三、其他详图

图9-6 的门窗大样图中，以 MC1 为例：图名为 MC1（MC2），说明本图适合 MC1 和 MC2 编号的门窗，比例为 1:50；总高为 2.90m；MC1 门宽为 0.90m，MC2 门宽为 0.80m；MC1 窗宽为 0.90m，MC2 窗宽为 0.70m；所以，MC1 总宽为 1.80m，MC2 总宽为 1.50m。由此可以发现，门窗表中 MC1 洞口尺寸"1800×3000"是错误的，应该为"1800×2900"。根据门窗开启线，实线表示外开，虚线表示内开，MC1 和 MC2 的门为单扇外开门，窗为双扇外开窗。

以"建施-10"（图8-2）中的 $\frac{1}{2,3,4,5}$ 为例，本详图编号为 1，索引自"建施-2"（图6-5）、"建施-3"（图6-6）、"建施-4"（图6-7）和"建施-5"（图6-8）；比例为 1:20；本详图表述的构造做法适合于①、⑤定位轴线。此构造在南阳台的角部，材料为加气混凝土砌块，外侧宽度为 600mm，总长度为 1335mm；柱为钢筋混凝土柱，宽度为 275mm×2＝550mm；阳台地漏的做法详见图集 05J6 的第 92 页编号为 E 的详图。

9.3.2　识读学生公寓楼项目详图

学生公寓楼项目建筑详图的识读请扫描以下二维码进行学习。

顶层楼梯平
面图的形成

二层楼梯平
面图的形成

楼梯剖面
图的形成

学生公寓楼楼
梯详图——标准
层楼梯平面图

学生公寓楼
楼梯详图——顶
层楼梯平面图

学生公寓楼
楼梯详图——楼
梯 A—A 剖面图

学生公寓楼
楼梯详图——
一层楼梯平面图

学生公寓楼
门窗详图

学生公寓楼
墙身大样图

学生公寓楼项
目建筑施工图

一层楼梯平
面图的形成

项 目 小 结

本项目介绍了建筑详图的图示内容及识读方法。对于一个建筑物而言，只有平面图、立面图和剖面图还不能施工，因为平面图、立面图和剖面图的图样比例较小，建筑物的某些细部及构（配）件的详细构造和尺寸无法表示清楚，不能满足施工需求，建筑详图就是对建筑物细部的形状、大小、材料和做法加以补充说明的图样。

思 考 题

1. 请练习识读图 9-9 所示的某楼梯平面图。

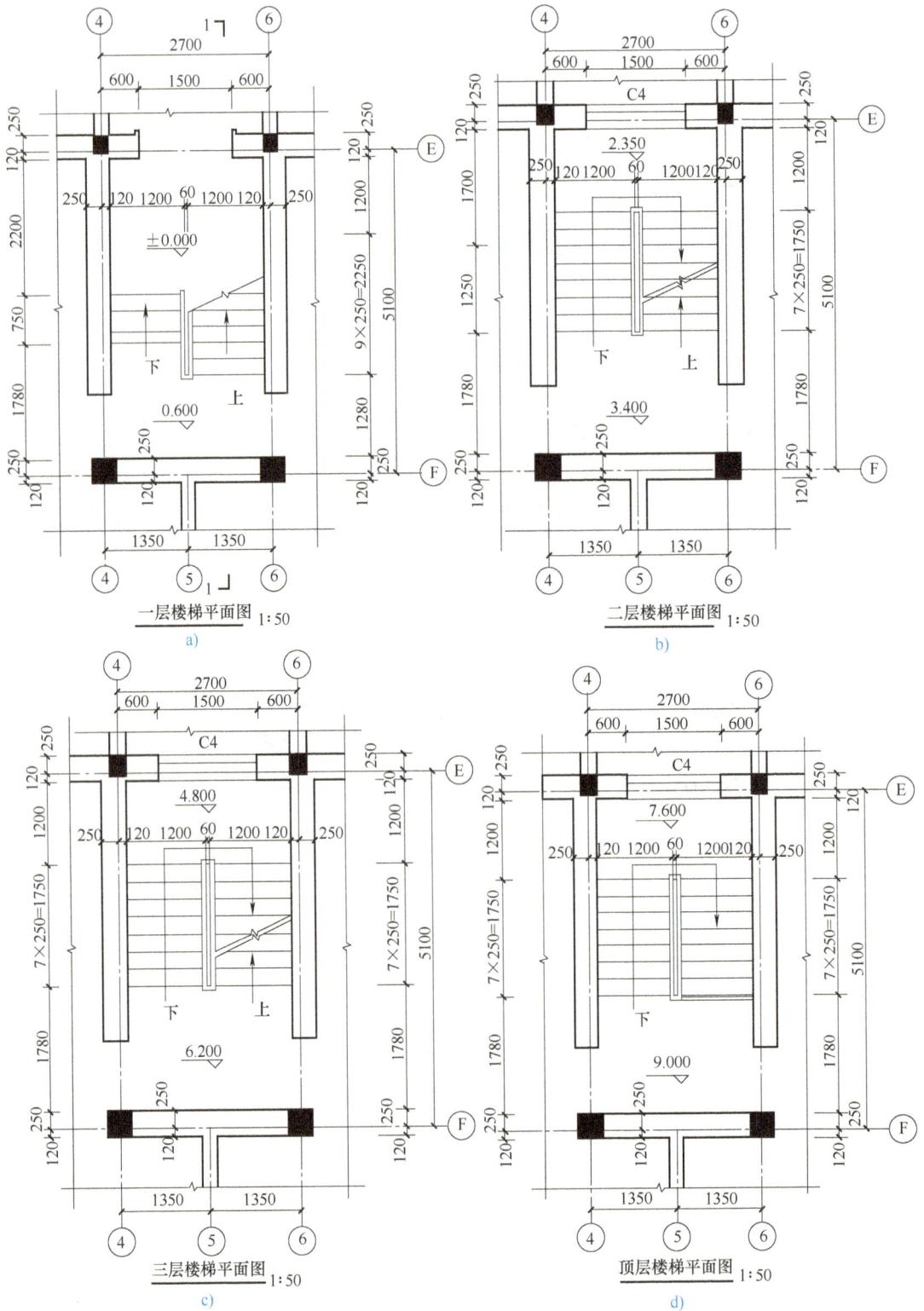

一层楼梯平面图 1:50

a)

二层楼梯平面图 1:50

b)

三层楼梯平面图 1:50

c)

顶层楼梯平面图 1:50

d)

图9-9　某楼梯平面图

2. 请练习识读图 9-10 所示的某楼梯剖面图。

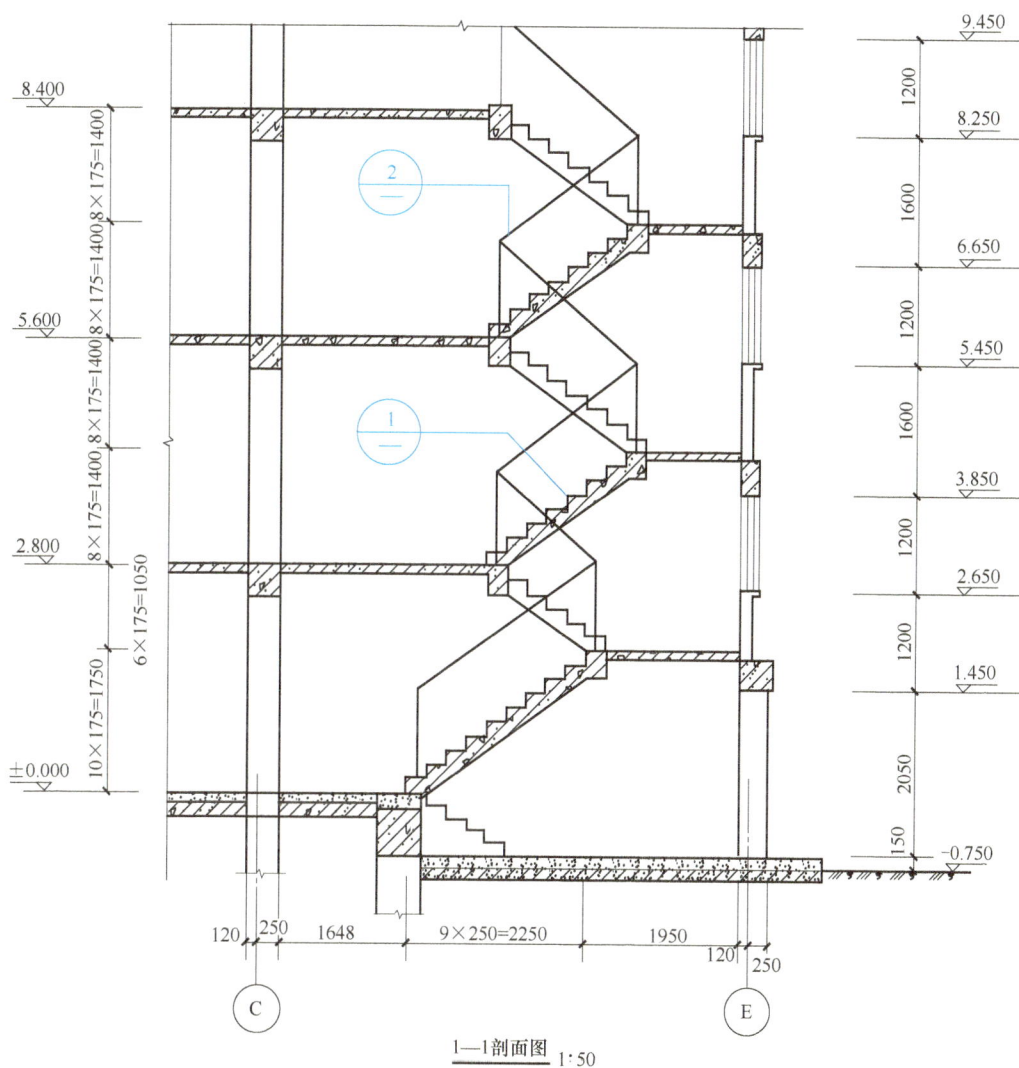

图 9-10　某楼梯剖面图

3. 请练习识读图 9-11 所示的某墙身大样图。

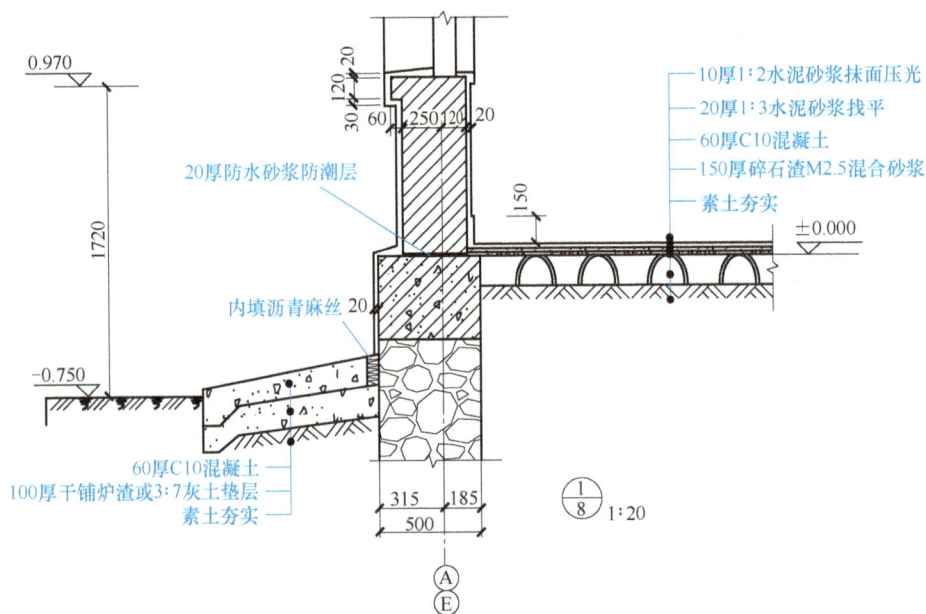

图 9-11　某墙身大样图

10厚1:2水泥砂浆抹面压光
20厚1:3水泥砂浆找平
60厚C10混凝土
150厚碎石渣M2.5混合砂浆
素土夯实

20厚防水砂浆防潮层

内填沥青麻丝 20

60厚C10混凝土
100厚干铺炉渣或3:7灰土垫层
素土夯实

第二篇 建筑工程构造

项目10

民用建筑概述

学习目标

(1) 掌握民用建筑的构造组成。

(2) 掌握建筑的分类与等级。

(3) 了解影响建筑构造的因素。

(4) 了解建筑构造的设计原则。

(5) 了解建筑标准化与模数的协调。

任务 10.1　民用建筑的构造组成

民用建筑通常是由基础、墙或柱、楼地面、楼梯、屋面、门窗六个主要部分组成的，如图 10-1 所示。

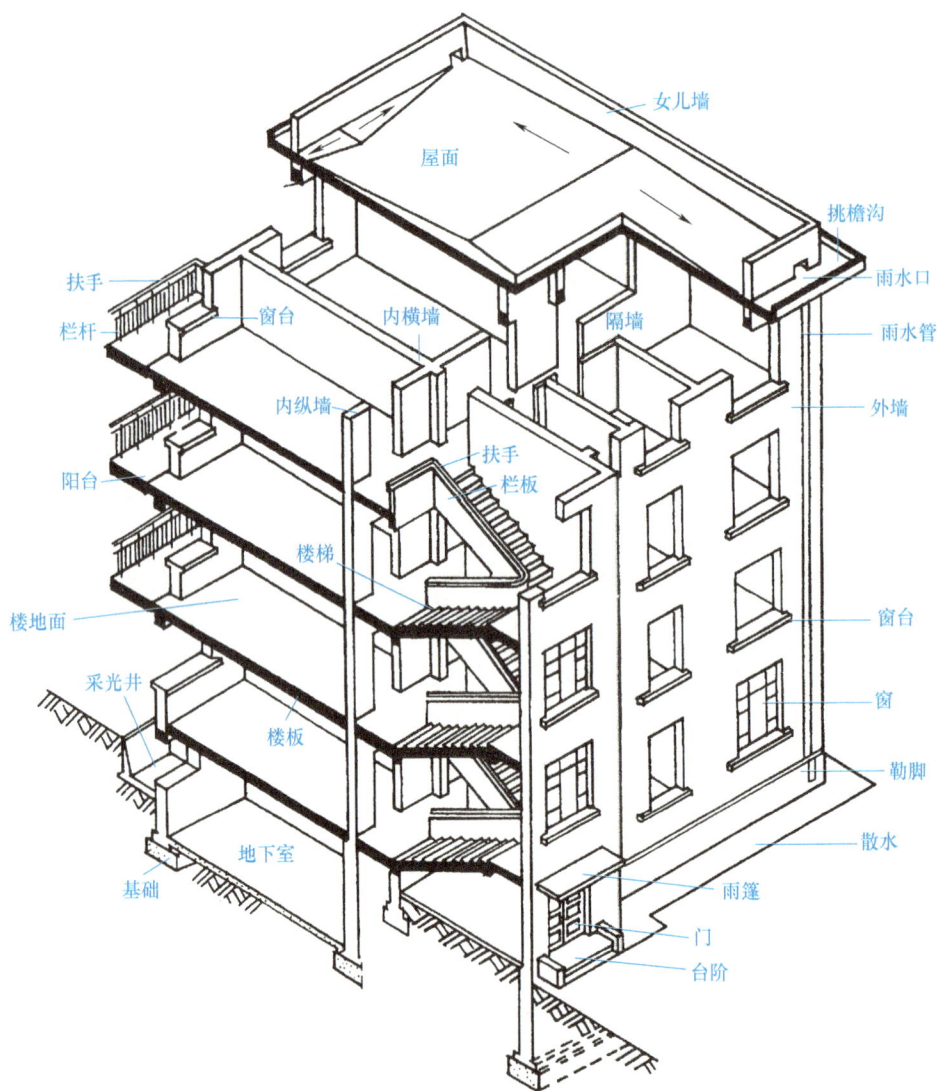

图 10-1　房屋的构造组成

1. 基础

基础是建筑物最底部的承重构件，它承受着建筑物的全部荷载，并把这些荷载传给地基。

2. 墙或柱

墙或柱是建筑物的垂直承重构件。它承受屋面、楼地面传来的各种荷载，并把这些荷载传给基础。外墙是建筑物的围护构件，用于抵御自然界各种因素对室内的侵袭；内墙起分隔房间的作用。

3. 楼地面

楼地面包括楼层地面（楼面）和底层地面（地面），是楼房建筑中水平方向的承重构件。楼面按房间的层高将整个建筑物分为若干部分，并将楼面上的荷载通过楼板传给墙或柱，同时还对墙体起着水平支撑作用。地面直接与土壤相连，它承受着首层房间的荷载。

4. 楼梯

楼梯是楼房建筑的垂直交通设施，供人们上下楼层和紧急疏散之用。

5. 屋面

屋面是建筑物顶部的承重构件和围护构件。作为承重构件，它承受着建筑物顶部的荷载，并将这些荷载传给墙或柱；作为围护构件，它抵御自然界风、雨、雪的侵袭及太阳辐射热对顶层房间的影响。

6. 门窗

门主要是供人们内外交通和隔离空间之用；窗则主要是采光和通风，同时又有分隔和围护的作用。

任务 10.2　建筑的分类和等级

10.2.1　建筑的分类

一、按建筑的使用功能分类

1. 民用建筑

供人们居住及进行公共活动的非生产性建筑称为民用建筑。民用建筑又分为居住建筑和公共建筑。

（1）居住建筑　居住建筑是供人们生活起居用的建筑，包括住宅、宿舍、公寓等。

（2）公共建筑　公共建筑是供人们进行公共活动的建筑，包括行政办公楼、文教科研建筑、文化娱乐建筑、体育建筑、商业服务建筑、旅馆建筑、医疗与福利建筑、交通建筑、邮电建筑、纪念性建筑、司法建筑、园林建筑、市政公用设施建筑等。

2. 工业建筑

工业建筑是供人们进行工业生产活动的建筑，包括生产车间、辅助车间、动力用房、仓库等。

3. 农业建筑

农业建筑是供人们进行农业、牧业、渔业生产和加工用的建筑，包括农机站、温室、畜禽饲养场、水产品养殖场、农副产品仓库等。

二、按建筑的规模和数量分类

1. 大量性建筑

大量性建筑是指建筑规模不大，但建造数量多，分布较广，与人们生活密切相关的建筑，如住宅、中小学校、幼儿园、中小型商店等。

2. 大型性建筑

大型性建筑是指规模大、标准高、耗资多，对城市面貌影响较大的建筑，如大型体育馆、影剧院、火车站等。

三、按建筑高度分类

1. 低层或多层建筑

建筑高度不大于27.0m的住宅建筑、建筑高度不大于24.0m的公共建筑，以及建筑高度大于24.0m的单层公共建筑为低层或多层建筑。

2. 高层建筑

建筑高度大于27.0m的住宅建筑和建筑高度大于24.0m的非单层公共建筑，且高度不大于100.0m的，为高层建筑。

3. 超高层建筑

建筑高度大于100.0m的为超高层建筑。

四、按承重结构的材料分类

1. 木结构建筑

木结构建筑是用木材构成承重构件的建筑物。木结构建筑的优点有很多，如维护结构与支撑结构相分离，抗震性能较高；取材方便，施工速度快等。木结构建筑也有很多缺点，如易遭受火灾、白蚁侵蚀、雨水腐蚀；相比砖石结构建筑，维持时间较短；成材的木料由于施工量的增加而紧缺；梁架体系较难实现复杂结构等。

2. 砌体结构建筑

砌体结构建筑是用砖、石块、砌块及土坯等各种块体，以灰浆（砂浆、黏土浆等）砌筑而成，又称为砌体结构建筑，如埃及的金字塔，罗马的斗兽场，我国的万里长城、河北赵县的安济桥、西安的大（小）雁塔、南京的无梁殿等。

砖石结构建筑具有就地取材、造价低、耐火性能和耐久性能好，以及施工简便、易于普及等优点；但砌体强度较低，特别是抗拉强度、抗剪强度很低，抗震能力较差，施工时工人劳动强度较大，不利于工业化施工。

3. 混合结构建筑（砖木混合）

混合结构建筑中，竖向承重结构的墙、柱等采用砖或砌块砌筑，楼板、屋架等用木结构。由于工程强度的限制，混合结构的建筑一般是平层（1~3层）。

混合结构建筑的空间分隔较方便，自重较小，施工工艺简单，材料也比较单一；但耐用年限较短，占地多，建筑面积较小，不利于解决城市人多地少的矛盾。

4. 钢筋混凝土结构建筑

钢筋混凝土结构建筑的主要承重构件是用钢筋混凝土建造的，包括薄壳结构、大模板现浇结构及使用滑模、升板等工艺建造的钢筋混凝土结构建筑。

薄壳结构

大模板现浇结构

滑模

升板

钢筋混凝土结构建筑由钢筋承受拉力，混凝土承受压力，具有坚固、耐久、防火性能好、节省钢材、成本较低等优点。

5. 钢结构建筑

钢结构建筑相比混凝土建筑而言，用钢板或型钢替代了钢筋混凝土，强度更高，抗震性能更好。同时，由于构件可以先在工厂制作，后在现场安装，因而显著减少了工期；而且，钢材可重复利用，由此显著减少了建筑垃圾。

目前，钢结构建筑在高层建筑上的运用日益成熟，逐渐成为高层建筑的主流建筑工艺，是未来建筑的发展方向。

五、按建筑的结构形式分类

1. 墙承重结构建筑物

墙承重结构建筑物的主要承重构件是墙、梁、板、基础等。

2. 框架结构建筑物

框架结构建筑物的墙体不承重，仅起到围护和分隔作用，一般用预制的加气混凝土、膨胀珍珠岩、空心砖或多孔砖、浮石、蛭石、陶粒等轻质板材等材料砌筑或装配而成。

浮石

加气混凝土

膨胀珍珠岩

陶粒

蛭石

框架结构建筑物的承重构件为柱和梁。柱和梁以刚接或者铰接连接构成承重体系，即由梁和柱组成框架共同抵抗使用过程中出现的水平荷载和竖向荷载。

3. 部分框架结构建筑物

部分框架结构建筑物内部由梁-柱体系承重，四周用外墙承重。局部设有较大空间的建筑适用于采用部分框架结构，如商住楼等建筑。

4. 空间结构建筑物

空间结构是指在大厅式平面组合中，面积和体积都很大的结构。覆盖和围护问题是空间结构建筑物内部布置的关键，随着新型空间结构的迅速发展，有效地解决了大跨度建筑空间的覆盖问题，同时也创造出了丰富多彩的建筑形象。空间结构体系有各种形状的折板结构、壳体结构、网架壳体结构以及悬索结构等。

采用这种结构类型的建筑物一般可作为剧院的观众厅、体育馆的比赛大厅等。如今，各国都以新型的空间结构来展示本国建筑科学的技术水平，空间结构已经成为衡量一个国家建筑技术水平高低的标志之一。

10.2.2 建筑的等级

建筑等级是根据建筑物的耐久年限、耐火性能等划分等级的。

一、按建筑的耐久年限划分等级

按建筑主体结构确定的建筑耐久年限，建筑等级分为四级，见表10-1。

表 10-1　以建筑主体结构确定的建筑耐久年限划分等级

建 筑 等 级	耐 久 年 限	适用建筑类型
一	100 年以上	重要的建筑和高层建筑
二	50～100 年	一般性建筑
三	25～50 年	次要的建筑
四	15 年以下	临时性建筑

二、按建筑的耐火性能划分等级

1. 基本规定

1）建筑结构材料按照是否防火可分为不燃材料（如砖、石、金属等材料和其他无机材料）、难燃材料（如刨花板和经过防火处理的有机材料）、可燃材料（如木材、纸张等材料）。

2）耐火极限。耐火极限指的是在标准耐火试验条件下，建筑构（配）件或结构从受到火的作用时起，至失去承载能力、完整性或隔热性能时为止所用的时间，用小时（h）表示。

2. 民用建筑的耐火等级

《建筑设计防火规范》（GB 50016—2014）规定：民用建筑的耐火等级应根据其建筑高度、使用功能、重要性和火灾扑救难度等确定，分为一级、二级、三级和四级。

1）地下、半地下建筑（室）和一类高层建筑的耐火等级不应低于一级。

2）单层、多层重要公共建筑和二类高层建筑的耐火等级不应低于二级。

3. 民用建筑构件（非木结构）的燃烧性能和耐火极限

不同耐火等级建筑相应构件的燃烧性能和耐火极限不应低于表10-2的规定。

表 10-2　不同耐火等级建筑相应构件的燃烧性能和耐火极限　　　　（单位：h）

构 件 名 称		耐 火 等 级			
		一级	二级	三级	四级
墙	防火墙	不燃性 3.00	不燃性 3.00	不燃性 3.00	不燃性 3.00
	承重墙	不燃性 3.00	不燃性 2.50	不燃性 2.00	难燃性 0.50
	楼梯间和前室的墙 电梯井的墙	不燃性 2.00	不燃性 2.00	不燃性 1.50	难燃性 0.50
	疏散走道两侧的隔墙	不燃性 1.00	不燃性 1.00	不燃性 0.50	难燃性 0.25
	非承重外墙 房间隔墙	不燃性 0.75	不燃性 0.50	难燃性 0.50	难燃性 0.25

（续）

构 件 名 称	耐 火 等 级			
	一级	二级	三级	四级
柱	不燃性 3.00	不燃性 2.50	不燃性 2.00	难燃性 0.50
梁	不燃性 2.00	不燃性 1.50	不燃性 1.00	难燃性 0.50
楼板	不燃性 1.50	不燃性 1.00	不燃性 0.75	难燃性 0.50
屋顶承重构件	不燃性 1.50	不燃性 1.00	难燃性 0.50	可燃性
疏散楼梯	不燃性 1.50	不燃性 1.00	不燃性 0.75	可燃性
吊顶（包括吊顶搁栅）	不燃性 0.25	难燃性 0.25	难燃性 0.15	可燃性

任务 10.3　影响建筑构造的因素和设计原则

10.3.1　影响建筑构造的因素

1. 外界环境的影响

（1）外界作用力的影响　外界作用力的影响包括人、家具和设备的重量，结构自重，风力，地震力以及雪重等，这些通称为荷载。

（2）气候条件的影响　气候条件的影响包括日晒雨淋、风雪冰冻、地下水等。对于这些影响，在构造上必须考虑相应的防护措施，如防水防潮、防寒隔热、防温度变形等。

（3）人为因素的影响　人为因素的影响包括火灾、机械振动、噪声等。因而在建筑构造上需采取防火、防振和隔声的相应措施。

2. 建筑技术条件的影响

建筑技术条件是指建筑材料技术、结构技术和施工技术等，随着这些技术的不断发展和变化，建筑构造技术也在改变着。

3. 建筑标准的影响

建筑标准所包含的内容较多，与建筑构造关系密切的主要有建筑造价标准、建筑装修标准和建筑设备标准。标准要求高的建筑，其装修质量好，设备齐全且档次较高，建筑的造价也较高。

10.3.2　建筑构造的设计原则

建筑构造的设计原则如下：

1. 坚固实用原则

坚固实用原则是指在构造方案上应首先考虑坚固实用，保证房屋的整体刚度，要求安全可靠、经久耐用。

2. 技术先进原则

技术先进原则是指建筑构造设计应该从材料、结构、施工三方面引入先进技术，但也要因地制宜，不能脱离实际。

3. 经济合理原则

经济合理原则是指建筑构造设计应经济合理，在选用材料上应就地取材，注意节约钢材、水泥、木材的使用，要在保证质量的前提下降低造价。

4. 美观大方原则

建筑构造在满足使用要求的同时，还需考虑人们对建筑物在美观方面的要求，考虑建筑物赋予的人们在精神上的感受。

任务 10.4 建筑标准化与建筑模数

10.4.1 建筑标准化

建筑标准化主要包括两方面的内容：首先应制定各种法规、规范、标准和指标，使设计有章可循；其次是在设计中推行标准化设计。标准化设计可以借助国家或地区通用的标准图集来实现，设计者根据工程的具体情况选择标准构（配）件。实行建筑标准化，既有利于工厂的规模化生产，又可节省设计力量，加快施工速度，达到缩短设计周期和施工周期，提高劳动生产率和降低工程造价的目的。

10.4.2 建筑模数

1. 基本模数

基本模数是建筑物及其构件（或组合件）选定的标准尺寸单位，并作为尺度协调中的增值单位，成为建筑模数单位。目前，一般以100mm为基本模数值，其符号为"M"，即1M=100mm。

2. 导出模数

导出模数分为扩大模数和分模数，其基数应符合下列规定：

1）扩大模数是基本模数的整倍数，扩大模数的基数为3M、6M、12M、15M、30M、60M共6个，其相应的尺寸分别为300mm、600mm、1200mm、1500mm、3000mm、6000mm。其中，竖向扩大模数的基数为3M和6M，其相应的尺寸分别为300mm、600mm。

2）分模数是指整数除以基本模数的数值，分模数的基数为1M/10、1M/5、1M/2共3个，其相应的尺寸分别为10mm、20mm、50mm。

3. 模数数列

模数数列是以基本模数、扩大模数、分模数为基础扩展成的一系列尺寸。模数数列在实际应用中，其尺寸的统一与协调应减少尺寸的范围，但又应使尺寸的叠加和分割有较大的灵活性。

4. 模数数列的适用范围

1）水平基本模数数列主要用于门窗洞口和构（配）件的断面尺寸。 （   ）

　　2）竖向基本模数数列主要用于建筑物的层高、门窗洞口、构（配）件等的尺寸。（　　）

　　3）水平扩大模数数列主要用于建筑物的开间或柱距、进深或跨度、构（配）件尺寸和门窗洞口尺寸。　　　　　　　　　　　　　　　　　　　　　　　　　　　　　（　　）

　　4）竖向扩大模数数列主要用于建筑物的高层、层高、门窗洞口尺寸。　　　（　　）

　　5）分模数数列主要用于缝隙、构造节点、构（配）件的断面尺寸。　　　（　　）

项目小结

　　本项目介绍了民用建筑的构造组成、建筑的分类与等级、影响建筑构造的因素、建筑构造的设计原则、建筑标准化与建筑模数。本项目介绍的知识均是学习建筑工程构造的基本知识，为后面的学习打下基础。

思考题

一、填空题

1. 建筑按使用功能可分为＿＿＿＿＿、＿＿＿＿＿和＿＿＿＿＿。

2. 基本模数数值规定为＿＿＿＿＿mm，表示符号为＿＿＿＿＿。

3. 建筑高度是指自＿＿＿＿＿＿＿＿＿至建筑主体檐口上部的距离。

4. 一般民用建筑通常是由＿＿＿＿＿、＿＿＿＿＿、＿＿＿＿＿、＿＿＿＿＿、＿＿＿＿＿、＿＿＿＿＿六个主要部分组成。

5. 民用建筑又分为＿＿＿＿＿和＿＿＿＿＿。

二、选择题

1. 建筑是指（　　）的总称。

A. 建筑物　　　　B. 构筑物　　　　C. 建（构）筑物　　　D. 建造物、构造物

2. 建筑按耐火等级可分为（　　）级。

A. 三　　　　　　B. 四　　　　　　C. 五　　　　　　　D. 六

3. 按建筑主体结构确定的建筑耐久年限，建筑等级分为（　　）级。

A. 三　　　　　　B. 四　　　　　　C. 五　　　　　　　D. 六

4. 民用建筑包括居住建筑和公共建筑，其中（　　）属于居住建筑。

A. 托儿所　　　　B. 宾馆　　　　　C. 疗养院　　　　　D. 公寓

5. 按建筑物主体结构的耐久年限，二级建筑物的耐久年限为（　　）年。

A. 25～50　　　　B. 40～80　　　　C. 50～100　　　　　D. 超过100

三、简答题

1. 民用建筑的分类有哪些？

2. 什么是基本模数、扩大模数、分模数？

项目11

基础与地下室

学习目标

(1) 掌握地基与基础的涵义。

(2) 掌握基础的埋置深度及其影响因素。

(3) 掌握基础的类型。

(4) 掌握基础的构造。

(5) 掌握地下室构造。

任务 11.1　概　述

11.1.1　基础与地基的涵义

基础是建筑物的墙或柱深入土中的扩大部分，是建筑物的一部分，它承受建筑物上部结构传来的全部荷载，并将这些荷载连同本身的自重一起传到地基上，地基因此而产生应力和应变。地基是基础下部的土层，它不属于建筑物，地基承受建筑物荷载而产生的应力和应变随着土层深度的增加而减小，在达到一定深度后就可以忽略不计。直接承受荷载的土层称为持力层，持力层以下的土层称为下卧层，如图 11-1 所示。

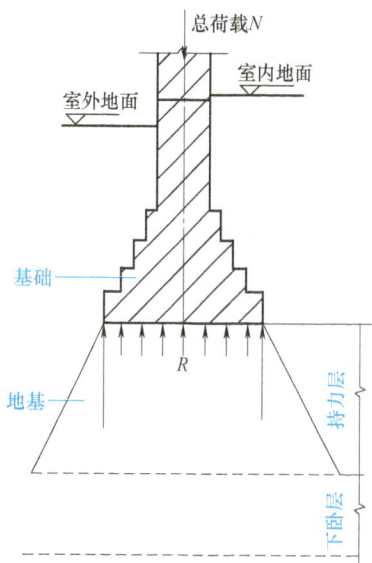

图 11-1　基础与地基的关系

11.1.2　地基的分类

一、天然地基

凡具有足够的承载力和稳定性，不需经过人工加固，可直接在其上建造房屋的土层称为天然地基。

二、人工地基

当土层的承载能力较低或虽然土层较好，但因上部荷载较大，必须对土层进行人工加固，以提高其承载能力，并满足变形的要求，这种经过人工处理过的地基就是人工地基。人工加固地基的方法如下：

天然地基

人工地基

1. 压实法

用各种机械对土层进行夯打、碾压、振动来压实松散土层的方法称为压实法。

2. 换土法

挖出地基中一定范围内的土后，换以砂、石等材料，并分层夯实（或压实、振

夯打

碾压

振动

实），以此作为基础的持力层的地基处理方法称为换土法。换土法是传统的浅层地基处理的方法。

3. 打桩法

当上部荷载很大，地基土层很弱，地基承载力不能满足要求时，可采用打桩法，即桩基础。桩基础是将钢筋混凝土桩、钢桩或砂桩打入或灌入土中，使建筑物的全部荷载经过桩传给地基土层。桩基础的造价较高。

任务 11.2 基础的埋置深度及影响因素

11.2.1 基础的埋置深度

基础的埋置深度（埋深）是指从基础底面至设计室外地面（室外地坪）的垂直距离（图11-2）。埋深大于等于5m 或埋深大于等于基础宽度的4倍的基础称为深基础；埋深在0.5～5m 或埋深小于基础宽度的4倍的基础称为浅基础。基础埋深不得浅于0.5m。

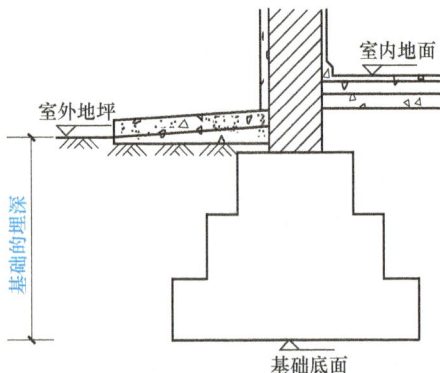

图 11-2 基础埋置深度

11.2.2 影响基础埋深的因素

影响基础埋置深度的因素有很多，一般应根据以下几个方面综合考虑。

1. 地基土层构造对基础埋深的影响

1）地基土层为均匀好土时，基础应尽量浅埋，但不得浅于500mm。

2）地基土层的上层为软土，且厚度在2m 以内、下层为好土时，基础应埋在好土层之上，此时既经济又可靠。

3）地基土层的上层为软土，且厚度在2～5m 时，对于低层、荷载较小的轻型建筑，在加强上部结构的整体性和加宽基础底面面积后仍可埋在软土层内；对于高层、荷载较大的重型建筑，则应将基础埋在好土上，以保证安全。

4）地基土层的上层软土厚度大于5m 时，对于荷载较小的建筑应尽量利用原状土，将基础埋在软土层中，此时应加强上部结构，增大基础底面面积；对于荷载较大的建筑可进行地基加固处理，或将基础埋在好土上，采用何种方式需进行技术经济比较后再确定。

5）地基土层的上层为好土、下层为软土时，应力争将基础埋在好土内，适当提高基础底面高度，同时应对下卧层的应力和应变进行验算。

6）地基土层由好土和软土交替构成时，对于总荷载较小的低层轻型建筑应尽可能将基础埋在好土内；对于总荷载较大的建筑可采用人工地基或将基础深埋在下层好土中。

2. 地下水位对基础埋深的影响

要避免地下水的变化影响地基承载力，要防止地下水影响基础的施工，基础最好是设在最高地下水位以上（图11-3a）。当地下水位较高时，基础只能埋置在地下水影响范围内。但应注意，基础底面宜置于最低地下水位以下至少200mm，以使基础底面常年置于地下水中，这样可减少或避免地下水的浮力变化对建筑的影响（图11-3b）。

3. 土的冻结深度对基础埋深的影响

如地基土存在冻胀现象，特别是在粉砂、粉土和黏性土中，基础底面应置于冰冻线以下至少200mm（图11-4），即置于非冻土之中，以避免冻害发生。

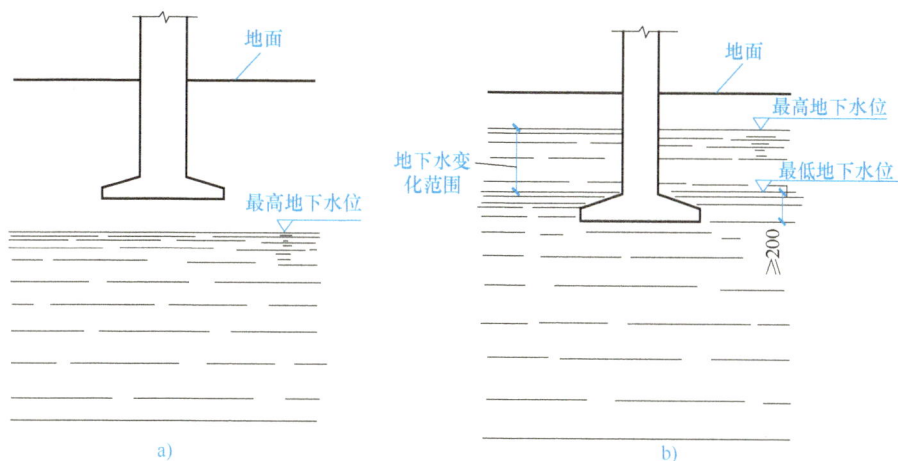

图 11-3　地下水位对基础埋深的影响

a）地下水位较低时的基础埋置深度　b）地下水位较高时的基础埋置深度

4. 其他因素对基础埋深的影响

基础埋置深度除要考虑地基土层构造、地下水位、土的冻结深度等因素外，还应考虑相邻建筑物基础的深度（图 11-5）、新建建筑物是否有地下室、设备基础、地下管沟等因素的影响。

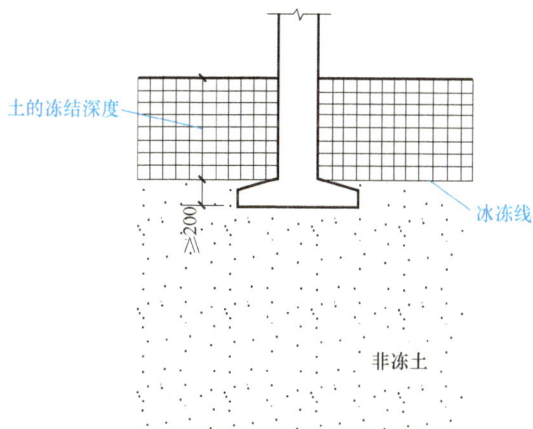

图 11-4　土的冻结深度对基础埋深的影响

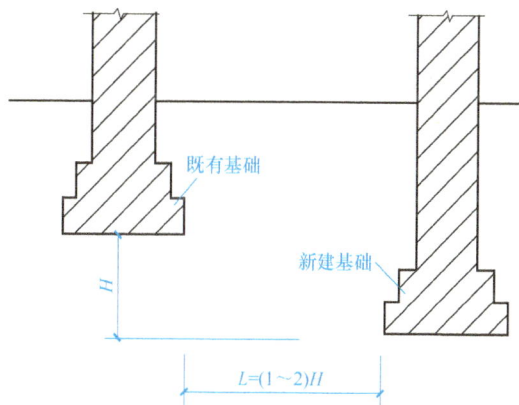

图 11-5　与相邻基础的关系

任务 11.3　基础的类型与构造

11.3.1　基础的类型

基础的类型有很多，对于民用建筑的基础可以按构造形式、材料和受力特点进行分类。

一、按基础的构造形式分类

1. 条形基础

当建筑物上部结构采用墙承重时,基础沿墙身设置呈长条形,这种基础称为条形基础(图11-6)或带形基础。

条形基础　　独立基础

2. 独立基础

当建筑物上部结构为由梁、柱构成的框架、排架及其他类似结构时,其基础常采用方形或矩形的单独基础,称为独立基础(图11-7)。独立基础的形式有阶梯形、锥形、杯形等。

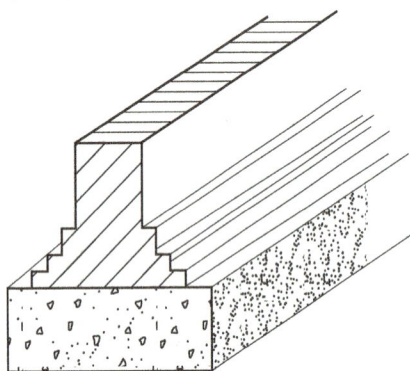

图11-6　条形基础

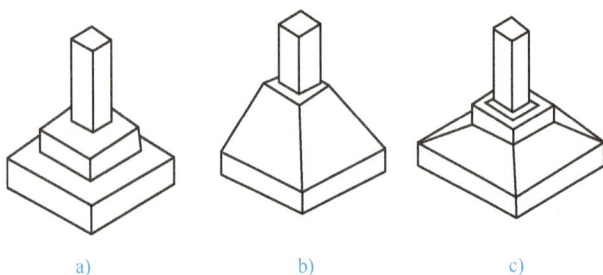

a)　　　　　　　b)　　　　　　　c)

图11-7　独立基础

a)阶梯形　b)锥形　c)杯形

3. 井格基础

当建筑物上部荷载不均匀,地基条件较差时,常将柱下基础纵、横相连组成井字格状,称为井格基础(11-8)。它可以避免独立基础的下沉不均的弊病。

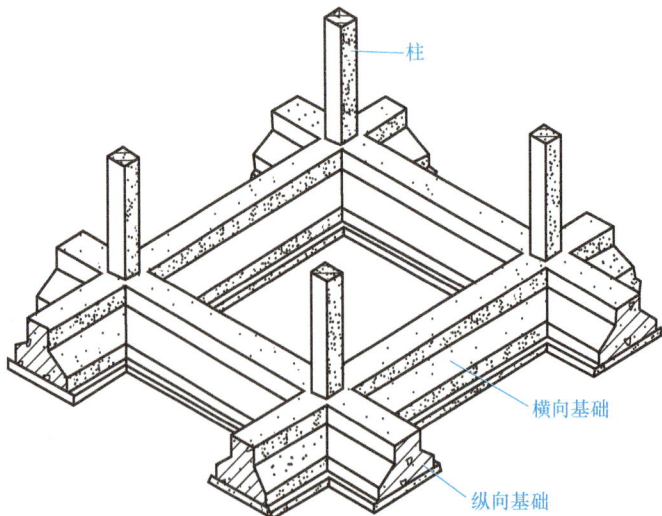

柱

横向基础

纵向基础

井格基础

图11-8　井格基础

4. 筏形基础

当建筑物上部荷载很大或地基的承载力很小时,可由整片的钢筋混凝土板承受整个建筑的荷载并传给地基，这种基础形似"筏子"，故称为筏形基础（图11-9），又称为满堂基础。其形式有板式和梁板式两种。

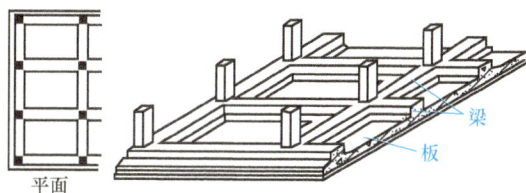

平面

图11-9　筏形基础

筏形基础

5. 箱形基础

当钢筋混凝土基础埋置深度较大时，为了增加建筑物的整体刚度，有效抵抗地基的不均匀沉降，常采用钢筋混凝土整浇成刚度很大的盒状基础，这种基础称为箱形基础（图11-10）。

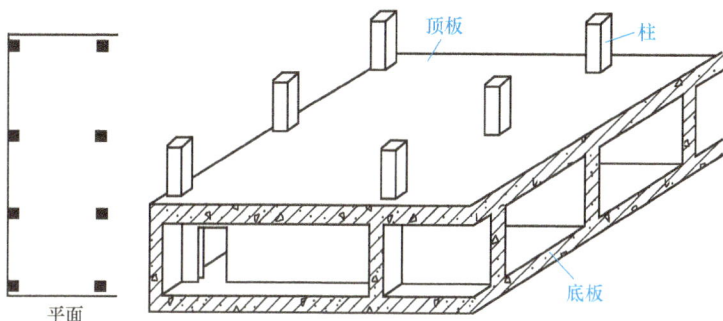

平面

图11-10　箱形基础

箱形基础

6. 桩基础

桩基础由桩身和承台梁两部分组成，如图11-11所示。若桩身全部埋于土中，承台底面与土体接触，则称为低承台桩基础；若桩身上部露出地面而承台底部位于地面以上，则称为高承台桩基础。建筑桩基础通常为低承台桩基础。

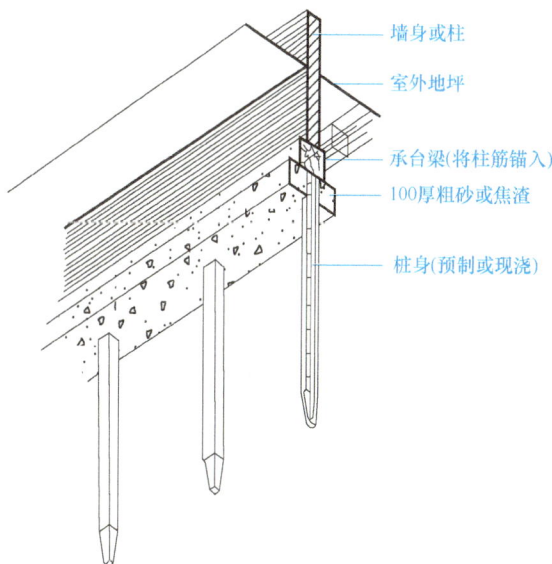

图11-11　桩基础的组成

（1）桩基础按受力情况分类　桩基础按照受力情况可分为摩擦桩和端承桩（图11-12）。

1）摩擦桩。在竖向极限荷载作用下，桩顶荷载全部或主要由桩侧阻力承受的桩，称为摩擦桩。

2）端承桩。在竖向极限荷载作用下，桩顶荷载全部或主要由桩端阻力承受，桩侧阻力相对桩端阻力而言较小，或可忽略不计的桩，称为端承桩。

（2）桩基础按材料和施工方法分类　桩基础按材料不同可分为混凝土桩、钢筋混凝土桩、土桩、木桩、砂桩、钢桩等；桩基础按照施工方法可分为预制桩和灌注桩。

1）预制桩。预制桩通过打桩机将预制的钢筋混凝土桩打入地下。其优点是节约材料、强度高，适用于较高要求的建筑；缺点是施工难度高，受机械数量限制其施工时间较长。

2）灌注桩。灌注桩施工时，首先在施工场地上钻孔，当到达所需深度后将钢筋笼放入，再浇灌混凝土。其优点是施工难度低，尤其是人工挖孔桩，可以不受机械数量的限制，所有的桩可同时施工，可显著节省时间；缺点是承载力较低，耗费较多材料。灌注桩按其成孔方法不同，又可分为钻孔灌注桩、沉管灌注桩、人工挖孔灌注桩、爆扩灌注桩等。

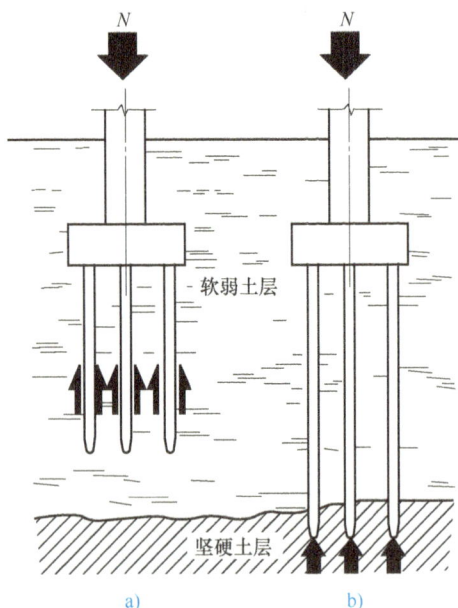

图11-12　摩擦桩与端承桩
a）摩擦桩　b）端承桩

① 钻孔灌注桩。钻孔灌注桩是指利用钻孔机械钻出桩孔，并在孔中浇筑混凝土（或先在孔中吊放钢筋笼）制成的桩。根据钻孔机械的钻头是否在土的含水层中施工，钻孔灌注桩可分为泥浆护壁成孔和干作业成孔及套管护壁三种施工方法。

钻孔灌注桩　　　　沉管灌注桩

② 沉管灌注桩。沉管灌注桩是指利用锤击打桩法或振动打桩法，将带有活瓣式桩尖或预制钢筋混凝土桩靴的钢套管沉入土中，然后边浇筑混凝土（或先在管内放入钢筋笼）边锤击（振动）边拔管制成的桩。前者称为锤击沉管灌注桩，后者称为振动沉管灌注桩。

沉管灌注桩的成桩过程为：桩机就位→锤击（振动）沉管→上料→边锤击（振动）边拔管，并继续浇筑混凝土→下钢筋笼，继续浇筑混凝土及拔管→成桩。

沉管灌注桩动画　　　人工挖孔

③ 人工挖孔灌注桩。人工挖孔灌注桩是指桩孔采用人工挖掘方法进行成孔，然后安放钢筋笼，浇筑混凝土制成的桩。为了确保人工挖孔灌注桩施工过程的安全，施工时必须考虑预防孔壁坍塌和流砂现象的发生，要制定合理的护壁措施。护壁措施包括现浇混凝土护壁、喷射混凝土护壁、砖砌体护壁、沉井护壁、钢套管护壁、型钢或木板桩工具式护壁等。下面以应用较广的现浇混凝土护壁为例说明人工挖孔灌注桩的施工工艺流程。

人工挖孔灌注桩的施工工艺流程：场地整平→放线、定桩位→挖第一节桩孔土方→支模浇筑第一节混凝土护壁→在护壁上二次投测标高及桩位十字轴线→安装活动井盖、垂直运输架、起重卷扬机或电动葫芦、活底吊土桶、排水设施、通风设施、照明设施等→第二节桩身挖土→清理桩孔四壁，校核桩孔垂直度和直径→拆上节模板，支第二节模板，浇筑第二节混凝土护壁→重复第二节挖土、支模、浇筑混凝土护壁工序，循环作业直至设计深度→扩底（当需要扩底时）→清理虚土、排除积水，检查尺寸和持力层→吊放钢筋笼就位→浇筑桩身混凝土。

④ 爆扩灌注桩。爆扩灌注桩是指用钻孔爆扩成孔后，孔底放入炸药，再灌入适量的混凝土；然后起爆，使孔底形成扩大头；再放入钢筋笼，浇筑桩身混凝土。

爆扩灌注桩　　爆扩灌注桩动画

二、按基础的材料及受力特点分类

1. 刚性基础

凡是由刚塑性材料建造、受刚性角限制的基础，统称为刚性基础。刚塑性材料一般是指抗压强度高、抗拉强度和抗剪强度较低的材料，如砖、石、混凝土、灰土等。

2. 柔性基础（扩展基础）

柔性基础主要是指钢筋混凝土基础，它是在混凝土基础的底部配以钢筋，利用钢筋来抵抗拉应力，使基础底部能够承受较大的弯矩。这种基础不受材料刚性角的限制，故又称为扩展基础。

刚性基础与柔性基础的比较如图 11-13 所示。

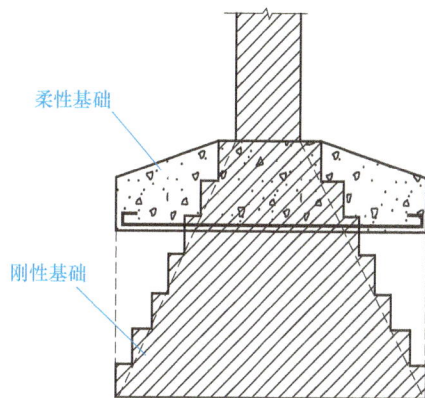

柔性基础

刚性基础

图 11-13　刚性基础与柔性基础的比较

11.3.2　刚性基础构造

一、砖基础

砖基础的断面一般做成阶梯形，这个阶梯形通常称为大放脚，大放脚从垫层上开始砌筑，其台阶宽高比允许值一般不大于 1:1.5。为保证大放脚的刚度，应砌筑成"二皮一收"（等高式，图 11-14a）或"二皮一收"与"一皮一收"相间（间隔式，图 11-14b），但其最底下一级必须是二皮砖厚度。

大放脚

二、毛石基础

毛石基础的断面形式一般为阶梯形，其台阶宽高比允许值（b/h）一般不大于 1:1.5。为了便于砌筑和保证砌筑质量，基础顶部宽度不宜小于 500mm，且要比墙或柱每边宽出 100mm，每个台阶的高度不宜小于 400mm，如图 11-15 所示。当基础底面宽度小于 700mm 时，毛石基础应做成矩形截面。

三、灰土基础

灰土基础是由石灰、土和水按一定比例拌和，经分层夯实制成的基础，如图 11-16 所示。灰土基础的优点是施工简便、造价较低、易于就地取材等；缺点是抗冻性能和耐水性能较差，在地下水位线以下或潮湿的地基上不宜采用。

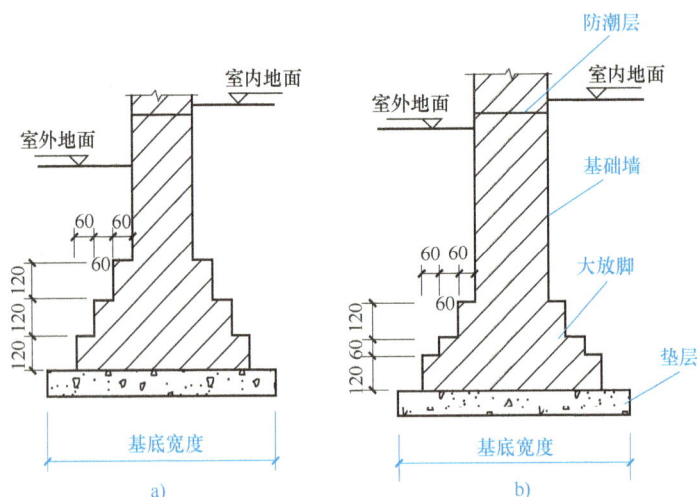

图 11-14　砖基础
a）等高式　b）间隔式

四、三合土基础

在砖基础下用由石灰、砂、集料（碎砖、碎石或矿渣）组成的三合土作垫层，形成三合土基础，如图 11-17 所示。这种基础具有施工简单、造价低廉的优点；但其强度较低，只适用于四层及四层以下的建筑，且基础应埋置在地下水位以上。

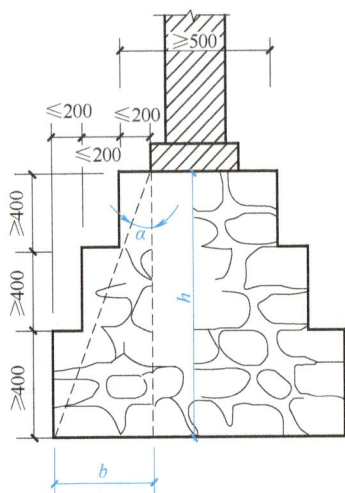

图 11-15　毛石基础

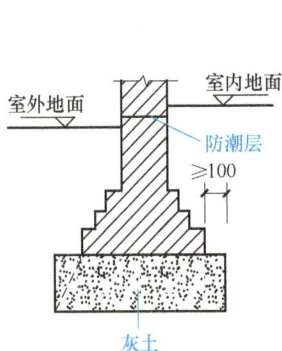

图 11-16　灰土基础

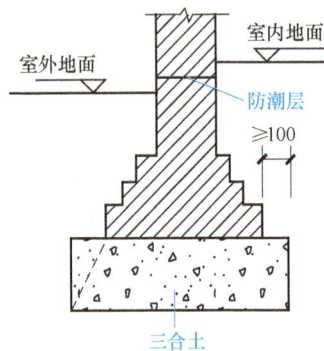

图 11-17　三合土基础

五、混凝土基础

这种基础多采用 C15 或 C20 混凝土浇筑而成，它坚固耐久、防水抗冻，多用于地下水位较高或有冰冻情况的建筑。它的断面形式和尺寸，要满足刚性角要求，不受材料规格限制，应按结构计算确定。混凝土基础的基本形式有梯形、阶梯形等，如图 11-18所示。

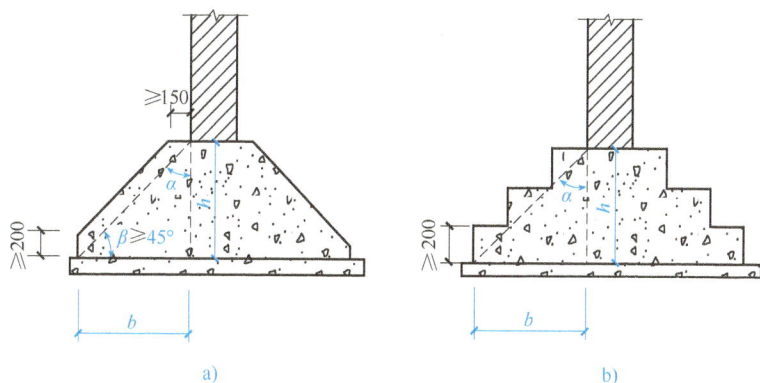

图 11-18 混凝土基础

a) 梯形 b) 阶梯形

11.3.3 柔性基础构造

柔性基础是在基础受拉区的混凝土中配置钢筋，由弯矩产生的拉应力全部由钢筋承担，因而不受刚性角的限制，其构造如图 11-19 所示。

柔性基础属受弯构件，混凝土的强度等级不宜低于 C20，要进行计算配筋（受力筋直径不宜小于 8mm，间距不宜大于 200mm）。当用强度等级较低的混凝土作垫层时，为使基础底面受力均匀，垫层厚度一般为 80 ~ 100 mm。为保护基础钢筋，当有垫层时，钢筋保护层厚度不宜小于 35mm；不设垫层时，钢筋保护层厚度不宜小于 70mm。

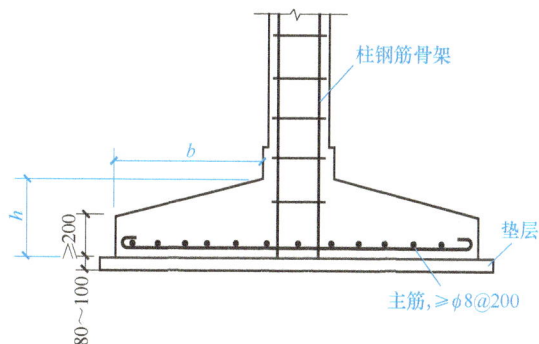

图 11-19 柔性基础构造

任务 11.4 地下室构造

地下室是建筑物中处于室外地面以下的房间，建造地下室可以提高建筑的用地效率。一些高层建筑的基础埋深很大，如果充分利用这一深度来建造地下室，可获得很好的经济效果和使用效果。图 11-20 为地下室示意图。

11.4.1 地下室的类型

地下室按使用功能可分为普通地下室和人防地下室；按埋置深度可分

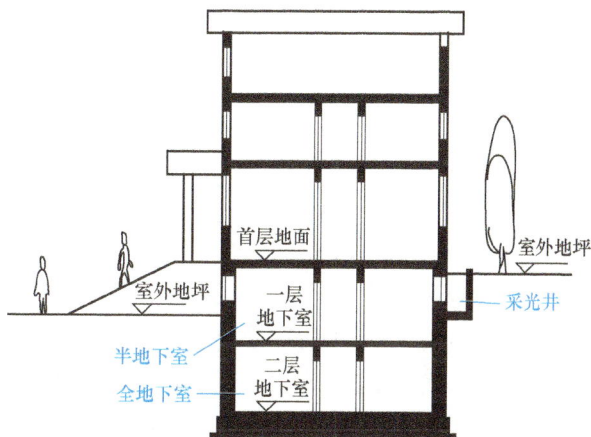

图 11-20 地下室示意图

为全地下室和半地下室；按结构材料分为砖混结构地下室和钢筋混凝土地下室等。

1）房间地面低于室外设计地面的平均高度大于该房间平均净高1/3且小于等于1/2的，称为半地下室。这类地下室一部分在地面以上，可利用侧墙外的采光井解决采光和通风问题。

2）房间地面低于室外设计地面的平均高度大于该房间平均净高1/2的，称为全地下室。全地下室并不只局限于地下室顶板完全埋在室外地面以下的地下室，还包括顶板高于室外地面的地下室（前提条件是只要高出室外地面的平均标高的高度不大于地下室房间平均净高的1/2）。全地下室外露地面以上部分（露出部分小于房间平均净高的1/2）的侧墙上同样可以开窗或通过采光井解决采光和通风问题。这里要注意，地下室外露侧墙上是否可以开门窗或门窗是否临街，与判定是全地下室还是半地下室没有任何关系，判定的标准只有一个——地下室房间地面低于室外设计地面的平均高度与该地下室房间净高的高差在哪个范围内，在半地下室的要求范围内就是半地下室，在全地下室的要求范围内就是全地下室。

11.4.2　地下室的组成与构造要求

地下室一般由底板、墙体、顶板、楼梯、门窗五大部分组成。

1. 底板

底板处于最高地下水位之上时，可按一般地面工程做法，即垫层上现浇混凝土60～80mm厚度，然后再做面层。

2. 墙体

墙体的主要作用是承受上部结构的垂直荷载，并承受土、地下水和土壤冻胀的侧压力。因此，要求它必须具有足够的强度和防潮、防水的性能。地下室墙体一般采用砖墙、混凝土墙或钢筋混凝土墙。

3. 顶板

顶板与楼板基本相同，常采用现浇或预制的钢筋混凝土板。

4. 楼梯

楼梯可与地面以上部分的楼梯间结合布置。对于人防地下室，要设置两个直通地面的出入口，并且必须有一个是独立的安全出口（这个安全出口周围不得有较高的建筑物，以防因倒塌堵塞出口，影响疏散）。

5. 门窗

普通地下室的门窗与地上房间的门窗相同。地下室外窗如在室外地坪以下时，应设置采光井，以利于室内采光、通风和室外行走安全。

11.4.3　地下室采光构造

地下室的外窗处，可按其与室外地面的高差情况设置采光井。采光井既可以单独设置，也可以联合设置，具体根据外窗的间距确定。

采光井由侧墙、底板和防护箅组成。其中侧墙可用砖砌，底板多为现浇混凝土。底板面应比窗台低250～300mm，以防雨水溅入和倒灌。采光井底部抹灰应向外侧倾斜，并在井底的最低处设置排水管。地下室采光构造如图11-21所示。

采光井

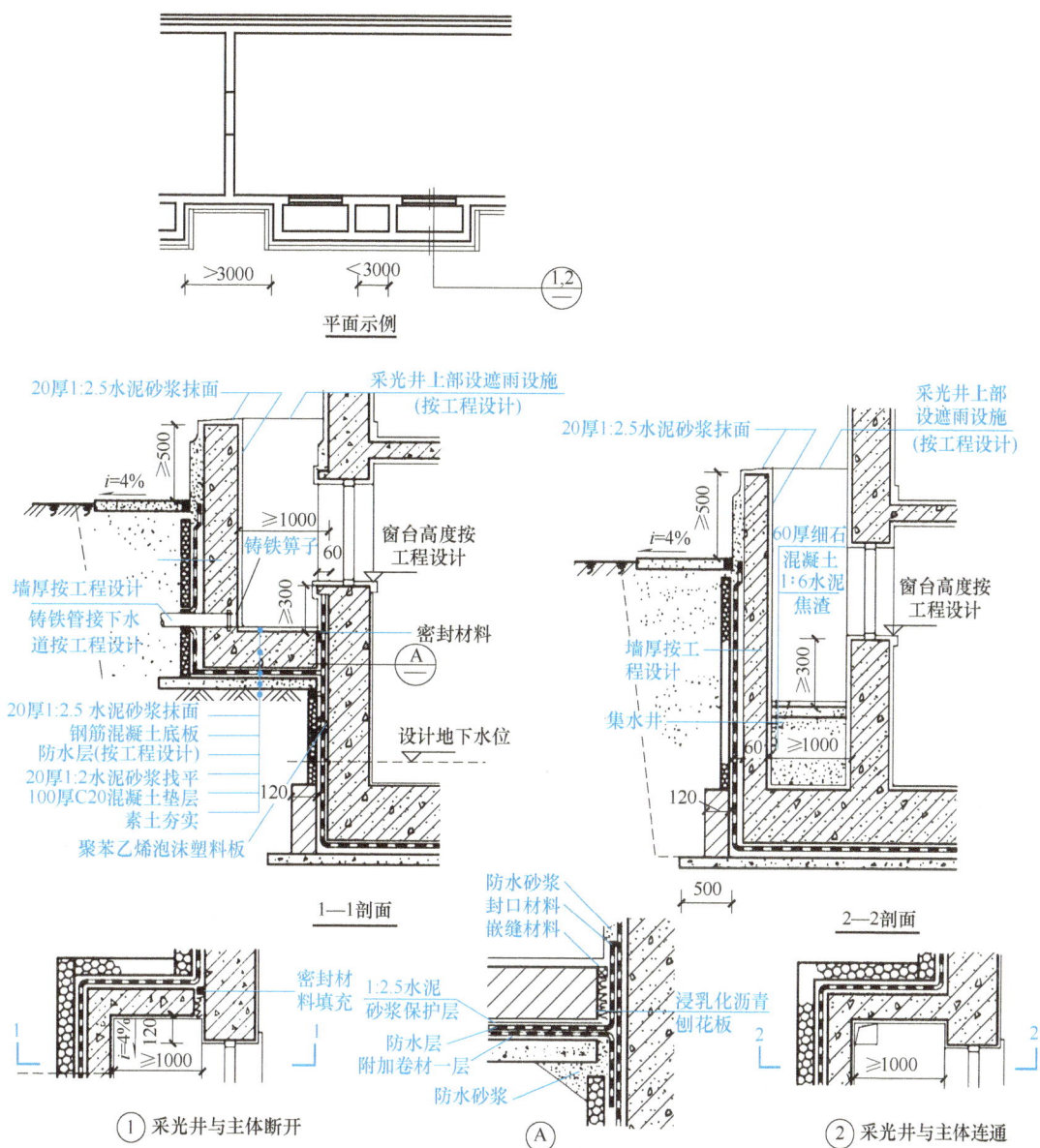

平面示例

图 11-21　地下室采光构造

11.4.4　地下室的防潮、防水构造

地下室的外墙和底板都深埋在地下，受到土中水和地下水的浸渗，因此防潮、防水问题是地下室设计中要解决的一个重要问题。一般可根据地下室的施工标准和结构形式、水文地质条件等来确定防潮、防水方案，当地下室底板高于地下水位时可做防潮处理；当地下室底板有可能泡在地下水中时应做防潮、防水处理。

1. 地下室的防水

（1）地下室的防水等级标准　地下室的防水等级共分为四级：一级防水对应防水层要

求是三道及以上；二级防水对应防水层要求是二道以上；三级、四级防水对应防水层要求是一道。地下室的防水方案应根据工程的重要性和使用要求按表 11-1 选定。

表 11-1　地下室防水工程设防要求

防水等级	适用范围	标　准	设防做法	选择要求
一级	人员长期停留的场所；少量湿渍会使物品变质、失效的储物场所，以及严重影响设备正常运转和危及工程安全运营的部位；极重要的战备工程	不允许漏水，结构表面无湿渍	多道设防，其中应有一道钢筋混凝土结构自防水和一道柔性防水，其他各道可采取其他防水措施	自防水钢筋混凝土优先选用合成高分子防水卷材　增加其他防水措施，如架空层或夹壁墙等
二级	人员经常活动的场所；在有少量湿渍的情况下不会使物品变质、失效的储物场所，以及基本不影响设备正常运转和工程安全运营的部位；重要的战备工程	不允许漏水，结构表面有少量湿渍　对于工业与民用建筑，总湿渍面积不应大于总防水面积（包括顶板、墙面、地面）的 1/1000，任意 100m^2 防水面积上的湿渍不超过 1 处，单个湿渍面积不大于 0.1m^2；对于其他地下工程，总湿渍面积不应大于总防水面积的 6/1000，任意 100m^2 防水面积上的湿渍不超过 4 处，单个湿渍面积不大于 0.2m^2	两道设防，一般为一道钢筋混凝土结构自防水和一道柔性防水	自防水钢筋混凝土　合成高分子防水卷材一层或高聚物改性沥青防水卷材
三级	人员临时活动场所；一般战备工程	有少量漏水点，不得有线流和漏泥浆　任意 100m^2 的防水面积上的漏水点数量不超过 7 处，单个漏水点的最大漏水量不大于 2.5L/(m^2·d)，单个湿渍面积不大于 0.3m^2	可采用一道设防或两道设防；也可对结构进行防水处理，外做一道柔性防水层	合成高分子防水卷材一层或高聚物改性沥青防水卷材
四级	对漏水无严格要求的工程	有漏水点，不得有线流和漏泥浆　整个工程的平均漏水量不大于 2L/(m^2·d)，任意 100m^2 防水面积上的平均漏水量不大于 4L/(m^2·d)	一道设防，也可做一道外防水层	高聚物改性沥青防水卷材

（2）地下室的防水构造　目前，地下室防水常用的构造有卷材防水（图 11-22）、混凝土构件自防水（图 11-23）、涂料防水（图 11-24）、塑料防水板防水、金属防水层等。选用何种防水构造，应根据地下室的使用功能、结构形式、环境条件等因素综合确定。处于侵蚀介质中的地下室，一般应采用混凝土构件自防水、卷材防水、涂料防水；结构刚度较差或受振动影响的地下室，应采用卷材防水、涂料防水。

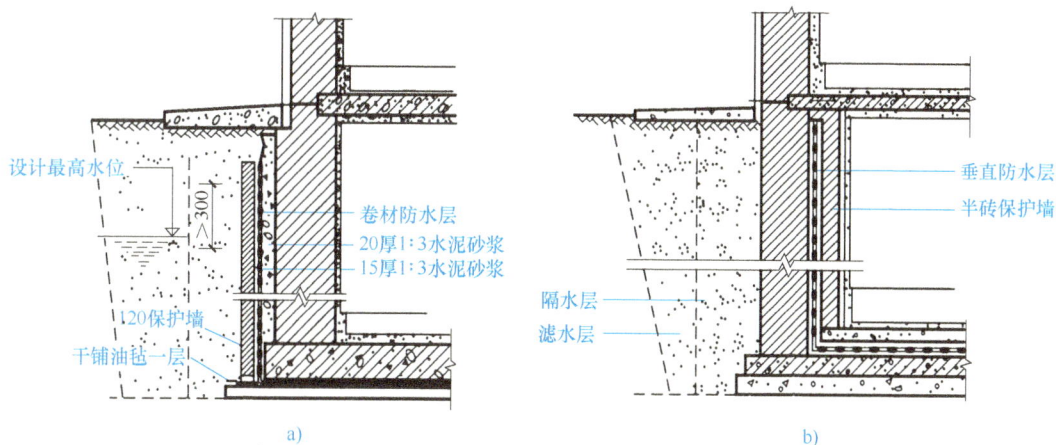

图 11-22　地下室卷材防水构造

a）外包防水　b）内包防水

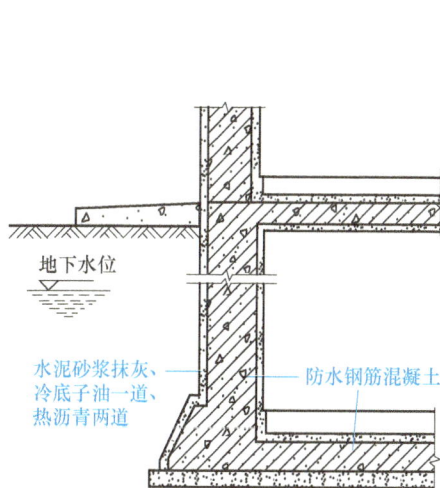

图 11-23　地下室混凝土构造自防水构造

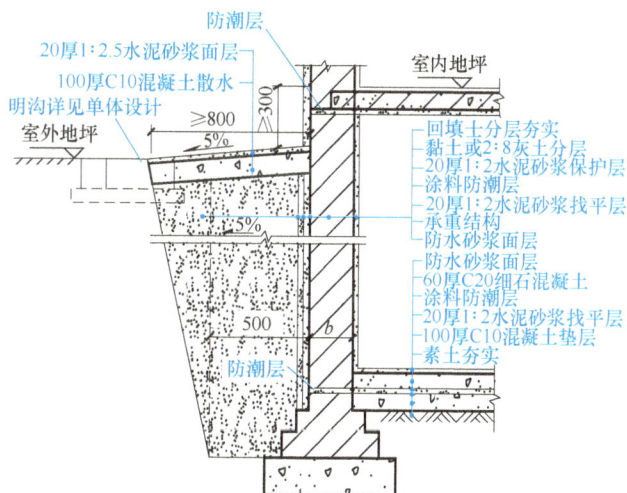

图 11-24　地下室涂料防水构造

2. 地下室的防潮

当地下室地坪位于常年地下水位以上时，地下水不会直接侵入地下室，墙和底板仅受土层中毛细水和地表水下渗形成的无压水影响，地下室只需做防潮处理。

进行地下室防潮处理时，先在外墙表面抹一层 20mm 厚的水泥砂浆找平层，再涂一道冷底子油和两道热沥青；然后在外侧回填低渗透性土壤，如黏土、灰土等，土层宽度为

500mm 左右。

　　地下室的所有墙体都应设两道水平防潮层，一道设在地下室地坪附近，另一道设在室外地坪以上 150～200mm 处，以防地潮沿地下墙身或勒脚侵入室内，如图 11-25 所示。

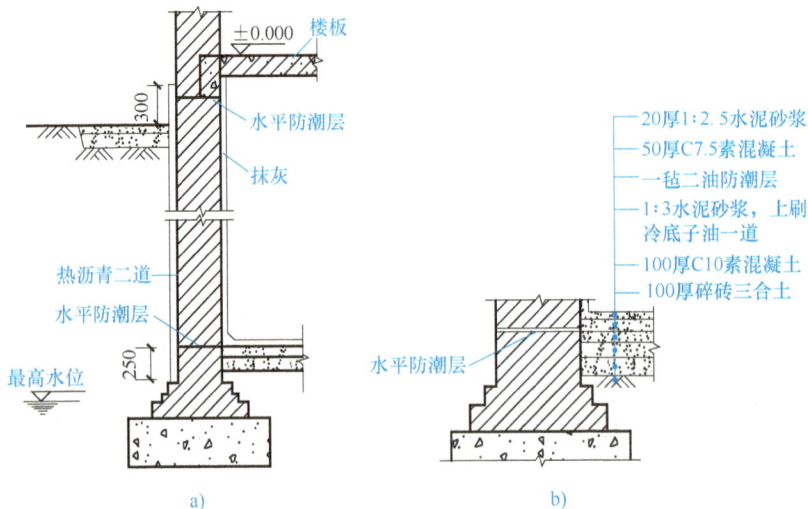

图 11-25　地下室防潮构造
a）墙身防潮　b）地坪防潮

项目小结

　　地基与基础是建筑构造的重要部分，本项目介绍了民用建筑中地基与基础的相关知识，例如地基与基础的涵义、基础的埋置深度及影响因素、基础的类型与构造以及地下室构造等。

思　考　题

一、填空题

　　1. 根据基础埋置深度的不同，基础可分为_____和_____。一般情况下，基础的埋置深度大于_____的称为深基础。除岩石地基外，基础埋深不宜小于_____。

　　2. 基础的底部若不能满足在最高地下水位以上时，基础底部必须埋置在最低地下水位以下_____。

　　3. 持力层以下的土层称为_____。

　　4. 基础按材料可分为_____和_____两大类。

　　5. 桩基础的类型有很多，按照桩身的受力特点，可分为_____和_____两大类。

二、选择题

1. 下面属于柔性基础的是 (　　　)。

A. 钢筋混凝土基础　　　B. 毛石基础　　　　C. 素混凝土基础　　　　D. 砖基础

2. 一般情况下，将基础的埋置深度大于 (　　　) m 的称为深基础。

A. 3　　　　　　　　　B. 4　　　　　　　　C. 5　　　　　　　　　D. 6

3. 除岩石地基外，基础埋深不宜小于 (　　　) m。

A. 0.3　　　　　　　　B. 0.4　　　　　　　C. 0.5　　　　　　　　D. 5

4. 当建筑物的上部荷载较大时，需要将其荷载传至深层较为坚硬的地基中去，常采用 (　　　)。

A. 独立基础　　　　　　B. 条形基础　　　　　C. 桩基础　　　　　　　D. 筏形基础

5. 当建筑物为柱承重且柱距较大时，宜采用 (　　　)。

A. 独立基础　　　　　　B. 条形基础　　　　　C. 桩基础　　　　　　　D. 筏形基础

三、简答题

1. 什么是基础的埋深？其影响因素有哪些？

2. 基础按构造形式有哪几种？分别适用于什么情况？

项目12

墙体

学习目标

(1) 掌握墙体的类型。

(2) 掌握墙体的结构布置要求。

(3) 掌握墙体构造。

(4) 掌握隔墙构造。

任务 12.1　概　　述

墙体是组成建筑空间的竖向构件，它下接基础，中隔楼板，上连屋顶，是建筑物的重要组成部分。其造价、工程量和自重往往是建筑物所有构件当中所占份额最大的。

12.1.1　墙体的类型

1. 按墙体在建筑物中所处的位置及方向分类

1）按墙体所处的位置不同，可分为外墙和内墙。

2）按墙体所处的方向不同，可分为纵墙和横墙。纵墙是指与房屋长轴方向一致的墙，横墙则是指与房屋短轴方向一致的墙。另外，外横墙习惯上称为山墙。图 12-1 为各类墙体的名称。

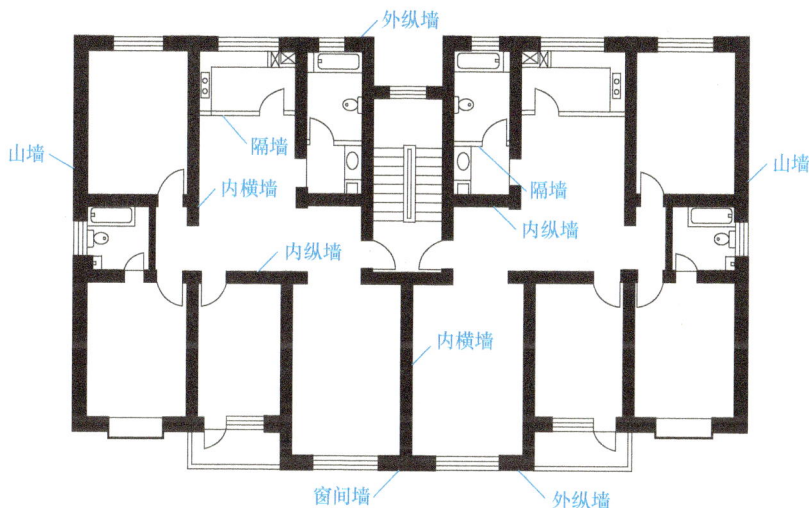

图 12-1　各类墙体的名称

2. 按墙体受力情况分类

按墙体受力情况的不同，可分为承重墙和非承重墙。承重墙是指承受上部结构传来的荷载的墙；非承重墙是指不承受上部结构传来的荷载的墙。图 12-2 为墙的类型。

非承重墙又可分为自承重墙、隔墙、填充墙和幕墙等。自承重墙仅承受自身荷载而不承受外来荷载；隔墙主要用作分隔内部空间而不承受外力；填充墙是用作框架结构中的墙体；悬挂在骨架外部或楼板间的轻质外墙为幕墙。

3. 按墙体材料分类

按墙体的材料不同，可分为砖墙、石墙、土墙、混凝土墙、钢筋混凝土墙，以及利用各种材料制作的砌块墙、板材墙等。

4. 按墙体构造方式分类

按墙体的构造方式不同，可分为实体墙、空体墙和组合墙。实体墙是用一种材料砌成的

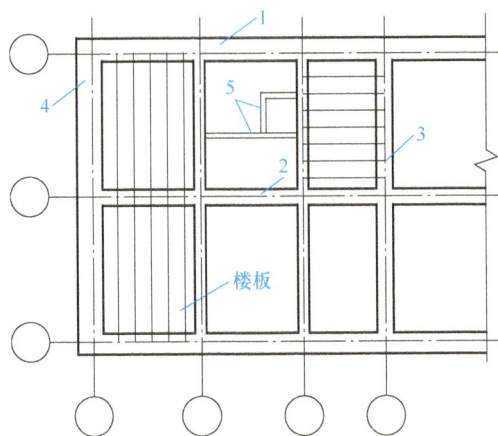

图 12-2　墙的类型

1—纵向承重外墙　2—纵向承重内墙　3—横向承重内墙　4—横向自承重外墙（山墙）　5—隔墙

实心无孔洞的墙体；空体墙也叫空心墙，是用一种材料砌成的具有空腔的墙；组合墙是由两种及两种以上的材料组合而成的墙。

12.1.2　墙体结构布置要求

1. 横墙承重方案

横墙承重方案是将楼板两端搁置在横墙上，荷载由横墙承受，纵墙只起围护和分隔的作用，如图 12-3 所示。此种承重方案下，楼板跨度较小、房屋空间刚度较大、整体性较好；但建筑空间组合划分不够灵活，适用于小开间的建筑。

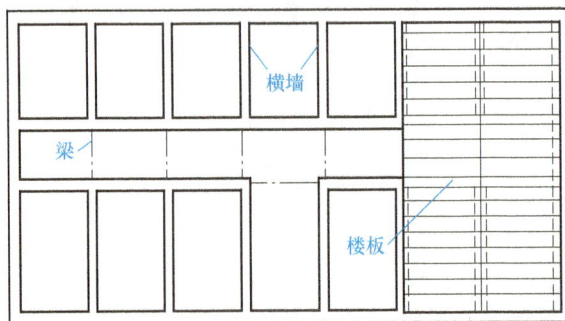

图 12-3　横墙承重方案

2. 纵墙承重方案

纵墙承重方案是将楼板两端搁置在内外纵墙上，荷载由纵墙承受，如图 12-4 所示。此种承重方案下，空间划分较灵活，能分割出较大的房间，构件规格较少；但门窗洞口尺寸受到一定的限制，且刚度较差，适用于需要较大房间的建筑。

3. 纵横墙混合承重方案

纵横墙混合承重方案是将楼板布置在纵、横墙上，荷载由纵、横墙承受，如图 12-5 所

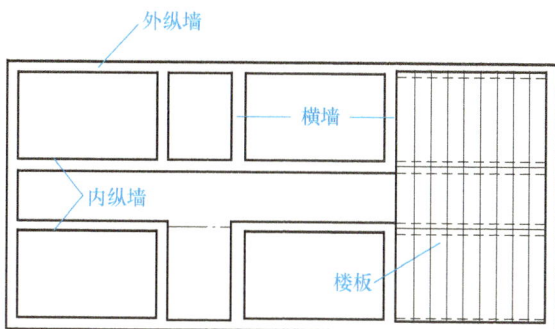

图 12-4　纵墙承重方案

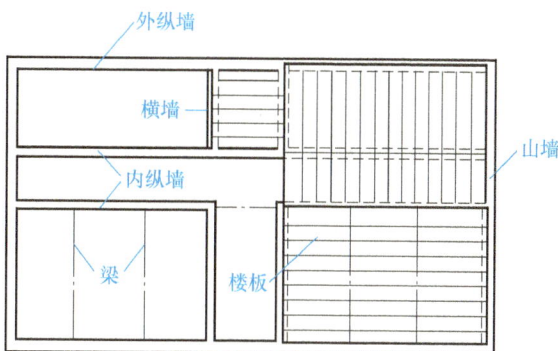

图 12-5　纵横墙混合承重方案

示。此种承重方案下，平面布置较灵活，空间刚度较好；但楼板类型较多，适用于开间和进深尺寸较大、平面较复杂的建筑。

4. 部分框架承重方案

部分框架承重方案是在建筑内部采用梁、柱组成框架来承重，在建筑四周采用墙体承重，楼板的荷载由梁、柱或墙共同承担，如图 12-6 所示。此种承重方案下，平面划分较灵活，室内空间较大，空间刚度较好；但抗震性能差，不宜采用。

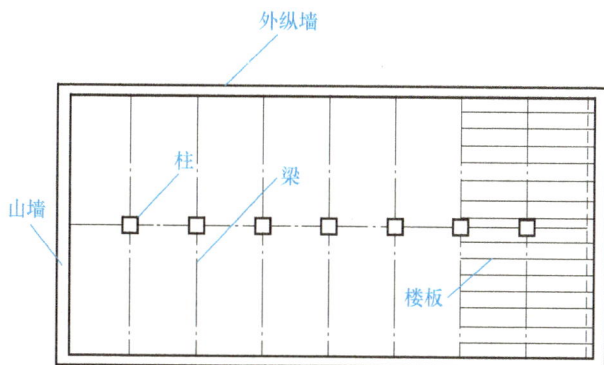

图 12-6　部分框架承重方案

任务 12.2 墙体构造（叠砌墙体）

叠砌墙体是由砂浆将砖或砌块等块体按一定规律和技术要求砌筑而成的砌体，下面介绍由砂浆和砖组成的墙体的构造。

12.2.1 墙体材料

1. 砖

砖是一种建筑用的人造小型块材，分为烧结砖（主要指黏土砖）和非烧结砖（灰砂砖、粉煤灰砖等）。黏土砖以黏土（包括页岩、煤矸石等的粉料）为主要原料，经泥料处理、成型、干燥和焙烧等工序制成。墙体用砖一般包括以下类型：

（1）普通实心砖 普通实心砖是指没有孔洞或孔洞率小于15%的砖，可用于承重、非承重部位。

（2）多孔砖 多孔砖是指孔洞率大于15%，且孔的直径较小、数量较多的砖，可用于承重、非承重部位。

（3）空心砖 空心砖是指孔洞率大于等于15%，且孔的尺寸较大、数量较少的砖，只能用于非承重部位。

多孔砖

多孔砖与空心砖的规格一般和普通实心砖在长、宽方向的尺寸相同，只是增加了厚度尺寸，并满足模数的要求，如 $240mm \times 115mm \times 95mm$。

2. 砂浆

砂浆是建筑上砌砖使用的黏结物质，由一定比例的砂和胶结材料（水泥、石灰膏、黏土等）加水制成，也叫灰浆。常用的砂浆有水泥砂浆、石灰砂浆和混合砂浆（或叫水泥石灰砂浆）。

（1）水泥砂浆 水泥砂浆由水泥、砂加水拌和而成。它属于水硬性材料，强度高，防潮性能好，较适合于砌筑潮湿环境中的砌体。

（2）石灰砂浆 石灰砂浆由石灰膏、砂加水拌和而成。它属于气硬性材料，强度不高，常用于砌筑民用建筑中位于地面以上的砌体。

（3）混合砂浆 混合砂浆由水泥、石灰膏、砂加水拌和而成。这种砂浆强度较高，和易性和保水性较好，常用于砌筑工业与民用建筑中位于地面以上的砌体。

12.2.2 砖墙的组砌方式

砖墙的组砌是指砖在砌体中的排列。砖墙在组砌时应遵循"内外搭接、上下错缝"的原则，使砖在砌体中能相互咬合，以增加砌体的整体性，保证砌体不出现连续的垂直通缝，确保砌体的强度。砖与砖之间搭接和错缝的距离一般不小于60mm。

在砖墙的组砌过程中，把砖的长方向垂直于墙面砌筑的砖叫丁砖，把砖的长方向平行于墙面砌筑的砖叫顺砖；上下皮之间的水平灰缝称为横缝，左右两砖之间的垂直灰缝称为竖缝。施工时要求丁砖和顺砖交替砌筑，灰浆要饱满，灰缝要横平竖直。常见的砖墙分类以及各类砖墙组砌方式有以下几种：

1. 实体墙

实体墙是由单一材料组成且内部没有空腔的墙，如图 12-7 所示。普通砖墙、实心砌块墙、钢筋混凝土墙等都是实体墙。

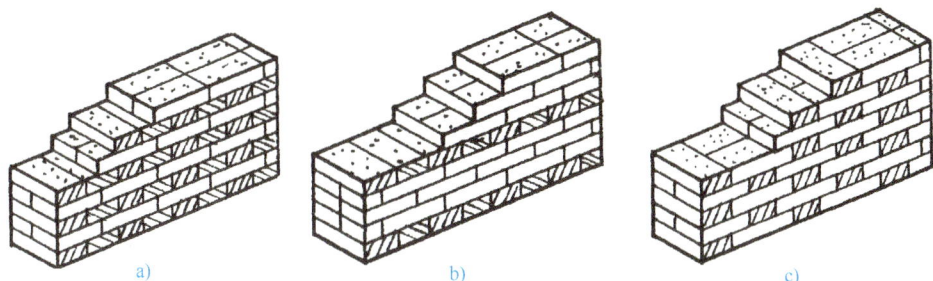

图 12-7 实体墙的构造

a）一顺一丁 b）多顺一丁 c）顺丁相间

2. 空体墙

空体墙是由单一材料组成且内部有空腔的墙，如空心砌块墙、空斗墙等。

1）空心砌块墙是用空心砌块组砌而成的墙，如图 12-8 所示。空心砌块又称为免烧砖，是利用粉煤灰、煤渣、煤矸石、尾矿渣、化工渣、混凝土或者天然砂、海涂泥等（以上原料的一种或数种）作为主要原料，不经高温煅烧制成的一种新型墙体材料。空心砌块符合我国"保护农田、节约能源、因地制宜、就地取材"的建材发展总方针。

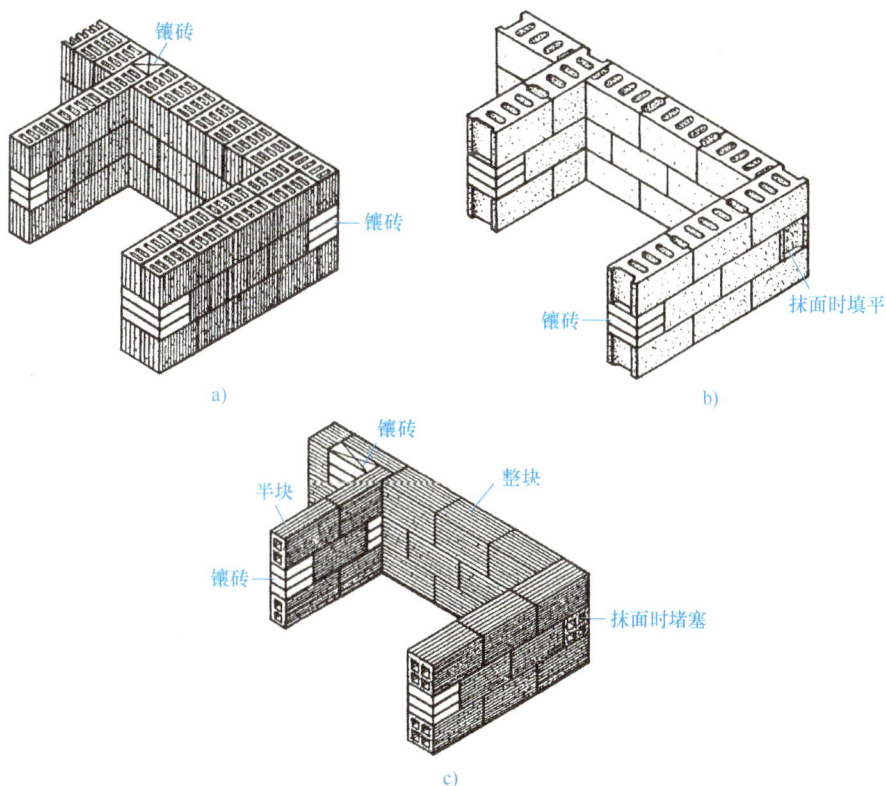

图 12-8 空心砌块墙的构造

a）五孔砖墙 b）矿渣空心砖墙 c）陶土空心砖墙

2）用砖侧砌或平、侧交替砌筑成的空心墙体称为空斗墙，如图12-9所示。空斗墙具有节省材料、自重较小，以及隔热、隔声性能较好等优点，适用于 1~3 层民用建筑的承重墙或框架建筑的填充墙。空斗墙在我国是一种传统墙体，在明代就已大量用来建造民居和寺庙等，在长江流域和西南地区应用较广。

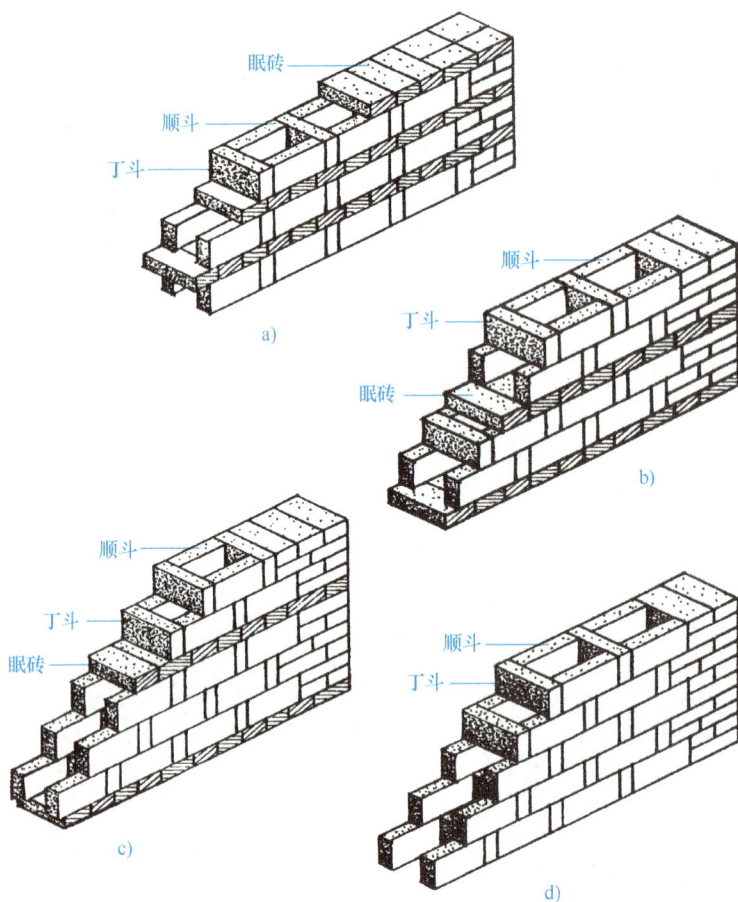

图 12-9　空斗墙的构造

a）一眠一斗　b）一眠二斗　c）一眠三斗　d）无眠空斗

空斗墙遇下列情况不宜采用：

1）土质软弱，且可能引起建筑物不均匀下沉时。

2）门窗洞口面积超过墙面积50%以上时。

3）建筑物受到振动荷载时。

4）地震烈度为6度或6度以上地区。

3. 组合墙

组合墙是指由两种或两种以上材料组合形成的复合墙体，如图12-10所示。组合墙的组合方式一般有三种：砖墙的一侧附加保温材料（图12-10a）；砖墙中间填充保温材料（图12-10b）；砖墙中间设置空气间层或带有铝箔的空气间层（图12-10c）。

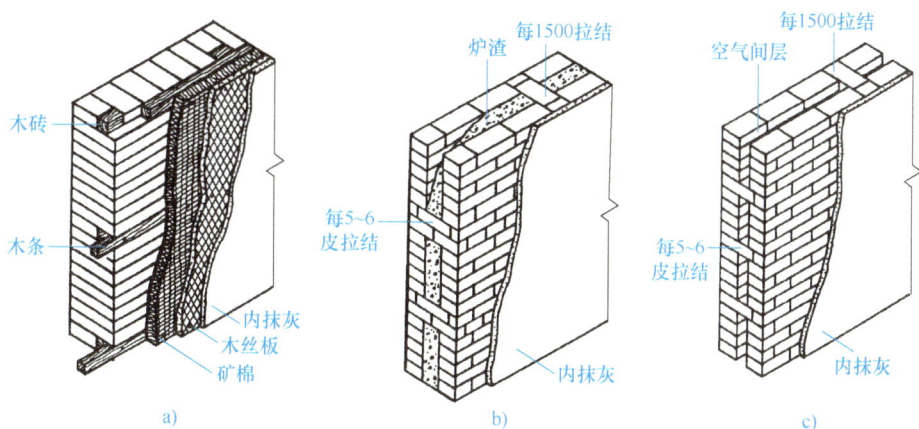

图 12-10　组合墙的构造
a) 单面贴保温材料　b) 墙中填充保温材料　c) 墙中设置空气间层

12.2.3　砖墙的细部构造

一、墙脚构造

1. 勒脚

勒脚是外墙外侧与室外地面接近的部位。勒脚经常受到地面水、檐口滴水的浸溅，同时容易受碰撞，如不采取措施加以防护，就会对建筑造成损害。常见的构造做法是在勒脚部位将墙体适当加厚或用石材砌筑，还可在外侧抹水泥砂浆、水刷石等面层，或贴天然石材，如图 12-11 所示。勒脚的高度一般距室外地坪 500mm 以上或考虑造型的要求与窗台平齐。其主要作用：一是保护近地墙身不因外界雨、雪的侵袭而受潮、受冻以致破坏；二是加固墙身，以防因碰撞而使墙身受损；三是对建筑物的立面处理产生一定的装饰效果。

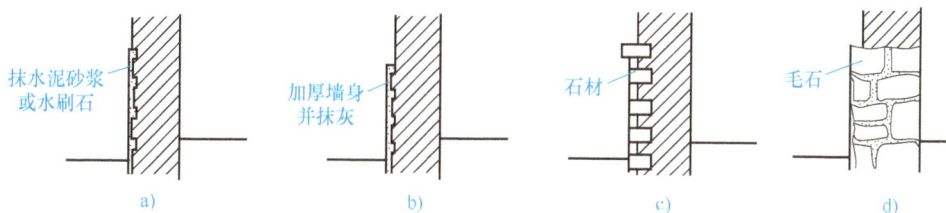

图 12-11　勒脚的构造
a) 抹水泥砂浆或水刷石　b) 加厚墙身并抹灰　c) 镶砌石材　d) 用毛石砌筑

2. 散水与明沟

散水是沿建筑物外墙四周设置的向外倾斜的坡面。其作用是把屋面下落的雨水排到远处，进而保护墙根不受雨水等侵蚀。散水的宽度一般为 600 ~ 1000mm，坡度为 3% ~ 5%，并应比屋顶檐口宽出 100 ~ 200mm。散水构造如图 12-12 所示。

散水

明沟

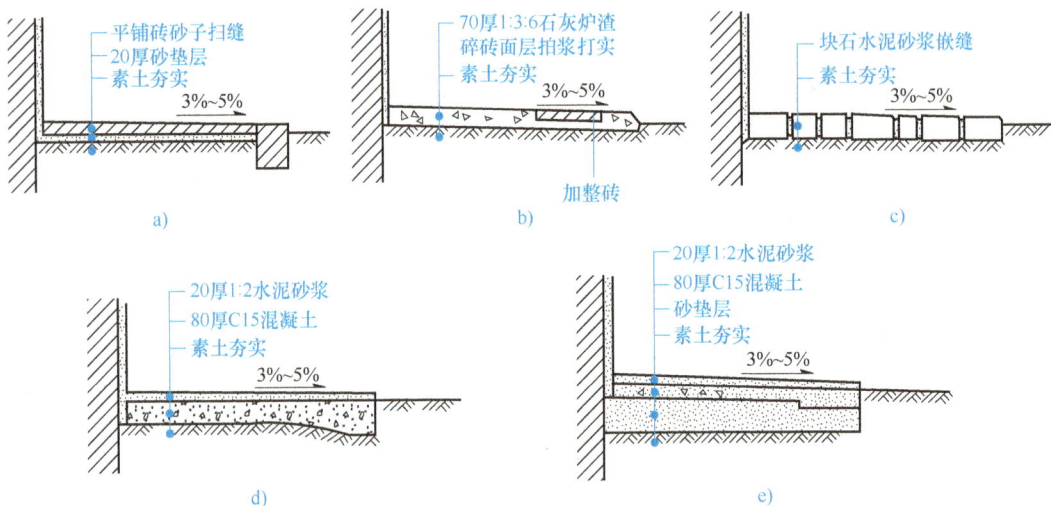

图 12-12　散水构造

a）砖散水　b）三合土散水　c）块石散水　d）混凝土散水　e）季节性冰冻地区的散水

明沟又称为阳沟、排水沟，位于建筑物的四周。其作用是把屋面下落的雨水有组织地导向地下排水集井（又称为集水口）进而流入下水道，沟底应有不小于1%的纵向坡度。

3. 防潮层

为防止土壤中的水分由于毛细作用进入墙内，而在墙中设置的连续防水层称为墙身防潮层，简称防潮层。防潮层的构造做法有防水砂浆防潮层、细石混凝土防潮层和油毡防潮层等。防潮层的位置与地面情况有关，一般有以下几种情况：

1）当室内地面为实铺构造时，防潮层的位置应设在室外地面以上、首层室内地面混凝土垫层的上下表面之间，一般在室内地面以下60mm处。

2）当室内地面垫层为混凝土等密实材料时，防潮层的位置应设在垫层范围内且低于室内地面60mm处，同时还应至少高于室外地面50mm，如图12-13a所示。

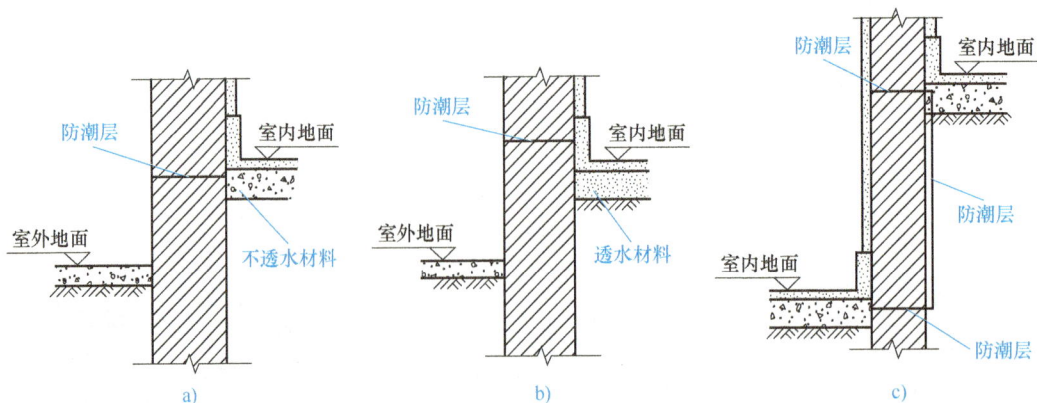

图 12-13　墙身防潮层的位置

a）地面垫层为密实材料　b）地面垫层为透水材料　c）内墙两侧地面有高差

3）当室内地面垫层为透水材料时（如炉渣、碎石等），防潮层的位置可与室内地面平齐或高于室内地面 60mm，如图 12-13b 所示。

4）当内墙两侧地面出现高差时，应在墙身内设高低两道水平防潮层，并在靠土壤一侧设垂直防潮层，如图 12-13c 所示。

二、踢脚板与墙裙构造

1. 踢脚板

踢脚板是室内地面与墙面相交处的构造，所用的材料一般与地面材料相同，其高度一般为 100mm 左右。踢脚板的作用是保护墙面，防止污染墙身。常见踢脚板的构造做法如图 12-14 所示。

踢脚板

a)

b)

c)

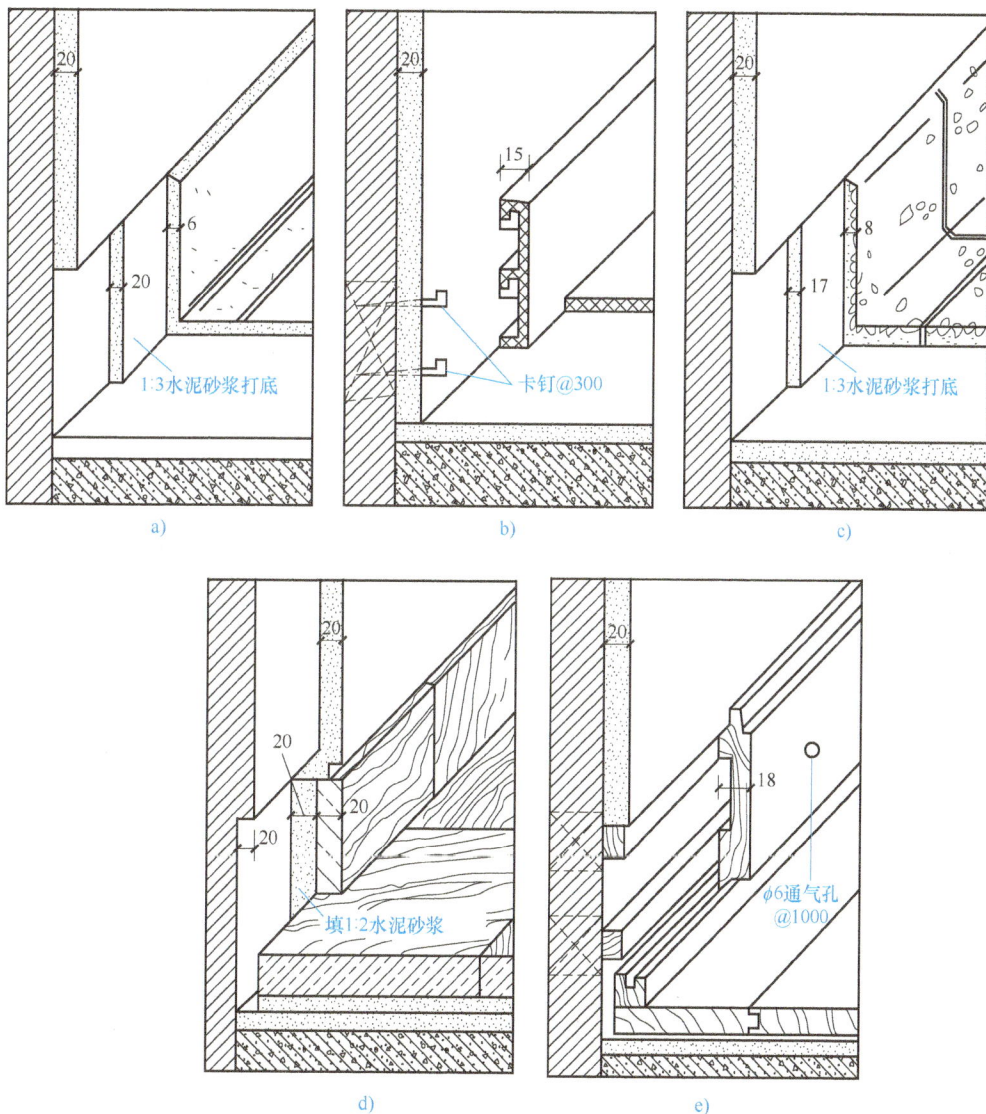

d)

e)

图 12-14　常见踢脚板的构造做法

a）水泥砂浆踢脚板　b）塑料地板踢脚板　c）水磨石踢脚板

d）大理石（花岗石）踢脚板　e）硬木踢脚板

2. 墙裙

墙裙是踢脚板的延伸，墙裙的高度为 1200~1800mm，建筑中一般多采用水泥砂浆、水磨石或粘贴饰面砖等。常用墙裙的构造做法如图 12-15 所示。

墙裙

a)

10厚1:2水泥砂浆罩面，压实赶光
15厚1:3水泥砂浆打底，扫毛或划出纹道
砖砌体
R20
水泥地面

b)

满刮腻子，打磨平整，刷乳胶漆二道
5厚1:2水泥砂浆罩面，压实赶光
15厚1:3水泥砂浆打底，扫毛或划出纹道
砖砌体
R20
水泥地面

c)

152×25×5腰线(成品)
贴4~5厚瓷砖，稀白水泥浆兑色擦缝
3~4厚1:1水泥砂浆加建筑胶(水重的20%)粘结层
17厚1:3水泥砂浆打底，扫毛或划出纹道
砖砌体
152×28×5阴角条
R28
地砖地面

d)

8厚1:2水磨石罩面，刷素水泥浆一道(内掺建筑胶)
5厚1:2水泥砂浆，扫毛或划出纹道
15厚1:3水泥砂浆打底，扫毛或划出纹道
砖砌体
R20
水磨石地面

e)

10厚大理石(或磨光花岗石)，稀水泥浆擦缝
5厚1:1水泥砂浆加建筑胶(水重的20%)粘结层
15厚1:3水泥砂浆打底，扫毛或划出纹道
砖砌体
大理石地面(或磨光花岗石地面)

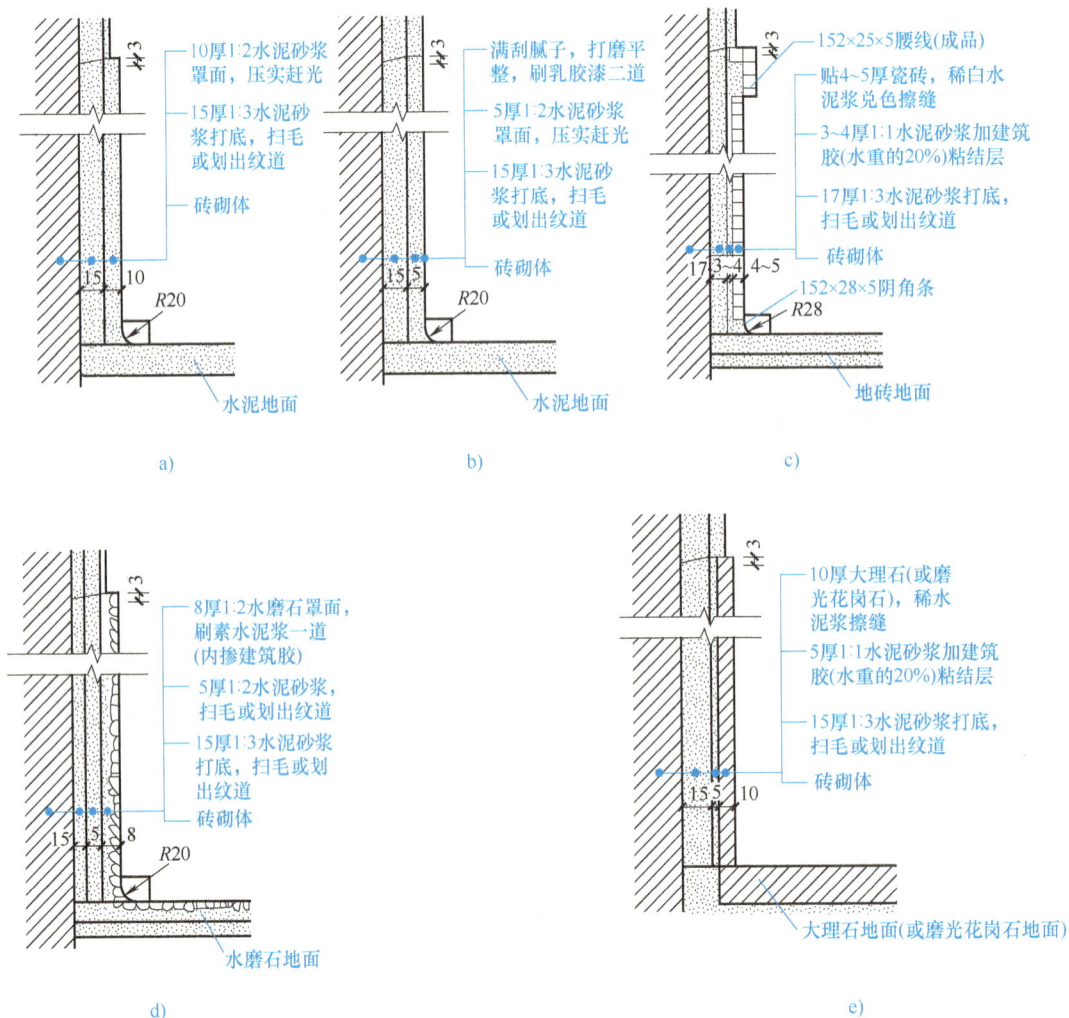

图 12-15　常用墙裙的构造做法
a) 水泥砂浆墙裙　b) 乳胶漆墙裙　c) 瓷砖墙裙
d) 水磨石墙裙　e) 大理石（花岗石）墙裙

三、窗台构造

窗台是窗洞下部的排水构造，它的作用是排除窗外侧流下的雨水和窗内侧的冷凝水。外窗台面层应采用不透水材料，并应自窗向外倾斜。内窗台面层可用水泥砂浆抹面或预制水磨石及木窗台板等做法，内窗台的台面应高于外窗台的台面。窗台的构造做法如图 12-16 所示。

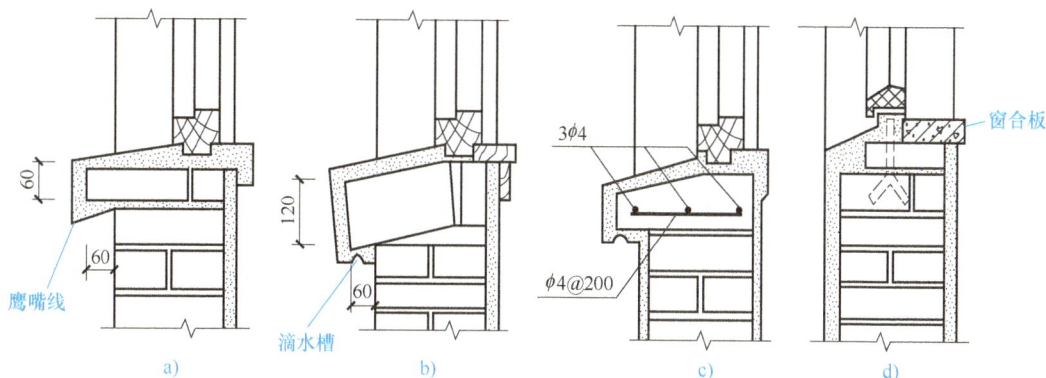

图 12-16　窗台的构造做法

a）平砌砖窗台　b）侧砌砖窗台　c）混凝土窗台　d）不悬挑窗台

四、门窗过梁构造

墙体上开设洞口时，洞口上部的横梁称为过梁。过梁的作用是支撑洞口以上的砌体自重和梁、板传来的荷载，并把这些荷载传给洞口两侧的墙体。目前，常用的过梁有砖过梁、钢筋砖过梁和钢筋混凝土过梁。

过梁

1. 砖过梁

砖过梁常见的有平拱砖过梁和弧形拱砖过梁两种。平拱砖过梁由砖侧砌而成，砖应为单数并对称于中心向两边倾斜。弧形拱砖过梁的立面呈弧形或半圆形，起拱高度一般为跨度的 1/15～1/10，过梁跨度一般为 2～3m。

2. 钢筋砖过梁

钢筋砖过梁是用砖平砌，并在灰缝中加适量钢筋。钢筋砖过梁的跨度不应超过 1.5m，砂浆的强度等级不宜低于 M5.0。其做法是在第一皮砖下的砂浆层内放置钢筋，钢筋的数量为每 120mm 墙厚不少于 1ϕ5，钢筋每边伸入砌体支座内的长度不宜小于 240mm。钢筋砖过梁的高度应经计算确定，一般不小于 5 皮砖厚度，同时不小于洞口跨度的 1/5。

3. 钢筋混凝土过梁

当洞口跨度超过 2m，或荷载较大，或有可能产生不均匀沉降时，应采用钢筋混凝土过梁。钢筋混凝土过梁有现浇钢筋混凝土过梁和预制钢筋混凝土过梁（图 12-17）两种。钢筋混凝土过梁的断面尺寸和配筋由计算确定，其截面形状有矩形、L 形和组合式三种。

五、圈梁构造

圈梁是指沿房屋外墙、内纵墙（承重）和部分横墙在墙内设置的连续封闭的梁。它的作用是加强房屋的空间刚度和整体性，防止由于地基不均匀沉降、振动荷载等引起的墙体开裂，提高建筑物的抗震能力。

圈梁

1. 设置原则

1）砖砌体房屋，当檐口标高为 5.000～8.000m 时，应在檐口标高处设置一道圈梁；檐口标高大于 8.000m 时，应增加圈梁的设置数量。

2）砌块及料石砌体房屋，当檐口标高为 4.000～5.000m 时，应在檐口标高处设置一道圈梁；檐口标高大于 5.000m 时，应增加圈梁的设置数量。

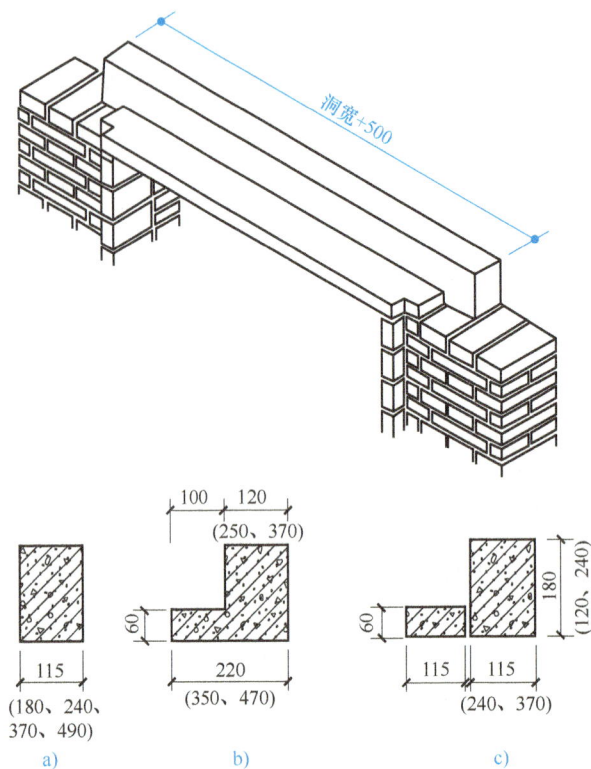

图 12-17　预制钢筋混凝土过梁
a）矩形截面　b）L形截面　c）组合式截面

3）有起重机或较大振动设备的单层工业房屋，除檐口或窗顶标高处设置现浇钢筋混凝土圈梁外，还应根据受力计算结果增加设置数量。

4）多层砌体民用房屋，如宿舍、办公楼等，当层数为 3～4 层时，应在檐口标高处设置圈梁一道；当层数超过 4 层时，应在所有纵墙上隔层设置圈梁。

5）多层砌体工业房屋，应每层设置现浇钢筋混凝土圈梁。

6）位于软土地基上的砌体房屋，除按以上规定设置圈梁外，还应符合《建筑地基基础设计规范》（GB 50007—2011）的有关规定。

2. 圈梁的构造

1）圈梁宜连续地设在同一水平面上并应封闭。当圈梁被门窗洞口截断时，应在洞口上方增设截面相同的附加圈梁。

2）纵、横墙交接处的圈梁应有可靠的连接。

3）钢筋混凝土圈梁的宽度宜与墙厚相同，当墙厚大于 240mm 时，圈梁宽度不宜小于 2/3 墙厚，圈梁高度不应小于 120mm。

4）当圈梁兼作过梁时，过梁部分的钢筋应按计算单独配置。

5）采用现浇钢筋混凝土楼（屋）盖的多层砌体结构房屋，当层数超过 5 层时，除在檐口标高处设置一道圈梁外，可隔层设置圈梁，并与楼（屋）面板一起现浇。未设置圈梁的楼面板嵌入墙内的长度不应小于 120mm，并沿墙长配置不少于 2φ10 的纵向钢筋。

六、构造柱构造

构造柱不是结构构件，属于构造措施。施工中通常在边角和墙的交接处，以及过长的墙的中间等位置浇筑构造柱，并与圈梁相结合，可增强砌体的抗震性能。

构造柱

1. 作用

构造柱可增强墙体的稳定性或局部强度，增强建筑的抗震性能，防止发生局部破坏或整体倒塌。

2. 设置部位

构造柱的设置部位一般是外墙转角处、内外墙交接处、较大洞口的两侧、较长墙段的中部，以及楼梯、电梯的四角等。

3. 构造要点

构造柱的断面尺寸设计由结构工种确定，且厚度一般同墙体厚度。构造柱要与圈梁、地梁、基础梁整体浇筑，与砖墙墙体要通过水平拉结筋连接。如果构造柱位于建（构）筑物的中间位置，则要与分布筋进行连接。

构造柱必须与圈梁紧密连接形成空间骨架。构造柱的最小截面尺寸为 240mm × 180mm；当采用黏土多孔砖时，构造柱的最小截面尺寸为 240mm × 240mm。

七、变形缝构造

房屋受到外界各种因素的影响，会产生变形、开裂，影响结构安全。为防止房屋发生破坏，常将房屋分成几个独立变形的部分，使各部分能独立变形，互不影响，各部分之间的缝隙称为变形缝。

变形缝

变形缝包括伸缩缝、沉降缝和防震缝。在长度或宽度较大的建筑物中，为避免由于温度变化引起材料的热胀冷缩导致构件开裂，沿竖向将建筑物基础以上部分全部断开的预留缝称为伸缩缝。沉降缝是为了预防建筑物各部分由于不均匀沉降引起的破坏而设置的变形缝。为防止建筑物各部分由于地震引起房屋破坏所设置的垂直缝称为防震缝。

1. 伸缩缝

伸缩缝的设置应从基础的顶面开始，墙体、楼板、屋顶均应设置，其中墙体在伸缩缝处应断开。伸缩缝的间距与结构的类型和对结构的约束有关，伸缩缝的宽度一般为 20 ～ 40mm。为避免风、雨对室内的影响，以及避免伸缩缝过多传热，伸缩缝可砌成企口式或错口式，如图 12-18 所示。伸缩缝内可填充沥青麻丝或玻璃棉毡等有弹性的纤维保温材料，以保证在伸缩缝发生变化时仍能填充缝隙。

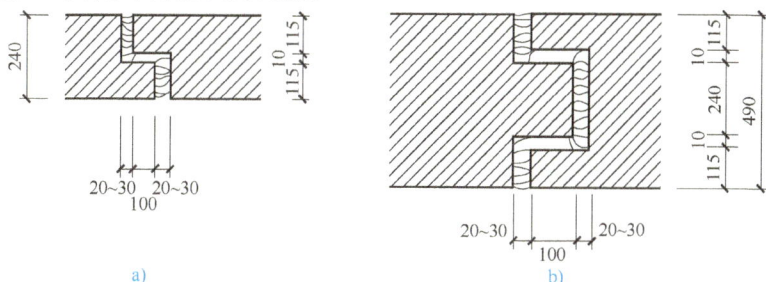

图 12-18　墙体伸缩缝的类型
a）错口式　b）企口式

2. 沉降缝

沉降缝是在房屋的适当位置设置的垂直缝隙，把房屋划分为若干个刚度一致的单元，使相邻单元可以自由沉降，而不影响房屋整体。沉降缝应将基础包括在内，从屋顶到基础的全部构件均需分开。沉降缝可以兼起伸缩缝的作用，但伸缩缝不能代替沉降缝。沉降缝的宽度随地基情况和建筑物的高度不同而不同，地基越软弱，建筑物越高，沉降缝的宽度就越大。墙体沉降缝的构造如图 12-19 所示。

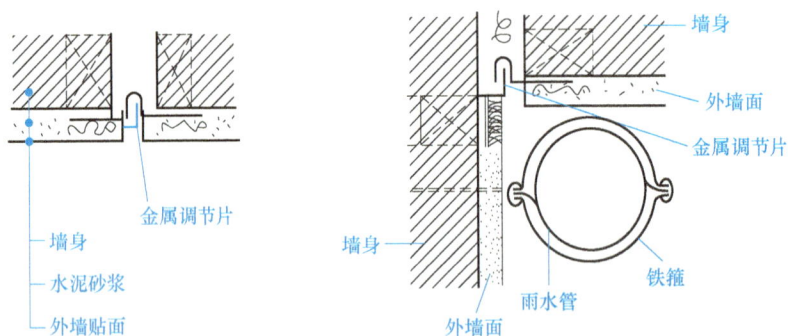

图 12-19 墙体沉降缝的构造

3. 防震缝

防震缝应沿房屋基础顶面以上全结构布置，缝的两侧均应设置墙体，基础因埋在土中可不设缝。防震缝的宽度一般为 50～100mm。地震设防地区房屋的伸缩缝和沉降缝设置应满足防震缝的要求。防震缝的构造要求与伸缩缝相似。

任务 12.3 隔墙构造

隔墙是把房屋内部分割成若干房间或空间的墙体，隔墙是不承重墙体，对隔墙的要求是重量轻、厚度小、隔声、耐火、耐湿、便于拆装等。

隔墙按构造方式可分为块材式隔墙、立筋式隔墙、板材式隔墙三种。

12.3.1 块材式隔墙

块材式隔墙是指用普通砖、空心砖、加气混凝土砌块等块材砌筑的墙，一般分为砖隔墙和砌块隔墙。

1. 砖隔墙

砖隔墙的厚度有 1/2 砖（图 12-20）和 1/4 砖两种，砌筑砂浆的强度等级一般不低于 M2.5。施工时，在隔墙顶部与楼板的相接处，用立砖斜砌，或留出 30mm 的缝隙并抹灰封口。隔墙上设门时，须用预埋件或木砖将门框拉结牢固。

2. 砌块隔墙

为了减轻隔墙自重，砌块隔墙一般采用加气混凝土砌块、水泥矿渣空心砖、粉煤灰硅酸盐砌块砌筑，砌块的厚度一般为 90～120mm，砌筑时应在隔墙下砌 3～5 皮普通砖。

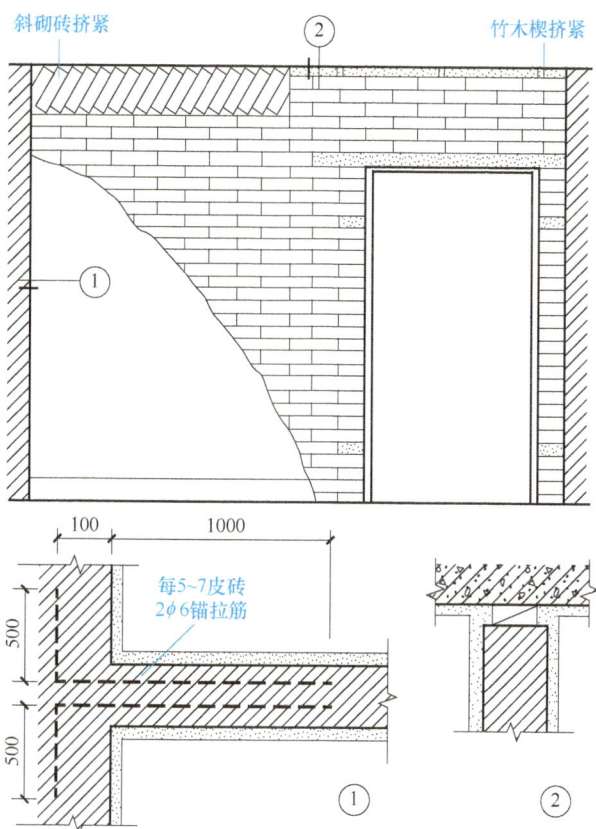

斜砌砖挤紧

竹木楔挤紧

100   1000

每5~7皮砖
2φ6锚拉筋

500

500

① ②

图 12-20 1/2 砖隔墙构造

12.3.2 立筋式隔墙

立筋式隔墙也称为立柱式隔墙、龙骨式隔墙，它以木材、钢材或其他材料构成骨架，把面层钉接、涂抹或粘贴在骨架上形成隔墙，如图 12-21 所示。立筋式隔墙常用的骨架有木骨架、型钢骨架、轻钢骨架、铝合金骨架和石膏骨架等，面层有抹灰面层和人造板面层。

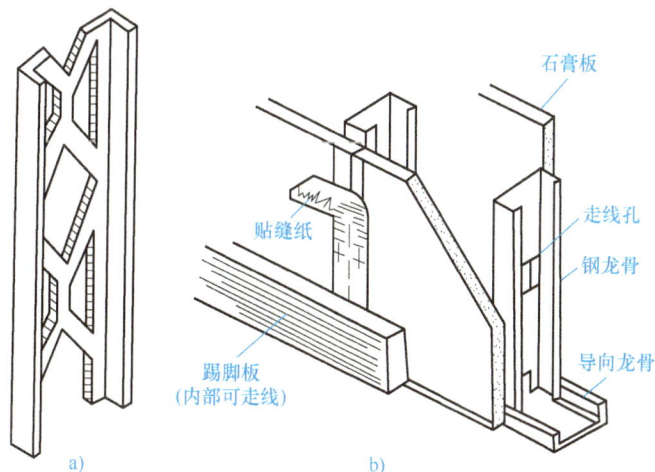

石膏板

贴缝纸

走线孔

钢龙骨

踢脚板
(内部可走线)

导向龙骨

a)   b)

图 12-21 立筋式隔墙构造

a）钢龙骨 b）隔墙构造

12.3.3 板材式隔墙

板材式隔墙常用的板材有加气混凝土板、石膏珍珠岩板及各种复合板等。安装时，板的下部先用小木楔顶紧，然后用细石混凝土堵严，板缝用胶粘剂粘接，并用胶泥刮缝。板材式隔墙的表面经整体整平后再做表面装修。板材式隔墙如图 12-22 所示。

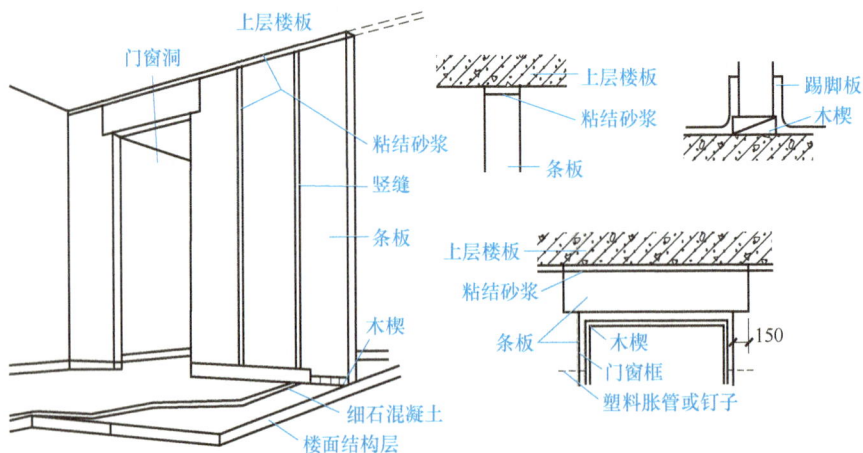

图 12-22　板材式隔墙构造

项目小结

本项目重点介绍了墙体的类型、墙体结构布置要求、墙体构造以及隔墙构造等内容。墙是建筑物竖直方向的主要构件，起分隔、围护和承重等作用，并具有隔热、保温、隔声等功能。墙体的种类较多，既有单一材料的墙体，也有复合材料的墙体。综合考虑围护、承重、节能、美观等因素，设计出合理的墙体方案是建筑构造的重要任务。

思 考 题

一、填空题

1. 墙体按构造方式不同，有_____、_____、_____。

2. 按墙体受力情况的不同，可分为_____和_____。

3. 标准砖的规格为_____。砌筑砖墙时，应遵循_____的原则，避免形成通缝。

4. 变形缝包括_____、_____和_____三种类型。

5. 伸缩缝的缝宽为____mm。

二、选择题

1. 下列哪种做法不是墙体的加固做法（　　　）。

A. 当墙体长度超过一定限度时，在墙体局部位置增设壁柱

B. 设置圈梁

C. 设置钢筋混凝土构造柱

D. 在墙体适当位置用砌块砌筑

2. 在砖混结构建筑中，承重墙的结构布置方式有（　　）。

A. 横墙承重、纵墙承重　　　　　B. 横墙承重、山墙承重

C. 纵横墙承重、部分框架承重　　D. 横墙承重、纵墙承重，纵横墙承重、部分框架承重

3. 图 12-23 中，砖墙的组砌方式是（　　）。

A. 梅花丁　　　B. 多顺一丁　　C. 一顺一丁　　D. 全顺式

4. 图 12-24 中，砖墙的组砌方式是（　　）。

A. 梅花丁　　　B. 多顺一丁　　C. 全顺式　　　D. 一顺一丁

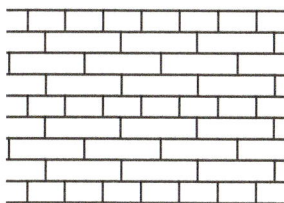　

图 12-23　题 3 图　　　　　　　　　图 12-24　题 4 图

5. 为防止建筑物在外界因素影响下发生变形和开裂导致结构破坏而设计的缝叫（　　）。

A. 构造缝　　　B. 分仓缝　　　C. 变形缝　　　D. 通缝

三、简答题

1. 墙体根据其所处位置不同、受力不同、材料不同、构造不同可分为哪几种类型？

2. 圈梁和构造柱的作用是什么？简述其构造要点。

项目13

楼板层与地坪层

学习目标

(1) 了解楼板层的作用和设计要求。

(2) 熟悉楼板层的类型。

(3) 掌握楼板层的组成。

(4) 掌握现浇钢筋混凝土楼板的类型及构造。

(5) 熟悉装配整体式钢筋混凝土楼板的类型及构造。

(6) 熟悉顶棚的类型及构造。

(7) 掌握地坪层的构造。

(8) 熟悉楼地面的分类和细部构造。

(9) 熟悉阳台与雨篷的类型及构造。

任务 13.1　楼板层概述

13.1.1　楼板层的作用

楼板层既是建筑空间的水平分隔构件，又是建筑结构的承重构件。楼板层一方面承受自重和楼板层上的全部荷载，并把荷载传给墙或柱，增强房屋的刚度和整体稳定性；另一方面，楼板层对墙体起水平支撑作用，减少了风和地震产生的水平力对墙体的影响，增加了建筑物的整体刚度。此外，楼板层还具备一定的防火、隔声、防水、防潮等能力，并具有一定的装饰和保温效果。

楼板层是在整体结构中保证房屋总体强度、刚度和稳定性的构件之一，对房屋起稳定作用。例如：在框架建筑中，楼板层是保证全部结构在水平方向不变形的水平支撑构件；在砖混结构建筑中，当横向隔墙间距较大时，楼板层可以使外墙承受的水平风荷载传至横向隔墙上，以增加房屋的稳定性。

13.1.2　楼板层的类型

楼板层按结构层所用材料的不同，可分为木楼板、砖拱楼板、钢筋混凝土楼板、压型钢板组合楼板等，如图 13-1 所示。

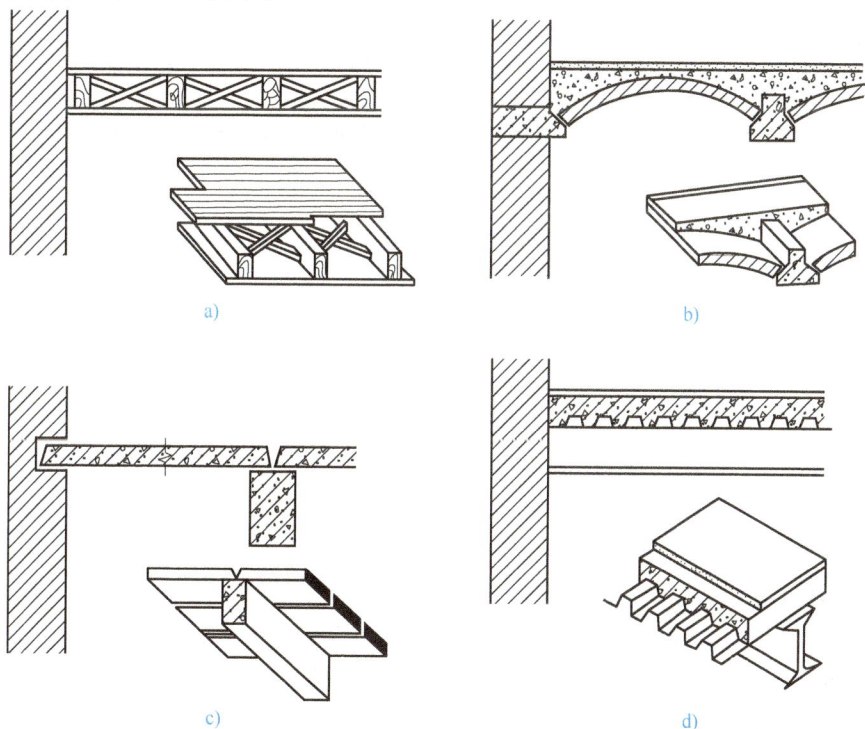

图 13-1　楼板层的类型
a）木楼板　b）砖拱楼板　c）钢筋混凝土楼板　d）压型钢板组合楼板

1. 木楼板

木楼板是在木搁栅之间设置剪刀撑，形成有足够整体性和稳定性的骨架，并在木搁栅的上下方铺钉木板形成的楼板，如图 13-1a 所示。这种楼板构造简单、自重轻、热导率小；但耐久性和耐火性能差，木材用量大，除木材产区外其他地区较少采用。

2. 砖拱楼板

砖拱楼板是先在墙或柱上架设钢筋混凝土小梁，然后在钢筋混凝土小梁之间用砖砌成拱形结构所形成的楼板，如图 13-1b 所示。砖拱楼板可节约钢材、水泥、木材用量，造价较低；但承载能力和抗震能力较差，结构层所占的空间较大，顶棚不平整，施工较烦琐，所以现在已基本不采用。

3. 钢筋混凝土楼板

钢筋混凝土楼板具有强度高、刚度大、耐久性和耐火性能好，便于工业化生产等优点，是目前应用较为广泛的楼板类型，如图 13-1c 所示。

4. 压型钢板组合楼板

压型钢板组合楼板是利用压型钢板作为衬板与混凝土浇筑在一起支撑在钢梁上制成，具有刚度大、整体性好、可简化施工程序等优点；但需要经常维护，如图 13-1d 所示。

13.1.3 楼板层的组成

楼板层通常由面层、结构层、顶棚及附加层组成，各层所起的作用各不相同，如图 13-2 所示。

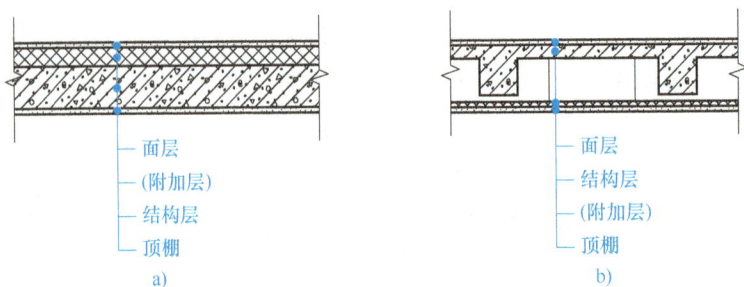

— 面层
— （附加层）
— 结构层
— 顶棚
a)

— 面层
— 结构层
— （附加层）
— 顶棚
b)

图 13-2 楼板层的组成

1）面层，又称为楼面或地面，是楼板层的最上层。面层起着保护楼板层、承受并传递荷载的作用，同时又可美化室内装饰。

2）结构层，又称为楼板，是楼板层的承重构件，一般包括梁和板。结构层的主要功能是承受楼板层上的全部荷载，并将荷载传给墙或柱；同时，对墙身起支撑作用，以加强建筑物的刚度和整体性。

3）顶棚，又称为天花板，是楼板层的最下层。顶棚的主要作用是保护楼板、安装灯具、遮掩各种水平管线与设备、改善室内光照条件、装饰美化室内空间等。顶棚在构造上有直接抹灰顶棚、粘贴类顶棚和吊顶等多种形式。

4）附加层，又称为功能层，根据使用功能的不同有不同的设置形式，用以满足保温、隔声、隔热、防水、防潮、防腐蚀、防静电等要求。

13.1.4 楼板层的设计要求

楼板层的设计应满足建筑的使用、结构、施工以及经济等多方面的要求。

1. 满足强度和刚度要求

楼板层必须具有足够的强度和刚度才能保证楼板的安全使用。

1）足够的强度是指楼板能够承受自重和不同的使用要求下的使用荷载（如人群、家具、设备等产生的荷载，也称为活荷载）而不损坏。自重是楼板层构件材料的净重，其大小也会影响墙、柱、墩、基础等支撑部分的尺寸。

2）足够的刚度可以使楼板在一定的荷载作用下不会发生超过规定的形变挠度，在人走动和重力作用下不会发生显著的振动。刚度用相对挠度来衡量，即绝对挠度与跨度的比值。

2. 满足隔声要求

为了防止噪声通过楼板传到上下相邻的房间，楼板层应具有一定的隔声能力。不同使用要求的房间对隔声的要求不同，我国对住宅楼板的隔声标准中规定：一级隔声标准为65dB，二级隔声标准为75dB等。对一些有特殊使用要求的公共建筑，如医院、广播室、录音室等，则有着更高的隔声要求。

楼板层的隔声包括隔绝空气传声和隔绝固体传声两方面，后者更为重要。

1）空气传声如人的说话声及演奏乐器的声音都是通过空气传播的。隔绝空气传声应采取使楼板层无裂缝、无孔洞及增加楼板层密度等措施。

2）固体传声一般是由上层房间对下层房间产生影响，如步履声、移动家具对楼板层的撞击声、洗衣机的振动对楼板层的影响等，都是通过楼板层传递的。由于声音在固体中传递时声能衰减很少，所以固体传声的影响更大，是楼板层隔声的重点内容。

提高楼板层隔声能力的措施有以下几种：

1）选用空心构件来隔绝空气传声。

2）在楼板面铺设弹性面层，如橡胶、地毡等。

3）在面层下铺设弹性垫层。

4）在楼板下设置顶棚。

3. 满足热工、防火、防潮等要求

在冬季采暖建筑中，当上下两层楼温度不同时，应在楼板层构造中设置保温材料，以减少热损失，并使构件表面的温度与房间的温度之差不超过规定值。在不采暖建筑中的起居室、卧室等房间，从满足人们卫生和舒适的需求出发，楼面的铺面材料不宜采用蓄热系数过小的材料，如红砖、石块、锦砖、水磨石等，因为这些材料在冬季容易传导人们足部的热量而使人缺乏舒适感。

采暖建筑中楼板等构件搁入外墙的部分应具备足够的热阻，或设置保温材料来提高该部位的隔热性能。否则，热量可能通过此处散失，而且易产生凝结水，影响使用。

从防火和安全角度考虑，一般楼板层的承重构件应尽量采用耐火与半耐火材料制造。如果局部采用可燃材料时，应进行防火特殊处理；木构件除了要进行防火处理以外，还应注意防腐、防蛀。

潮湿的房间如卫生间、厨房等，应要求楼板层不透水。除了支撑构件采用钢筋混凝土以外，还可以设置有防水性能、易于清洁的各种铺面，如面砖、水磨石等。与防潮要求较高的房间上下相邻时，还应对楼板层进行特殊处理。

4. 满足经济方面的要求

在多层房屋中，楼板层的造价一般会占建筑总造价的 20% ~ 30%，因此楼板层的设计应力求经济合理。施工时，应尽量就地取材和提高装配化的程度；在进行结构布置和确定构造方案时，应与建筑物的质量标准和房间的使用要求相适应。

5. 满足建筑工业化的要求

在多层或高层建筑中，楼板结构占相当大的比重，要求在进行楼板层设计时，应尽量考虑减轻自重和减少材料的消耗，并为建筑工业化创造条件，以加快建造速度。

任务 13.2 钢筋混凝土楼板构造

13.2.1 现浇钢筋混凝土楼板

现浇钢筋混凝土楼板是在施工现场通过支模、绑扎钢筋、浇筑混凝土及养护等工序形成的楼板。这种楼板具有能够自由成型、整体性好、抗震性能好的优点；但模板用量大、工序多、工期长、工人劳动强度大，并且施工受季节影响较大，适用于地震区建筑及平面形状不规则或防水要求较高的建筑。

现浇钢筋混凝土楼板根据受力和传力情况分为板式楼板、梁板式楼板、井字梁楼板、无梁楼板和压型钢板组合楼板。

1. 板式楼板

楼板内不设置梁，将板直接搁置在墙上的楼板称为板式楼板。板式楼板有单向板与双向板之分，如图 13-3 所示。当板的长边与短边之比大于 2 时，板基本上沿短边方向传递荷载，这种板称为单向板，板内的受力钢筋沿短边方向设置。双向板的长边与短边之比不大于 2，荷载沿双向传递，短边方向的内力较大，长边方向的内力较小，受力主筋平行于短边并摆在下面。

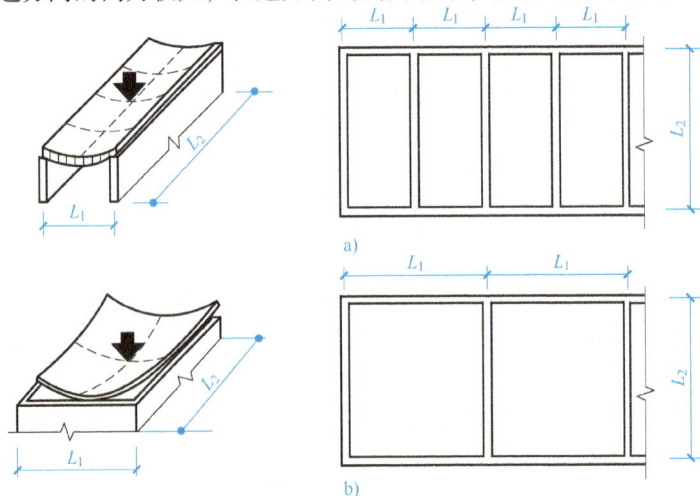

图 13-3 板式楼板

a) 单向板（$L_2/L_1 > 2$） b) 双向板（$L_2/L_1 \leqslant 2$）

板式楼板具有底面平整、美观、施工方便等优点，适用于小跨度房间，如走廊、厕所和厨房等。

2. 梁板式楼板（肋形楼板）

当跨度较大时，常在板下设梁以减小板的跨度，使楼板结构更经济合理，楼板上的荷载先由板传给梁，再由梁传给墙或柱，这种楼板称为梁板式楼板或梁式楼板，也称为肋形楼板，如图 13-4 所示。梁板式楼板中的梁可有主梁、次梁之分，次梁与主梁一般垂直相交，板搁置在次梁上，次梁搁置在主梁上，主梁搁置在墙或柱上，主梁可沿房间的纵向或横向布置。

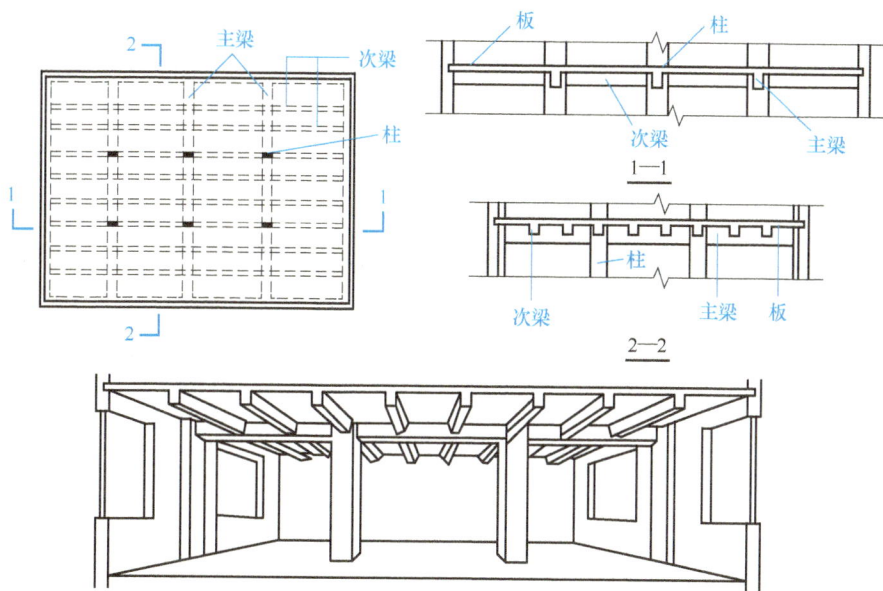

图 13-4　梁板式楼板

当梁支撑在墙上时，为避免墙体局部压坏，支撑处应有一定的支撑面积，一般情况下，次梁在墙上的支撑长度宜采用 240mm，主梁宜采用 370mm。

3. 井字梁楼板

井字梁楼板是梁板式楼板的一种特殊形式。当房间尺寸较大，并接近正方形时，常沿两个方向布置等距离、等截面高度的梁，板为双向板，形成井格形的梁板结构，纵梁和横梁同时承担着由板传递下来的荷载。井字梁楼板的跨度一般为 6～10m，板厚为 70～80mm，井格边长一般在 2.5m 之内。井字梁楼板有正井式和斜井式两种，梁与墙之间呈正交梁系的为正井式，如图 13-5a 所示；长方形房间梁与墙之间常采取斜向布置形成斜井式，如图 13-5b 所示。井字梁楼板常用于跨度为 10m 左右、长短边之比小于 1.5 的公共建筑的门厅、大厅。如果在井格梁下面加以艺术装饰处理，抹上线腰或绘上彩画，则可使顶棚更加美观。

4. 无梁楼板

无梁楼板是在楼板跨中处设置柱子来减小板跨，而不设梁，如图 13-6 所示。在柱与楼板的连接处，柱顶构造分为有柱帽和无柱帽两种。当楼面荷载较小时，采用无柱帽的形式；当楼面荷载较大时，为提高板的承载能

无梁楼板

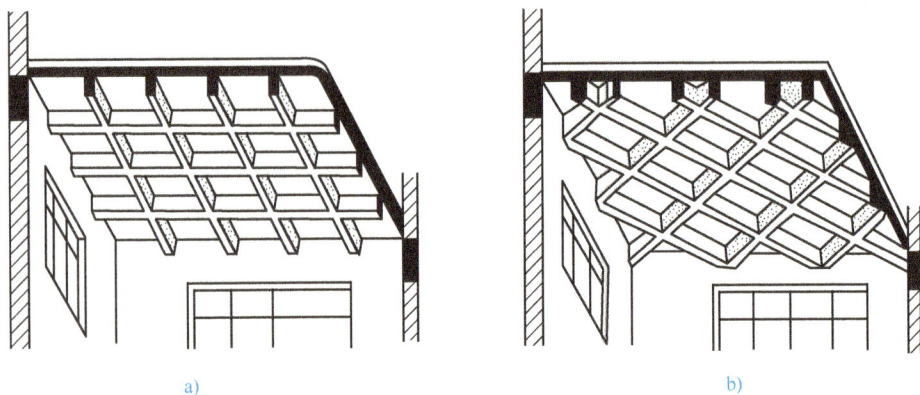

图 13-5　井字梁楼板
a）正井式　b）斜井式

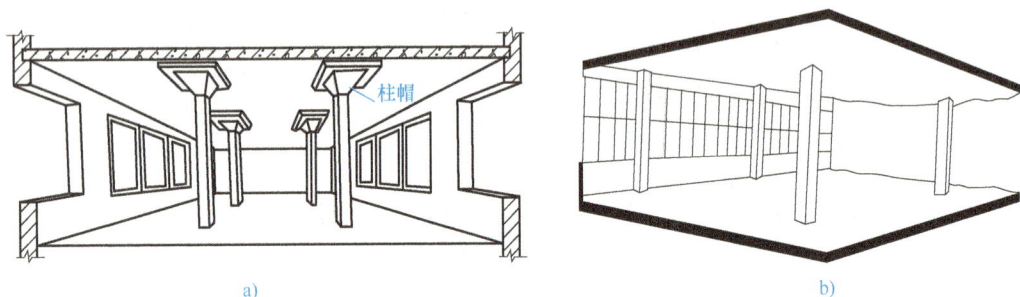

柱帽

a)　　　　　　　　　　　　　b)

图 13-6　无梁楼板
a）有柱帽　b）无柱帽

力、刚度和抗冲切能力，可以在柱顶设置柱帽和托板来减小板跨、增加柱对板的支托面积。无梁楼板的柱间距宜为 6m，呈方形布置。由于板的跨度较大，故板厚不宜小于 150mm，一般为 160~200mm。

无梁楼板的板底较平整，室内净空高度较大，采光、通风条件较好，便于采用工业化的施工方式，适用于楼面荷载较大的公共建筑（如商店、仓库、展览馆等）和多层工业厂房。

5. 压型钢板组合楼板

压型钢板组合楼板的基本构造形式如图 13-7 所示，它是由钢梁、压型钢板和现浇混凝土三部分组成。

压型钢板组合楼板的整体连接是由栓钉（又称为抗剪螺钉）将现浇混凝土、压型钢板和钢梁组合成整体的。栓钉是压型钢板组合楼板的抗剪连接件，楼面的水平荷载通过它传递到梁、柱上，所以又称为抗剪螺栓，其规格和数量是按楼板与钢梁连接的剪力大小确定的。栓钉应与钢梁焊接。

压型钢板
组合楼板

压型钢板的跨度一般为 2~3m，铺设在钢梁上，与钢梁之间用栓钉连接。上面浇筑的混凝土厚度为 100~150mm。压型钢板组合楼板中的压型钢板承受施工荷载，可认为是板底的

受拉钢筋，同时也是楼板的永久性模板。这种楼板简化了施工程序，加快了施工进度，并且具有较强的承载力、刚度和整体稳定性；但钢材消耗量较大，适用于多层、高层的框架结构或框剪结构。

使用压型钢板组合楼板时应注意：腐蚀性环境中应避免使用；应避免压型钢板长期暴露，以防生锈，破坏结构的连接性能；在动荷载作用下，应仔细考虑其细部设计，并注意保持结构组合作用的完整性和共振问题。

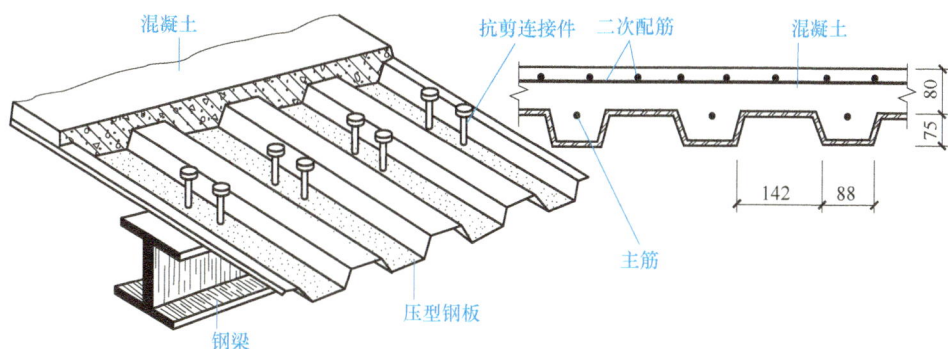

图 13-7　压型钢板组合楼板

13.2.2　装配整体式钢筋混凝土楼板

装配整体式钢筋混凝土楼板是先预制部分构件，然后在现场安装，再以整体现浇的方法连成一体的楼板。它克服了现浇板模板消耗量大、预制板整体性差的缺点，整合了现浇楼板整体性好和装配式楼板施工简单、工期短的优点，目前多用于住宅、宾馆、学校、办公楼等大量性建筑中。

装配整体式钢筋混凝土楼板按结构及构造方式可分为密肋填充块楼板和预制薄板叠合楼板。

1. 密肋填充块楼板

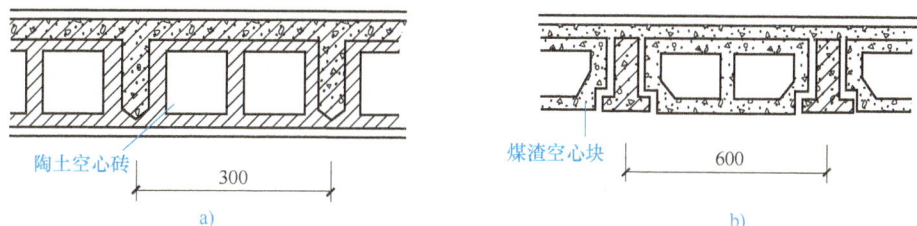

密肋填充块楼板（图 13-8）的密肋小梁有现浇和预制两种。现浇密肋填充块楼板是以陶土空心砖、矿渣混凝土空心块等作为肋间填充块来现浇密肋和面板制成。预制密肋填充块楼板是在预制小梁之间填充陶土空心砖、矿渣混凝土空心块、煤渣空心块，然后在其上现浇面层制成。密肋楼板板底平整，有较好的隔声、保温、隔热效果，在施工中空心砖既可起到模板作用，也有利于管道的敷设，常用于学校、住宅、医院等建筑中。

密肋填充块楼板

图 13-8　密肋填充块楼板

2. 预制薄板叠合楼板

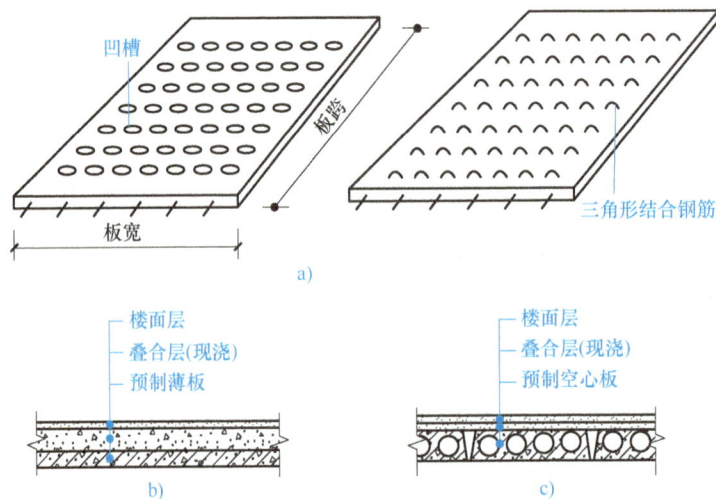

预制薄板叠合楼板（图13-9）是由预制薄板和现浇钢筋混凝土层叠合而成的装配整体式楼板。预制板既是叠合楼板结构的组成部分，又是现浇钢筋混凝土层的永久性模板，叠合层内可敷设水平管线。预制薄板叠合楼板的板底面较平整，可直接喷涂或粘贴其他装饰材料作为顶棚。

预制薄板叠合楼板

为了保证预制薄板与叠合层有较好的连接，薄板上表面需进行处理，

图 13-9　预制薄板叠合楼板
a）预制薄板的板面处理　b）预制薄板叠合楼板　c）预制空心板叠合楼板

如将薄板表面进行刻槽处理、板面露出较规则的三角形结合钢筋等。预制薄板的跨度一般为2.4～6m（最大可达到9m），板宽为1.1～1.8m，板厚通常不小于50mm。叠合层的厚度一般为100～120mm，以大于或等于薄板厚度的两倍为宜。预制薄板叠合楼板的总厚度一般为150～250mm。预制薄板叠合楼板的预制部分也可采用普通的钢筋混凝土空心板，只是叠合层的厚度较薄，一般为30～50mm。

任务13.3　顶棚构造

顶棚是指建筑物屋顶和楼层下表面的装饰构件，又称为天棚、天花板。顶棚是室内空间的顶界面，同墙面、楼地面一样，是建筑物的主要装修部位之一。当顶棚悬挂在承重结构下表面时，又称为吊顶。顶棚的构造设计与选择应从建筑功能、建筑声学、建筑照明、建筑热工、设备安装、管线敷设、维护检修、防火安全以及美观要求等多方面综合考虑。顶棚要求光洁、美观，能通过反射光照来改善室内采光及卫生状况，对某些有特殊要求的房间，还要求顶棚具有隔声、防水、保温、隔热等功能。

顶棚多为水平式，但根据房间用途的不同，顶棚可制成弧形、凹凸形、高低形、折线形等。

1. 顶棚的作用

1）改善室内环境，满足使用要求。顶棚的处理首先要考虑室内使用功能对建筑技术的要求，照明、通风、保温、隔热、吸收或反射声波、音响、防火等技术性能，直接影响着室内的环境与使用。如剧场的顶棚，要综合考虑光学、声学两个方面的设计问题：在表演区，多采用综合照明，面光、耳光、追光、顶光甚至脚光一并采用；观众厅的顶棚则应以声学为主，结合光学的要求，做成多种形式的造型，以满足声音反射、漫射、吸收和混响等方面的需要。

2）装饰室内空间。顶棚是室内装饰的一个重要组成部分，除满足使用要求外，还要考虑室内装饰效果、艺术风格的要求，即从空间造型、光影、材质等方面来渲染环境、烘托气氛。

不同功能的建筑和建筑空间对顶棚装饰的要求不一样，装饰构造的处理手法也有区别。顶棚选用不同的处理方法，可以取得不同的空间感觉：有的可以延伸和扩大空间感，对人的视觉起导向作用；有的可使人感到亲切、温暖、舒适，以满足人们生理上和心理上对环境的需要。例如，建筑物的大厅、门厅是建筑物的出入口、人流进出的集散场所，它们的装饰效果往往极大地影响着人的视觉对该建筑物及其空间的第一印象。所以，建筑物的大厅、门厅常常是重点装饰的部位，它们的顶棚，在造型上，多运用高低错落的设计手法，以求得富有生机的变化；在材料选择上，多选用一些不同色彩、不同纹理和富于质感的材料；在灯具选择上，多选用高雅、华丽的吊灯，以增加豪华的气氛。

2. 顶棚的分类

顶棚按饰面与基层的关系可分为直接式顶棚与悬吊式顶棚两大类。

（1）直接式顶棚　直接式顶棚是在屋面板或楼板结构底面直接制作饰面材料的顶棚。它具有构造简单、构造层厚度较小、施工方便、可取得较高的室内净空、造价较低等特点；但没有供隐蔽管线、设备的内部空间，故常用于普通建筑或空间高度受到限制的房间。

直接式顶棚按施工方法可分为直接抹灰式顶棚、直接喷刷式顶棚、直接粘贴式顶棚、直接固定装饰板顶棚及结构顶棚。

直接式顶棚

（2）悬吊式顶棚　悬吊式顶棚是指顶棚的装饰表面悬吊于屋面板或楼板下，并与屋面板或楼板留有一定距离的顶棚，俗称吊顶。悬吊式顶棚可结合灯具、通风口、音响、喷淋设施、消防设施等进行整体设计，形成变化丰富的立体造型。

悬吊式顶棚

悬吊式顶棚的类型有很多，从外观上分为平滑式顶棚、井格式顶棚、叠落式顶棚、悬浮式顶棚；以龙骨材料分类，有木龙骨悬吊式顶棚、轻钢龙骨悬吊式顶棚、铝合金龙骨悬吊式顶棚；以饰面层和龙骨的关系分类，有活动装配式悬吊式顶棚、固定式悬吊式顶棚；以顶棚结构层的显露状况分类，有开敞式悬吊式顶棚、封闭式悬吊式顶棚；以顶棚面层的材料分类，有木质悬吊式顶棚、石膏板悬吊式顶棚、矿棉板悬吊式顶棚、金属板悬吊式顶棚、玻璃发光悬吊式顶棚、软质悬吊式顶棚；以顶棚的受力大小分类，有上人悬吊式顶棚、不上人悬吊式顶棚；以施工工艺不同分类，有暗龙骨悬吊式顶棚和明龙骨悬吊式顶棚。

13.3.1　直接式顶棚

1. 饰面特点

直接式顶棚一般具有构造简单、构造层厚度较小、可以充分利用空间的特点，采用适当的处理手法可获得多种装饰效果。但直接式顶棚没有供隐藏管线、设备的内部空间，小口径的管线应预埋在楼盖结构、屋盖结构及其构造层内，大口径的管道则无法隐蔽。

2. 材料选用

直接式顶棚常用的材料有：

1）各类抹灰：纸筋灰抹灰、石灰砂浆抹灰、水泥砂浆抹灰等，普通抹灰用于一般房间，装饰抹灰用于装饰要求较高的房间。

2）涂刷材料：石灰浆、大白浆、彩色水泥浆、可赛银（酪素粉）等，用于一般房间。

3）壁纸等各类卷材：墙纸、墙布、其他织物等，用于装饰要求较高的房间。

4）面砖等块材：釉面砖等，用于有防潮、防腐、防霉要求或清洁要求较高的房间。

5）各类板材：胶合板、石膏板、各种装饰面板等，用于装饰要求较高的房间。

6）其他：石膏线条、木线条、金属线条等。

3. 基本构造

（1）直接喷刷顶棚　直接喷刷顶棚是在楼板底面的填缝刮平后直接喷或刷大白浆、石灰浆等涂料，以增加顶棚的反射光照作用，通常用于对观瞻要求不高的房间。

（2）抹灰顶棚　抹灰顶棚是在楼板底面勾缝或刷素水泥浆后进行抹灰装修，抹灰表面可喷式刷涂料，适用于一般装修标准的房间。

抹灰顶棚一般有麻刀灰（或纸筋灰）顶棚、水泥砂浆顶棚和混合砂浆顶棚等，其中麻刀灰顶棚应用最普遍。麻刀灰顶棚的做法是先用混合砂浆打底，再用麻刀灰罩面，如图13-10a、b所示。

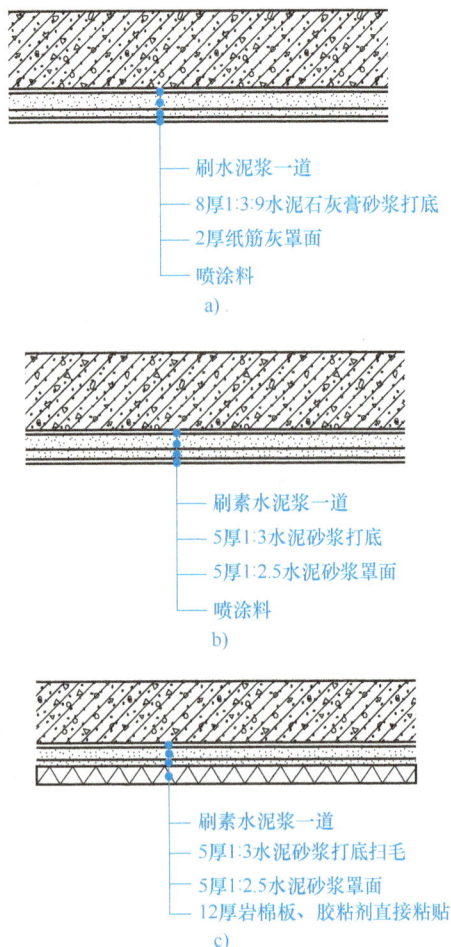

刷水泥浆一道
8厚1:3:9水泥石灰膏砂浆打底
2厚纸筋灰罩面
喷涂料
a)

刷素水泥浆一道
5厚1:3水泥砂浆打底
5厚1:2.5水泥砂浆罩面
喷涂料
b)

刷素水泥浆一道
5厚1:3水泥砂浆打底扫毛
5厚1:2.5水泥砂浆罩面
12厚岩棉板、胶粘剂直接粘贴
c)

图13-10　直接式顶棚构造
a)、b) 麻刀灰顶棚构造　c) 贴面顶棚构造

（3）贴面顶棚　贴面顶棚是在楼板底面用砂浆打底找平后，用胶粘剂粘贴墙纸、泡沫塑胶板、装饰吸声板、岩棉板等，一般用于楼板底部平整、不需要顶棚敷设管线而装修要求又较高的房间，或有吸声、保温隔热等要求的房间，如图13-10c所示。

13.3.2　悬吊式顶棚

1. 饰面特点

悬吊式顶棚（图13-11）可埋设各种管线，可镶嵌灯具，可灵活调节顶棚的高度，可丰富顶棚的空间层次和形式等，还可对建筑起到保温隔热、隔声的作用。同时，悬吊式顶棚的形式不必与结构形式相对应，但要注意：若无特殊要求时，悬挂空间越小越有利于节约材料和造价；必要时应留检修孔或铺设走道以便检修，防止破坏面层；饰面应根据设计要求留出相应灯具、空调等电器设备的安装位置和送风口、回风口的位置。悬吊式顶棚多适用于中、高档的建筑顶棚装饰。

2. 基本构造

（1）悬吊式顶棚的构造组成　悬吊式顶棚一般由悬吊部分、顶棚骨架、饰面层和连接部分组成，如图 13-11 所示。

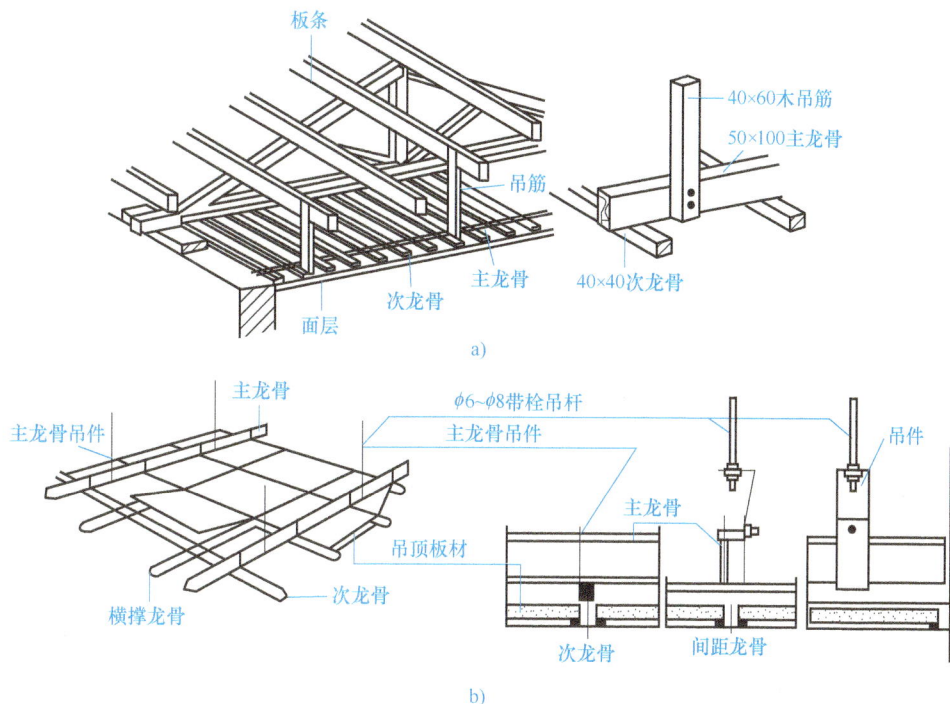

图 13-11　悬吊式顶棚的构造组成

a）木骨架悬吊式顶棚　b）金属骨架悬吊式顶棚

1）悬吊部分。悬吊部分包括吊点、吊杆和连接杆。

① 吊点。吊杆与楼板或屋面板连接的节点称为吊点。在荷载变化处和龙骨被截断处要增设吊点。

② 吊杆（吊筋）。吊杆是连接龙骨和承重结构的承重传力构件。吊杆的作用是承受整个悬吊式顶棚的重量（如饰面层、龙骨以及检修人员的重量），并将这些重量传递给屋面板、楼板、屋架或屋面梁，同时还可调整并确定悬吊式顶棚的空间高度。

吊杆按材料分类有钢筋吊杆、型钢吊杆、木吊杆。钢筋吊杆的直径一般为 6～8mm，用于一般的悬吊式顶棚；型钢吊杆用于重型悬吊式顶棚或整体刚度要求较高的悬吊式顶棚，其规格尺寸要通过结构计算确定；木吊杆一般用 40mm×40mm 或 50mm×50mm 的方木制作，一般用于木骨架悬吊式顶棚。

2）顶棚骨架。顶棚骨架又叫顶棚基层，是由主龙骨、次龙骨、小龙骨形成的网格骨架体系。其作用是承受饰面层的重量并通过吊杆传递到楼板或屋面板上。

3）饰面层。饰面层又叫面层，其主要作用是装饰室内空间，并且还兼有吸声、反射声波、隔热等特定的功能。饰面层一般有抹灰类、板材类、开敞类等类型。饰面层常用板材的性能见表 13-1。

表 13-1　饰面层常用板材的性能

板 材 名 称	性　　能
纸面石膏板、石膏吸声板	质量轻，强度高，阻燃防火，保温隔热，可锯、钉、刨、粘贴，加工性能好，施工方便
矿棉吸声板	质量轻、吸声、防火、保温隔热、美观、施工方便
珍珠岩棉吸声板	质量轻、防火、防潮、防蛀、耐酸、装饰效果好、可锯、可割、施工方便
钙塑泡沫吸声板	质量轻、吸声、隔热、耐水、施工方便
金属穿孔吸声板	质量轻、强度高、耐高温、耐压、耐腐蚀、防火、防潮、化学稳定性好、组装方便
金属面吸声板	质量轻、吸声、防火、保温隔热、美观、施工方便
贴塑吸声板	热导率低、不燃、吸声效果好
珍珠岩织物复合板	防火、防水、防霉、防蛀、吸声、隔热、可锯、可钉、加工方便

4）连接部分。连接部分是指悬吊式顶棚龙骨之间、龙骨与饰面层之间、龙骨与吊杆之间的连接件、紧固件，一般有吊挂件、插挂件、自攻螺钉、木螺钉、圆钢钉、特制卡具等。

（2）吊杆、吊点连接构造

1）空心板、槽形板板缝中吊杆的安装。板缝中预埋 ϕ10 连接钢筋，伸出板底 100mm，与吊杆利用焊环连接或直接焊接，并用细石混凝土灌缝，如图 13-12 所示。

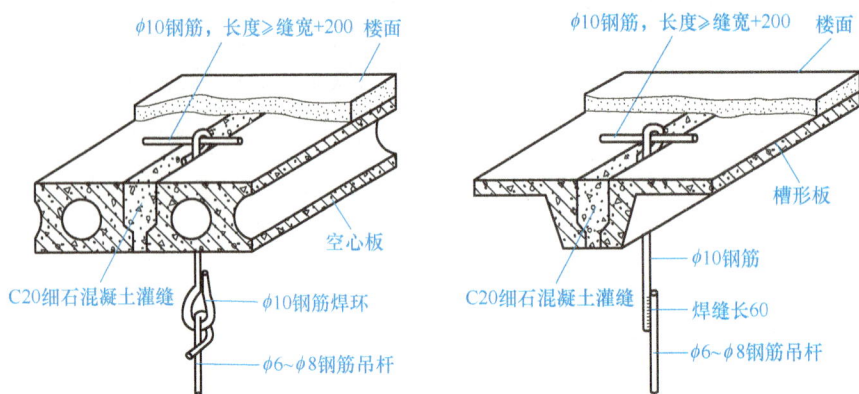

图 13-12　吊杆与空心板、槽形板的连接

2）现浇钢筋混凝土板吊杆的安装要求如下：

① 将吊杆绕于现浇钢筋混凝土板底部预埋件的焊接半圆环上，如图 13-13a 所示。

② 在现浇钢筋混凝土板底部的预埋件上焊接 ϕ10 连接钢筋，并将吊杆焊于连接钢筋上，如图 13-13b 所示。

③ 将吊杆绕于焊有半圆环的钢板上，并将此钢板用射钉固定于板底，如图 13-13c 所示。

④ 将吊杆绕于板底附加的 L 50×70×5 角钢上，角钢用射钉固定于板底，如图 13-13d 所示。

3）梁上设吊杆的安装要求如下：

① 木梁或木檩上设吊杆时，可采用木吊杆，用铁钉固定，如图 13-14a 所示。

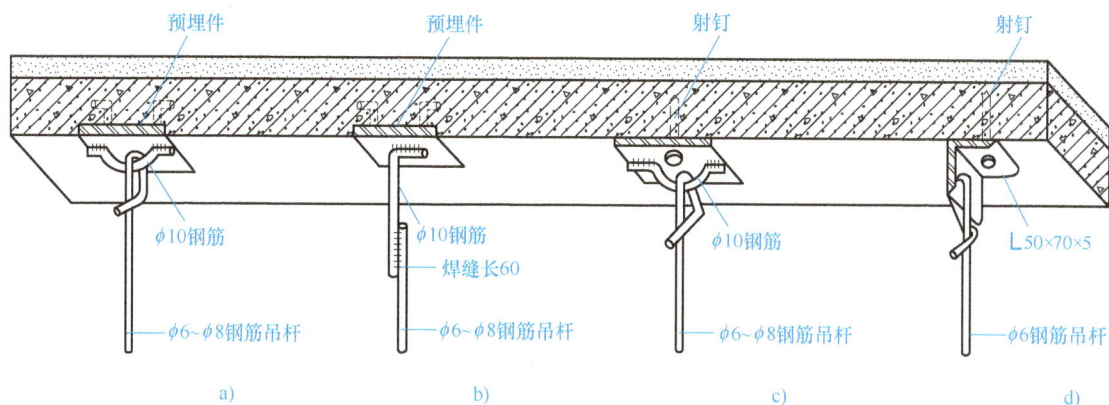

图 13-13　吊杆与现浇钢筋混凝土板的连接

② 钢筋混凝土梁上设吊杆时，可在梁侧面的合适部位钻孔（注意避开钢筋），设横向螺栓固定吊杆。如果是钢筋吊杆，可在角钢上钻孔后用射钉固定，射钉固定点距梁底应大于等于 100mm，如图 13-14b 所示。

③ 钢梁上设吊杆时，可将 $\phi6 \sim \phi8$ 钢筋吊杆（上端弯钩，下端套螺纹）固定在钢梁上，如图 13-14c 所示。

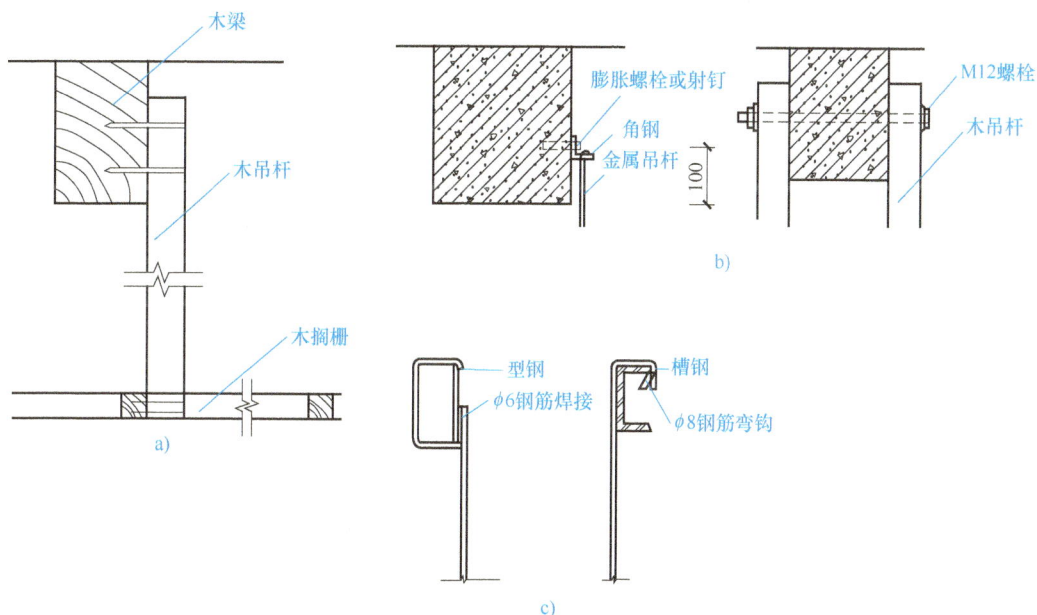

图 13-14　梁上设吊杆的构造

a）木梁上设吊杆　b）钢筋混凝土梁上设吊杆　c）钢梁上设吊杆

4）吊杆安装时应注意的问题有：

① 吊杆距主龙骨端部的距离不得大于 300mm；当大于 300mm 时，应增加吊杆。吊杆间距一般为 900 ~ 1200mm。

② 吊杆长度大于 1.5m 时，应设置反向支撑。

③ 当预埋的吊杆需接长时，必须搭接焊牢。

（3）龙骨的布置与连接构造

1）龙骨的布置要求如下：

① 主龙骨。主龙骨是悬吊式顶棚的承重结构，又称为承载龙骨、大龙骨。主龙骨吊点间距应按设计选择。当顶棚跨度较大时，为保证顶棚的水平度，其中部应适当起拱，一般情况下每 7～10m 的跨度按 3/1000 的高度起拱，每 10～15m 的跨度按 5/1000 的高度起拱。

② 次龙骨。次龙骨也叫中龙骨、覆面龙骨，主要用于固定面板。次龙骨与主龙骨垂直布置，并紧贴主龙骨安装。

③ 小龙骨。小龙骨也叫间距龙骨、横撑龙骨，一般与次龙骨垂直布置（个别情况也可平行布置）。小龙骨底面与次龙骨底面相平，其间距和断面形状应配合次龙骨并利于面板的安装。

2）龙骨的连接构造如下：

① 木龙骨连接构造。木龙骨的断面一般为方形或矩形。主龙骨尺寸一般为 50mm×70mm，钉接或栓接在吊杆上，间距一般为 1.2～1.5m。主龙骨的底部钉装次龙骨，其间距由面板规格确定。次龙骨一般双向布置，其中一个方向的次龙骨为 50mm×50mm 断面，垂直钉于主龙骨上；另一个方向的次龙骨断面尺寸一般为 30mm×50mm，可直接钉在 50mm×50mm 的次龙骨上。木龙骨使用前必须进行防火、防腐处理，处理的基本方法是：先涂刷氟化钠防腐剂 1～2 道，然后再涂防火涂料 3 道。龙骨之间一般用榫接、粘接、钉接的方式连接，如图 13-15 所示。木龙骨多用于造型复杂的悬吊式顶棚。

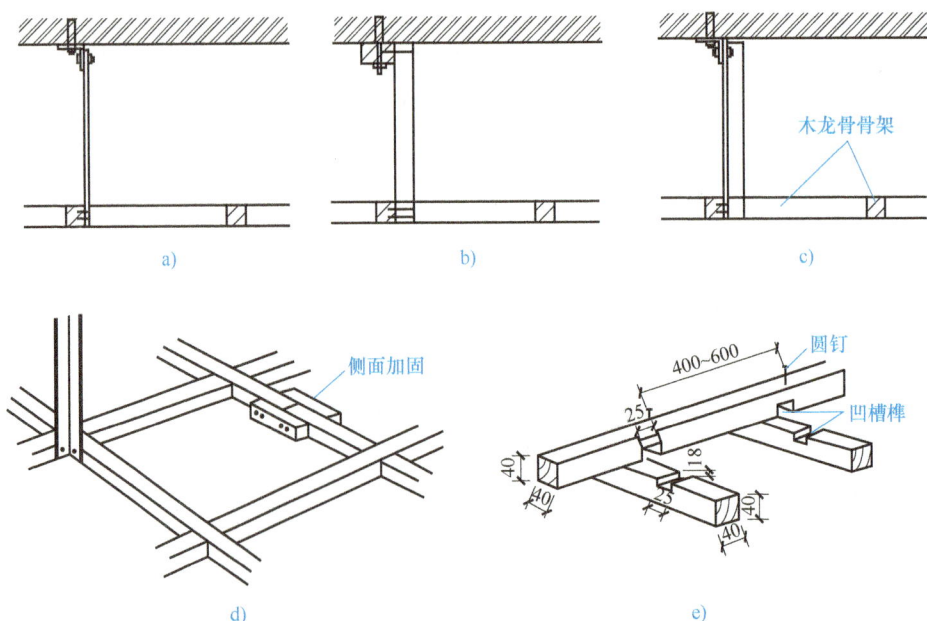

图 13-15　木龙骨构造示意图

a）用扁铁固定　b）用木方固定　c）用角铁固定　d）木龙骨骨架连接　e）木龙骨凹槽榫连接

② 型钢龙骨。型钢龙骨的主龙骨间距为 1～2m，其规格应根据荷载的大小确定。主龙骨与吊杆常用螺栓连接，主、次龙骨之间采用铁卡、弯钩螺栓连接或焊接。当荷载较大、吊

点间距很大或在特殊环境下时，必须采用角钢、槽钢、工字钢等型钢龙骨。

③ 轻钢龙骨。轻钢龙骨由主龙骨、小龙骨、次龙骨、吊件、吊挂件和平面连接件组成。主龙骨一般用特制的型材制作，断面形状有 U 形、C 形，一般多为 U 形。主龙骨按其承载能力分为 38、50、60 三个系列，其中，38 系列龙骨适用于吊点间距为 0.9～1.2m 的不上人悬吊式顶棚；50 系列龙骨适用于吊点间距为 0.9～1.2m 的上人悬吊式顶棚，主龙骨可承受 80kg 的检修荷载；60 系列龙骨适用于吊点间距为 1.5m 的上人悬吊式顶棚，主龙骨可承受 80～100kg 的检修荷载。龙骨的承载能力还与型材的厚度有关，荷载大时必须采用厚度大的型材。次龙骨、小龙骨的断面形状有 C 形和 T 形两种。轻钢龙骨中吊杆与主龙骨、主龙骨与次龙骨、次龙骨与小龙骨之间是通过吊件、接插件和挂插件连接的，如图 13-16 所示。

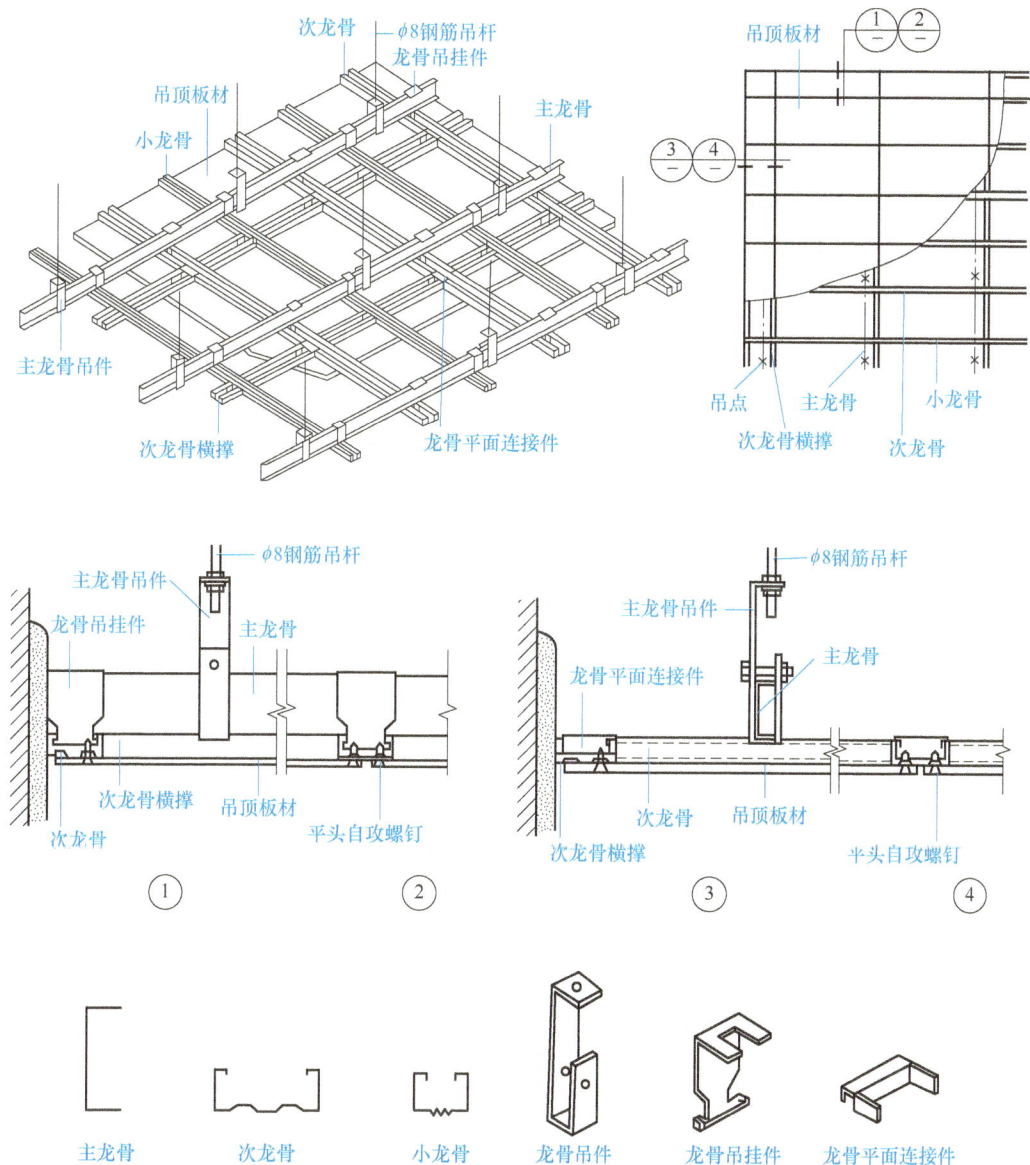

图 13-16　轻钢龙骨的构造方式

U 形轻钢龙骨悬吊式顶棚的构造方式有单层和双层两种。小龙骨、次龙骨紧贴主龙骨底面的吊挂方式（不在同一水平面上）称为双层构造；主龙骨与次龙骨在同一水平面上的吊挂方式称为单层构造，单层轻钢龙骨悬吊式顶棚仅用于不上人悬吊式顶棚。当悬吊式顶棚的面积大于 $120m^2$ 或长度方向尺寸大于 12m 时，必须设置控制缝；当悬吊式顶棚的面积小于 $120m^2$ 时，可考虑在龙骨与墙体的连接处设置柔性节点，以控制悬吊式顶棚整体的变形量。

④ 铝合金龙骨。铝合金龙骨的断面有 T 形、U 形、LT 形及各种特制的龙骨断面，应用最多的是 LT 形龙骨。LT 形龙骨的主龙骨断面为 U 形，次龙骨、小龙骨的断面为倒 T 形，边龙骨的断面为 L 形。铝合金龙骨吊杆与主龙骨、主龙骨与次龙骨之间的连接如图 13-17 所示。

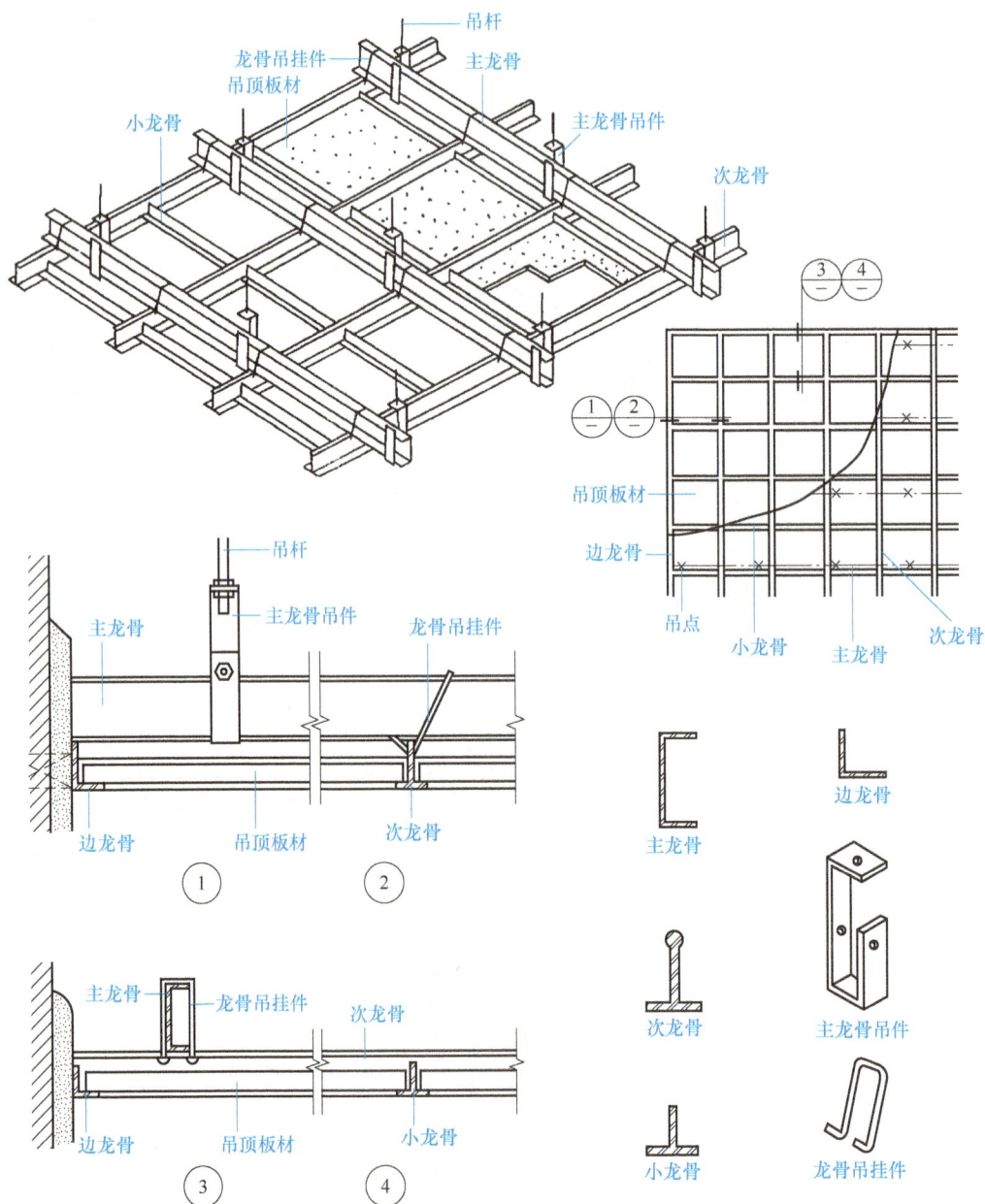

图 13-17　铝合金龙骨的构造方式

（4）顶棚饰面层连接构造　吊顶面层分为抹灰饰面层和板材饰面层两大类。

1）抹灰饰面层。施工时，先在龙骨上钉木板条、钢丝网或钢板网，然后再做抹灰饰面层。抹灰饰面层为湿作业施工，工时耗费较大，目前已不多见。

2）板材饰面层。板材饰面层也可称为悬吊式顶棚饰面板（简称饰面板），常用的饰面板有植物板（木板、胶合板、纤维板、装饰吸声板、木丝板）、矿物板（各类石膏板、矿棉板）、金属板（铝板、铝合金板、薄钢板）。采用饰面板既可加快施工速度，又可保证施工质量。

各类饰面板与龙骨的连接有以下几种方式：

① 钉接。钉接是用铁钉、螺钉将饰面板固定在龙骨上。木龙骨一般用铁钉，轻钢龙骨、型钢龙骨一般用螺钉，钉距根据板材材质确定，要求钉帽埋入板内，并进行防锈处理，如图 13-18a 所示。适用于钉接的板材有植物板、矿物板、铝板等。

② 粘接。粘接是用各种胶粘剂将板材粘贴于龙骨底面或其他基层板上，如图 13-18b 所示。粘接也可采用粘、钉结合的方式，这样连接更牢靠。

③ 搁置。搁置是将饰面板直接搁置在倒 T 形断面的轻钢龙骨或铝合金龙骨上，如图 13-18c 所示。有些轻质板材采用此方式固定时遇风易被掀起，故应用物件夹住。

④ 卡接。卡接是用特制的龙骨或卡具将饰面板卡在龙骨上，这种方式多用于轻钢龙骨、金属板，如图 13-18d 所示。

⑤ 吊挂。吊挂是利用金属挂钩等连接件将饰面板按照排列顺序吊挂在龙骨下，组成开敞式悬吊式顶棚，如图 13-18e 所示。

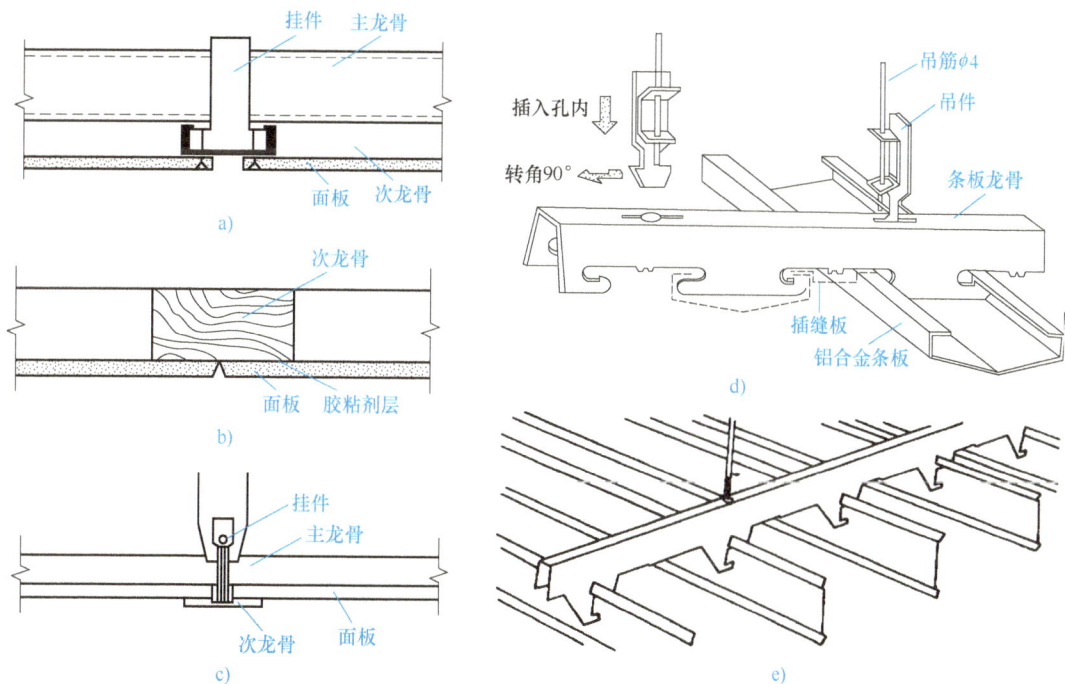

图 13-18　悬吊式顶棚饰面板与龙骨的连接构造
a）钉接　b）粘接　c）搁置　d）卡接　e）吊挂

3）饰面板的拼缝有以下几种：

① 对缝。对缝也称为密缝，是指板与板在龙骨处对接，如图 13-19a 所示。粘接、钉接

固定饰面板时可采用对缝。对缝适用于裱糊、涂饰的饰面板。

② 凹缝。凹缝是利用饰面板的形状、厚度形成的拼接缝，也称为离缝，凹缝的宽度不应小于 10mm，如图 13-19b 所示。凹缝有 V 形和矩形两种，其中纤维板、细木工板等可创出破口，一般做成 V 形缝；石膏板可做成矩形缝，镶金属护角。

③ 盖缝。盖缝是利用装饰压条将板缝盖起来，如图 13-19c 所示，这样可克服缝隙宽窄不均、线条不顺直等外观问题。

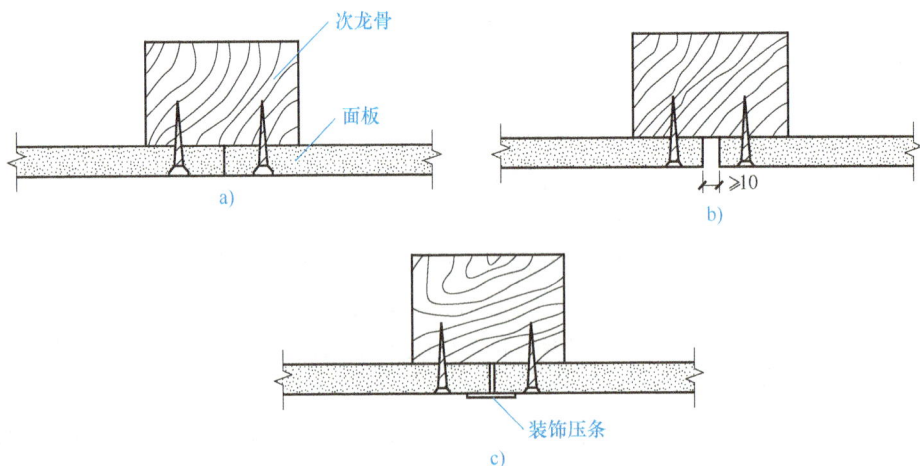

图 13-19　悬吊式顶棚饰面板的拼缝形式
a）对缝　b）凹缝　c）盖缝

任务 13.4　地坪层构造

13.4.1　地坪层的分类

地坪层是指建筑物底层房间与土层的交接处，其作用是承受地坪上的荷载并均匀地传给地坪以下的土层。地坪层按与土层间的关系不同可分为实铺地层和空铺地层两类。

13.4.2　实铺地层

实铺地层的基本组成部分有面层、垫层和基层，对有特殊要求的地坪，常在面层和垫层之间增设一些附加层，如图 13-20 所示。

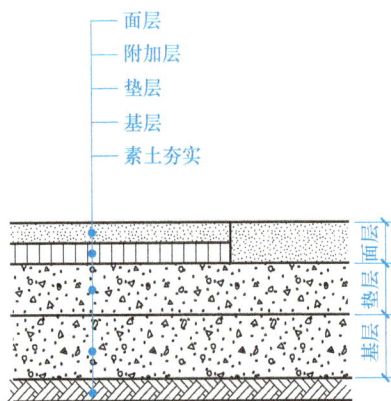

图 13-20　实铺地层构造

1. 面层

实铺地层的面层又称地面，起着保护结构层和美化室内的作用。地面的做法和楼面相同。

2. 垫层

垫层是基层和面层之间的填充层，其作用是承重传力，一般采用 60～100mm 厚的 C10

混凝土垫层。垫层材料分为刚性和柔性两大类：刚性垫层如混凝土、碎砖三合土等，有足够的整体刚度，受力后不产生塑性变形，多用于整体地面和小块料地面；柔性垫层如砂、碎石、炉渣等松散材料，无整体刚度，受力后产生塑性变形，多用于块料地面。

3. 基层

基层即地基，一般为原土层或填土分层夯实。当上部荷载较大时，增设 2∶8 灰土 100 ~ 150mm 厚，或碎砖、道砟三合土 100 ~ 150mm 厚。

4. 附加层

附加层主要为满足某些有特殊使用要求而设置的构造层次，如防水层、防潮层、保温层、隔热层、隔声层和管道敷设层等。

13.4.3　空铺地层

为防止房屋底层房间受潮或满足某些特殊使用要求（如舞台、体育训练场、比赛场、幼儿园等的地坪层需要有较好的弹性），将地坪层架空形成空铺地层。施工时，可用预制板或其他材料将底层室内的地坪层架空，使地坪层下的回填土同地坪层结构之间保留一定的距离，相互不接触，如图 13-21 所示。

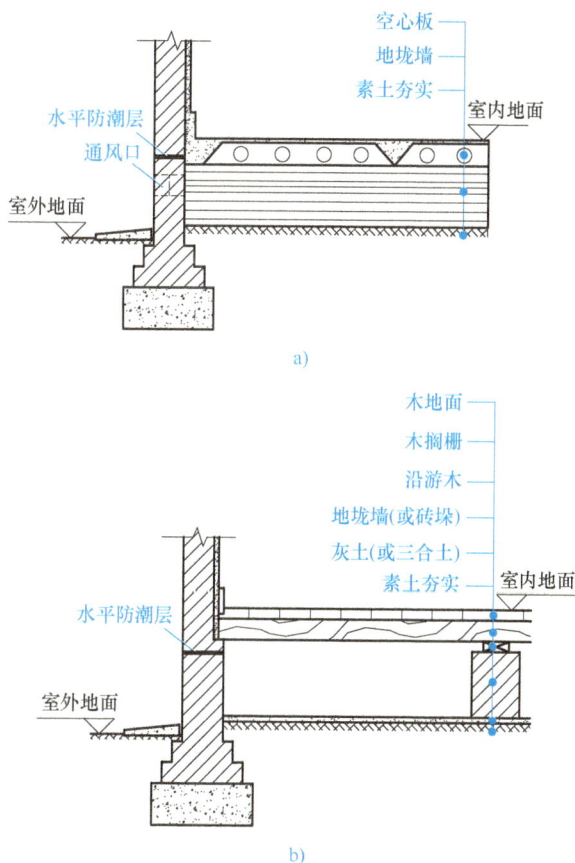

a)

b)

图 13-21　空铺地层构造

a）钢筋混凝土板空铺地层　b）木板空铺地层

13.4.4　地坪层防潮构造

地面返潮现象主要出现在我国南方地区，每当春夏之交，气温升高，加之雨水增多，空气的相对湿度较大，当地坪层的表面温度降到露点温度时，空气中的水蒸气遇冷便凝聚成小水珠附在地表面上。当地面的透水性较差时，往往会在地面形成一层水珠，使室内物品受潮。当空气的相对湿度很大时，墙体和楼板层都会出现返潮现象。

要消除返潮现象主要是解决如下两个问题：一是解决围护结构内表面与室内空气温差过大的问题，要使围护结构内表面的温度在露点温度以上；二是降低空气的相对湿度。

1. 保温地面

对地下水位较低、地基土壤干燥的地区，可在水泥地面以下铺设一层1∶3水泥炉渣保温层或聚苯板保温层，以改善地面温差较大的问题。在地下水位较高的地区，可将保温层设在面层与垫层之间，并在保温层下设防水层，上铺30mm厚细石混凝土层，最后铺设面层，如图13-22所示。

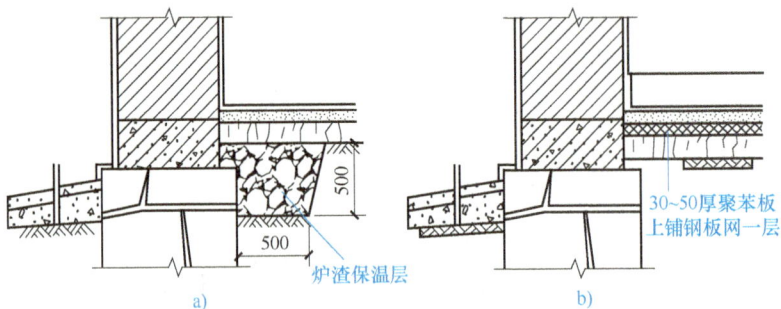

图13-22　地坪层的保温构造
a) 炉渣保温　b) 聚苯板保温

2. 吸湿地面

用黏土砖、大阶砖、陶土防潮砖铺设地面时，由于这些材料中存在大量孔隙，当返潮时，面层会吸收冷凝水；待空气湿度较小时，水分又能自动蒸发掉，因此地面不会感到有明显的潮湿现象。

任务 13.5　楼地面构造

13.5.1　楼地面的设计要求

楼地面是人们日常工作、生活和生产时必须接触的建筑部分，也是建筑物直接承受荷载，经常受到摩擦、清扫和冲洗作用的部分，因此它应具备下列功能：

（1）足够的坚固性　即要求在各种外力作用下不易被磨损、破坏，且表面要平整、光洁、不起灰和易清洁。

（2）保温性能好　作为人们经常接触的建筑部分，楼地面应给人以温暖舒适的感觉，要保证在寒冷季节人的脚不会感到寒冷。

（3）满足隔声要求　可通过选择楼地面垫层的厚度与材料类型来满足隔声要求。

（4）一定的弹性　当人们在有一定弹性的楼地面上行走时不会有过硬的感觉，同时有弹性的地面有利于减轻撞击声。

（5）美观要求　楼地面是建筑内部空间的重要组成部分，应具有与建筑功能相适应的外观形象。

（6）其他要求　对经常有存水的房间，楼地面应做好防潮、防水；对有火灾隐患的房间，楼地面应防火、耐燃烧；有酸、碱等腐蚀性介质作用的房间，则要求楼地面具有耐腐蚀的能力等。

选择适宜的面层和附加层，确保楼地面具有坚固、耐磨、平整、不起灰、易清洁、有弹性、防火、防水、防潮、保温、防腐蚀等功能。

13.5.2　楼地面的类型

楼地面通常依据面层所用材料来命名，一般可分为以下几类：

1）整体类楼地面：包括水泥砂浆楼地面、细石混凝土楼地面、水磨石楼地面及菱苦土楼地面等。

水磨石楼地面

2）块材类楼地面：包括水泥花砖、缸砖、大阶砖、陶瓷锦砖、人造石板、天然石板以及木地板等。

3）粘贴类楼地面：包括橡胶地毡、塑料地毡、油地毡以及各种地毯等。

4）涂料类楼地面：包括各种高分子合成涂料形成的楼地面。

菱苦土楼地面

1. 整体类楼地面

这种楼地面的面层没有缝隙，整体效果较好，一般是整片施工，也可分区分块施工。整体类楼地面按材料不同有水泥砂浆楼地面、细石混凝土楼地面、水磨石楼地面及菱苦土楼地面等。

（1）水泥砂浆楼地面　它具有构造简单、施工方便、造价低等特点；但易起尘、易结露，适用于标准较低的建筑物中。其常见做法有普通水泥楼地面、干硬性水泥楼地面、防滑水泥楼地面、磨光水泥楼地面、水泥石屑楼地面和彩色水泥楼地面等，如图 13-23 所示。

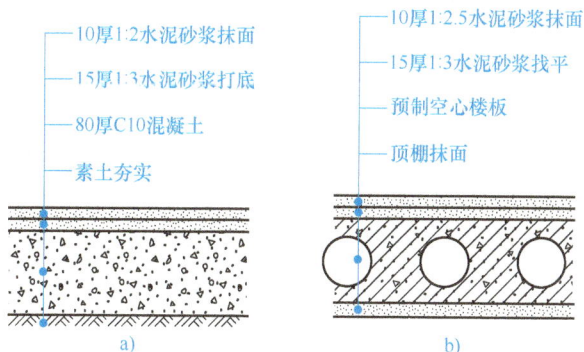

图 13-23　水泥砂浆楼地面
a）地面　b）楼面

（2）细石混凝土楼地面 这种楼地面刚度好、强度高且不易起尘，做法是在基层上浇筑 30～40mm 厚 C20 细石混凝土随打随压光。为提高整体性和满足抗震要求，结构内可配 $\phi4@200$ 的钢筋网。也可用沥青代替水泥作为胶粘剂，做成沥青混凝土楼地面，可增强楼地面的防潮、防水性能。

（3）水磨石楼地面 水磨石楼地面是将水泥作为胶结材料、大理石或白云石等中等硬度的石屑作为集料制成水泥石屑面层，经磨光打蜡而成。这种楼地面具有坚硬、耐磨、光洁、不透水、装饰效果好等优点，常用于有较高要求的楼地面。

水磨石楼地面一般按以下顺序施工：先在刚性垫层或结构层上用 10～20mm 厚的 1:3 水泥砂浆找平；然后在找平层上按设计图案嵌入 10mm 高的分格条（玻璃条、钢条、铝条等），并用 1:1 水泥砂浆固定；最后将拌合好的水泥石屑砂浆铺入压实，经浇水养护后磨光、打蜡。

（4）菱苦土楼地面 菱苦土楼地面是用菱苦土、锯木屑和氯化镁溶液等拌和铺设而成。菱苦土楼地面保温性能好，又有一定的弹性，并且美观；缺点是不耐水，易产生裂缝（因氯化镁溶液遇水溶解，木屑遇水膨胀）。其构造做法有单面层和双面层两种。

2. 块材类楼地面

块材类楼地面是利用各种人造或天然的预制板材、块材镶铺在基层上制成的。按材料不同，块材类楼地面分为黏土砖、水泥砖、预制混凝土砖楼地面，缸砖、陶瓷砖及陶瓷锦砖楼地面，天然石板楼地面及木楼地面。

（1）黏土砖、水泥砖、预制混凝土砖楼地面 这类楼地面的铺设方法有两种：干铺和湿铺。

1）干铺是指在基层上铺一层 20～40mm 厚的沙子，将砖块直接铺在沙子上，校正平整后用沙或砂浆填缝。

2）湿铺是指在基层上抹 12～20mm 厚的 1:3 水泥砂浆，再将砖块铺平压实，最后用 1:1 水泥砂浆灌缝。

（2）缸砖、陶瓷砖及陶瓷锦砖楼地面

1）缸砖是将陶土焙烧制成的一种无釉砖块，形状有正方形（尺寸为 100mm×100mm 和 150mm×150mm，厚度为 10～19mm）、六边形、八角形等，颜色有多种，采用不同的形状和色彩可以组成各种图案。缸砖的背面有凹槽，可使砖块和基层粘接牢固。铺贴时一般用 15～20mm 厚的 1:3 水泥砂浆作为胶结材料，要求平整、横平竖直。缸砖楼地面具有质地坚硬、耐磨、耐水、耐酸碱、易清洁等优点。

2）陶瓷砖有釉面砖、无光釉面砖、无釉防滑砖及抛光同质砖等种类。其颜色有红色、浅红色、白色、浅黄色、浅绿色、蓝色等。陶瓷砖楼地面具有色调均匀、砖面平整、抗腐耐磨、施工方便、块大缝少、装饰效果好等优点。

陶瓷砖的厚度一般为 6～10mm，其规格有 400mm×400mm、300mm×300mm、250mm×250mm、200mm×200mm，一般而言，块越大价格越高，装饰效果也越好。

3）陶瓷锦砖又称为马赛克，其特点与陶瓷砖相似。陶瓷锦砖有不同大小、形状和颜色，由此可以组合成各种图案，使饰面能达到一定的艺术效果。

陶瓷锦砖主要用于对防滑、卫生要求较高的卫生间、浴室等房间的楼地面，也可用于外墙面。陶瓷锦砖同玻璃锦砖一样，出厂前已按各种图案反贴在牛皮纸上，以便于施工。

（3）天然石板楼地面　常用的天然石板有大理石板和花岗石板，天然石板具有质地坚硬、色泽艳丽的特点，多用于高标准的建筑中。

天然石板楼地面的构造做法是：先在基层上刷素水泥浆一道，抹 1:3 干硬性水泥砂浆找平层 30mm 厚；再抹 2mm 厚的素水泥（撒适量清水），然后粘贴 20mm 厚大理石板（花岗石板）；最后用素水泥浆擦缝。

（4）木楼地面　木楼地面按其所用木板规格的不同有普通木楼地面、硬木条木楼地面和拼花木楼地面三种；按其构造形式不同有空铺木楼地面、实铺木楼地面和粘贴木楼地面三种。

1）空铺木楼地面常用于底层地面，其做法是砌筑地垄墙将木地板架空，以防止木地板受潮腐烂，如图 13-24 所示。

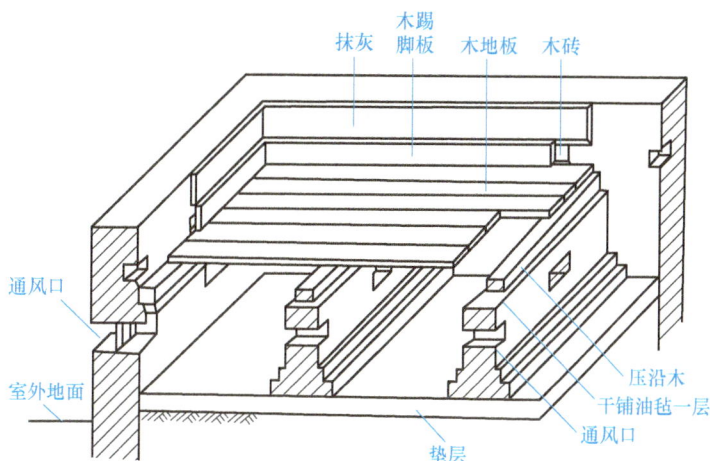

图 13-24　空铺木楼地面

2）实铺木楼地面是在刚性垫层或结构层上直接钉铺小搁栅，再在小搁栅上固定木板，如图 13-25 所示。搁栅之间的空间可用来安装各种管线。

3）粘贴木楼地面是将木地板用沥青胶或环氧树脂等胶粘剂直接粘贴在找平层上，如图 13-26所示。若为底层地面时，找平层上应做防潮处理。

3. 粘贴类楼地面

粘贴类楼地面以粘贴卷材为主，常见的材料有塑料地毡、橡胶地毡以及各种地毯等。这些材料表面美观、干净，装饰效果好，具有良好的保温、吸声性能，适用于公共建筑和居住建筑中。

1）塑料地毡以聚氯乙烯树脂为基料，加入增塑剂、稳定剂等经塑化热压制成。塑料地毡有卷材和片材两类，卷材既可干铺，也可用胶粘剂粘贴在水泥砂浆找平层上。施工时，将板缝切割成 V 形，然后用三角形塑料焊条、电热焊枪焊接。塑料地毡具有步感舒适、弹性好、防滑、防火、耐磨、绝缘、防腐、消声、阻燃、易清洁等特点，且价格低廉。

2）橡胶地毡是以橡胶粉为基料，掺入填充料、防老化剂、硫化剂等制成的卷材，具有耐磨、柔软、防滑、消声以及弹性好等特点，且价格低廉。施工时，既可以干铺，也可用胶粘剂粘贴在水泥砂浆找平层上。

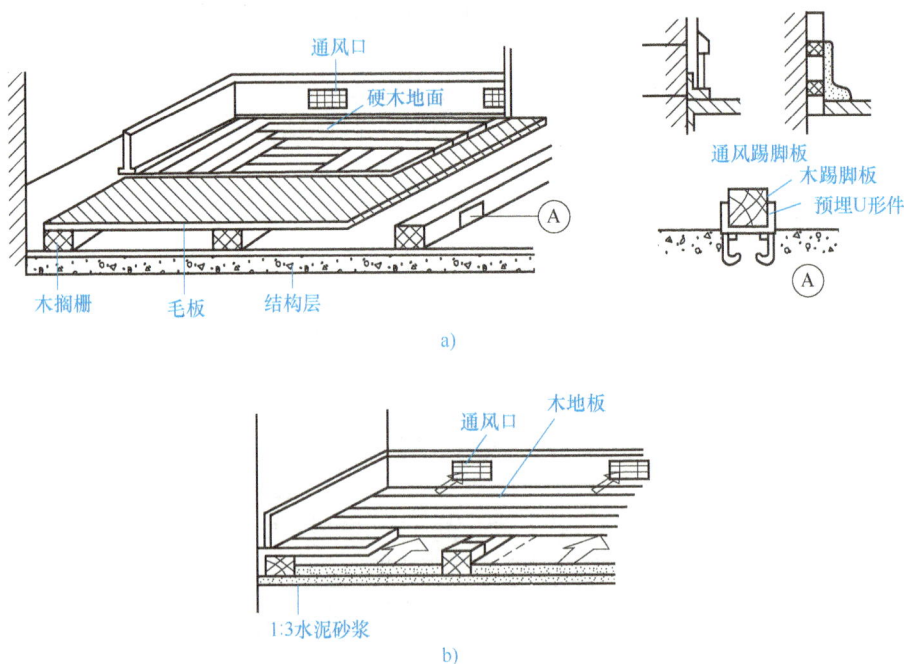

图 13-25　实铺木楼地面
a）双层木地板　b）单层木地板

3）地毯类型较多，常见的有化纤地毯、棉织地毯和纯羊毛地毯等，具有柔软舒适、清洁吸声、保温、美观适用等特点。施工时有局铺、满铺、干铺、固定式等不同作业方式，其中固定式一般用胶粘剂满贴在地面上或将四周钉牢。

4．涂料类楼地面

涂料类楼地面是利用涂料涂刷或涂刮而成。它是水泥砂浆或混凝土地面的一种表面处理形式，用以改善水泥砂浆地面在使用和装饰方面的不足。涂料类楼地面所用涂料品种较多，有溶剂型、水溶型和水乳型等。

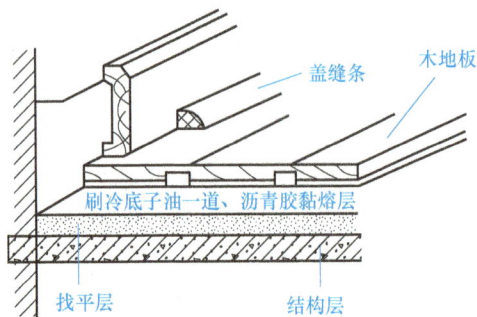

图 13-26　粘贴木楼地面

涂料类楼地面解决了水泥砂浆或混凝土地面易起灰，影响美观的问题，涂料与水泥砂浆或混凝土表面的黏结力很强，具有良好的耐磨、抗冲击、耐酸碱等性能。水乳型和溶剂型涂料还具有良好的防水性能。

13.5.3　楼地面的细部构造

1．踢脚板与墙裙

（1）踢脚板　为保护墙面，防止外界碰撞损坏墙面，或擦洗地面时弄脏墙面，通常在墙面的靠近地面处设踢脚板。踢脚板的材料一般与地面相同，故可看作是地面的一部分，即地面在墙面上的延伸部分。踢脚板通常凸出墙面，也可与墙面平齐或凹进墙面，其高度一般为 100 ~ 150mm。

踢脚板是楼地面与内墙面相交处的一个重要构造节点。它的主要作用是遮盖楼地面与墙面的接缝；保护墙面，以防搬运东西、行走或做清洁卫生时将墙面弄脏。

（2）墙裙　墙裙是踢脚板沿墙面往上的继续延伸，做法与踢脚板类似，常用不透水材料（如油漆、水泥砂浆、瓷砖、木材等）制作，通常采用贴瓷砖的做法。墙裙的高度和房间的用途有关，一般为 900 ~ 1200mm；对于受水影响的房间，高度一般为 900 ~ 2000mm。墙裙的主要作用是防止人们在建筑物内活动时碰撞或污染墙面，并起到一定的装饰作用。

2. 变形缝

楼地面变形缝包括温度伸缩缝、沉降缝和防震缝，其位置和大小应与墙面、屋面的变形缝一致。构造上要求变形缝应贯通楼地面的各个层次，并在构造上保证楼板层和地坪层能够满足美观和变形的需求。变形缝内常用可压缩变形的玛琋脂、金属调节片、沥青麻丝等材料进行封缝处理。

3. 防潮、防水

（1）防潮　地下水位升高、室内通风不畅时，会使房间湿度增大，引起地面受潮，使室内人员感到不适，造成地面、墙面、家具霉变，从而影响结构的耐久性和外观，并对人体健康不利。因此，应对可能受潮的房屋进行必要的防潮处理，处理方法有设防潮层、保温层等。

1）设防潮层。具体做法是在混凝土垫层上的刚性整体面层下先刷一道冷底子油，然后铺热沥青或防水涂料形成防潮层，以防止潮气上升到地面。也可在混凝土垫层下铺一层粒径均匀的卵石或碎石、粗砂等，以切断毛细水的上升通路，如图 13-27a、b 所示。

2）设保温层。室内潮气大多是因为室内空间与楼地面的温差引起的，设保温层可以缩小温差。保温层有两种做法：

① 在地下水位较低、土壤较干燥的地面，可在混凝土垫层下铺一层 1:3 水泥炉渣或其他工业废料作为保温层，如图 13-27c 所示。

② 在地下水位较高的地区，可在面层与混凝土垫层之间设保温层，并在保温层下做防水层，如图 13-27d 所示。

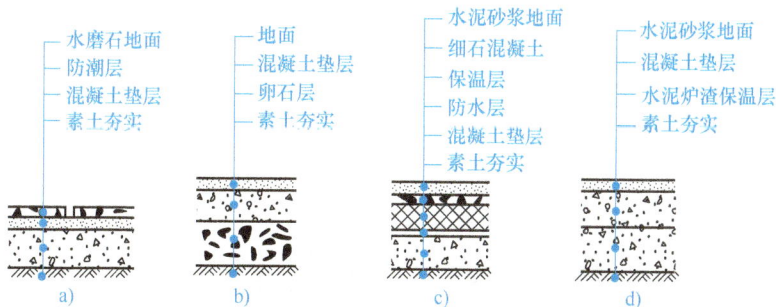

图 13-27　楼地面防潮、防水构造

a) 设防潮层　b) 铺卵石层　c) 设保温层　d) 设保温层和防水层

另外，也可将楼地面的底板搁置在地垄墙上，将楼地面架空，使楼地面与土壤之间形成通风层，以带走地下的潮气。

（2）防水　用水房间，如厕所、盥洗室、实验室、淋浴室等，地面易集水发生渗漏现象，要做好楼地面的排水和防水。

1）地面排水。为排除室内积水，地面一般应有1%～1.5%的坡度坡向地漏，使水有组织地排向地漏。为防止积水外溢，影响其他房间的使用，有水房间的地面应比相邻房间的地面低20～30mm。当两房间地面等高时，应在门口设置高出地面20～30mm的门槛，如图13-28所示。

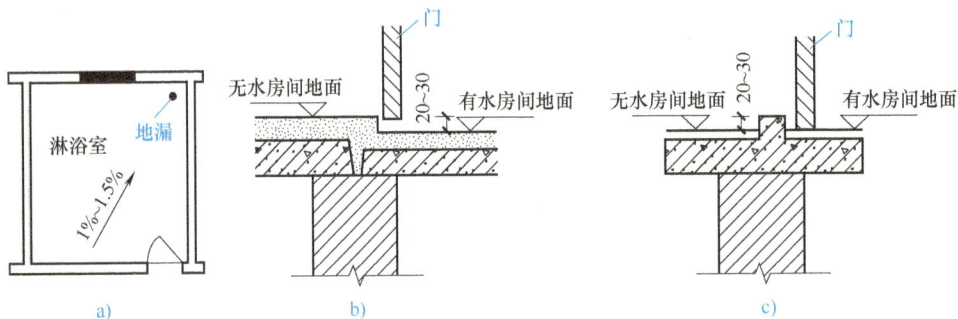

图13-28　地面排水

a）地面坡度　b）地面低于无水房间　c）与无水房间地面齐平时设门槛

2）楼面防水。有防水要求的楼层，其结构应当以现浇钢筋混凝土楼板为宜。防水层沿房间四周墙体延伸至踢脚板内至少150mm，以防墙体受水侵蚀；门口处应当将防水层铺出门外至少250mm，如图13-29a、b所示。楼面防水常见的防水材料包括防水卷材、防水砂浆和防水涂料三种。楼面的竖向管道穿越处是楼层防水的薄弱环节，工程上有两种处理方法：

① 普通管道穿越处的周围用C20干硬性细石混凝土填充捣密，然后用两布两油橡胶酸性沥青防水涂料做密封处理，如图13-29c所示。

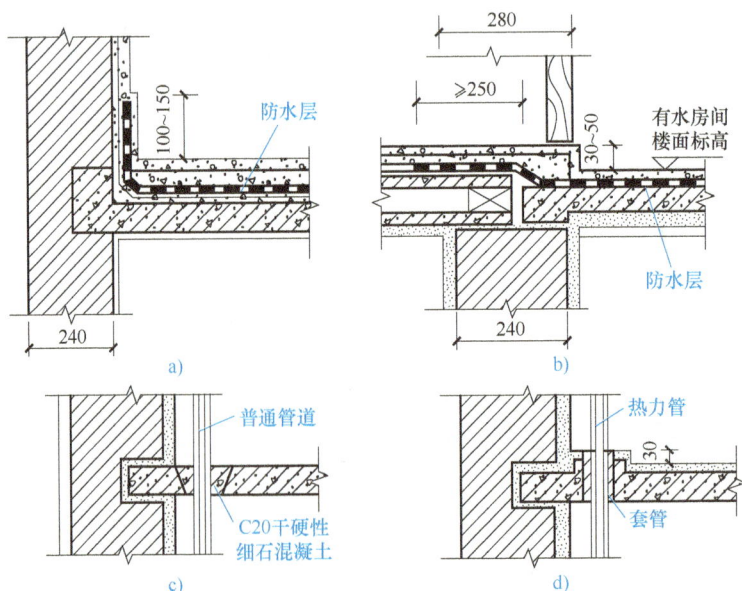

图13-29　楼面的防水构造

a）防水层伸入踢脚板　b）防水层铺出门外　c）普通管道穿越楼板的处理　d）热力管穿越楼板的处理

② 热力管穿越楼层时，先在楼层的热力管穿越处预埋管径比热力管略大的套管，套管高出地面 30mm 左右，套管四周用两布两油橡胶酸性沥青防水涂料做密封处理，然后热力管从套管中穿出，如图 13-29d 所示。

任务 13.6　阳台与雨篷构造

13.6.1　阳台

阳台是连接室内的室外平台，给居住在建筑里的人们提供一个舒适的室外活动空间，是多层住宅、高层住宅和旅馆等建筑中不可缺少的一部分。

一、阳台的类型和设计要求

1. 类型

阳台按其与外墙的相对位置分为挑阳台、凹阳台、半挑半凹阳台、转角阳台，如图 13-30 所示；按结构处理不同分为挑梁式、挑板式、压梁式及墙承式；按使用功能不同又可分为生活阳台（靠近卧室或客厅）和服务阳台（靠近厨房）。

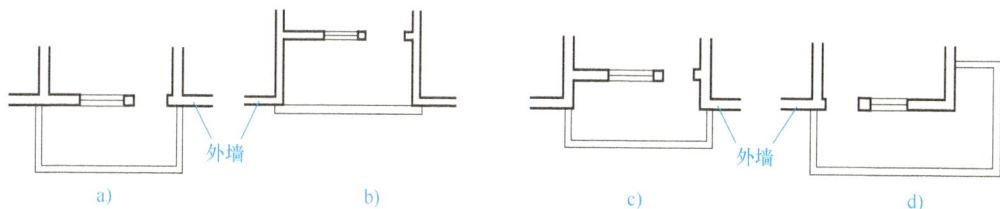

图 13-30　阳台的类型
a）挑阳台　b）凹阳台　c）半挑半凹阳台　d）转角阳台

挑阳台　　　　　　凹阳台　　　　　　生活阳台　　　　　　服务阳台

2. 设计要求

（1）安全适用　挑阳台的挑出长度不宜过大，应保证在荷载作用下不发生倾覆，挑出长度以 1.2~1.8m 为宜。低层、多层住宅的阳台栏杆净高不低于 1.05m，中高层住宅的阳台栏杆净高不低于 1.1m，但也不宜大于 1.2m。阳台栏杆的形式应起到防坠落（垂直栏杆之间的净距不应大于 110mm）、防攀爬（中间不设水平栏杆）的效果。阳台放置花盆处，也应采取防坠落措施。

（2）坚固耐久　阳台所用材料和构造措施应经久耐用，承重结构宜采用钢筋混凝土，金属构件应做防锈处理，表面装修应注意色彩的耐久性和抗污染能力。

（3）排水顺畅　为防止阳台上的雨水流入室内，设计时要求阳台的地面标高低于室内地面标高60mm左右，并将地面抹出0.5%的排水坡将水导入排水孔，使雨水能顺利排出。

设计阳台时还应考虑地区的气候特点，南方地区宜采用有助于空气流通的空透式栏杆，而北方寒冷地区和中高层住宅则宜采用实体栏杆，并满足立面美观的要求，为建筑物的形象增添风采。

二、阳台的结构布置方式

阳台的承重结构通常是楼板的一部分，因此应与楼板的结构布置统一考虑，阳台的结构布置方式有墙承式、挑板式（包括楼板悬挑式和墙梁悬挑）、挑梁式，如图13-31所示。

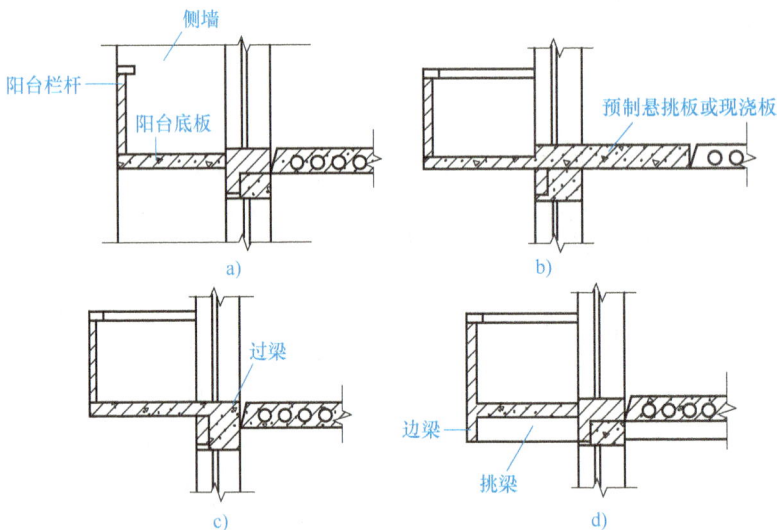

图13-31　阳台的结构布置

a）墙承式　b）楼板悬挑式　c）墙梁悬挑式　d）挑梁式

1. 墙承式

墙承式是指将阳台板直接搁置在墙上，如图13-31a所示。这种结构形式的特点是稳定、可靠、施工方便，多用于凹阳台。

2. 挑板式

当楼板为现浇楼板时，可选择挑板式（即从楼板外延挑出平板），悬挑长度一般为1.2m左右，挑板厚度不小于挑出长度的1/12。挑板的板底平整、美观，而且阳台的平面形式可做成半圆形、弧形、梯形、斜三角形等各种形状。挑板式一般有两种做法：一种是将房间楼板直接向墙外悬挑形成阳台板，称为楼板悬挑式，如图13-31b所示；另一种是将阳台板和墙梁现浇在一起，利用梁上部墙体的重量来防止阳台倾覆，称为墙梁悬挑式，如图13-31c所示。

3. 挑梁式

挑梁式是指从横墙内外伸挑梁，其上搁置预制楼板，如图13-31d所示。这种结构形式的特点是布置简单，传力直接、明确，阳台长度与房间开间一致。

三、阳台细部构造

1. 阳台栏杆

栏杆是在阳台外围设置的竖向构件，其作用有：一方面承担人们推倚的侧向力，以保证人的安全；另一方面对建筑物起装饰作用。因而，栏杆的构造要求坚固和美观。

1）阳台栏杆按空透的情况不同有空花式、混合式和实体式，如图 13-32 所示。

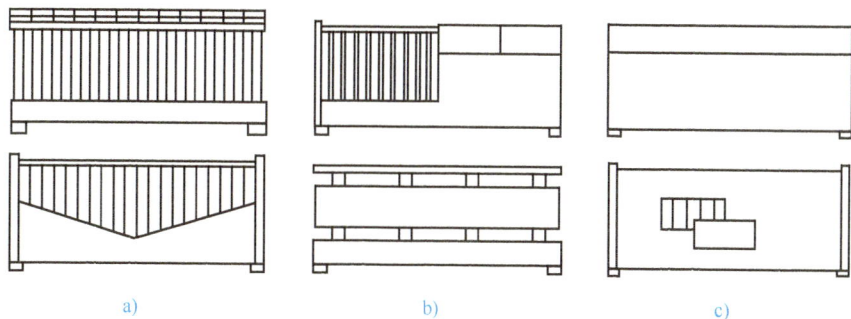

图 13-32　阳台栏杆形式
a）空花式　b）混合式　c）实体式

2）阳台栏杆按材料可分为砖砌栏板、混凝土栏板、混凝土栏杆、金属栏杆，如图 13-33 所示。

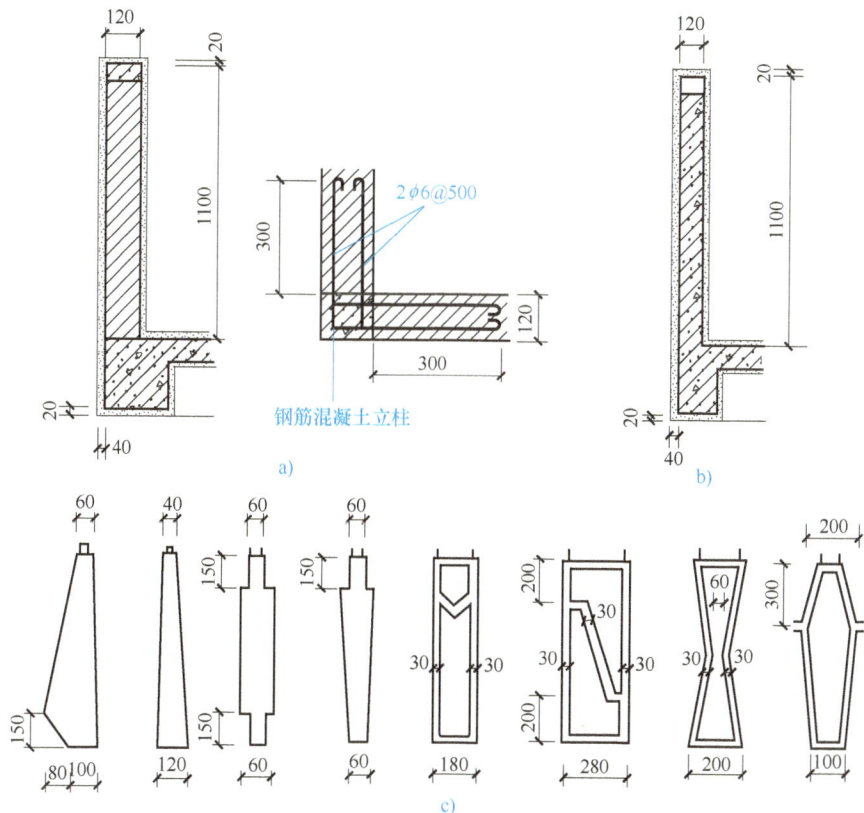

图 13-33　栏杆构造
a）砖砌栏板　b）混凝土栏板　c）混凝土栏杆

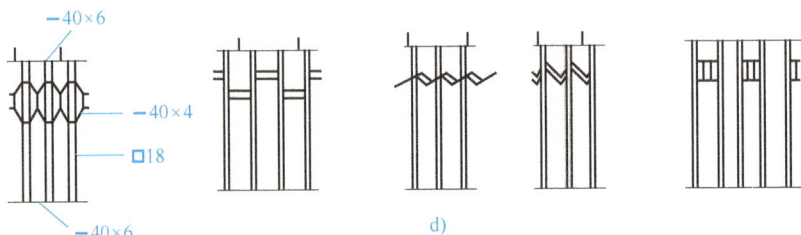

图 13-33　栏杆构造（续）

d）金属栏杆

2. 阳台排水

由于阳台为室外构件，须采取措施保证地面排水通畅。阳台地面的设计标高应比室内地面低 60mm 左右，并将地面抹出 0.5% 的排水坡将水导入排水孔，使雨水能顺利排出，以免雨水浇入室内。

阳台排水有外排水和内排水两种：外排水是指在阳台外侧设置泄水管将水排出，泄水管采用直径为 40~50mm 的镀锌铁管或塑料管水舌，外挑长度不少于 80mm，以防雨水溅到下层阳台，如图 13-34a 所示，外排水适用于低层和多层建筑的阳台排水；内排水是指在阳台内侧设置排水立管和地漏，将雨水直接排入地下管网，如图 13-34b 所示，内排水适用于高层建筑和高标准建筑的阳台排水。

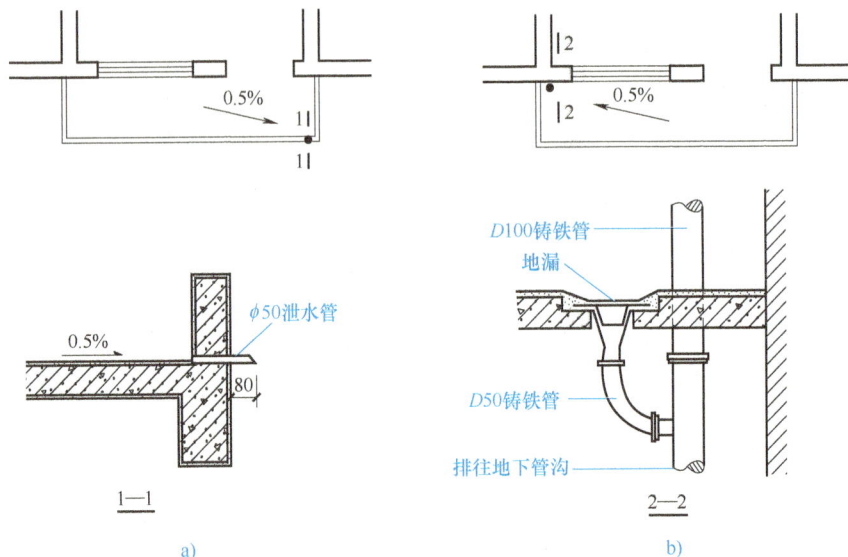

图 13-34　阳台排水构造

a）外排水　b）内排水

外排水（水舌排水）　　　内排水（排水管排水）

13.6.2　雨篷

雨篷是指在建筑物外墙出入口的上方用以挡雨并有一定装饰作用的水平构件。根据雨篷板的支撑方式不同，雨篷有悬板式和梁板式两种。

① 悬板式

悬板式雨篷的外挑长度一般为 0.9～1.5m，板根部的厚度不小于挑出长度的 1/12，雨篷的宽度应比门洞每边宽 250mm，雨篷的顶面距过梁顶面一般为 250mm。板底抹灰可抹内掺 5% 防水剂的 1:2 水泥砂浆，抹灰厚度一般为 15mm。悬板式雨篷的构造如图 13-35a 所示。

② 梁板式

当门洞口尺寸较大，雨篷挑出尺寸也较大时，雨篷应采用梁板式结构。梁板式雨篷由梁和板组成，为使雨篷底面平整，梁一般翻在板的上面形成翻梁，如图 13-35b 所示。当雨篷尺寸更大时，可在雨篷下面设柱支撑。

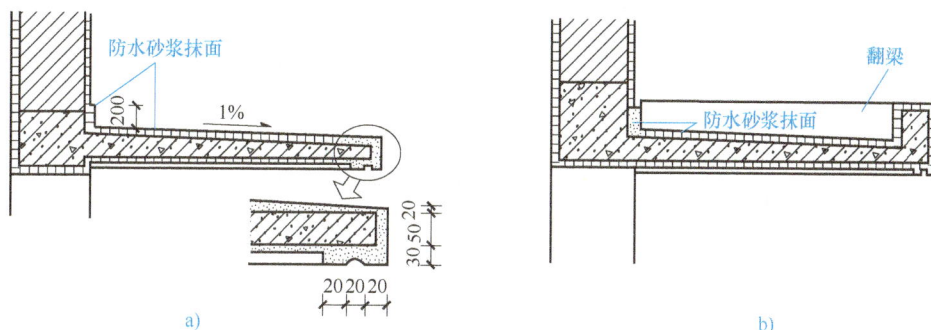

图 13-35　雨篷
a）悬板式雨篷　b）梁板式雨篷

雨篷应做好防水和排水处理（图 13-36）。雨篷防水一般采用 20mm 厚的防水砂浆抹面，防水砂浆应沿墙面上升，高度不小于 250mm，同时在板的下部边缘做滴水，以防止雨水沿板底漫流。雨篷顶面需设置 1% 的排水坡，并在一侧或双侧设排水管将雨水排除。为了立面需要，可将雨水由雨水管集中排除，这时雨篷的外缘上部需做挡水边坎。

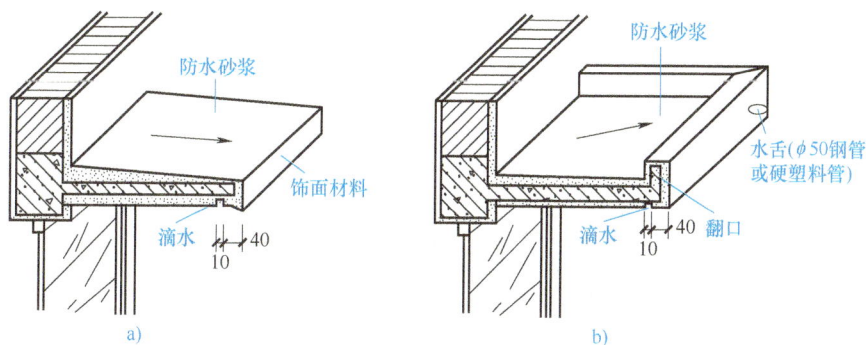

图 13-36　雨篷防水和排水处理
a）自由落水雨篷　b）有翻口有组织排水雨篷

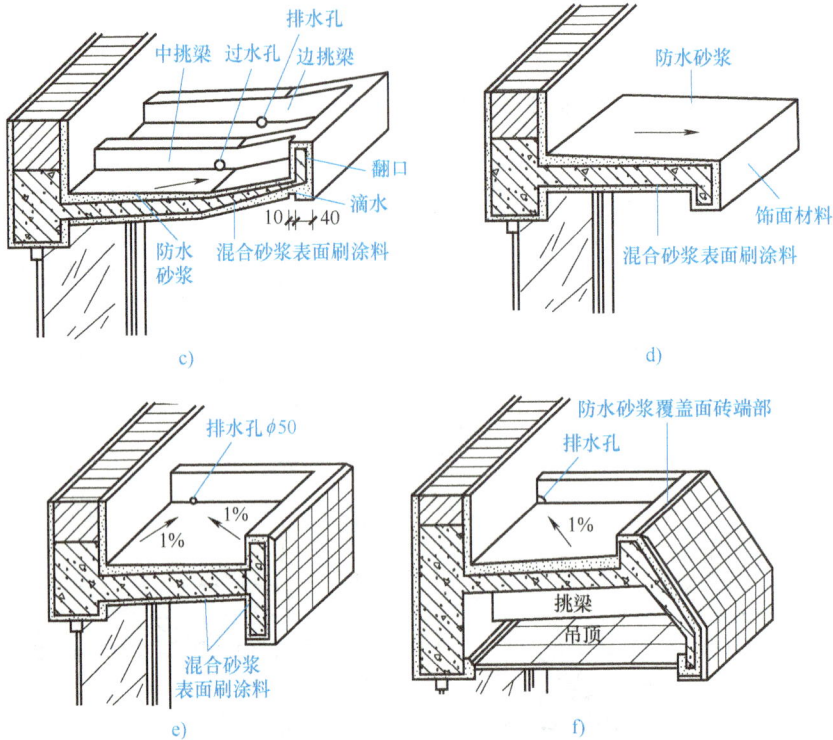

图 13-36　雨篷防水和排水处理（续）
c）折挑倒梁有组织排水雨篷　d）下翻口自由落水雨篷
e）上下翻口有组织排水雨篷　f）下挑梁有组织排水带吊顶雨篷

项目小结

　　建筑物中的楼板层是非常重要的构件，它必须具有足够的强度和刚度来承载其上的家具、设备和人等的荷载，并将这些荷载传递给承重构件，以保持建筑物的水平支撑。它还应满足防水、防潮、防火、隔声、保温、隔热、耐腐蚀等功能要求。本项目重点介绍了楼板层的类型和设计要求，钢筋混凝土楼板的构造要求，楼地面的构造组成及做法，顶棚的类型及构造做法，阳台与雨篷的构造等。

思考题

一、填空题

　　1. 楼板层按结构层所用材料的不同，可分为_____、_____、_____、_____及_____。

2. 楼板层由_____、_____、_____和附加层组成。

3. 板式楼板有_____和_____两种。

4. 顶棚有_____和_____两种。

5. 装配整体式钢筋混凝土楼板按结构及构造方式可分为_____和_____

_____。

二、选择题

1. 楼板层通常由（　　）组成。

A. 面层、楼板、地坪　　　　　　　B. 面层、楼板、顶棚

C. 支撑、楼板、顶棚　　　　　　　D. 垫层、楼板、梁

2. 钢筋混凝土单向板的受力钢筋应在（　　）方向设置。

A. 短边　　　　　B. 长边　　　　　C. 双向　　　　　D. 任一方向

3. 地面按面层材料和施工方法可分为（　　）。

A. 水磨石地面、块料地面、塑料地面、木地面

B. 水泥地面、块料地面、塑料地面、木地面

C. 整体地面、块料地面、卷材地面、涂料地面

D. 刚性地面、柔性地面

4. 顶棚按构造做法可分为（　　）。

A. 直接式顶棚和悬吊式顶棚　　　　B. 抹灰类顶棚和贴面类顶棚

C. 抹灰类顶棚和悬吊式顶棚　　　　D. 喷刷类顶棚和抹灰类顶棚

5. 阳台按使用要求的不同可分为（　　）。

A. 凹阳台、凸阳台　　　　　　　　B. 封闭阳台、开敞阳台

C. 生活阳台、服务阳台　　　　　　D. 转角阳台、中间阳台

三、简答题

1. 简述楼板的类型及特点。

2. 楼板层和地坪层分别由哪几部分组成?

项目 14

楼梯

学习目标

(1) 熟悉楼梯的类型和设计要求。

(2) 掌握楼梯的组成和尺度要求。

(3) 掌握钢筋混凝土楼梯的构造做法及细部构造处理。

(4) 熟悉台阶和坡道的常用构造做法。

任务 14.1　楼梯的组成和类型

一、楼梯的组成

楼梯一般由楼梯段、楼梯平台（楼层平台和中间平台）、栏杆（栏板）和扶手等部分组成，如图 14-1 所示。楼梯组成的剖面示意图如图 14-2a 所示。

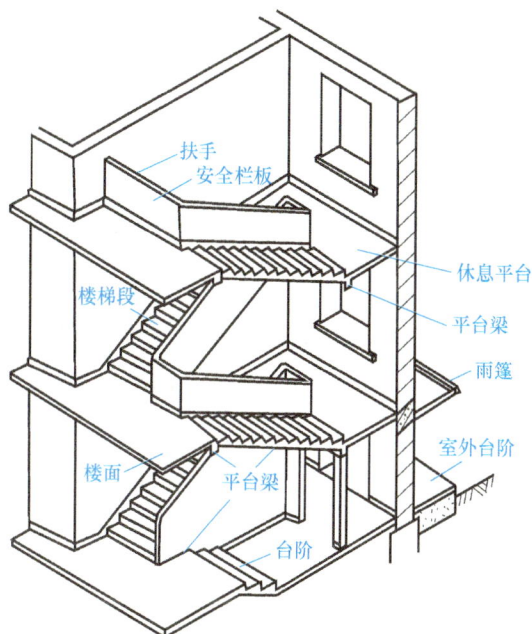

图 14-1　楼梯的组成

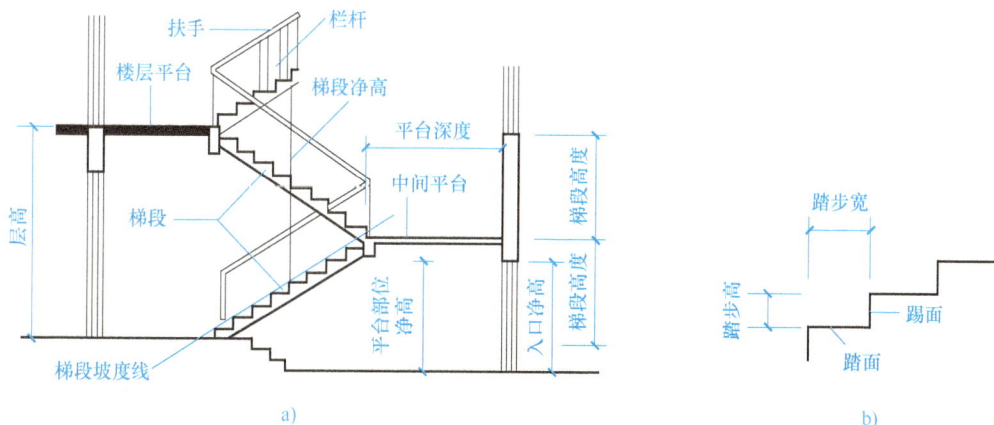

图 14-2　楼梯组成的剖面示意图
a）楼梯组成　b）踏步组成

1. 楼梯段

楼梯段由踏步组成，楼梯踏步中的竖直面称为踢面，水平面称为踏面，如图 14-2b 所示。

人们连续上楼梯时易疲劳，故每个楼梯段的踏步数量一般不超过 18 级。同时，考虑人们行走时的习惯，楼梯段的踏步数不应少于 3 级。

2. 楼层平台和中间平台

楼层平台是指连接楼地面与楼梯段端部的水平构件，又称为入户平台。楼层平台面标高与该层楼面的标高相同。

中间平台是位于两层楼地面之间连接梯段的水平构件，又称为休息平台，其主要作用是供上下楼梯人员缓冲休息和转换梯段方向。

3. 栏杆（栏板）、扶手

为保证人们在楼梯上行走的安全，在楼梯段及楼层平台和中间平台的边缘处应安装栏杆或栏板，在栏杆或栏板的上部设置扶手。扶手也可附设于墙上，称为靠墙扶手。

二、楼梯的类型

楼梯一般按以下形式分类：

1）按楼梯所在位置分为室内楼梯和室外楼梯。

2）按楼梯的使用性质分为主要楼梯、辅助楼梯、疏散楼梯、消防楼梯。

疏散楼梯　　　消防楼梯

3）按楼梯所用材料分为木楼梯、钢楼梯和钢筋混凝土楼梯。

4）按楼梯的形式分为直行单跑楼梯、直行多跑楼梯、平行双跑楼梯、平行双分楼梯、平行双合楼梯、折行双跑楼梯、折行多跑楼梯、设电梯折行三跑楼梯、交叉跑楼梯、螺旋形楼梯、弧形楼梯等，如图 14-3 所示。

楼梯的平面形式是根据其使用要求、建筑功能、平面和空间的特点，以及楼梯在建筑中的位置等因素确定的。目前，在建筑中应用较多的是平行双跑楼梯（又称为双跑楼梯或两段式楼梯），其他如三跑楼梯、平行双分楼梯、平行双合楼梯等均是在平行双跑楼梯的基础上变化而成的。

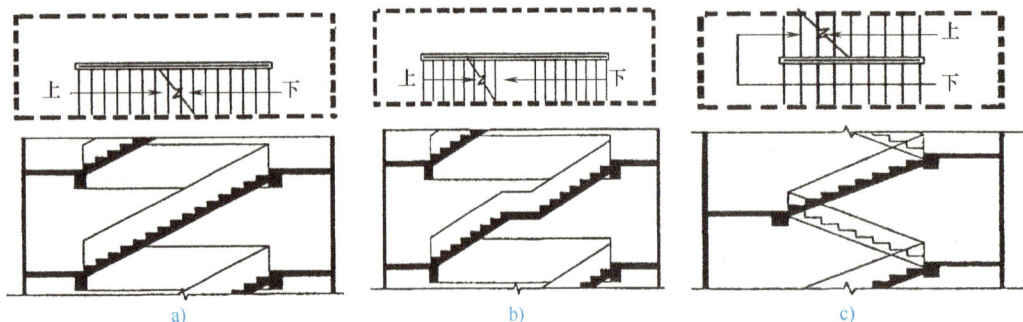

图 14-3　各种楼梯形式

a）直行单跑楼梯　b）直行多跑楼梯　c）平行双跑楼梯

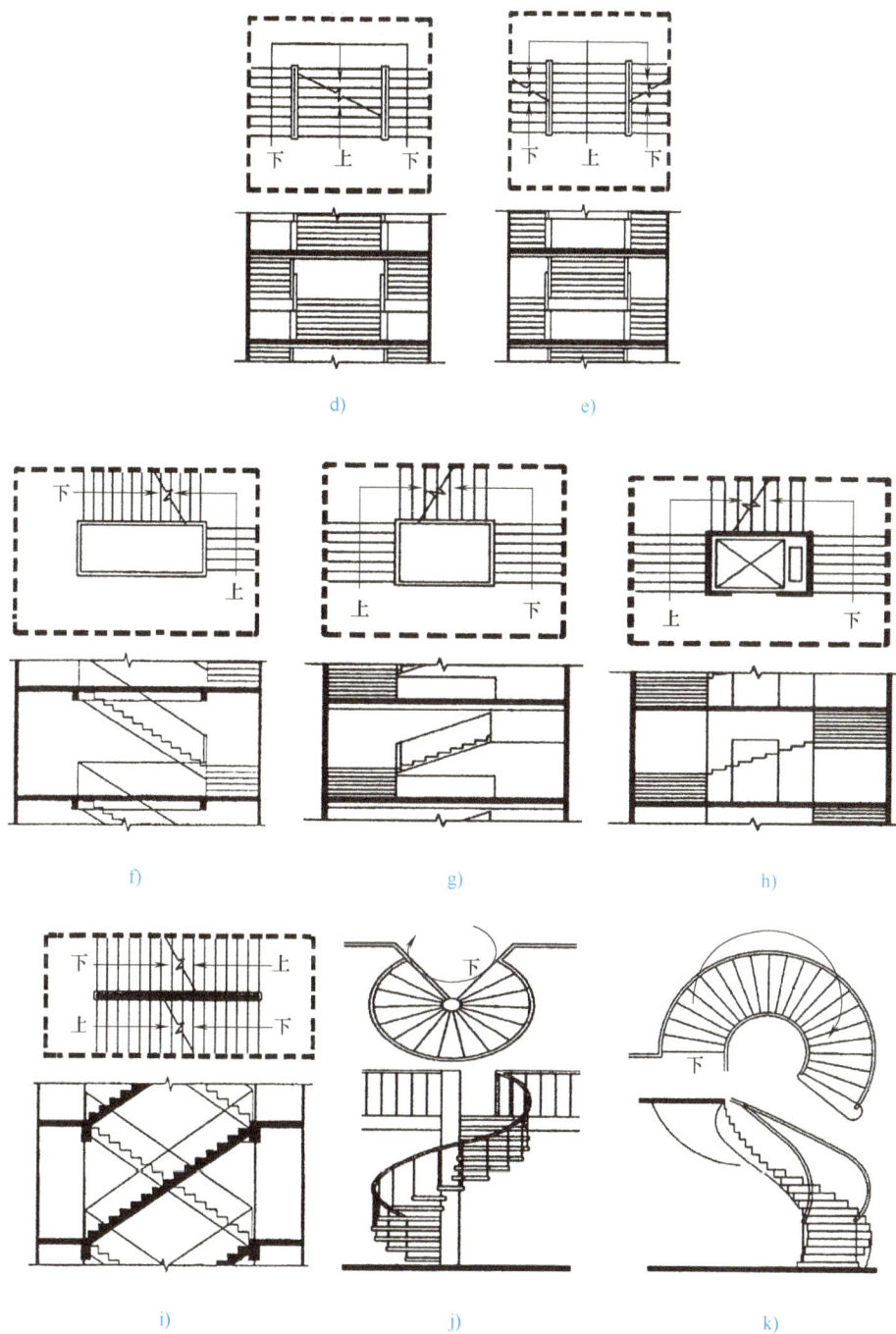

图 14-3 各种楼梯形式（续）

d）平行双分楼梯 e）平行双合楼梯 f）折行双跑楼梯 g）折行多跑楼梯 h）设电梯折行三跑楼梯
i）交叉跑楼梯 j）螺旋形楼梯 k）弧形楼梯

任务 14.2 楼梯的设计

一、楼梯的坡度和踏步尺寸

1. 坡度

楼梯的坡度范围一般为 23°～ 45°，适宜的坡度为 30°左右，楼梯坡度一般不宜超过 38°。楼梯坡度较小时（小于 10°），可将楼梯改为坡道；坡度大于 45°的楼梯可改为爬梯，如图 14-4 所示。

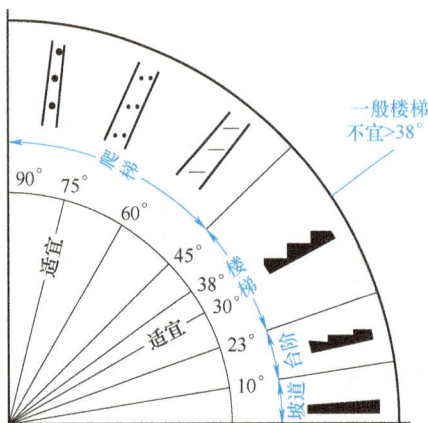

图 14-4 楼梯、爬梯及坡道的坡度范围

2. 踏步尺寸

楼梯踏步由踏面和踢面组成，踏步宽度（b）一般不宜小于 250mm，一般取 260～320mm；踏步高度（h）一般取 140～175mm，各级踏步高度均应相同。常用踏步尺寸见表 14-1。

表 14-1 常用踏步尺寸

楼 梯 类 别		最小宽度 b/m	最大高度 h/m
住宅楼梯	住宅公共楼梯	0.260	0.175
	住宅套内楼梯	0.220	0.200
宿舍楼梯	小学宿舍楼梯	0.260	0.150
	其他宿舍楼梯	0.270	0.165
老年人建筑楼梯	住宅建筑楼梯	0.300	0.150
	公共建筑楼梯	0.320	0.130
托儿所楼梯、幼儿园楼梯		0.260	0.130
小学楼梯		0.260	0.150
人员密集且竖向交通繁忙的建筑楼梯和大学楼梯、中学楼梯		0.280	0.165
其他建筑楼梯		0.260	0.175
超高层建筑核心筒内楼梯		0.250	0.180
检修及内部服务楼梯		0.220	0.200

楼梯踏步的尺寸与梯段坡度有着直接的联系，踏步的高度和宽度决定了梯段的坡度，而梯段的坡度又限制了踏步尺寸的选择。

踏步的尺寸应根据人体的基本尺度来决定，可在一定的范围内取值和调整，设计中可利用如下计算式来计算踏步的宽度和高度：$b + 2h = 600mm$。

为了加宽踏面，可将踏步前缘挑出，形成突缘，突缘挑出长度一般为 20 ~ 30mm；也可将踢面做成倾斜，如图 14-5 所示。

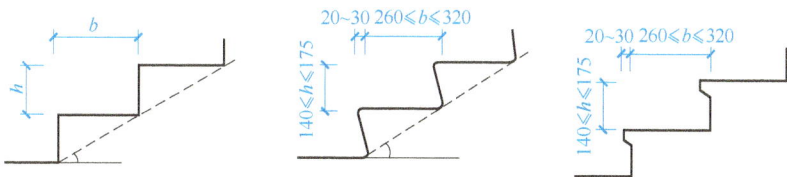

图 14-5 加宽踏面

二、楼梯的平面尺寸

楼梯的平面尺寸包括楼梯段的宽度 B、楼梯平台的深度 D、楼梯段的长度 L，如图 14-6 所示。

1. 楼梯段宽度

当楼梯的一侧有扶手时，梯段净宽应为墙体装饰面至扶手中心线的水平距离；当双侧有扶手时，梯段净宽应为两侧扶手中心线之间的水平距离；当有突出物时，梯段净宽应从突出物表面算起。主要用于日常交通的楼梯，梯段净宽应根据建筑物的使用特征，按每股人流宽度 0.55m + (0 ~ 0.15) m 计算，并不应少于两股人流。其中，"(0 ~ 0.15) m"是指人流在行进中的人体摆幅，公共建筑人流众多的场所应取上限值。多层住宅楼梯段的最小宽度为 1000mm。住宅套内楼梯的梯段净宽，当两侧有墙时，不应小于 900mm。

若楼梯间的开间已有限定，双跑楼梯的梯段宽度 B 的计算式为

$$B = (A - C)/2$$

式中 B——楼梯段的宽度（mm）；

A——楼梯段的净开间（mm）；

C——楼梯井的宽度（mm）。

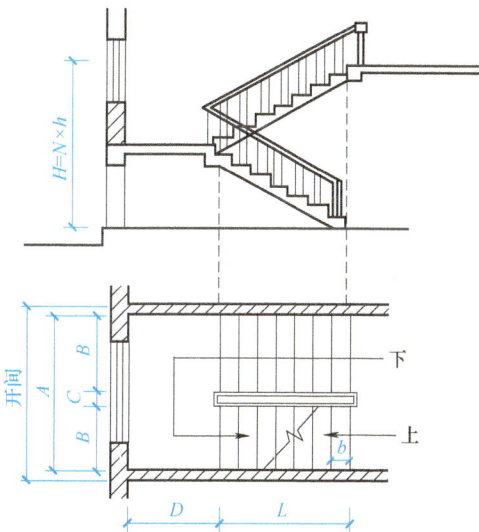

图 14-6 楼梯的平面尺寸

2. 楼梯平台的深度

楼梯平台的深度 D 是指楼梯平台边缘到楼梯间墙面之间的净距，包括中间平台和楼层平台。考虑交通顺畅、使用方便和家具搬运等因素，楼梯平台的深度 D 不得小于楼梯段的宽度 B，即 $D \geqslant B$，并不应小于 1.2m；当有搬运大型物件需要时应适当加宽。如图 14-7a 所示。但直跑楼梯的楼梯平台深度以及通向走廊的开敞式楼梯的楼梯平台深度，可不受此限制，如图 14-7b 所示。

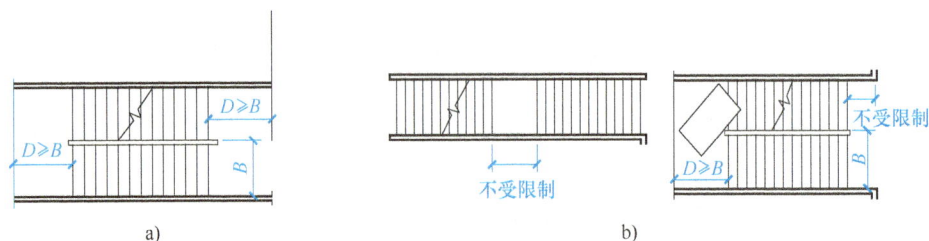

图 14-7　楼梯平台的深度

3. 楼梯段长度

楼梯段的长度 L 是指楼梯始末两踏步轮廓线之间的水平距离，如图 14-6 所示。楼梯段的长度 L 与踏步宽度 b 以及该楼梯段的踏步级数 n 有关，直跑楼梯中，楼梯段的长度为

$$L = b \times (n-1)$$

式中　b——踏步宽度（mm）；

n——踏步级数（mm）。

一般情况下，每个梯段的踏步级数不应少于 3 级，且不应超过 18 级。注意，由于楼梯上行的最后一个踏步面的标高与楼梯平台的标高一致，其宽度已计入楼梯平台的深度，因此在计算楼梯段长度时应该减去一个踏步宽度。

4. 楼梯井的宽度

楼梯井是指由楼梯梯段和休息平台内侧围成的空间。楼梯井可满足消防需要，楼房着火时消防水管可从楼梯井通到需要灭火的楼层。楼梯井的宽度范围一般为 150～200mm。

住宅楼梯井的净宽大于 0.11m 时，必须采取防止儿童攀滑的措施，楼梯栏杆的垂直杆件之间的净空不应大于 0.11m。

托儿所、幼儿园、中小学及少年儿童专用活动场所的楼梯，楼梯井的净宽大于 0.20m 时，必须采取防止少年儿童攀滑的措施，楼梯栏杆应采取不易攀登的构造。当采用垂直杆件制作栏杆时，其杆件之间的净距不应大于 0.11m。

三、楼梯栏杆扶手的高度

楼梯栏杆扶手的高度是指从踏面前缘至扶手上表面的垂直距离。楼梯栏杆扶手的高度与楼梯的坡度及使用要求有关，坡度很陡的楼梯，扶手的高度可矮些；坡度平缓的楼梯，扶手的高度可稍大，例如在 30°左右的坡度下，扶手的高度常采用 900mm。在普通楼梯基础上加装的儿童使用的楼梯栏杆扶手的高度一般不应超过 600mm。对一般室内的楼梯栏杆扶手，其高度不得小于 900mm，通常取 900mm。

楼梯应至少在一侧设扶手，梯段净宽达三股人流时应两侧设扶手，达四股人流时宜加设中间扶手。

四、楼梯的剖面尺寸

楼梯的剖面尺寸主要包括楼梯的踏步数量、楼梯段的高度、楼梯段的净高。

1. 楼梯的踏步数量

楼梯的踏步数量 N 可由建筑的层高 H、楼梯的踏步踢面高度 h 求得，即

$$N = H/h$$

2. 楼梯段的高度

某一楼梯段的高度 H_i 与该楼梯段的踏步数量 N_i 和踏步踢面高度 h 之间的关系是

$$H_i = N_i \times h$$

3. 楼梯段的净高

楼梯段的净高是指楼梯段某一处底面到下部相邻梯段踏步前沿的垂直距离，或平台面到上部相邻平台梁底面的距离。其中，楼梯段的净高应不小于 2200mm；平台梁下净高应不小于 2000mm，并且梯段起始或终止踏步的前缘与顶部突出物的内边缘水平投影距离应不小于 300mm。楼梯段的净高示意图如图 14-8 所示。

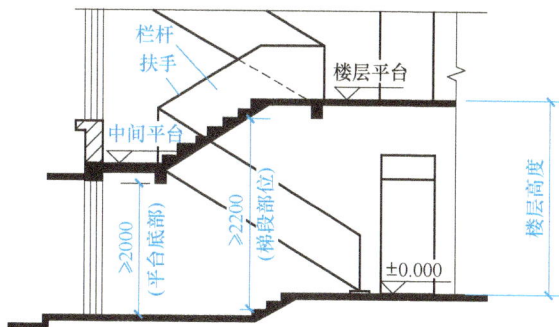

图 14-8　楼梯段的净高示意图

当在平行双跑楼梯的中间平台下设置通道出入口时，为保证平台梁下净高满足通行要求，可以采取以下处理方法：

1）一层楼梯设计为长短跑，如图 14-9a 所示。

2）增加高差，如图 14-9b 所示。

3）上述两种方式的结合，如图 14-9c 所示。

4）一层可采用直跑楼梯（适用于一层层高较低时），如图 14-9d 所示。

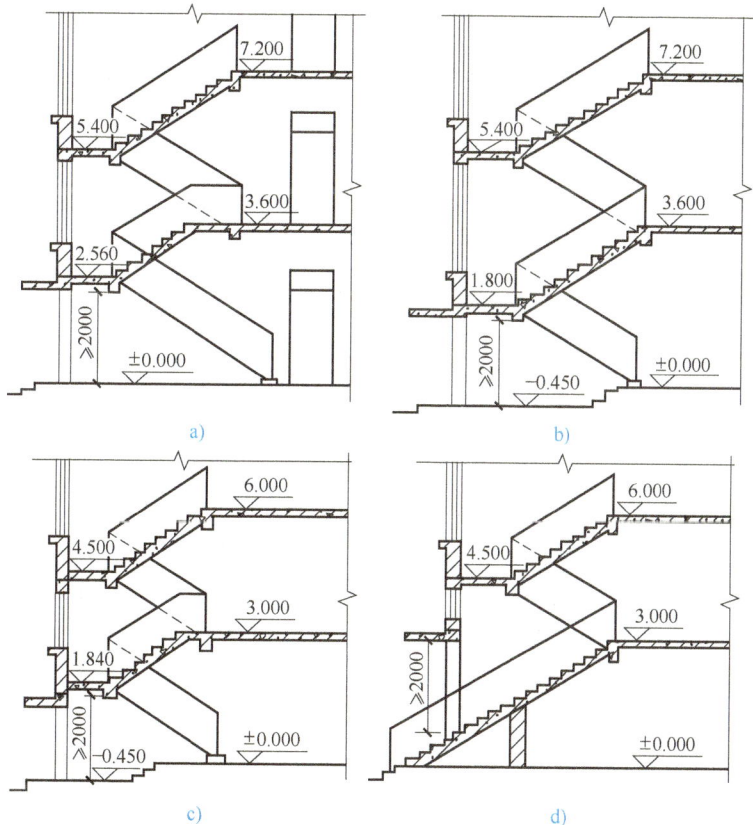

图 14-9　增加楼梯下部净高的方法

a）一层楼梯设计为长短跑　b）增加高差　c）a）、b）两种方式的结合　d）一层采用直跑楼梯

任务 14.3　钢筋混凝土楼梯

钢筋混凝土楼梯具有强度高、刚度大、耐久性好、对抗震较为有利等优点，目前已被广泛采用。钢筋混凝土楼梯按不同的施工方法分为现浇钢筋混凝土楼梯和预制装配式钢筋混凝土楼梯两种。

14.3.1　现浇钢筋混凝土楼梯

现浇钢筋混凝土楼梯按楼梯段的传力特点分为板式楼梯及梁板式楼梯两种。

1. 板式楼梯

板式楼梯的楼梯段搁置在平台梁上，楼梯段相当于一块斜放的板，平台梁之间的距离即为板的跨度，如图 14-10a 所示。其荷载的传递路径是：荷载→梯段板→平台梁→墙体（或柱）。

板式楼梯

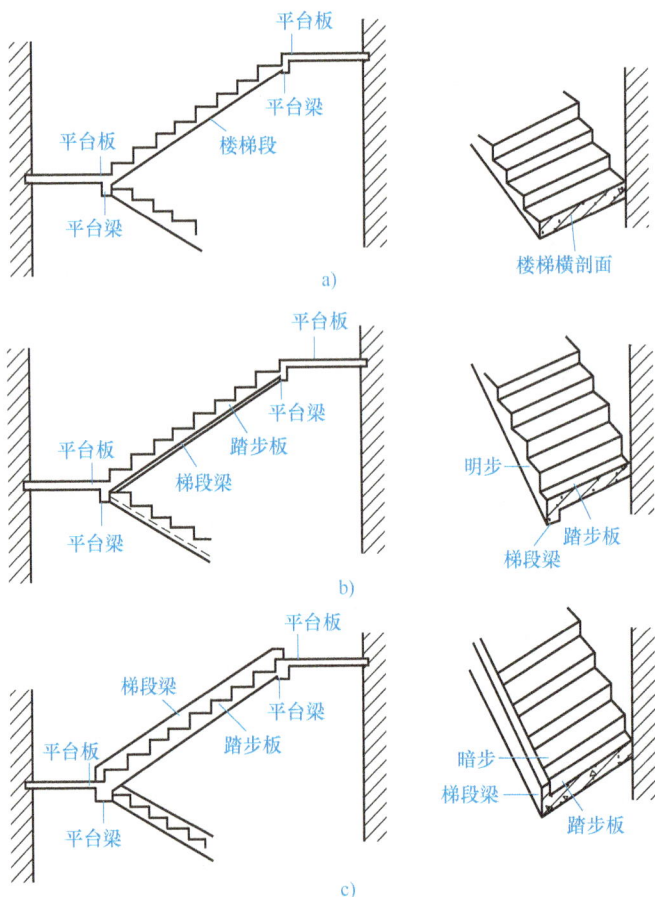

图 14-10　板式楼梯和梁板式楼梯

a）板式楼梯　b）梁板式楼梯的梯段梁在踏步板下面　c）梁板式楼梯的梯段梁在踏步板上面

板式楼梯结构简单、底面平整、施工方便；但自重较大、耗用材料较多，适用于楼梯段跨度及荷载均较小的楼梯。

2. 梁板式楼梯

梁板式楼梯的楼梯段由板与梁组成，板承受荷载后传给梯段梁，再由梯段梁把荷载传给平台梁，梯段梁之间的距离即为板的跨度。梁板式楼梯根据梯段梁的位置不同，有明步和暗步两种，明步是将梯段梁设置在踏步板之下，踏步板外露，如图 14-10b 所示；暗步是指梯段梁和踏步板的下表面取平，梯段梁设置在踏步板之上，踏步包在里面，如图 14-10c 所示。梁板式楼梯受力合理、经济性好，适用于各种长度的楼梯。梁板式楼梯的荷载传递路径是：荷载→踏步→梯段梁→平台梁→墙体（或柱）。

梁板式楼梯

14.3.2　预制装配式钢筋混凝土楼梯

预制装配式钢筋混凝土楼梯是将组成楼梯的各种构件在预制厂或施工现场进行预制，再在现场进行安装。预制装配式钢筋混凝土楼梯有助于提高建筑工业化程度，减少现场湿作业并加快施工速度。

预制装配式钢筋混凝土楼梯按楼梯构件的合并程度分为小型构件装配式楼梯和大中型预制装配式楼梯。

1. 小型构件装配式楼梯

小型构件装配式楼梯是将楼梯各组成部分划分为若干构件分别预制，然后进行装配。小型构件装配式楼梯按构造方式不同有梁承式、墙承式、悬挑式三种。

梁承式楼梯

（1）梁承式　梁承式楼梯由梯段梁和踏步板构成楼梯段，由平台梁和平台板构成平台。梁承式楼梯的踏步板搁置在梯段梁上面，梯段梁搁置在平台梁上，平台梁搁置在楼梯间的墙上，平台板搁置在平台梁上和楼梯间的纵墙和横墙上。

（2）墙承式　墙承式楼梯是把预制踏步板搁置在两边墙上，构成楼梯段。从受力上讲，踏步是简支在墙体上的。

墙承式楼梯

（3）悬挑式　悬挑式楼梯是将 L 形或一字形踏步板的一端砌在楼梯间的侧墙内，另一端悬挑，并安装栏杆。悬挑式楼梯由于抗震性能较差，故在地震区不宜采用。

2. 大中型预制装配式楼梯

大中型预制装配式楼梯是由预制厂生产并在施工现场组装而成。大中型预制装配式楼梯的楼梯段按其构造形式有板式和梁板式两种类型。

悬挑式楼梯

中型预制装配式楼梯由楼梯段、平台梁、中间平台板等构件组合而成，大型预制装配式楼梯是将楼梯段与中间平台板一起组成一个构件。大中型预制装配式楼梯的优点是可减少预制构件的种类和数量，简化施工过程，减少劳动强度，加快施工进度；缺点是必须使用中型及大型吊装设备，其主要应用于装配式工业化建筑中。

任务 14.4　钢筋混凝土楼梯的细部构造

14.4.1　踏步面层

楼梯的踏步面层应耐磨、光滑、美观，要便于清洁。踏步面层的材料常与门厅或走廊的楼地面材料一致，常用面层材料有水泥砂浆面层、水磨石面层、大理石或预制水磨石面层、缸砖面层，如图 14-11 所示。

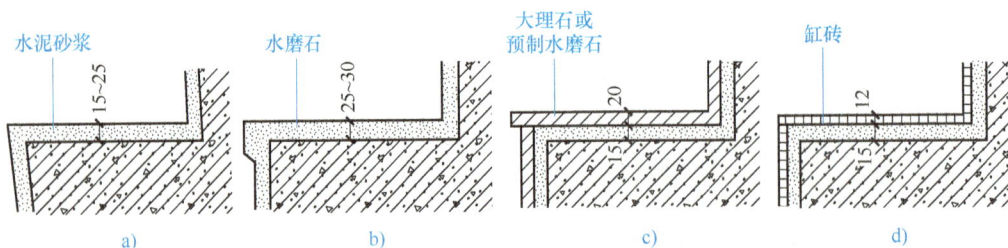

图 14-11　踏步面层的类型

14.4.2　踏口处理

踏步表面光滑易滑倒，故踏步应有防滑措施，楼梯常在踏口部位设置防滑槽（图 14-12a）或防滑条（图 14-12b ~ 图 14-12f）。防滑条的材料有金刚砂、水泥铁屑、橡皮塑料、陶瓷锦砖、铸铁板等。

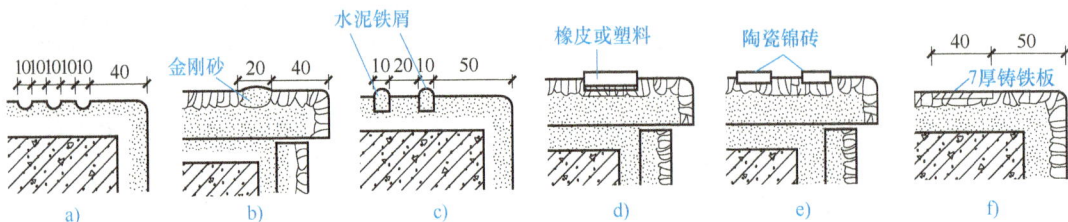

图 14-12　踏步的防滑处理
a）防滑槽　b）金刚砂防滑条　c）水泥铁屑防滑条
d）橡皮或塑料防滑条　e）陶瓷锦砖防滑条　f）铸铁板防滑条

14.4.3　栏杆或栏板

栏杆或栏板是楼梯的安全设施，设置在楼梯或平台临空的一侧。

1）栏杆多用方钢、圆钢、扁钢等型材焊接成各种图案，既起防护作用又起装饰效果。栏杆垂直杆件之间的净距不应大于 110mm。

2）栏板是不透空构件，常用砖砌筑，或用预制（或现浇）钢筋混凝土板做成。

14.4.4 扶手

一、扶手的构造

栏杆或栏板的上部一般设有扶手，扶手可用硬木制作或用钢管、塑料制品，可在栏板上缘抹水泥砂浆或做成水磨石等，如图 14-13 所示。

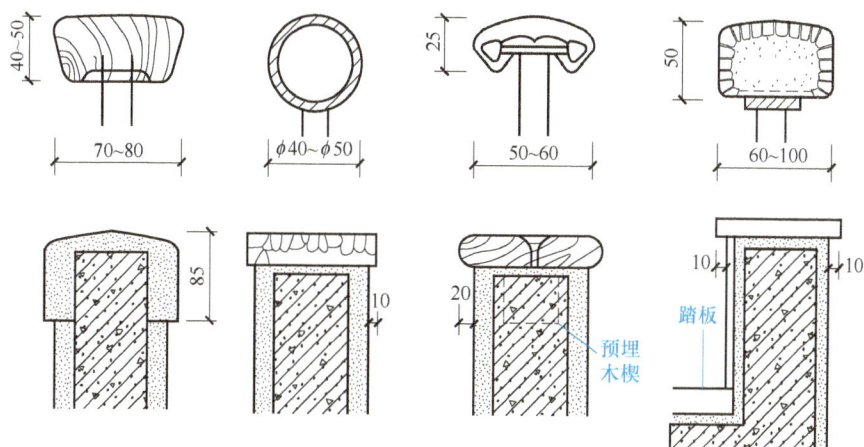

图 14-13 扶手的构造

二、栏杆与扶手的连接及栏杆与楼梯段、平台的连接

1. 栏杆与扶手的连接

1）当采用金属栏杆与金属扶手时，采用焊接连接。

2）当采用金属栏杆、扶手为木材或硬塑料时，在栏杆顶部设通长扁钢，用螺钉与扶手底面或侧面固定连接。

2. 栏杆与楼梯段、平台的连接

栏杆与楼梯段、平台的连接一般是在楼梯段和平台上预埋钢板焊接或预留孔插接，然后用细石混凝土固定，分别如图 14-14 和图 14-15 所示。

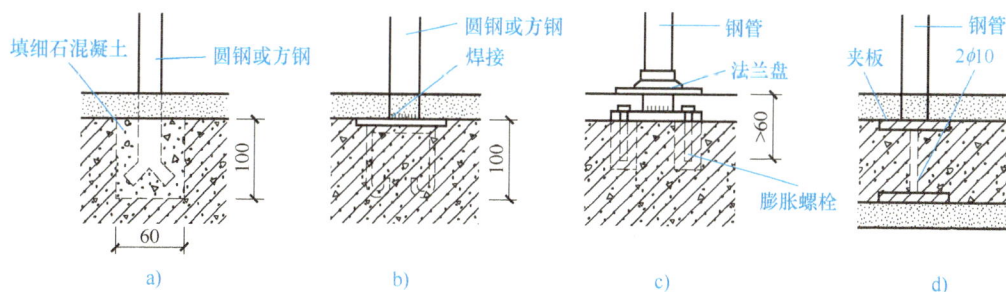

图 14-14 栏杆与楼梯段、平台的预埋钢板焊接

a）埋入预留孔洞　b）与预埋钢板焊接　c）立杆焊接在底板上，用膨胀螺栓固定　d）与预埋夹板焊接

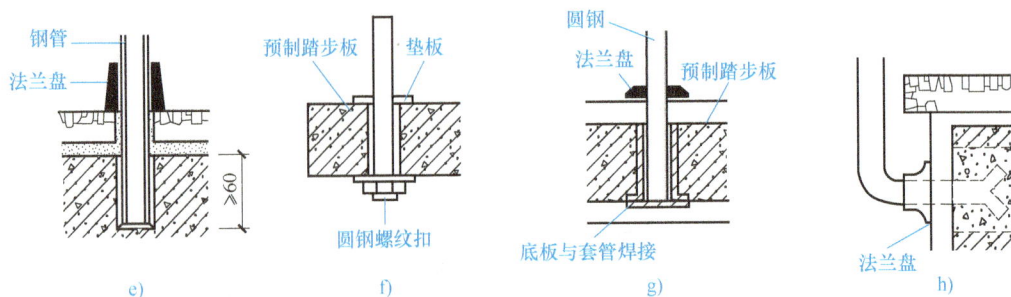

图 14-14　栏杆与楼梯段、平台的预埋钢板焊接（续）
e）立杆螺纹扣与预埋套管螺纹扣拧固　f）立杆穿过预留孔，用螺母固定
g）立杆插入套管后焊接　h）立杆埋入踏板的侧面预留孔内

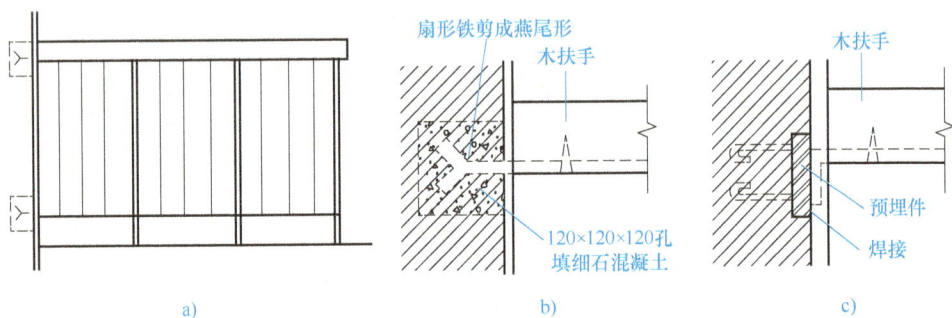

图 14-15　栏杆与楼梯段、平台的预留孔插接
a）栏杆立面　b）与砖墙连接　c）与钢筋混凝土连接

任务 14.5　台阶与坡道构造

14.5.1　台阶

台阶由踏步和平台组成，有室内台阶和室外台阶之分。室外台阶的宽度应比门每边宽出 500mm 左右。台阶的踏步宽度不大于 300mm，踏步高度不宜大于 150mm，踏步数不少于 2 级。台阶的坡度应比楼梯小，平台的深度一般不小于 1m。为防止室外台阶的雨水倒流，平台面宜比室内地面低 20～60mm，并向外找坡 1%～4%。

台阶按构造材料不同分为混凝土台阶、石台阶、钢筋混凝土台阶等。台阶应与建筑物主体之间设置沉降缝，台阶的施工应在主体建筑施工完之后进行。

台阶的形式有单面踏步式、三面踏步式、单面踏步带方形石、坡道与踏步结合和坡道等，如图 14-16 所示。部分台阶的平面形式如图 14-17 所示。

台阶的构造有垫层和面层两大部分，如图 14-18 所示。面层可采用地面面层的材料，如水泥砂浆、天然石材、缸砖等。垫层可采用混凝土材料，北方季节性冰冻地区可在混凝土垫层下加做砂垫层。

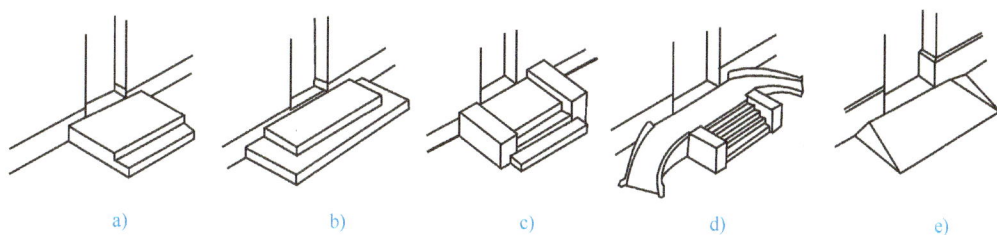

图 14-16 台阶的形式

a) 单面踏步式 b) 三面踏步式 c) 单面踏步带方形石
d) 坡道与踏步结合 e) 坡道

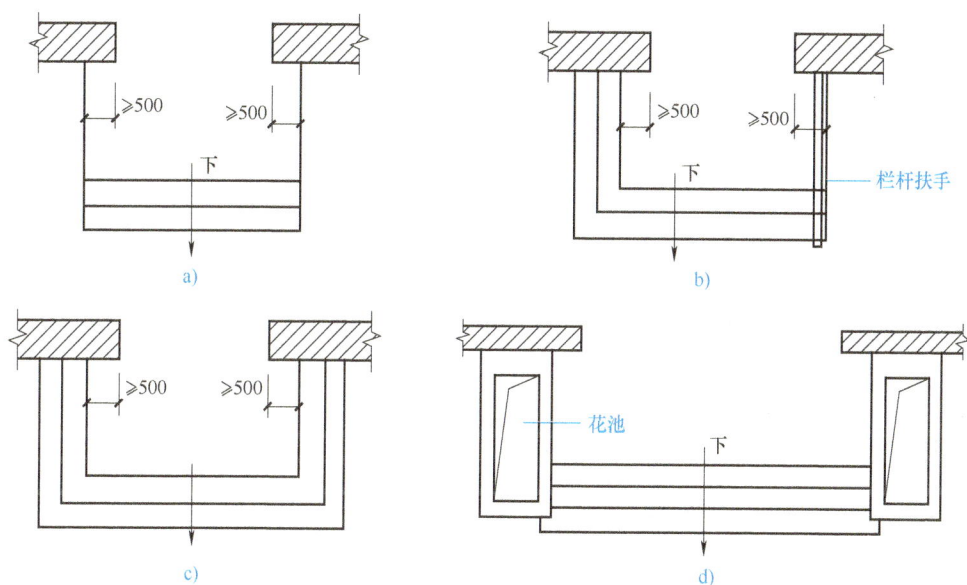

图 14-17 部分台阶的平面形式

a) 单面踏步 b) 两面踏步 c) 三面踏步 d) 单面踏步带花池

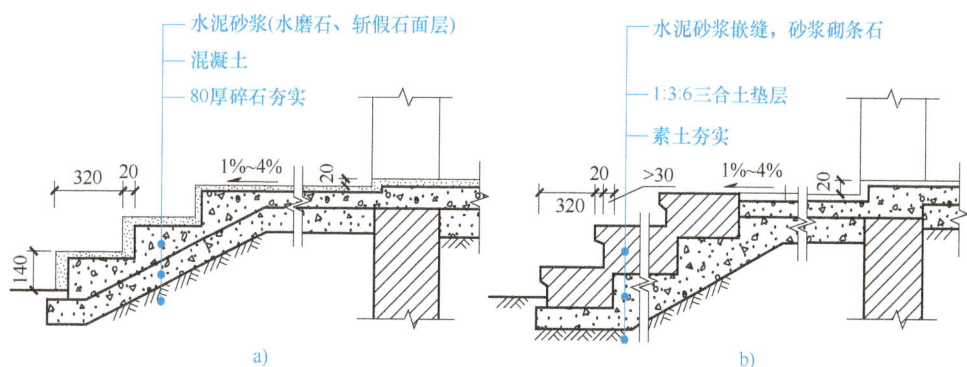

图 14-18 台阶的构造

a) 混凝土台阶 b) 石台阶

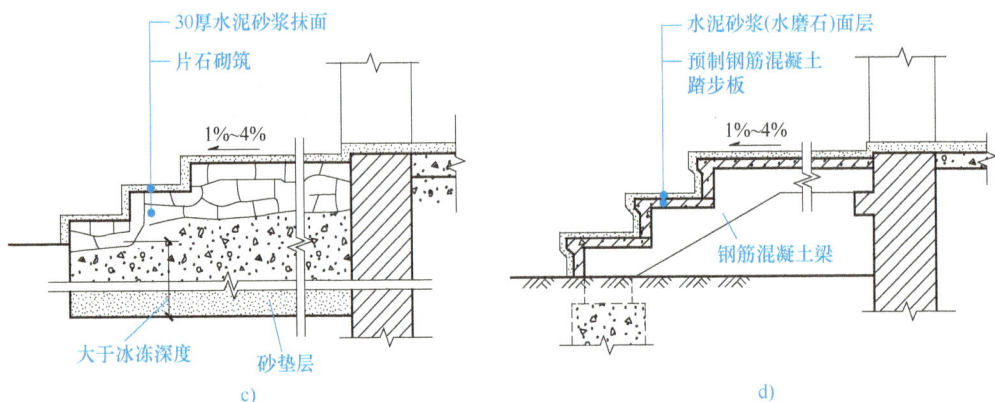

图 14-18　台阶的构造（续）

c）换土地基台阶　d）预制钢筋混凝土架空台阶

14.5.2　坡道

坡道有室内坡道和室外坡道之分。室外坡道的坡度不宜大于 1：10，室内坡道的坡度不大于 1：8，无障碍坡道的坡度为 1：12。

常见的坡道材料有混凝土或石块等，面层以水泥砂浆居多。对经常处于潮湿环境、坡度较陡或采用水磨石作为面层的坡道，其表面应进行防滑处理。坡道的构造如图 14-19 所示。

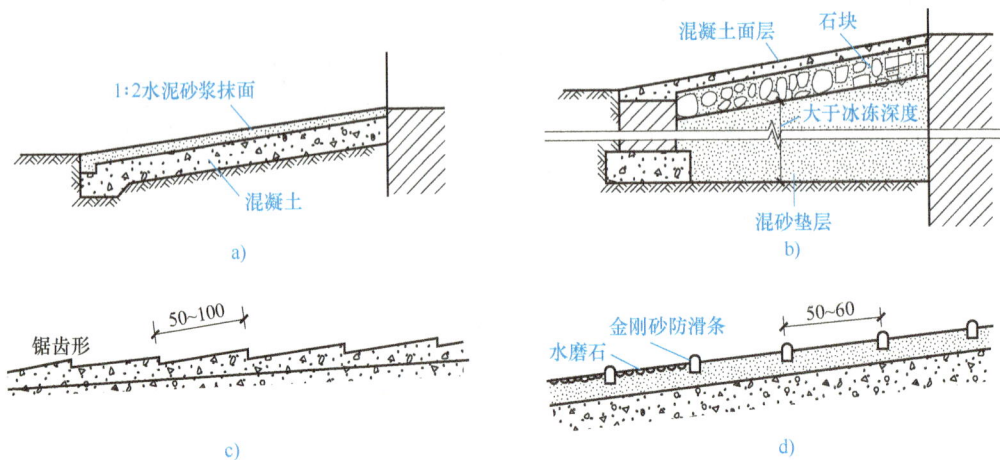

图 14-19　坡道的构造

项 目 小 结

楼梯一般用于建筑物中楼层之间和高差较大时的垂直交通联系。本项目介绍了民用建筑中楼梯的类型和设计要求、楼梯的组成和尺寸要求、钢筋混凝土楼梯的构造做法及细部构造处理、台阶和坡道的常用构造做法。

思　考　题

一、填空题

1. 楼梯一般由_____、_____、_____等部分组成。

2. 楼梯的坡度应控制在_____至_____之间。

3. 楼梯平台按位置不同分为_____平台和_____平台。

4. 现浇钢筋混凝土楼梯按楼梯段的传力特点分为_____及_____两种。

5. 小型构件装配式楼梯按构造方式不同有_____、_____、_____三种。

二、选择题

1. 楼梯段净高一般不小于（　　）mm。

A. 1900　　　　　　B. 2000　　　　　　C. 2100　　　　　　D. 2200

2. 双股人流通行的楼梯，梯段宽度至少为（　　）mm。

A. 1000　　　　　　B. 1100　　　　　　C. 1200　　　　　　D. 1500

3. 楼梯平台的净高一般不小于（　　）mm。

A. 1900　　　　　　B. 2000　　　　　　C. 2100　　　　　　D. 2200

4. 目前，在建筑中应用较多的楼梯是（　　）。

A. 直跑楼梯　　　　B. 双跑直跑楼梯　　　C. 双跑平行楼梯　　　D. 转角楼梯

5. 梁板式楼梯的梯段由（　　）两部分组成。

A. 平台、栏杆　　　B. 栏杆、梯斜梁　　　C. 梯斜梁、踏步板　　D. 踏步板、栏杆

三、简答题

1. 常见的楼梯平面形式有哪些？各有哪些特点？

2. 两种现浇钢筋混凝土楼梯的荷载各是如何传递的？

项目15

屋顶

学习目标

(1) 了解屋顶的作用和类型。

(2) 掌握屋顶的排水坡度、排水方式及排水组织设计的内容。

(3) 掌握柔性防水屋面和刚性防水屋面的定义与细部构造。

(4) 了解涂膜防水屋面的细部构造。

(5) 熟悉平屋顶的保温及隔热。

(6) 掌握坡屋顶的承重结构。

(7) 熟悉坡屋顶的种类及屋面细部构造。

(8) 熟悉坡屋顶的保温及隔热。

任务 15.1 概 述

15.1.1 屋顶的作用及构造要求

屋顶主要有三个作用：一是承重作用，二是围护作用，三是装饰建筑立面。

屋顶应满足坚固耐久、防水排水、保温隔热、抵御外界环境侵蚀等使用要求，同时还应做到自重小、构造简单、施工方便、造价合理、与建筑整体形象相协调。其中，防水是对屋顶的基本要求，屋顶的防水等级和设防要求见表 15-1。

表 15-1 屋顶的防水等级和设防要求

防 水 等 级	建 筑 类 别	设 防 要 求
Ⅰ级	重要建筑和高层建筑	两道防水设防
Ⅱ级	一般建筑	一道防水设防

15.1.2 屋顶的类型

屋顶的常见类型如下：

1）平屋顶。平屋顶是指屋面排水坡度小于或等于 10% 的屋顶，常用的坡度为 2% ~ 3%，如图 15-1 所示。

2）坡屋顶。坡屋顶是指屋面排水坡度在 10% 以上的屋顶，如图 15-2 所示。

3）其他形式的屋顶。随着科学技术的发展，出现了许多新型结构的屋顶，如拱屋顶、折板屋顶、薄壳屋顶、悬索屋顶、网架屋顶等。

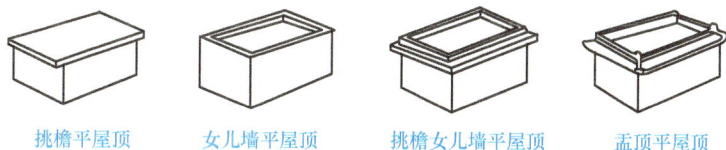

挑檐平屋顶　　女儿墙平屋顶　　挑檐女儿墙平屋顶　　盂顶平屋顶

图 15-1 平屋顶的形式

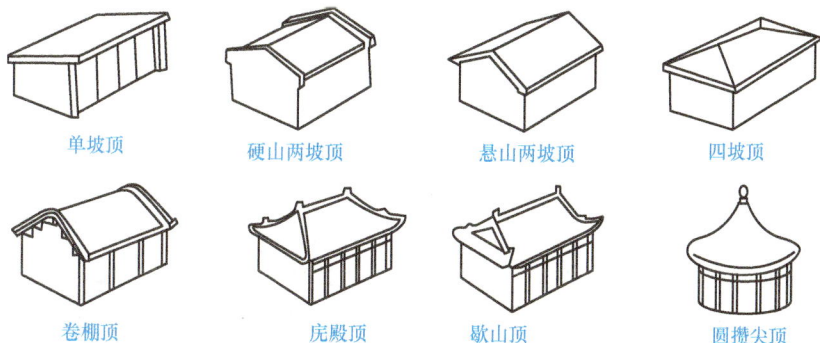

单坡顶　　硬山两坡顶　　悬山两坡顶　　四坡顶

卷棚顶　　庑殿顶　　歇山顶　　圆攒尖顶

图 15-2 坡屋顶的形式

任务 15.2　屋顶的排水

15.2.1　排水坡度的形成

屋顶排水坡度的形成主要有材料找坡和结构找坡两种。

1. 材料找坡

材料找坡又叫垫置坡度，是将屋面板水平搁置，然后在上面铺设炉渣等廉价轻质材料形成坡度。材料找坡的坡度宜为 2% 左右，最薄处厚度一般应不小于 30mm。如果屋面有保温要求，可利用屋面保温层兼作找坡层，目前这种做法被广泛采用。材料找坡如图 15-3 所示。

材料找坡的优点是结构底面平整，容易保证室内空间的完整性；缺点是坡度不宜太大，否则会使找坡材料用量过大，增加屋顶荷载。

图 15-3　材料找坡

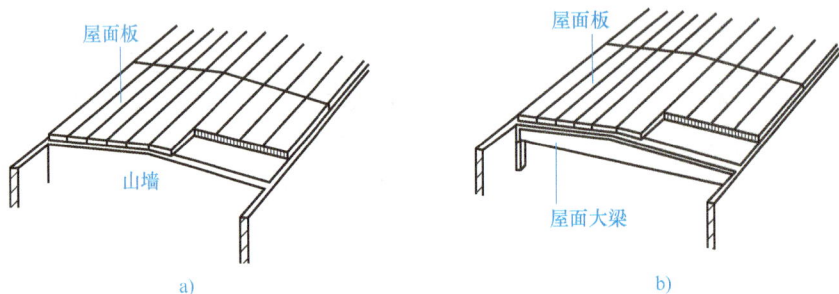

2. 结构找坡

结构找坡又叫搁置坡度，是将屋面板搁置在顶部倾斜的墙上或梁上形成屋面排水坡度。这种做法常用于室内设有吊顶或室内美观要求不高的建筑工程中。结构找坡如图 15-4 所示。

结构找坡的优点是不需在屋顶上设置找坡层，屋面其他层次的厚度可不变化，减轻了屋面荷载，施工简单且造价较低；缺点是不符合人们的使用习惯。

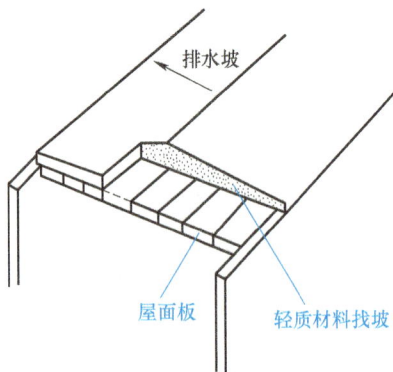

图 15-4　结构找坡
a）屋面板搁置在墙上　b）屋面板搁置在梁上

15.2.2　屋面坡度的大小

常用的屋面坡度表示方法有斜率法、百分比法和角度法。斜率法以屋顶高度与坡面的水平投影长度之比表示，可用于平屋顶或坡屋顶；百分比法以屋顶高度与坡面的水平投影长度的百分比表示，多用于平屋顶；角度法以倾斜屋面与水平面的夹角表示，多用于有较大坡度的坡屋顶，目前在工程中较少采用。

影响屋面坡度的因素主要是屋面防水材料的尺寸和当地降雨量。防水材料如果尺寸较小，接缝就必然较多，容易产生缝隙渗漏，因而屋面应有较大的排水坡度将屋面积水迅速排除。如果屋面防水材料的覆盖面积较大，接缝少而且严密，则屋面的排水坡度就可以小一些。降雨量大的地区，屋面渗漏的可能性较大，屋顶的排水坡度应适当加大；反之，屋顶排水坡度则宜小一些。

《民用建筑设计统一标准》（GB 50352—2019）规定，屋面排水坡度应根据屋顶结构形式、屋面基层类别、防水构造形式、材料性能及当地气候等条件确定，并应符合表 15-2 的规定。

表 15-2 屋面排水坡度

屋 面 类 别		屋面排水坡度/（%）
平屋面	防水卷材屋面	≥2、<5
瓦屋面	块瓦	≥30
	波形瓦	≥20
	沥青瓦	≥20
金属屋面	压型金属板、金属夹芯板	≥5
	单层防水卷材金属屋面	≥2
种植屋面	种植屋面	≥2、<50
采光屋面	玻璃采光顶	≥5

15.2.3 屋面的排水方式

屋面的排水方式分为无组织排水和有组织排水两大类。

1. 无组织排水

无组织排水是指屋面雨水直接从檐口滴落至地面，因为不用天沟、雨水管等结构来导流雨水，故又称为自由落水。无组织排水的优点是构造简单、经济性好；缺点是落水时，雨水会浇淋墙面和门窗，适用于标准较低的低层建筑和雨水较少地区的建筑。无组织排水如图 15-5 所示。

无组织排水

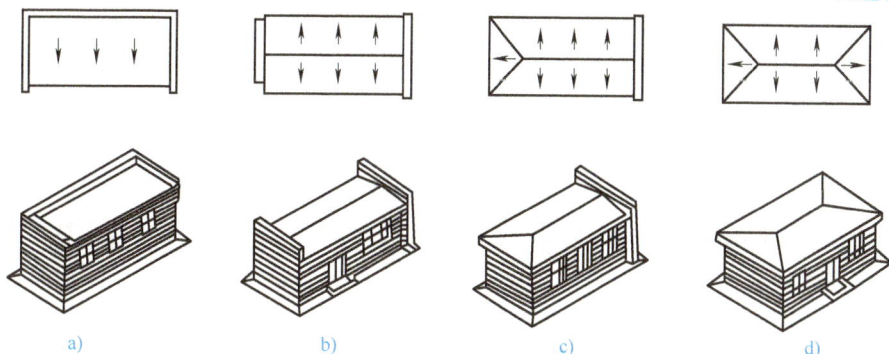

图 15-5 无组织排水

259

2. 有组织排水

有组织排水是指在屋顶设置与屋面排水方向垂直的纵向天沟，汇集雨水后，将雨水由雨水口、雨水管有组织地排到室外地面或室内的地下排水系统，如图 15-6 所示。有组织排水较无组织排水构造更复杂，费用更高，但雨水不会冲刷墙面，因而广泛应用于各类建筑中。按照雨水管的位置，有组织排水分为外排水和内排水。

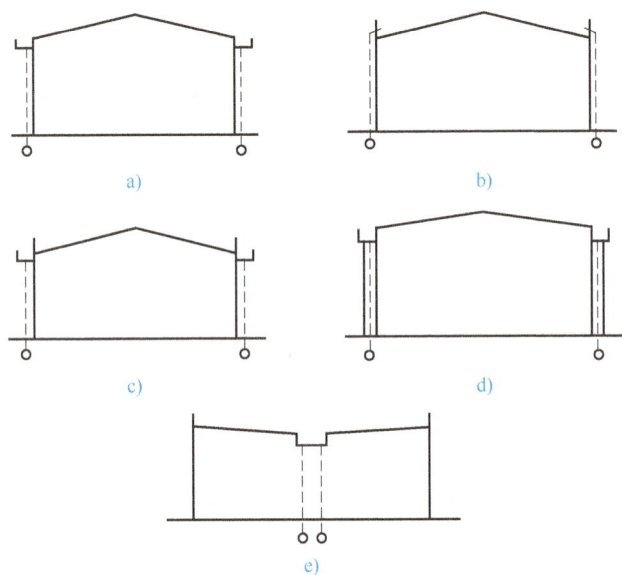

图 15-6　有组织排水

a）挑檐沟外排水　b）女儿墙外排水　c）女儿墙挑檐沟排水
d）暗管外排水　e）中间天沟内排水

1）外排水是指屋顶雨水由室外雨水管排到室外。按照檐沟在屋顶的位置，外排水又分为檐沟外排水、女儿墙外排水、女儿墙挑檐沟外排水等，如图 15-7 所示。

2）内排水是指屋顶雨水由设在室内的雨水管排到室内的地下排水系统。内排水结构复杂易造成渗漏，一般用在多跨建筑的中间跨、高层建筑和寒冷地区。内排水如图 15-8 所示。

檐沟外排水　　女儿墙外排水

15.2.4　屋顶排水组织设计

屋顶排水组织设计就是把屋面划分成若干个排水区，将各区的雨水分别引向各个雨水管，其目的是使排水线路短捷、雨水管负荷均匀、排水顺畅。进行屋顶排水组织设计时，应注意以下事项：

1. 确定排水坡面的数量（分坡）

一般情况下，临街建筑平屋顶的屋面宽度小于 12m 时，可采用单坡排水；屋面宽度大于 12m 时，宜采用双坡排水。坡屋顶应结合建筑造型要求选择单坡、双坡或四坡排水。

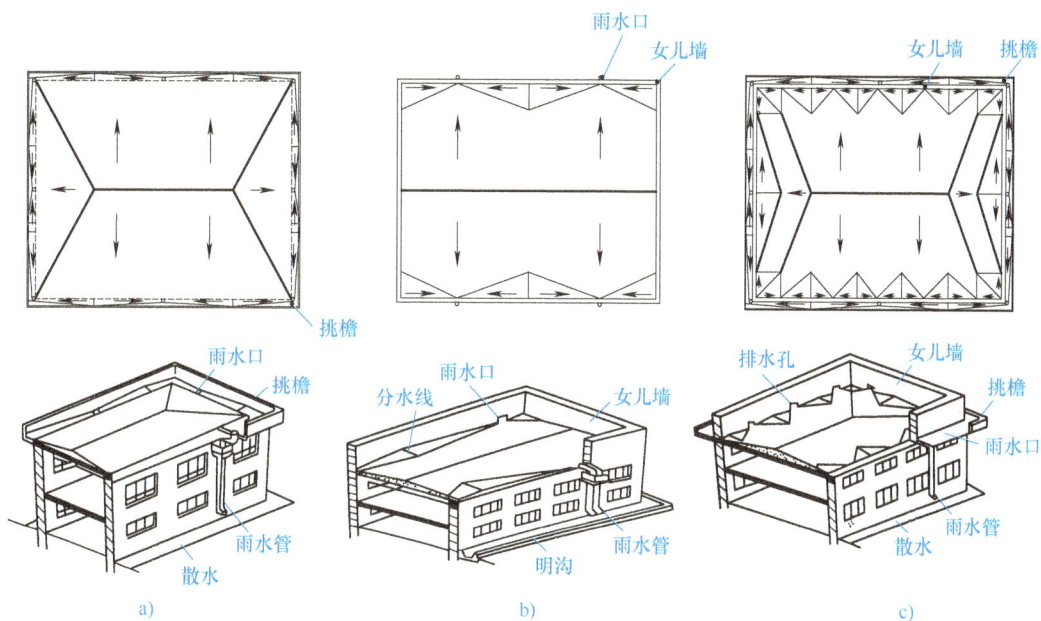

图 15-7　外排水

a）檐沟外排水　　b）女儿墙外排水　　c）女儿墙挑檐沟外排水

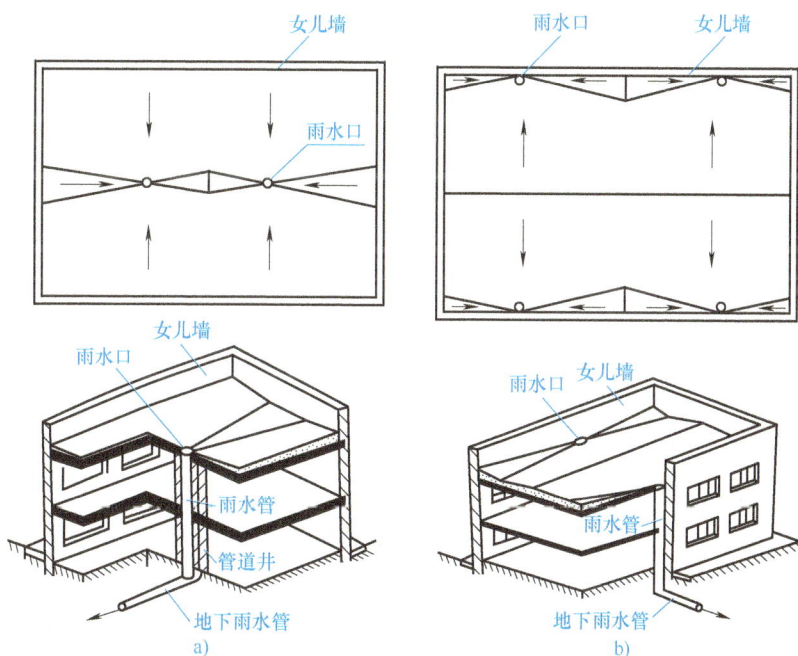

图 15-8　内排水

a）中间天沟内排水　　b）女儿墙内排水

2. 划分排水区

划分排水区的目的在于合理地布置雨水管。排水区的面积是指屋面水平投影的面积，每一根雨水管的屋面最大汇水面积不宜大于 $200m^2$。雨水口的间距一般为 $18 \sim 24m$。

3. 确定天沟所用材料和形状

天沟是指屋面上的排水沟，位于檐口部位时又称为檐沟。设置天沟的目的是汇集屋面雨水，并将屋面雨水有组织地迅速排除。天沟根据屋顶类型的不同有多种做法：

1）坡屋顶中可用钢筋混凝土、镀锌薄钢板、石棉水泥等材料做成槽形或三角形的天沟。

2）平屋顶的天沟一般用钢筋混凝土制作，当采用女儿墙外排水方案时，可利用倾斜的屋面与垂直的墙面构成三角形天沟，如图 15-9 所示；当采用檐沟外排水方案时，通常用专用的槽形板做成矩形天沟，如图 15-10 所示。

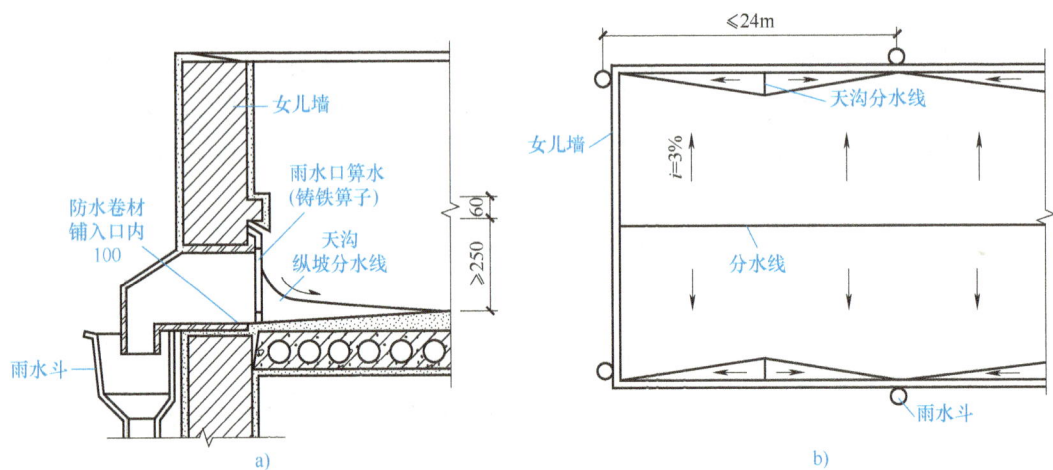

图 15-9　平屋顶女儿墙外排水三角形天沟
a）女儿墙断面　b）屋顶平面图

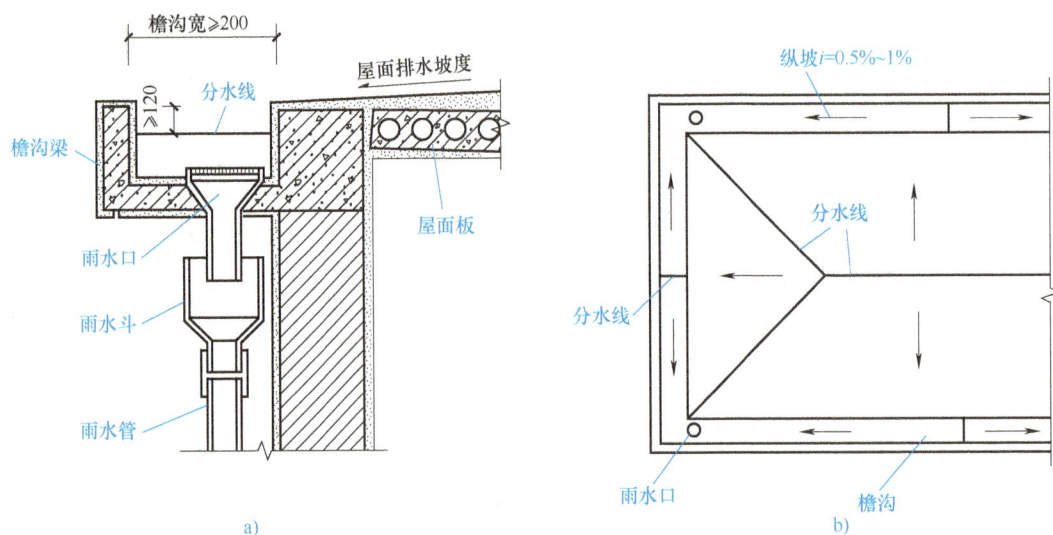

图 15-10　平屋顶檐沟外排水矩形天沟
a）挑檐沟断面　b）屋顶平面图

4. 确定雨水管的规格及间距

雨水管按材料的不同有铸铁、镀锌薄钢板、塑料、石棉水泥和陶土等，目前多采用铸铁雨水管和塑料雨水管，其直径有 50mm、75mm、100mm、125mm、150mm、200mm 等，一般民用建筑最常用的雨水管直径为 100mm，面积较小的露台或阳台可采用直径为 50mm 或 75mm 的雨水管。雨水管的位置应在实墙面处，其间距一般在 18m 以内，最大间距不宜超过 24m。雨水管间距不能太大，否则沟底纵坡面会变长，会使沟内的垫坡材料增厚，减少了天沟的容水量，造成雨水溢向屋面引起渗漏或从檐沟外侧涌出。雨水管又分为弯管式（图 15-9a）和直管式（图 15-10a）两种形式。

任务 15.3　平屋顶的构造

15.3.1　柔性防水屋面的构造

柔性防水屋面又称为卷材防水屋面，是一种用防水卷材和胶结材料分层粘贴形成防水层的屋面，具有优良的防水性和耐久性，因而被广泛采用。柔性防水屋面的基本构造层次包括结构层、找坡层、隔汽层、保温屋、找平层、结合层、防水层、保护层等。

柔性防水层的防水卷材包括沥青类卷材、高聚物改性沥青防水卷材和合成高分子防水卷材三类，见表 15-3。

用于沥青类卷材的胶粘剂主要有冷底子油、沥青胶等。冷底子油是将沥青稀释溶解在煤油、轻柴油或汽油中制成，涂刷在水泥砂浆或混凝土面层作打底用。沥青胶是在沥青中加入填充料加工制成，有冷、热两种，每种又各自分有石油沥青胶和煤油沥青胶两个子类。

表 15-3　柔性防水层的防水卷材

卷材分类	卷材名称举例	卷材胶粘剂
沥青类卷材	石油沥青油毡	石油沥青玛琋脂
	焦油沥青油毡	焦油沥青玛琋脂
高聚物改性沥青防水卷材	SBS 改性沥青防水卷材	沥青胶（玛琋脂）或配套胶粘剂
	APP 改性沥青防水卷材	
合成高分子防水卷材	三元乙丙丁基橡胶防水卷材	丁基橡胶为主体的双组分 A 液与 B 液 1:1 配合比
	三元乙丙橡胶防水卷材	
	氯磺化聚乙烯防水卷材	CX-401 胶
	再生胶防水卷材	氯丁胶胶粘剂
	氯丁橡胶防水卷材	CY-409 胶
	氯丁聚乙烯-橡胶共混防水卷材	BX-12 乙组分
	聚氯乙烯防水卷材	胶粘剂配套供应

1. 结构层

结构层一般采用刚度大、变形小的现浇或预制钢筋混凝土屋面板。

2. 找坡层

材料找坡时一般选用重量小且吸水率较低的材料，例如 1:6～1:8 水泥焦砟按设计要求找坡，最薄处不小于 40mm。也可用保温材料铺设，但成本较高。结构找坡时则不设找坡层。

3. 隔汽层

当屋面下的房间内有较多的水蒸气，或寒冷地区的普通建筑，应在保温层下、结构层上设置隔汽层，以防水蒸气渗透至保温层内影响保温效果。隔汽层应沿周边墙向上连续铺设，高出保温层以上不得小于 150mm。

隔汽层

4. 保温层

保温层多用水泥珍珠岩、水泥蛭石、泡沫混凝土等多孔材料制成，其厚度应按当地室外设计最低气温与设计室内温度的差额计算得到。保温层所处位置如图 15-11a、b 所示。

5. 找平层

防水卷材要求铺在坚固平整的基层上，以防止卷材凹陷和断裂，因此在松散材料上或不平整的楼板上应设找平层。

6. 结合层

如果在水泥砂浆找平层上涂刷卷材胶粘剂不易粘牢时，应先涂刷结合层。一般用冷底子油作为结合层，或直接涂刷配套的基层处理剂及卷材胶粘剂。

7. 防水层

防水层由防水卷材和相应的卷材胶粘剂分层粘接而成，层数或厚度由防水等级确定。具有单独防水能力的一个防水层次称为一道防水设防。

8. 保护层

保护层的作用是保护防水层，保护层分为非上人屋面和上人屋面两种做法。

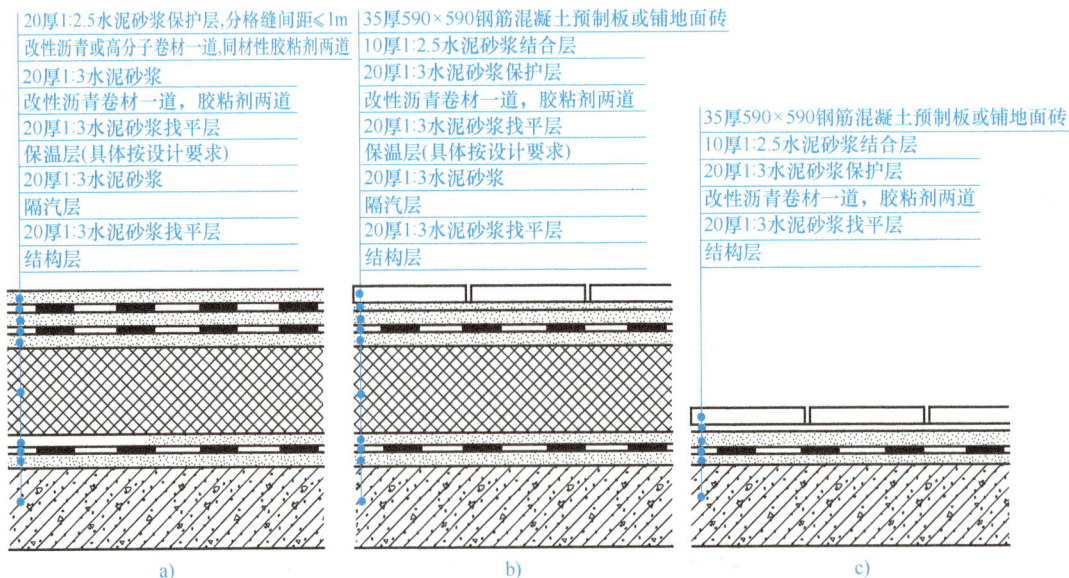

a) 20厚1:2.5水泥砂浆保护层,分格缝间距≤1m / 改性沥青或高分子卷材一道,同材性胶粘剂两道 / 20厚1:3水泥砂浆 / 改性沥青卷材一道,胶粘剂两道 / 20厚1:3水泥砂浆找平层 / 保温层(具体按设计要求) / 20厚1:3水泥砂浆 / 隔汽层 / 20厚1:3水泥砂浆找平层 / 结构层

b) 35厚590×590钢筋混凝土预制板或铺地面砖 / 10厚1:2.5水泥砂浆结合层 / 20厚1:3水泥砂浆保护层 / 改性沥青卷材一道,胶粘剂两道 / 20厚1:3水泥砂浆找平层 / 保温层(具体按设计要求) / 20厚1:3水泥砂浆 / 隔汽层 / 20厚1:3水泥砂浆找平层 / 结构层

c) 35厚590×590钢筋混凝土预制板或铺地面砖 / 10厚1:2.5水泥砂浆结合层 / 20厚1:3水泥砂浆保护层 / 改性沥青卷材一道,胶粘剂两道 / 20厚1:3水泥砂浆找平层 / 结构层

图 15-11　卷材防水屋面构造层次

a）保温非上人卷材防水屋面　b）保温上人卷材防水屋面　c）非保温上人卷材防水屋面

1）非上人时，沥青卷材防水屋面一般在防水层上撒布粒径 3~5mm 的小石子作为保护层；高分子卷材（如三元乙丙橡胶）防水屋面等通常是在卷材面上涂刷水溶型或溶剂型的浅色保护着色剂，如氯丁银粉胶等，如图 15-11a 所示。

2）上人屋面的保护层，常用的做法有铺贴缸砖、大阶砖、混凝土板等块材；在防水层上现浇 30~40mm 厚的细石混凝土，如图 15-11b、c 所示。

15.3.2　柔性防水屋面的细部构造

1. 泛水

泛水是指屋顶上沿着所有垂直面设置的防水构造，其做法及构造要点如下：

1）将屋面的卷材防水层继续铺至垂直面上，其上再加铺一层附加卷材，泛水高度不得小于 250mm。

2）屋面与垂直面的交接处应将卷材下的砂浆找平层抹成直径不小于 150mm 的圆弧形或 45°斜面。

3）做好泛水上口的卷材收头固定，如图 15-12 所示。

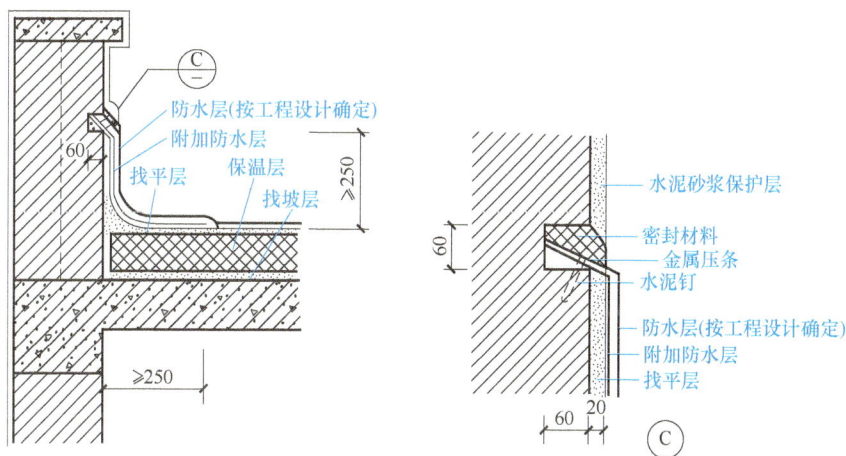

图 15-12　泛水上口处卷材的收头固定

2. 檐口

檐口分为无组织排水和有组织排水两种做法，无组织排水檐口如图 15-13 所示；有组织排水檐口如图 15-14 所示。

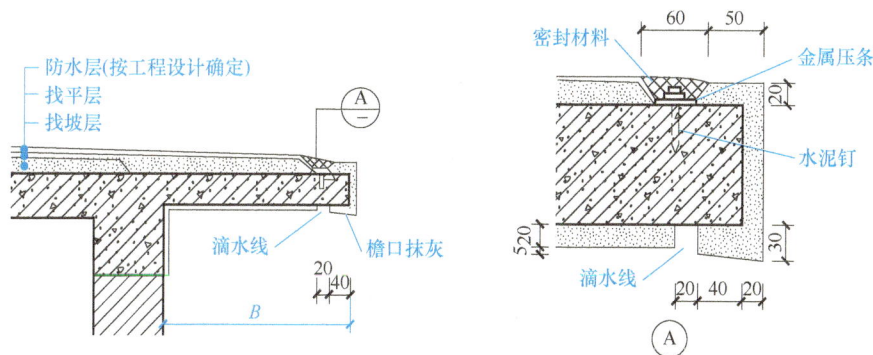

图 15-13　无组织排水檐口

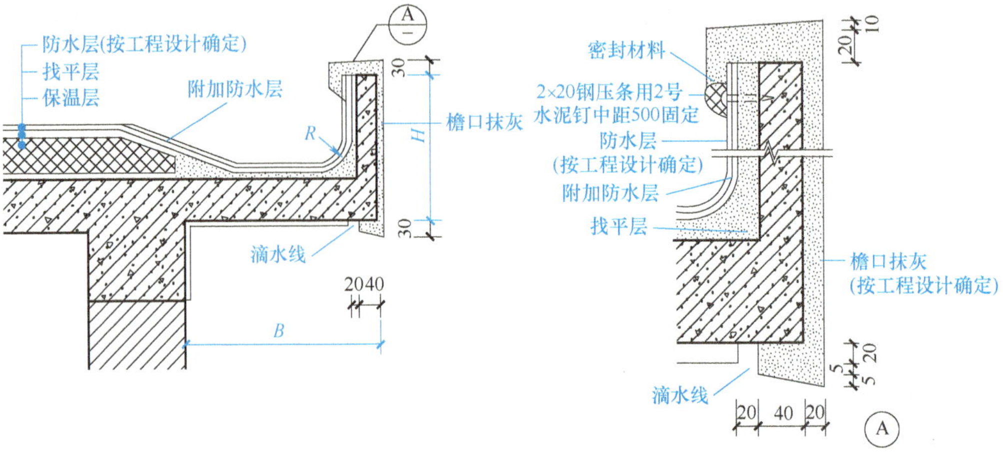

图 15-14　有组织排水檐口

檐口内檐沟构造的要点是：

1）檐沟加铺 1～2 层附加卷材。

2）檐沟内转角部位的找平层应做成圆弧形或 45°斜面。

3）为了防止檐沟壁面上的卷材下滑，应做好收头处理。

3. 天沟

天沟是指屋面上的排水沟。设置天沟的目的是汇集屋面雨水，并将屋面雨水有组织地迅速排除出去。平屋顶的天沟一般用钢筋混凝土制作，当采用女儿墙外排水方案时，可利用倾斜的屋面与垂直的墙面构成三角形天沟，如图 15-9 所示。

4. 雨水口

雨水口的类型有用于檐沟排水的直管式雨水口和用于女儿墙外排水的弯管式雨水口两种。雨水口在构造上要求排水通畅、防止渗漏和堵塞。直管式雨水口一般用于檐沟排水，如图 15-10a 所示。弯管式雨水口穿过女儿墙上预留的孔洞，用于女儿墙外排水，一般要安装铸铁算子以防杂物流入造成堵塞，如图 15-9a 所示，铸铁算子相关尺寸如图 15-15 所示。

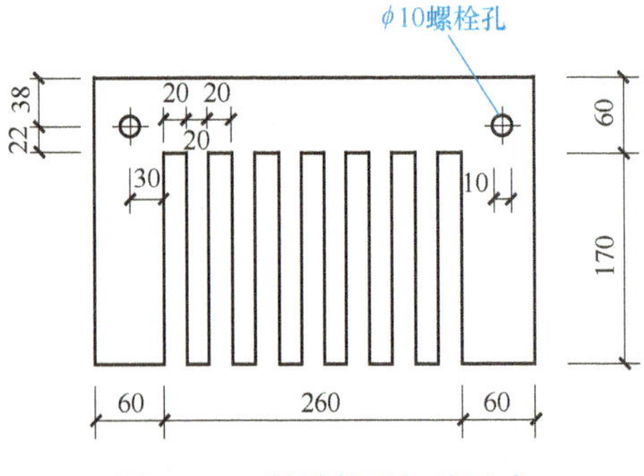

图 15-15　铸铁算子相关尺寸

5. 变形缝

屋面变形缝的构造处理原则是既不能影响屋面的变形，又要防止雨水从变形缝处渗入室内。

1）等高屋面的变形缝可采用平缝做法，即缝内填沥青麻丝或泡沫塑料，上部填放衬垫材料，用镀锌钢板盖缝，然后做防水层，如图 15-16a 所示。也可在缝两侧砌矮墙，将两侧防水层采用泛水的方式收头在墙顶，用卷材封盖后，顶部加混凝土盖板或镀锌钢盖板，如图 15-16b所示。

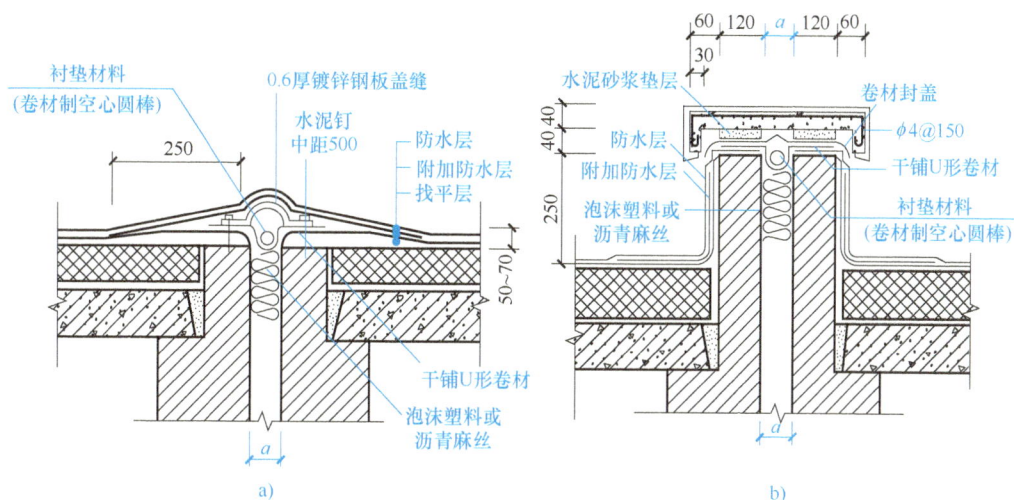

图 15-16　等高屋面变形缝

a）平缝做法　b）砌挡墙做法

a—变形缝宽度

2）高低屋面的变形缝则是在低侧屋面板上砌筑矮墙。当变形缝宽度较小时，可用镀锌薄钢板盖缝并固定在高侧墙上，做法同泛水构造；也可以从高侧墙上悬挑钢筋混凝土板盖缝，如图 15-17 所示。

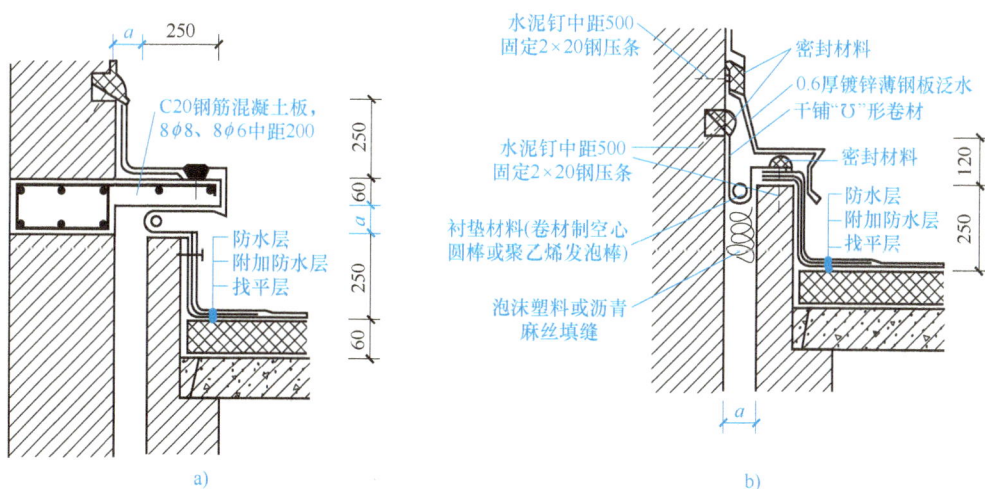

图 15-17　高低屋面变形缝

a）结构（一）　b）结构（二）

a—变形缝宽度

15.3.3 刚性防水屋面的构造

刚性防水屋面是指用刚性防水材料作为防水层的屋面，如防水砂浆屋面、细石混凝土屋面、配筋细石混凝土屋面等。因混凝土属于脆性材料，抗拉强度较低，所以制成的刚性防水屋面对温度变化和结构变形较敏感，容易产生裂缝而发生渗漏。

刚性防水屋面的基本构造包括结构层、找坡层、隔汽层、保温层、找平层、隔离层、防水层等，如图 15-18 所示。

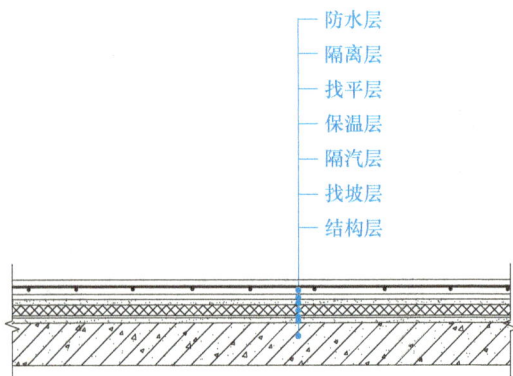

防水层
隔离层
找平层
保温层
隔汽层
找坡层
结构层

图 15-18 刚性防水屋面层次

1. 防水层

防水层采用强度等级不低于 C20 的细石混凝土整体现浇制成，其厚度不小于 40mm，并应配置直径为 $\phi 4 \sim \phi 6$、间距为 $100 \sim 200mm$ 的双向钢筋网片。

2. 隔离层

隔离层位于防水层与结构层之间，其作用是减少结构变形对防水层的不利影响。隔离层可采用铺纸筋灰或低强度等级砂浆，或在薄砂层上干铺一层油毡等做法。

3. 找坡层

当结构层为预制钢筋混凝土板时，其上应用 1：3 水泥砂浆作找坡层，厚度为 20mm。若屋面板为整体现浇混凝土结构时，则可不设找坡层。

4. 结构层

屋面结构层一般采用预制或现浇的钢筋混凝土屋面板，结构层应有足够的刚度，以免结构变形过大而引起防水层开裂。

其他结构层不作介绍，参考柔性防水屋面内层。

15.3.4 刚性防水屋面的细部构造

与柔性防水屋面一样，刚性防水屋面也要处理好泛水、檐口、雨水口等细部构造，另外还要处理好防水层的分格缝构造。

1. 分格缝

设置一定数量的分格缝可缩小单块混凝土防水层的面积，从而减少其因伸缩或翘曲等原因导致的变形，可有效地防止和限制裂缝的产生。

屋面分格缝的位置应设置在温度变形允许的范围以内和结构变形敏感

分格缝

的部位，如图 15-19 所示。一般情况下，分格缝的间距不宜大于 6m。结构变形敏感的部位主要是指装配式屋面板的支撑端、屋面转折处、现浇屋面板与预制屋面板的交接处、泛水与立墙的交接处等部位。平缝分格缝的构造如图 15-20 所示，凸缝分格缝的构造如图 15-21 所示。

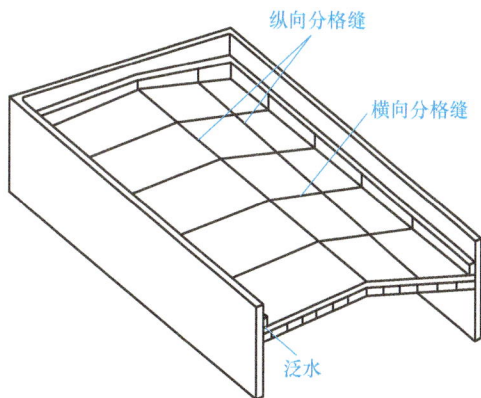

图 15-19　屋面分格缝的位置

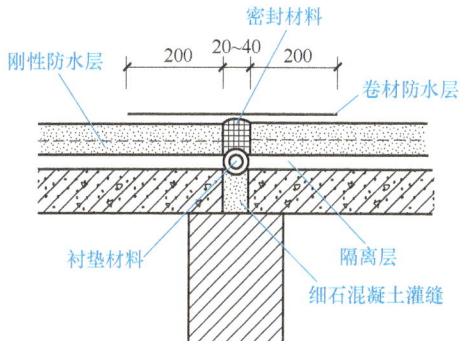

图 15-20　平缝分格缝的构造

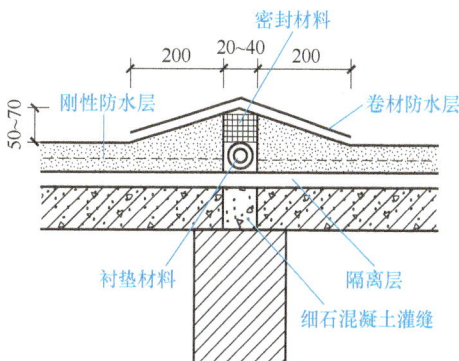

图 15-21　凸缝分格缝的构造

2. 泛水

刚性防水层面的泛水高度一般不小于 250mm，泛水应嵌入立墙上的凹槽内并用压条及水泥钉固定。刚性防水层与屋面突出物（女儿墙、烟囱等）之间应留分格缝，并铺贴附加卷材盖缝，从而形成泛水。

（1）女儿墙泛水　女儿墙与刚性防水层之间的分格缝内用油膏嵌缝，缝外用附加卷材铺贴至泛水所需高度并做好压缝收头处理，以免雨水渗进缝内，如图 15-22a 所示。

（2）变形缝泛水　变形缝分为高低屋面变形缝和横向变形缝两种情况。图 15-22b 为高低屋面变形缝泛水，其低跨屋面也要像柔性防水屋面那样砌筑矮墙来铺贴泛水。图 15-22c、d 为横向变形缝泛水的做法。

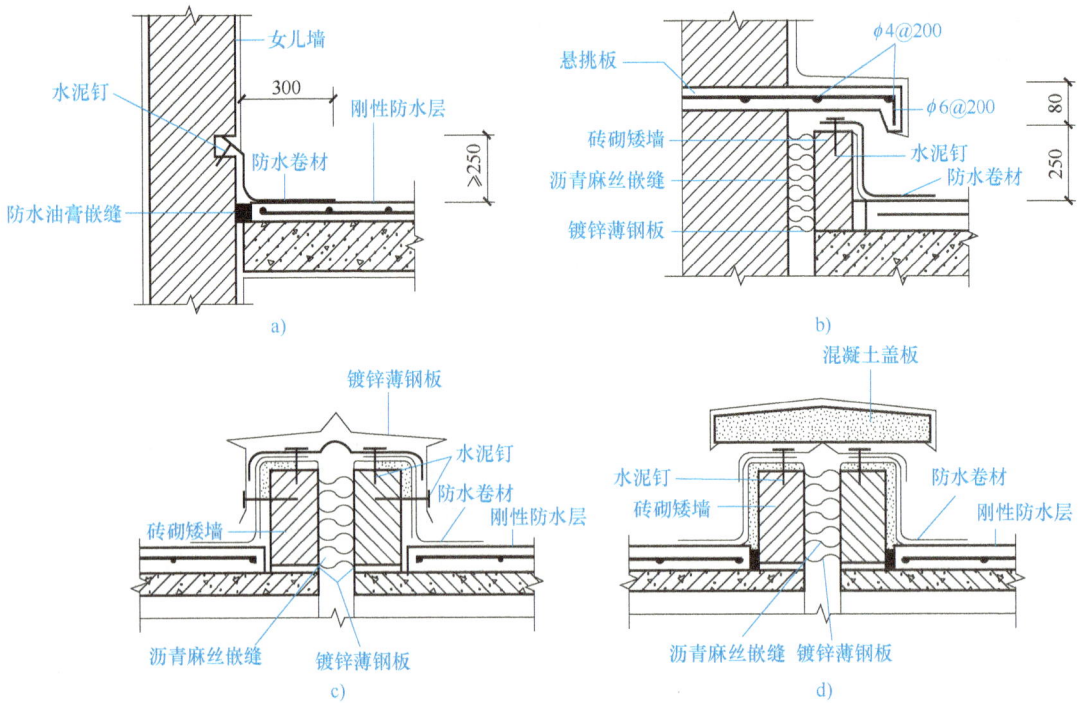

图 15-22　刚性屋面的泛水构造

a）女儿墙泛水　b）高低屋面变形缝泛水　c）横向变形缝泛水之一　d）横向变形缝泛水之二

3. 檐口

（1）自由落水挑檐口　自由落水挑檐口通常直接由刚性防水层挑出形成，挑出尺寸一般不大于 450mm；也可设置挑檐板，刚性防水层伸到挑檐板之外。上述两种方式都要做好滴水，如图 15-23 所示。

（2）挑檐沟外排水檐口　挑檐沟外排水檐口的檐沟构件一般采用现浇或预制的钢筋混凝土槽形天沟板，在沟底用低强度等级的混凝土或水泥炉渣等材料垫置成纵向排水坡度，铺好隔离层后再浇筑防水层，防水层应挑出屋面并做好滴水，如图 15-24 所示。

滴水

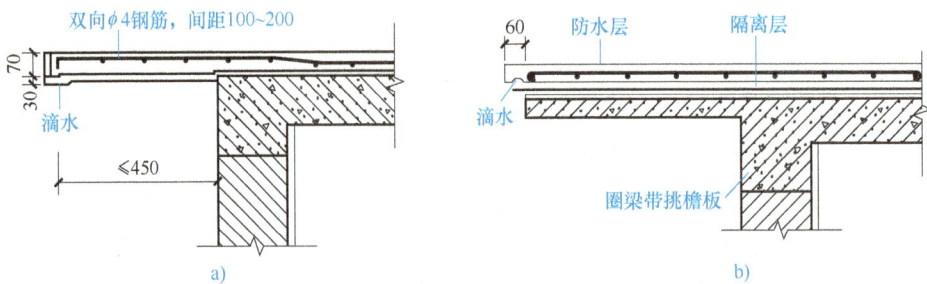

图 15-23　自由落水挑檐口

a）混凝土防水层悬挑檐口　b）挑檐板挑檐口

（3）女儿墙外排水檐口　这种做法通常是在檐口处做成三角形断面的天沟，其构造处理和女儿墙泛水做法基本相同，天沟内须设有纵向排水坡度，如图 15-25 所示。

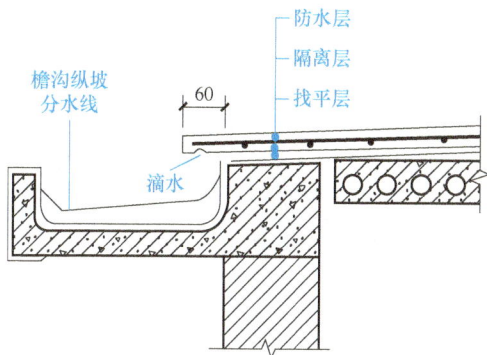

图 15-24 挑檐沟外排水檐口

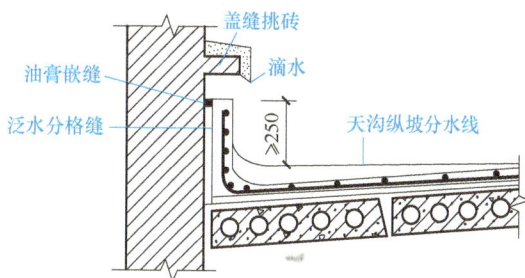

图 15-25 女儿墙外排水檐口

（4）坡檐口 建筑设计中出于造型方面的考虑，常采用一种平顶坡檐口——"平改坡"的处理形式，使较为呆板的平顶建筑物具有一定的造型，以丰富城市景观，如图 15-26 所示。

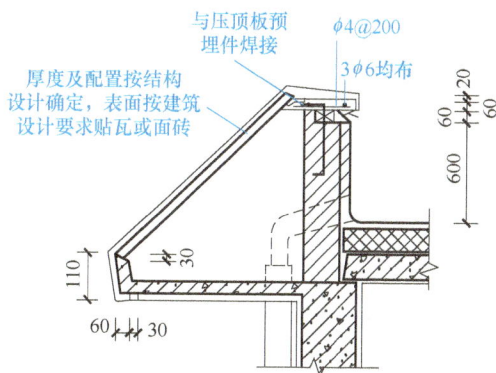

图 15-26 坡檐口

4. 雨水口

刚性防水屋面的雨水口有直管式和弯管式两种做法，直管式雨水口一般用于挑檐沟外排水，弯管式雨水口一般用于女儿墙外排水。

1）直管式雨水口。直管式雨水口为防止雨水从雨水口套管与沟底的接缝处渗漏，应在雨水口周边加铺柔性防水层并铺至套管内壁，檐口处浇筑的混凝土防水层应覆盖于附加的柔性防水层之上，且在防水层与雨水口之间用油膏嵌实，如图 15-27 所示。

2）弯管式雨水口。弯管式雨水口一般用铸铁做成弯头。安装雨水口时，在雨水口处的屋面应加铺附加卷材与弯头搭接，搭接长度不小于 100mm；然后浇筑混凝土防水层，防水层与弯头的交接处需用油膏嵌缝，如图 15-28 所示。

15.3.5 涂膜防水屋面的细部构造

涂膜防水屋面是靠直接涂刷在基层上的防水涂料固化后形成的有一定厚度的膜结构来达到防水目的的。涂膜防水屋面具有防水性能好、黏结力强、整体性好、耐腐蚀、耐老化、弹性好、冷作业、施工方便等优点。它适用于各种混凝土屋面的防水，其中以装配式钢筋混凝

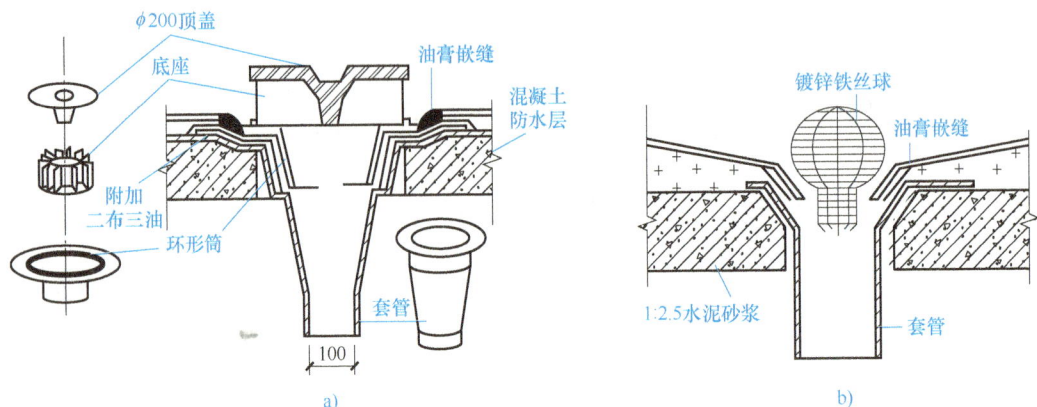

图 15-27　直管式雨水口构造

a) 65 型雨水口　b) 镀锌铁丝球铸铁雨水口

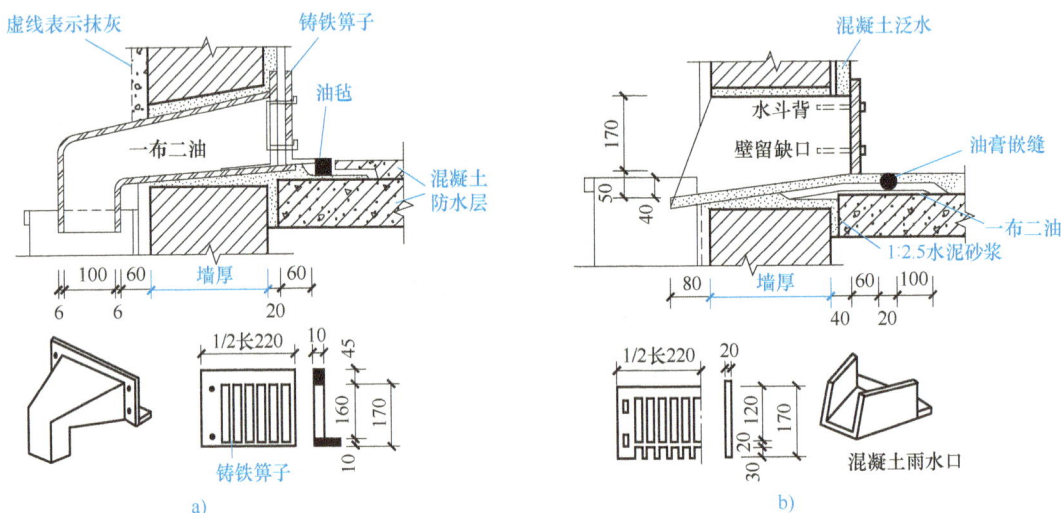

图 15-28　弯管式雨水口构造

a) 铸铁雨水口　b) 预制混凝土排水

土施工中应用较为普遍。

1. 防水涂料的种类

（1）高聚物改性沥青防水涂料　它是以石油沥青为基料，用高分子聚合物进行改性配制成的水乳型或溶剂型防水涂料，如水性沥青基防水涂料和溶剂型橡胶沥青防水涂料。

（2）合成高分子防水涂料　它是以合成橡胶或合成树脂为主要成膜物质配制成的单组分或多组分防水涂料，如聚氨酯防水涂料和丙烯酸酯类防水涂料。

（3）聚合物水泥防水涂料　它是以丙烯酸酯等聚合物乳液和水泥为主要原料，加入其他外加剂制得的双组分水性建筑防水涂料，为有机-无机复合涂料，如聚合物水泥基复合防水涂料和聚合物基复合材料水泥防水涂料。

（4）胎体增强材料　胎体增强材料是指用于涂膜防水层中的化纤无纺布、玻璃纤维网格布等作为增强层的材料，用于增强涂层的覆盖能力和抗变形能力。

另外，防水涂料还有以下分类：

1）防水涂料按其成膜厚度，可分成厚质涂料和薄质涂料。例如水性石棉沥青防水涂料、膨润土沥青乳液和石灰乳化沥青等沥青基防水涂料，涂成的膜较厚，一般为 4~8mm，称为厚质涂料；而高聚物改性沥青防水涂料和合成高分子防水涂料涂成的膜较薄，一般为 2~3mm，称为薄质涂料，如溶剂型和水乳型防水涂料、聚氨酯和丙烯酸酯涂料等。

2）防水涂料按其稀释剂和溶剂的类型分为溶剂型、水溶型、乳液型等。

3）防水涂料按施工方法不同分为热熔型、常温型等。

2. 涂膜防水屋面的构造要点

涂膜防水屋面的构造层次同柔性防水屋面的构造层次，一般由结构层、找坡层、结合层、涂膜防水层和保护层等构成；当有特定需要的时候，还可设保温层和隔汽层，如图 15-29 所示。

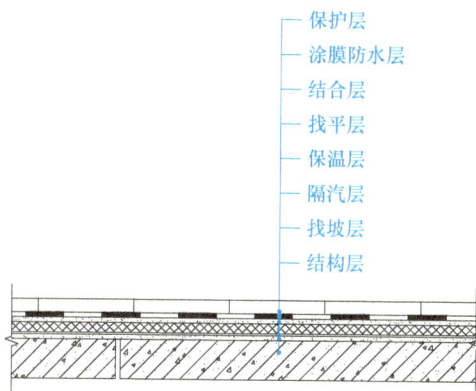

图 15-29 涂膜防水屋面构造

3. 涂膜防水屋面的细部构造

涂膜防水屋面细部构造的要求及做法与柔性防水屋面类似，例如涂膜防水屋面的泛水构造要点就与柔性防水屋面基本相同，即泛水高度不小于 250mm，屋面与垂直面的交接处应做成圆弧形，泛水上端应有挡雨措施（收头固定）以防渗漏等。

15. 3. 6 平屋顶的保温与隔热构造

一、平屋顶的保温

平屋顶的保温是在屋顶上加设保温材料来满足保温要求。保温材料按物理特性分为三大类：散料类保温材料、整浇类保温材料、板块类保温材料。用散料类保温材料和整浇类保温材料制成的保温层具有良好的可塑性，可以用来代替找坡层。

1）散料类保温材料，如炉渣、矿渣等工业废料，以及膨胀陶粒、膨胀蛭石和膨胀珍珠岩等。

2）整浇类保温材料，如水泥炉渣、水泥膨胀珍珠岩及沥青蛭石、沥青膨胀珍珠岩等。

3）板块类保温材料，一般为工厂预制，如预制膨胀珍珠岩、膨胀蛭石，以及加气混凝土、泡沫塑料等块材或板材。

平屋顶保温层在屋顶上的设置位置有以下三种形式：

1）正铺保温层。保温层位于结构层与防水层之间，如图15-30所示。

2）倒铺保温层。保温层位于防水层之上，如图15-31所示。

3）保温层与结构层结合。这种形式有三种做法：

① 保温层设在槽形板的下面，如图15-32a所示。

② 保温层放在槽形板朝上的槽口内，如图15-32b所示。

③ 保温层与结构层合为一体，如图15-32c所示。

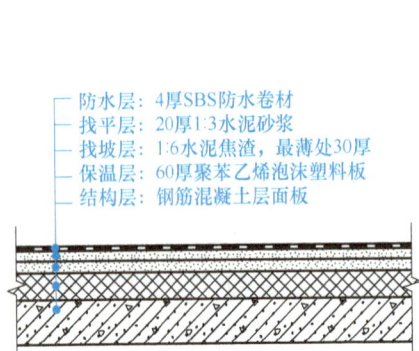

图15-30　正铺保温层构造

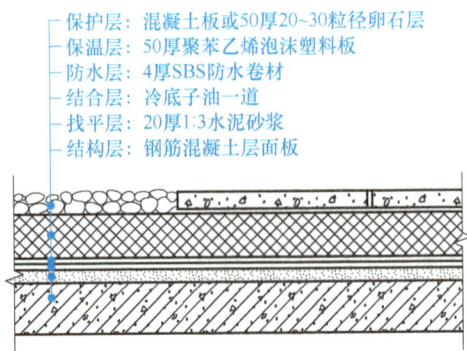

图15-31　倒铺保温层构造

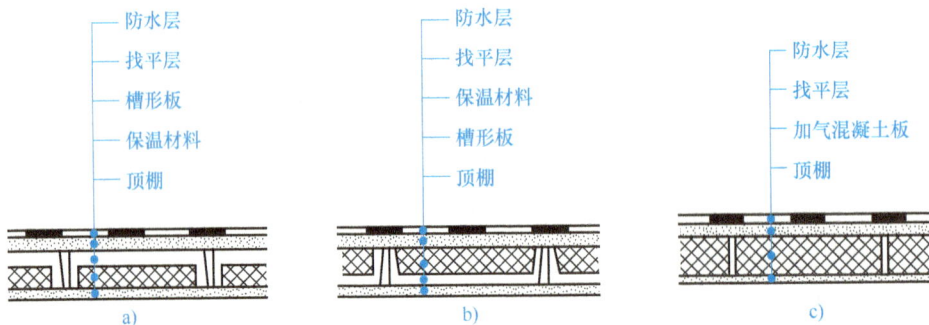

图15-32　保温层与结构层结合

a）保温层设在槽形板下　b）保温层设在槽形板朝上的槽口内　c）保温层与结构层合为一体

二、平屋顶的隔热

平屋顶的隔热是在屋顶上加设隔热层来满足隔热要求。平屋顶隔热层的设置形式有通风隔热、蓄水隔热、植被隔热及反射降温隔热等。

1. 通风隔热

通风隔热是在屋顶中设置通风间层，屋顶表面起遮挡阳光的作用，而通风间层利用热作用和风压把间层之间的热气不断吹走，从而减少和转移将要传到室内的热量，达到隔热降温的目的。通风隔热有两种做法：一种是在结构层与吊顶之间设置通风间层，在外墙上设进气口与排气口，如图15-33a所示；另一种是设置架空屋面，如图15-33b所示。

2. 蓄水隔热

蓄水隔热的构造做法是在屋顶蓄积合适深度的水，水蒸发时需要大量的汽化热，蒸发过

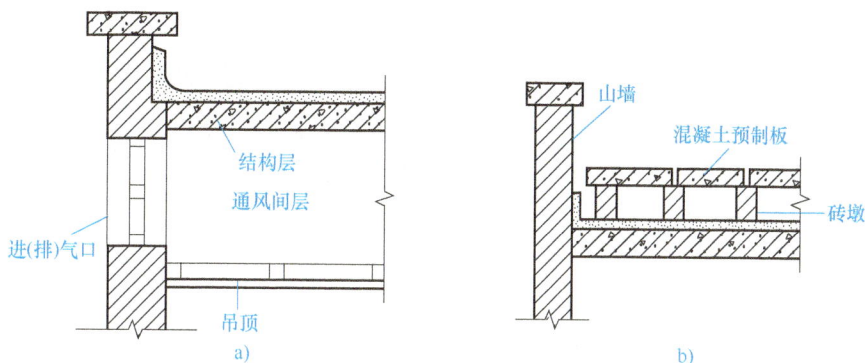

图 15-33　通风隔热

a）吊顶上设通风间层　b）架空屋面

程中消耗了大量的太阳辐射热，从而减少了屋面吸收的热能，达到降温隔热的目的。

3. 植被隔热

植被隔热是在平屋顶上种植植物，首先是通过栽培土壤和种植植物进行物理隔热，其次是利用植被的蒸腾和光合作用吸收并转移太阳的辐射热，从而达到降温隔热的目的。

4. 反射降温隔热

反射降温隔热是在屋面铺浅色的砾石或刷浅色涂料等，利用浅色材料的颜色和光滑度对热辐射的反射作用，将屋面的太阳辐射热反射出去，从而达到降温隔热的目的。

任务 15.4　坡屋顶的构造

15.4.1　坡屋顶的承重结构

坡屋顶一般由承重结构和屋面两部分组成，必要时还可加上保温层、隔热层和顶棚等。坡屋顶的承重结构用来承受屋面传来的荷载，并把荷载传给墙或柱，其结构类型有横墙承重、屋架（屋面梁）承重、木构架承重和钢筋混凝土屋面板承重等。

1. 横墙承重

横墙承重又叫硬山搁檩，是将横墙顶部按屋面坡度砌成三角形，在墙上直接搁置檩条或钢筋混凝土屋面板，以此支撑屋面传来的荷载，如图 15-34 所示。这种承重方式具有构造简单、施工方便、节约木材、防火性能好等优点；缺点是房间开间尺寸受限制，适用于住宅、旅馆等开间较小的建筑。

2. 屋架（屋面梁）承重

屋架是由多个杆件组合而成的承重桁架，可用木材、钢材、钢筋混凝土制作，形状有三角形、梯形、拱形、折线形等。屋架承重时，屋架支撑在纵向外墙或柱上，上面搁置檩条或钢筋混凝土屋面板，以此承受屋面传来的荷载。

屋架承重与横墙承重相比，可以省去横墙，使房屋内部有较大的空间，增加了内部空间划分的灵活性，如图 15-35 所示。

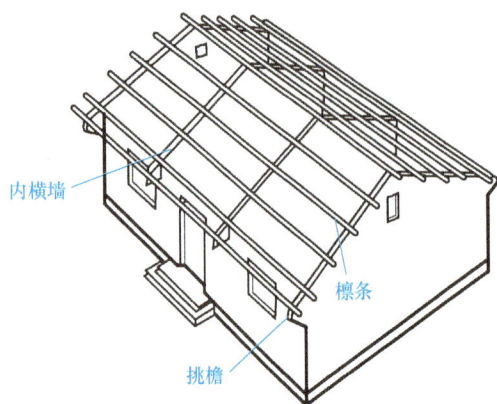

图 15-34　横墙承重

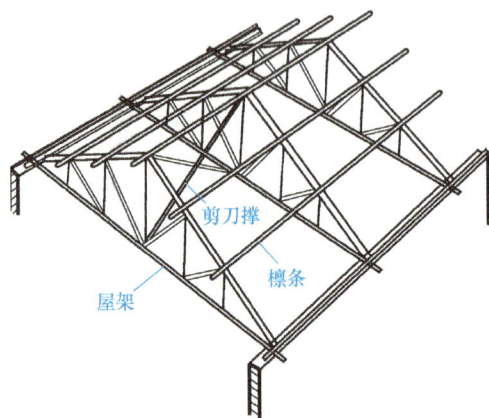

图 15-35　屋架承重

3. 木构架承重

木构架结构是我国古代建筑的主要结构形式，它一般由立柱和横梁组成屋顶和墙身部分的承重骨架，檩条把各排梁架联系起来形成整体骨架，如图 15-36 所示。

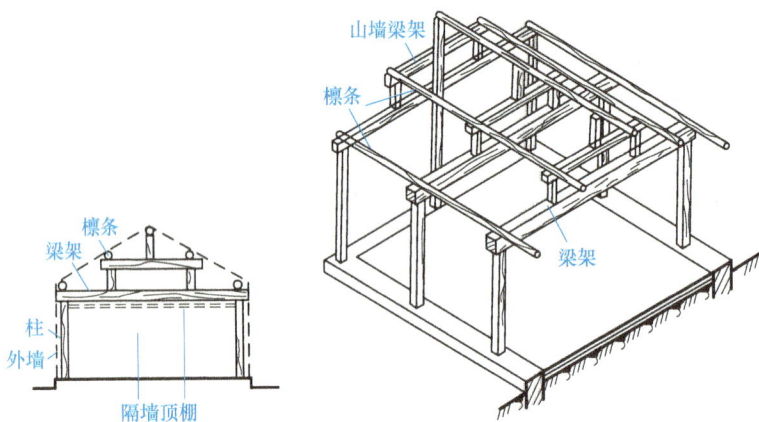

图 15-36　木构架承重

木构架承重时，内外墙填充在木构架之间，不承受荷载，仅起分隔和围护作用。木构架承重的构架交接点为榫齿结合，整体性及抗震性能较好；但消耗木材较多，防火性能和耐久性均较差，维修费用较高。

4. 钢筋混凝土屋面板承重

钢筋混凝土屋面板承重是在墙上倾斜搁置现浇或预制的钢筋混凝土屋面板（类似于平屋顶的结构找坡屋面板的搁置方式），以此作为坡屋顶的承重结构。这种承重方式可节省木材，提高了建筑物的防火性能，构造也简单，常用于住宅建筑和风景园林建筑中。

15.4.2　坡屋顶的屋面构造

1. 平瓦屋面

（1）木望板平瓦屋面　木望板平瓦屋面是在檩条或椽木上钉木望板，木望板上干铺一层油毡，用顺水条固定后再钉挂瓦条挂瓦形成屋面，如图 15-37 所示。

（2）钢筋混凝土板平瓦屋面　钢筋混凝土板平瓦屋面是以钢筋混凝土板为屋面基层的平瓦屋面。其构造可分为以下两种：

1）将截面形状呈倒 T 形或 F 形的预制钢筋混凝土挂瓦板固定在横墙或屋架上，然后在挂瓦板的板肋上直接挂瓦，如图 15-38 所示。

2）采用钢筋混凝土屋面板作为屋顶的结构层，上面固定挂瓦条挂瓦，或用水泥砂浆、麦秸泥等固定平瓦，如图 15-39 所示。

2. 油毡瓦屋面

油毡瓦是以玻璃纤维为胎基，经浸涂石油沥青后，面层热压各色彩砂，背面撒以隔离材料制

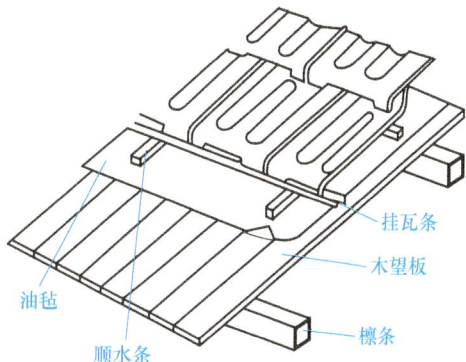

图 15-37　木望板平瓦屋面

成的瓦状材料，形状有方形和半圆形。油毡瓦的规格如图 15-40 所示。油毡瓦适用于排水坡度大于 20% 的坡屋面，可铺设在木板基层和混凝土基层的水泥砂浆找平层上，如图 15-41 所示。

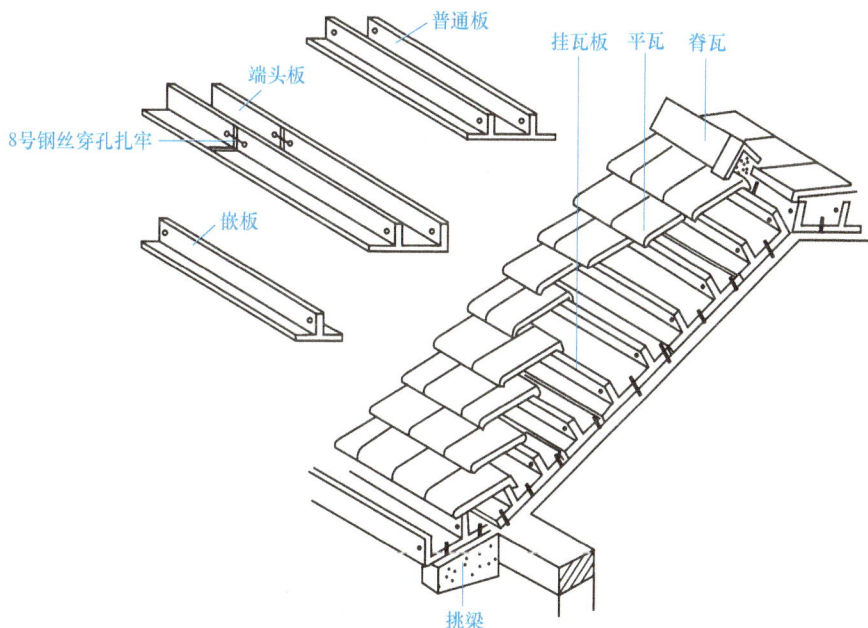

图 15-38　钢筋混凝土板平瓦屋面（一）

3. 压型钢板屋面

压型钢板是将镀锌钢板轧制成型，表面涂刷防腐涂层或彩色烤漆制成的屋面材料，具有多种规格，有的中间填充了保温材料成为夹芯板，可提高屋顶的保温效果。它的特点是自重轻、施工方便、装饰性与耐久性均较好，一般用于对屋顶的装饰性要求较高的建筑中。压型钢板屋面一般与钢屋架相配合，如图 15-42 所示。

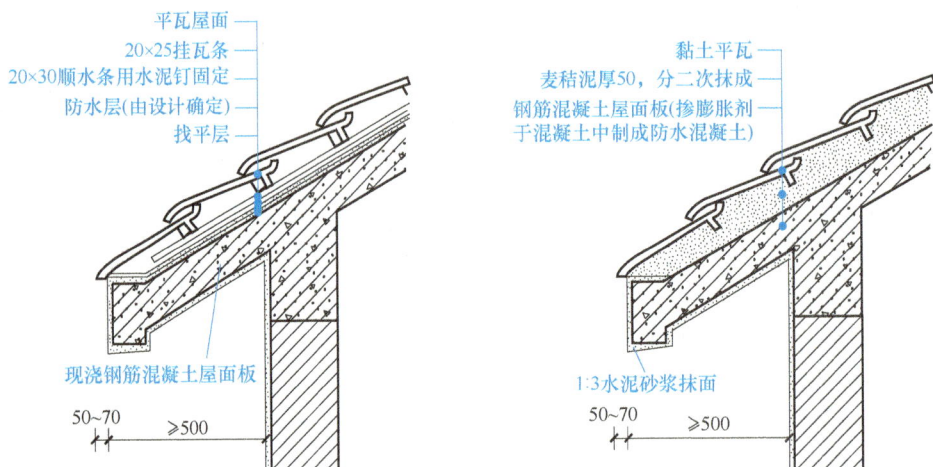

图 15-39　钢筋混凝土板平瓦屋面（二）

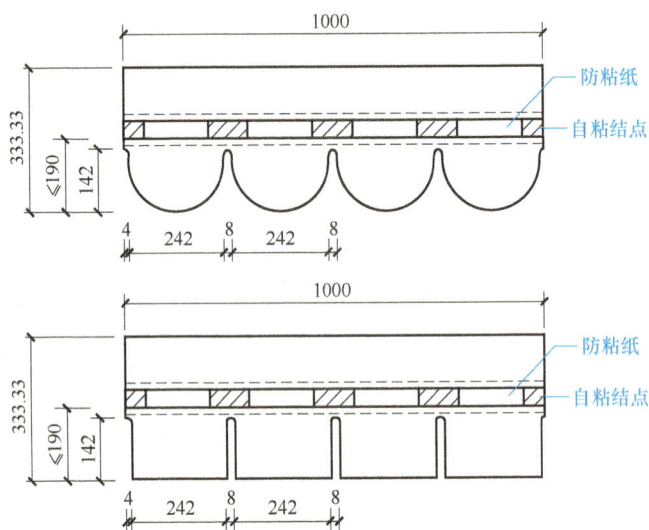

图 15-40　油毡瓦的规格

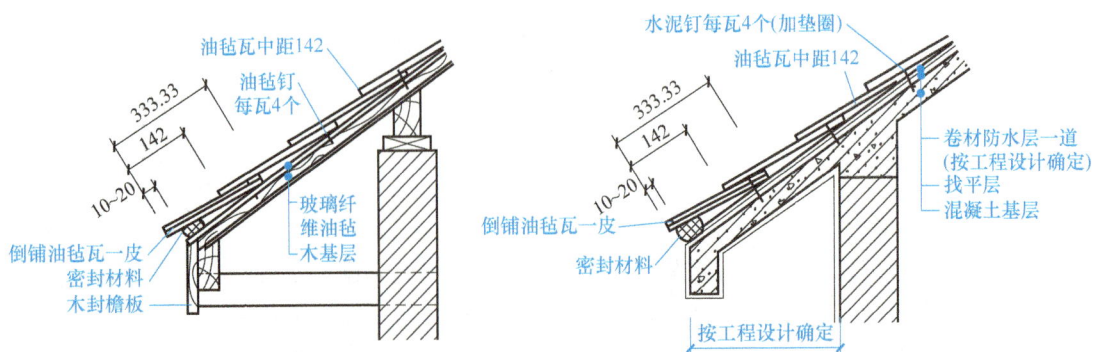

图 15-41　油毡瓦屋面

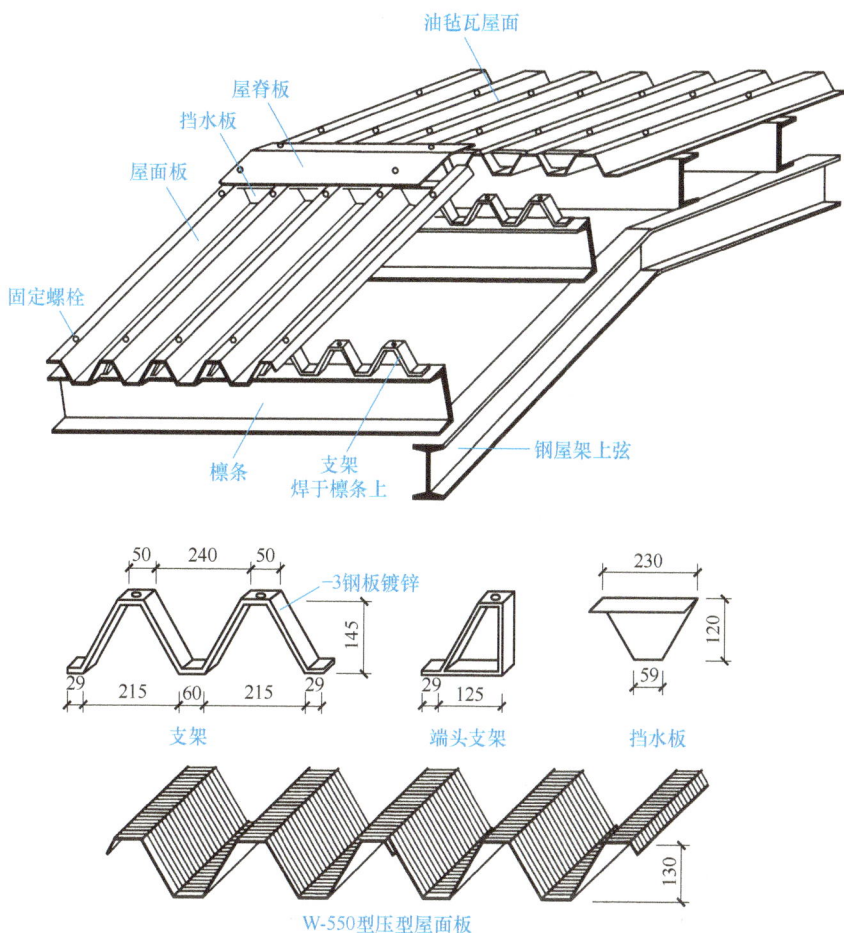

图 15-42 压型钢板屋面

15.4.3 坡屋顶的细部构造

一、平瓦屋面的细部构造

1. 纵墙檐口

纵墙檐口分为无组织排水檐口和有组织排水檐口。当坡屋顶采用无组织排水时，应将屋面伸出纵墙形成挑檐，挑檐的构造做法有砖挑檐、椽条挑檐、挑梁挑檐和钢筋混凝土挑板挑檐等，如图 15-43 所示。当坡屋顶采用有组织排水时，一般多采用外排水，需在檐口处设置檐沟，檐沟的构造形式一般有钢筋混凝土挑檐沟和女儿墙内檐沟两种，如图 15-44 所示。

2. 山墙檐口

坡屋顶山墙檐口的构造有硬山和悬山两种：

1）硬山是将山墙升起包住檐口，女儿墙与屋面的交接处做泛水，一般用砂浆砌小青瓦或抹水泥石灰麻刀砂浆泛水，如图 15-45 所示。

2）悬山是将檩条伸出山墙挑出，上部的瓦片用水泥石灰麻刀砂浆抹出披水线并进行封固，如图 15-46 所示。

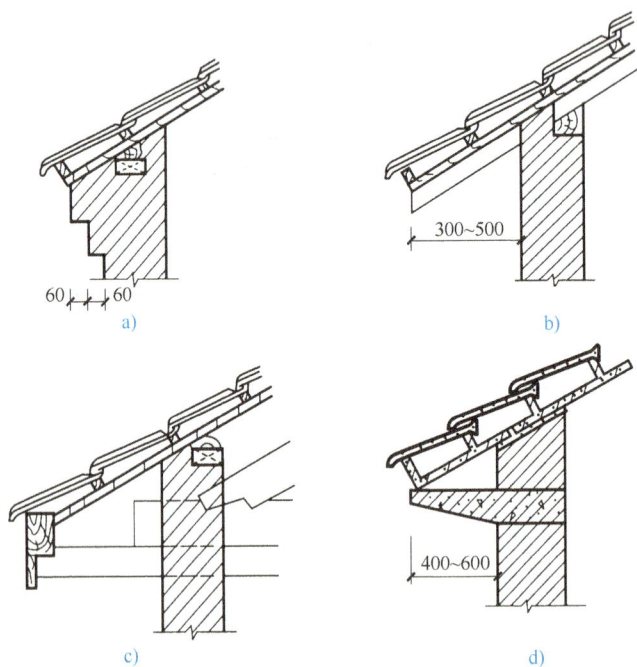

图 15-43　无组织排水纵墙檐口

a) 砖挑檐　b) 椽条挑檐　c) 挑梁挑檐　d) 钢筋混凝土挑板挑檐

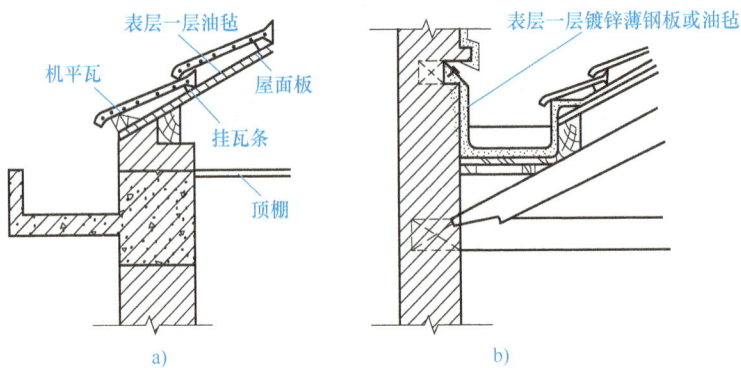

图 15-44　有组织排水纵墙檐口

a) 钢筋混凝土挑檐沟　b) 女儿墙内檐沟

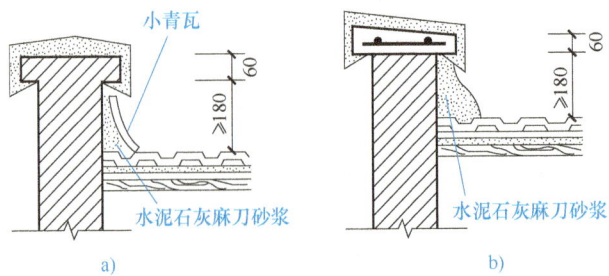

图 15-45　硬山山墙檐口

a) 小青瓦泛水　b) 砂浆泛水

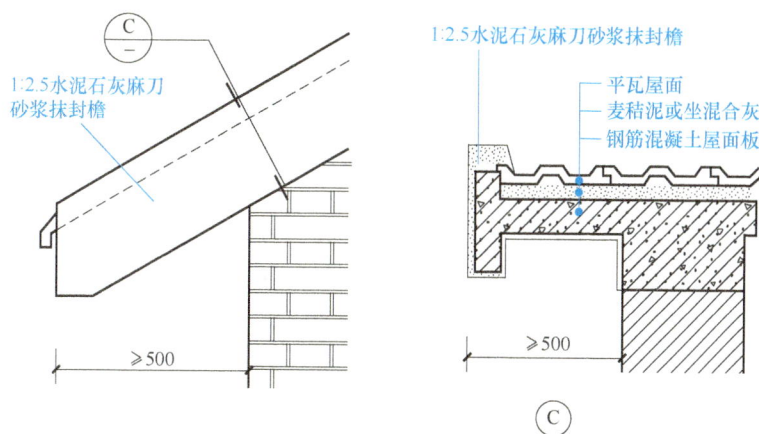

图 15-46　悬山山墙檐口

3. 屋脊、天沟构造

互为相反的坡面在高处相交形成屋脊，屋脊处应用 V 形脊瓦盖缝，如图 15-47 所示。

在等高跨和高低跨屋面的相交处会形成天沟，两个互相垂直屋面的相交处会形成斜沟。天沟和斜沟应保证有一定的截面尺寸，上口宽度应为 300 ~ 500mm，沟底一般用镀锌薄钢板铺于木基层上，镀锌薄钢板两边向上压入瓦片下至少 150mm。

二、压型钢板屋面的细部构造

1. 压型钢板屋面无组织排水檐口

当压型钢板屋面采用无组织排水时，挑檐板（压型钢板）与墙板之间应用封檐板密封，以提高屋面的围护效果，如图 15-48 所示。

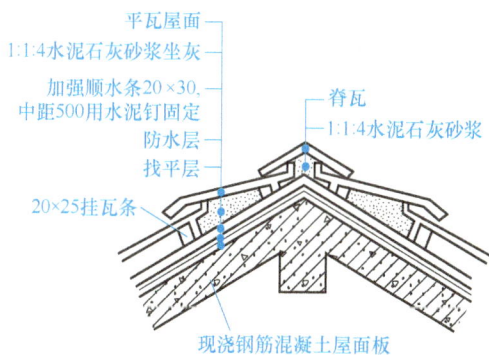

图 15-47　屋脊构造

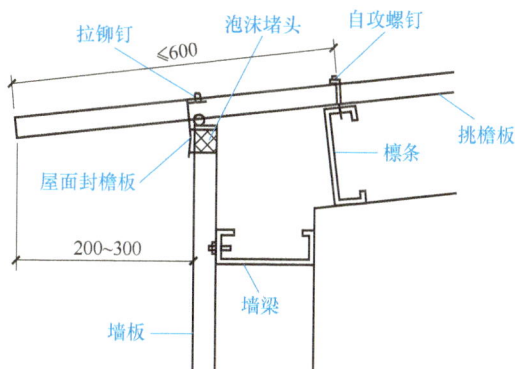

图 15-48　压型钢板屋面无组织排水檐口

2. 压型钢板屋面有组织排水檐口

当压型钢板屋面采用有组织排水时，应在檐口处设置檐沟。檐沟可采用彩板檐沟或钢板檐沟，当采用彩板檐沟时，压型钢板应伸入檐沟内，伸入长度一般为 150mm，如图 15-49 所示。

3. 压型钢板屋面屋脊构造

压型钢板屋面的屋脊分为双坡屋脊和单坡屋脊，如图 15-50 所示。

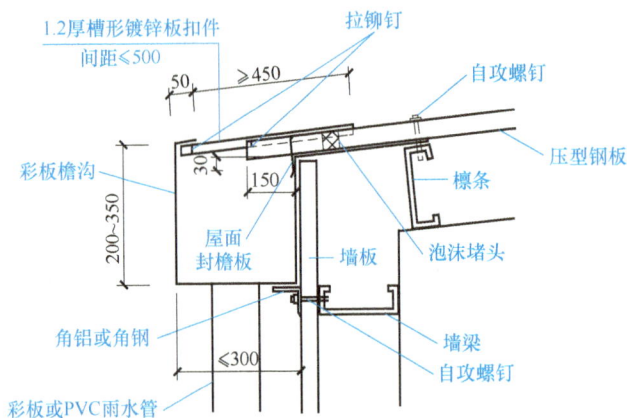

图 15-49　压型钢板屋面有组织排水檐口

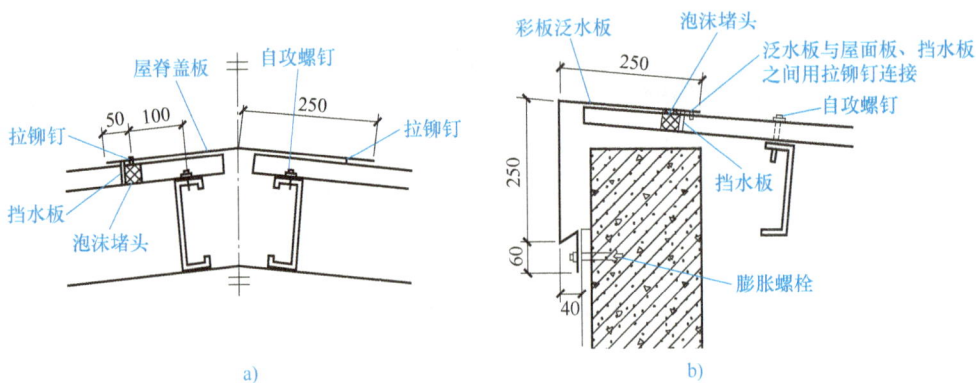

a)

b)

图 15-50　压型钢板屋面屋脊构造
a）双坡屋脊　b）单坡屋脊

4. 压型钢板屋面山墙构造

压型钢板屋面与山墙之间一般用山墙包角板整体包裹，包角板与压型钢板屋面之间用通长密封胶带密封，如图 15-51 所示。

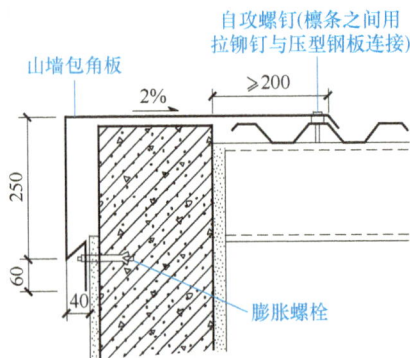

图 15-51　压型钢板屋面山墙构造

5. 压型钢板屋面高低跨构造

压型钢板屋面高低跨的交接处应加铺泛水板，泛水板上部与高侧外墙连接，连接高度不小于 250mm；泛水板下部与压型钢板屋面连接，连接宽度不小于 200mm，如图 15-52 所示。

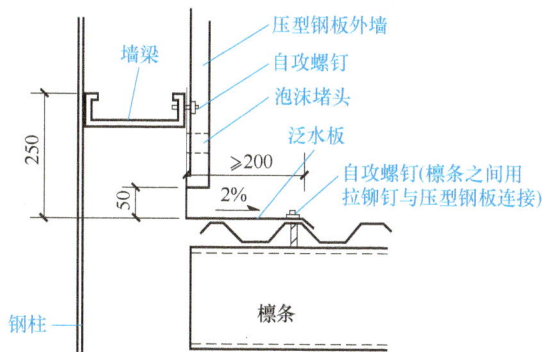

图 15-52　压型钢板屋面高低跨构造

15.4.4　坡屋顶的保温与隔热构造

一、坡屋顶的保温

坡屋顶的保温有顶棚保温和屋面保温两种。顶棚保温是在坡屋顶的悬吊顶棚上加铺木板，上面干铺一层油毡作为隔汽层，然后在油毡上面铺设轻质保温材料，如图 15-53 所示。传统的屋面保温是在屋面铺草秸，将屋面做成麦秸泥青灰顶，或将保温材料设在檩条之间，如图 15-54 所示。

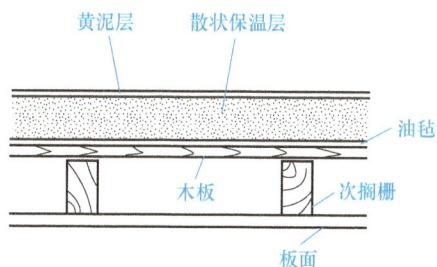

图 15-53　坡屋顶顶棚保温构造

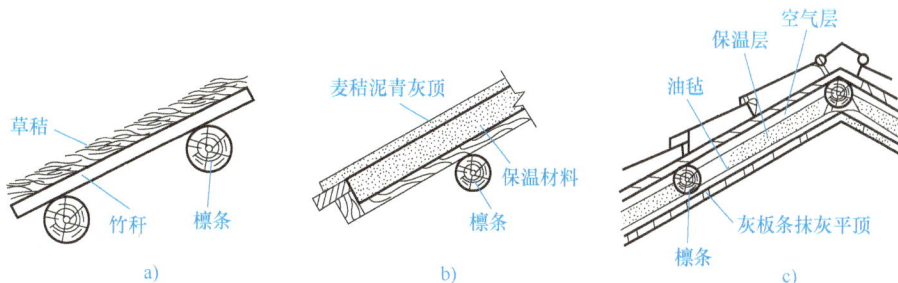

图 15-54　坡屋顶屋面保温构造
a）、b）保温层在屋面层中　c）保温层在檩条之间

二、坡屋顶的隔热

坡屋顶一般利用屋顶通风来进行隔热，有以下两种方式：

1. 屋面通风

采用屋面通风时，把屋面做成双层，在檐口设进风口，在屋脊设出风口，利用空气流动带走间层的热量，以降低屋顶的温度，如图 15-55 所示。

图 15-55　坡屋顶屋面通风

2. 顶棚通风

采用顶棚通风时，利用顶棚与坡屋面之间的空间作为通风层，在坡屋顶的歇山、山墙或屋面等位置设进风口，如图 15-56 所示。

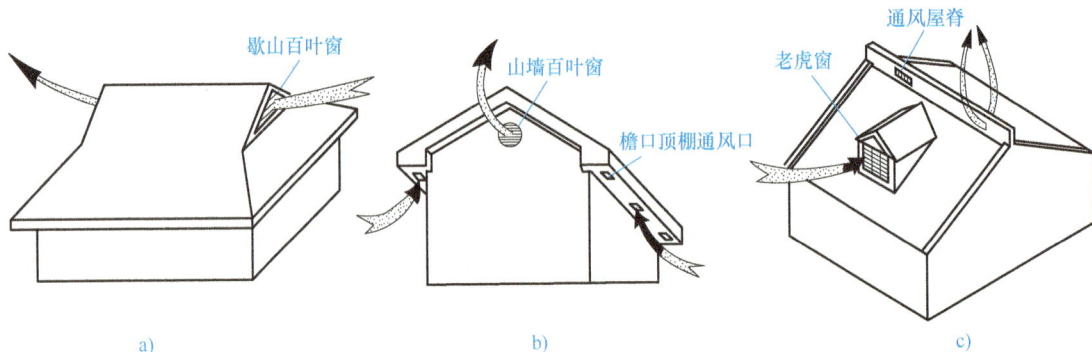

图 15-56　坡屋顶顶棚通风

a）歇山百叶窗　b）山墙百叶窗和檐口顶棚通风口　c）老虎窗与通风屋脊

❋ 项目小结 ❋

本项目介绍了民用建筑中屋顶的作用及构造要求、屋顶的类型及屋顶排水坡度的形成、屋面坡度的大小及排水方式、柔性防水屋面的构造组成及作用、刚性防水屋面的构造组成及作用、涂膜防水屋面的细部构造、柔性及刚性屋顶的泛水、挑檐口及雨水口等细部构造、平屋顶的保温及隔热、坡屋顶的承重结构形式及屋面构造等内容。

思　考　题

一、填空题

1. 常见的屋顶形式有_____、_____和_____等。

2. 屋顶的主要作用有_____、_____和_____等。

3. 平屋顶的坡度形成方式主要有_____和_____两种形式。

4. 屋面排水方式分为_____和_____两大类。

5. 无组织排水又称为_____。

二、选择题

1. 屋面的防水等级一共有（　　）级。

A. 二　　　　　　B. 三　　　　　　C. 四　　　　　　D. 五

2. 屋顶的坡度形成中，材料找坡是指（　　）来形成。

A. 利用预制板的搁置　　　　　　B. 利用结构层

C. 利用油毡的厚度　　　　　　　D. 选用轻质材料找坡

3. 屋面防水中泛水高度的最小值为（　　）。

A. 150mm　　　　B. 200mm　　　　C. 250mm　　　　D. 300mm

4. 下列哪种构造层次不属于不保温屋面（　　）。

A. 结构层　　　　B. 找平层　　　　C. 隔汽层　　　　D. 保护层

5. 下列哪种材料不宜作为屋顶保温材料（　　）。

A. 水泥蛭石　　　B. 水泥珍珠岩　　C. 泡沫混凝土　　D. 聚苯乙烯泡沫塑料

三、简答题

1. 影响屋顶坡度的因素有哪些？各种屋顶的坡度值是多少？屋顶坡度的形成方法有哪些？（注意各种方法的优缺点比较）

2. 柔性防水屋面的细部构造有哪些？各自的设计要点是什么？

项目16

门与窗

学习目标

(1) 熟悉门窗的作用和门窗的形式。

(2) 了解遮阳构造。

任务 16.1　门 窗 概 述

16.1.1　门和窗的作用

1. 门的作用

门的主要作用是分隔和交通，兼具通风、采光的作用，还可根据需求强化保温、隔声、防风雨、防风沙、防水、防火以及防辐射等功能。

2. 窗的作用

窗一般具有以下作用：

（1）采光　各类房间都需要一定的照度。实验证明，自然采光有益于人的健康，同时也可节约能源，所以要通过合理设置窗来满足不同房间室内的采光要求。

（2）通风、调节温度　利用窗可以组织自然通风，使室内空气保持清新。同时，在炎热的夏季也可以起到调节室内温度的作用。

（3）观察、传递　通过窗可以观察室外的情况和传递信息，有时还可以传递小物品，如售票、售物、取药等。

（4）围护　在冬季关闭窗时，可以起到减少热量散失，避免风、雨、雪的侵袭，以及防盗等作用。

（5）装饰　窗占整个建筑立面的比例较大，对装饰建筑起着至关重要的作用，窗的大小、形状、布局、疏密、色彩、材质等直接影响着建筑的风格。

16.1.2　门和窗的分类

1. 门的分类

1）按门在建筑物中所处的位置可分为内门和外门。

2）按门的使用功能可分为一般门和特殊门。

3）按门的框料材质可分为木门、铝合金门、塑钢门、玻璃钢门、钢门等。

4）按门扇的开启方式可分为平开门、弹簧门、推拉门、折叠门、旋转门、卷帘门、升降门等，如图 16-1 所示。

2. 窗的分类

1）按窗的材料可分为木窗、塑料窗、铝合金窗、不锈钢窗、玻璃窗、玻璃钢窗、钢筋混凝土窗等。

2）按窗的造型可分为固定窗、平开窗、推拉窗、上悬窗、下悬窗、中悬窗、立转窗、百叶窗等，如图 16-2 所示。

3）按窗的功能可分为防火窗、隔声窗、保温窗等。

4）按窗的位置可分为侧窗（设在内外墙上）和天窗。

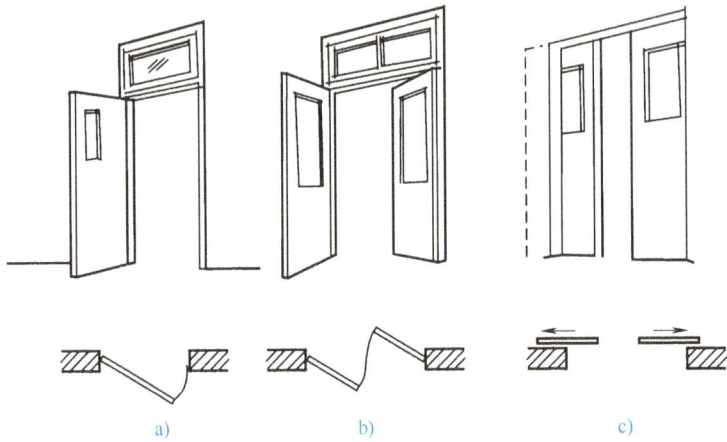

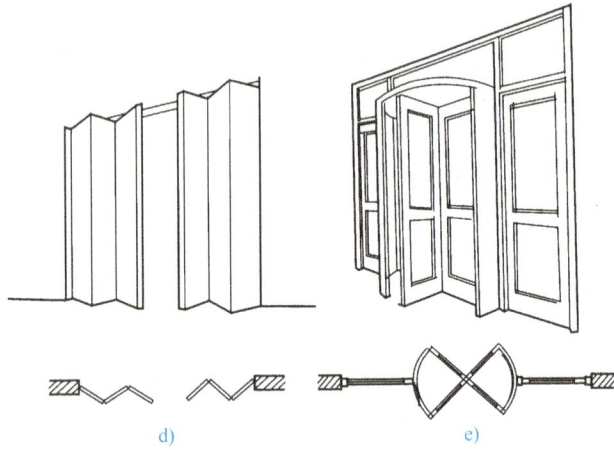

图 16-1　门的类型

a）单扇平开门　b）双扇平开门　c）推拉门　d）折叠门　e）旋转门

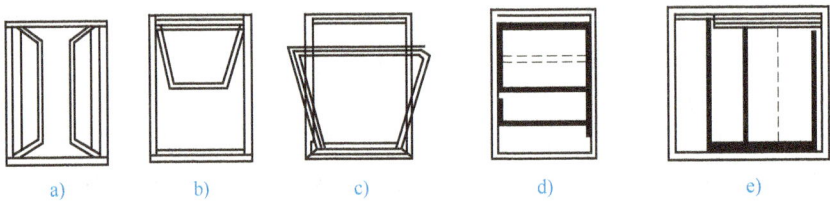

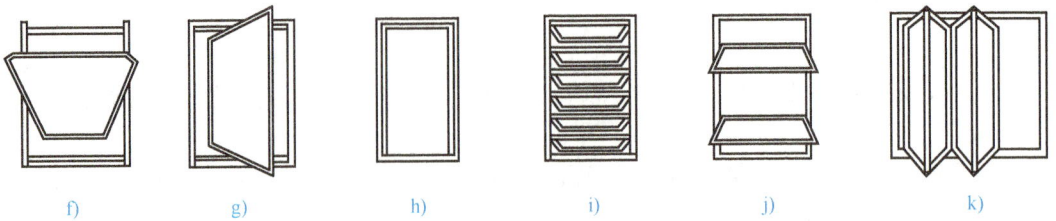

图 16-2　窗的类型

a）平开外开窗　b）上悬窗　c）下悬窗　d）上下推拉窗　e）左右推拉窗
f）中悬窗　g）立转窗　h）固定窗　i）百叶窗　j）双层中悬窗　k）折叠窗

16.1.3　门窗的节能

在我国的建筑工程门窗节能施工中，主要有以下几种情况：逐渐淘汰钢窗产品；广泛应用铝窗产品；积极推广塑料窗产品。另外，我国也在逐渐制定相关的法律和标准，强制规定门窗的传热系数、窗墙比例等，要求设计人员在建筑门窗设计中积极应用节能技术。

导致门窗能量损失的主要原因是门窗与周围环境进行的热交换，其过程包括：通过玻璃进入建筑的太阳辐射的热量；通过玻璃的传热损失；通过窗格与窗框的热损失；窗洞口热桥效应造成的热损失；门窗结构缝隙的冷风渗透造成的热损失。

门窗节能的途径主要是保温隔热，其措施主要包括以下几点：

1. 选用节能材料

在建筑工程的门窗节能施工中，应尽量采用塑钢型材以及中空玻璃。

2. 选择节能窗型

窗型选择会对门窗的节能效益产生较大影响，在建筑工程的门窗施工中，窗户的类型比较多，不同窗型的节能效益也有一定区别。例如，在部分建筑工程的门窗施工中采用推拉窗，但是推拉窗的气密性比较差，气流交换效果不理想，因此很难达到很好的节能效果。与推拉窗相比，平开窗的节能效益比较高，在使用平开窗时，窗结构周围的空隙比较小，窗户密闭性较强，因此平开窗不容易受到冷热空气交替的影响，可有效维持室内温度。

3. 确定合适的窗墙比和朝向

随着窗墙比的增加，窗户的能量损失也会随之增加，在保证窗户采光条件以及通风条件的基础上，为达到良好的节能效果，应严格控制窗墙比，尽量减小窗墙比，以降低热量损耗。

4. 科学配置遮阳设施

在门窗节能设计中还应采取遮阳措施。遮阳措施可以考虑采用活动式外遮阳或百叶中空玻璃遮阳。

5. 门窗安装施工控制

门窗的安装效果会对其节能效益产生较大影响，在选用了节能效益较好的门窗材料后，还需加强安装施工控制，将窗和墙体连接成为整体。

任务 16.2　门窗设计的相关内容

《民用建筑设计统一标准》（GB 50352—2019）中对门窗设计有以下规定：

1）门窗选用应根据建筑所在地区的气候条件、节能要求等因素综合确定，并应符合国家现行建筑门窗产品标准的规定。

2）门窗的尺寸应符合模数要求，门窗的材料、功能和质量等应满足使用要求。门窗的配件应与门窗主体相匹配，并应满足相应的技术要求。

3）门窗应满足抗风压、水密性、气密性等要求，且应综合考虑安全、采光、节能、通风、防火、隔声等要求。

4）门窗与墙体应连接牢固，不同材料的门窗与墙体的连接处应采用相应的密封材料及构造做法。

5）有卫生要求或经常有人员居住、活动房间的外门窗宜设置纱门、纱窗。

6）窗的设置应符合下列规定：

①窗扇的开启形式应方便使用、安全和易于维修、清洗。

②公共走道的窗扇开启时不得影响人员通行，其底面距走道地面的高度不应低于2.0m。

③公共建筑临空外窗的窗台距楼地面的净高不得低于0.8m，否则应设置防护设施，防护设施的高度由地面算起不应低于0.8m。

④居住建筑临空外窗的窗台距楼地面净高不得低于0.9m，否则应设置防护设施，防护设施的高度由地面算起不应低于0.9m。

⑤当防火墙上必须开设窗洞口时，应按《建筑设计防火规范》（GB 50016—2014）执行。

7）当凸窗窗台高度低于或等于0.45m时，其防护高度从窗台面算起不应低于0.9m；当凸窗窗台高度高于0.45m时，其防护高度从窗台面算起不应低于0.6m。

8）天窗的设置应符合下列规定：

①天窗应采用防破碎伤人的透光材料。

②天窗应有防冷凝水产生或引泄冷凝水的措施，多雪地区应考虑积雪对天窗的影响。

③天窗应设置方便开启清洗、维修的设施。

9）门的设置应符合下列规定：

①门应开启方便、坚固耐用。

②手动开启的大门扇应有制动装置，推拉门应有防脱轨的措施。

③双面弹簧门应在可视高度部分装透明安全玻璃。

④推拉门、旋转门、电动门、卷帘门、吊门、折叠门不应作为疏散门。

⑤开向疏散走道及楼梯间的门扇开足后，不应影响走道及楼梯平台的疏散宽度。

⑥全玻璃门应选用安全玻璃或采取防护措施，并应设防撞提示标志。

⑦门的开启不应跨越变形缝。

⑧当设有门斗时，门扇同时开启时两道门的间距不应小于0.8m。

任务 16.3　遮 阳 措 施

遮阳是为了防止直射阳光照入室内，减少透入室内的太阳辐射热，防止夏季室内过热，以及避免产生眩光或保护室内物品不受阳光照射而采取的一种建筑措施。

一般房屋建筑，当室内环境温度在29℃以上、太阳辐射强度大于1005kW/m²、阳光照射室内时间超过1h、阳光照射深度超过0.5m时，应采取遮阳措施。

用于遮阳的方法有很多，例如在窗口悬挂窗帘、设置百叶窗、设置遮阳板、门窗构件自身的遮光性、窗扇开启方式的调节变化、窗前绿化、雨篷、挑阳台、外廊及墙面花格等，都可以达到一定的遮阳效果，如图16-3所示。

窗户遮阳板按其形状和效果可分为水平遮阳、垂直遮阳、混合遮阳及挡板遮阳四种基本

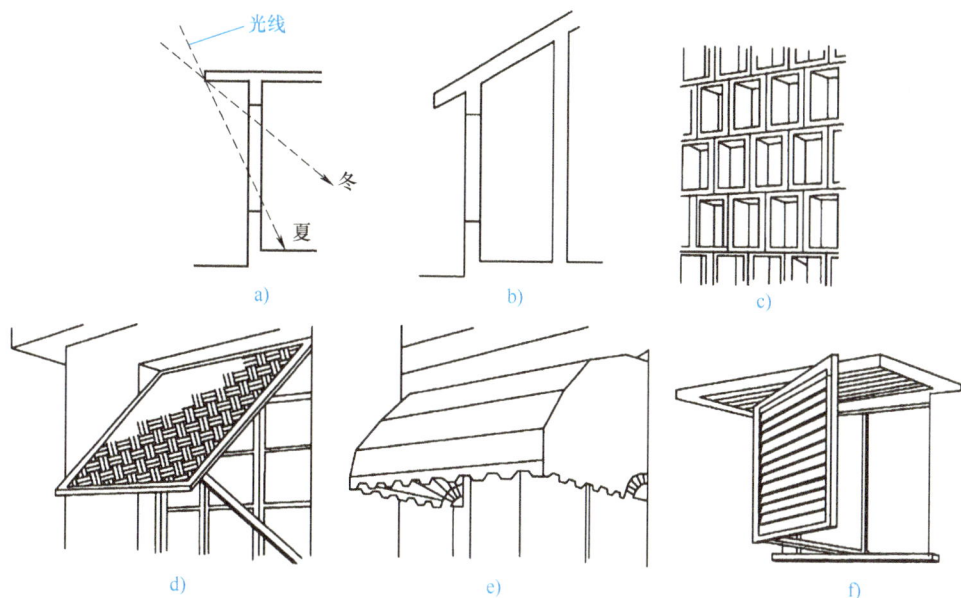

图 16-3 遮阳措施

a）出檐　b）外廊　c）花格　d）芦席遮阳　e）布篷遮阳　f）旋转百叶遮阳

形式，如图 16-4 所示。

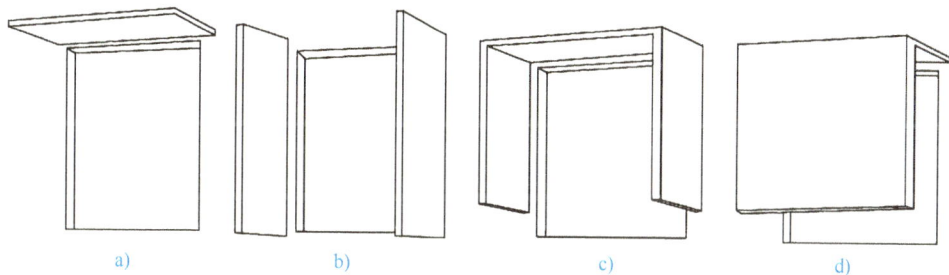

图 16-4 窗户遮阳板

a）水平遮阳　b）垂直遮阳　c）混合遮阳　d）挡板遮阳

1. 水平遮阳

采用水平遮阳时，在窗口上方设置一定宽度的水平方向的遮阳板，能够遮挡高度角较大时从窗口上方照射下来的阳光，适用于南向及其附近朝向的窗口或北回归线以南低纬度地区的北向及其附近朝向的窗口。水平遮阳板既可做成实心板，也可做成栅格板或百叶板。较高大的窗口可在不同高度设置双层或多层水平遮阳板，以减少板的出挑宽度。

2. 垂直遮阳

采用垂直遮阳时，在窗口两侧设置垂直方向的遮阳板，能够遮挡高度角较小时从窗口两侧斜射过来的阳光。根据光线的来向和具体处理的不同，垂直遮阳板既可以垂直于墙面，也可以与墙面形成一定的垂直夹角，主要适用于偏东、偏西的南向或北向窗口。

3. 混合遮阳

混合遮阳是以上两种遮阳形式的综合，能够遮挡从窗口左右两侧及前上方射来的阳光，遮阳效果比较均匀，主要适用于南向、东南向及西南向的窗口。

4. 挡板遮阳

采用挡板遮阳时，在窗口前方距离窗口一定位置处设置与窗户平行的垂直挡板，可以有效地遮挡高度角较小的正射窗口的阳光，主要适用于东向、西向及其附近朝向的窗口。为有利于通风和避免遮挡视线，可以将挡板做成栅格板或百叶板。

项目小结

门和窗既是建筑物围护结构系统中重要的组成部分，又是建筑造型的重要组成部分。本项目介绍了民用建筑中门和窗的作用，门和窗的分类，门和窗的节能，门和窗设计的相关内容，以及遮阳措施等内容。

思 考 题

一、填空题

1. 按门在建筑物中所处的位置可分为_____和_____。

2. 门的主要作用是_____和_____。

3. 窗的作用有_____、_____、_____、_____和_____。

4. 门按门扇的开启方式分为_____、_____、_____、_____、_____和_____。

5. 窗按材料可分为_____、_____、_____、_____、_____、_____等。

二、选择题

1. 公共走道的窗扇开启时不得影响人员通行，其底面距走道地面的高度不应低于（　　）。

A. 1.5m　　　　B. 1.6m　　　　C. 2.0m　　　　D. 2.1m

2. 下列窗户不是按功能划分的是（　　）。

A. 防火窗　　　B. 隔声窗　　　C. 保温窗　　　D. 采光窗

3. 窗户遮阳板按其形状和效果分类可分为水平遮阳、垂直遮阳、混合遮阳及挡板遮阳四种基本形式，下列图示属于水平遮阳的是（　　）。

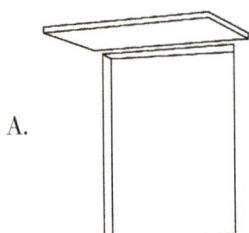

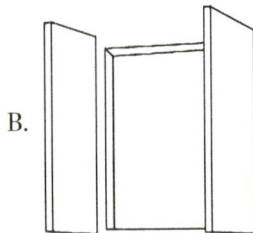

A.　　　　　　　　　　　　　　B.

C.

D.

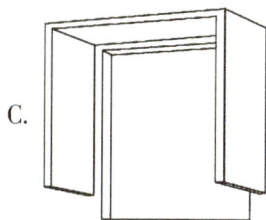

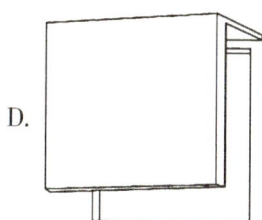

4. 一般的房屋建筑，当室内环境温度在（　　　）以上、太阳辐射强度大于 1005kW/m²、阳光照射室内时间超过 1h、阳光照射深度超过 0.5m 时，应采取遮阳措施。

A. 27℃　　　　　　B. 28℃　　　　　　C. 29℃　　　　　　D. 30℃

5. 居住建筑临空外窗的窗台距楼地面的净高不得低于（　　　）m，否则应设置防护设施，防护设施的高度由地面算起不应低于（　　　）m。

A. 0.8；0.8　　　B. 0.9；0.9　　　C. 0.9；1.0　　　D. 1.0；1.0

三、简答题

1. 门、窗的作用分别是什么？

2. 窗户遮阳板按其形状和效果可分为哪几种？

参 考 文 献

[1] 牟明. 建筑工程制图与识图 [M]. 3 版. 北京：清华大学出版社，2015.

[2] 何培斌. 建筑制图与识图 [M]. 重庆：重庆大学出版社，2017.

[3] 曹雪梅，郑宏飞，陈茸. 建筑识图与房屋构造 [M]. 重庆：重庆大学出版社，2019.

[4] 於辉，李祥城. 建筑制图 [M]. 2 版. 北京：中国电力出版社，2014.

[5] 侯军. 建筑工程制图图例及符号大全 [M]. 2 版. 北京：中国建筑工业出版社，2013.

[6] 赵西平. 房屋建筑学 [M]. 2 版. 北京：中国建筑工业出版社，2017.

[7] 同济大学，等. 房屋建筑学 [M]. 5 版. 北京：中国建筑工业出版社，2016.

[8] 孙玉红. 房屋建筑构造 [M]. 3 版. 北京：机械工业出版社，2017.

[9] 陈岚. 房屋建筑学 [M]. 北京：北京交通大学出版社，2012.

[10] 李必瑜，魏宏杨，覃琳. 建筑构造 [M]. 6 版. 北京：中国建筑工业出版社，2019.

[11] 谭晓燕. 房屋建筑构造与识图 [M]. 北京：化学工业出版社，2019.

[12] 孟莉，姚远，李志勋. 建筑工程制图与识图 [M]. 北京：清华大学出版社，2019.